《中蒙俄国际经济走廊多学科联合考察》

丛书出版得到以下项目资助：

科技基础资源调查专项“中蒙俄国际经济走廊多学科联合考察”项目（2017FY101300）

中国科学院战略性先导科技专项（A类）“泛第三极环境变化与绿色丝绸之路建设”项目“重点地区和重要工程的环境问题与灾害风险防控”课题“中蒙俄经济走廊交通及管线建设的生态环境问题与对策”（XDA20030200）

国家出版基金项目
NATIONAL PUBLICATION FOUNDATION

"十四五"时期国家重点出版物出版专项规划项目

中蒙俄国际经济走廊多学科联合考察

丛书主编　董锁成　孙九林

小兴安岭森林生态调查

刘运伟　董　上　叶　林　李泽红 等　著

科　学　出　版　社
龍　門　書　局
北　京

内 容 简 介

本书分上、下两篇。上篇记录了小兴安岭 31 个典型群落的分布、特征及物种多样性，包括森林、灌丛、草甸、沼泽、草塘群落，配以无人机航拍高清照片，从不同的角度展示了小兴安岭的植被多样性。下篇记录野生高等植物 1111 种，每种植物描述包括学名、分类地位、生物学特性、分布和生境、应用价值等，照片包括野外生态照片、花期、果期及分类特征等，具有十分重要的学术价值。本书力求内容简明扼要、植物种类鉴定准确、分类特征能通过图片清晰表达，所有植物的凭证标本均存于伊春森林博物馆。

本书可供从事植物学、生态学、林学、环境科学、自然保护地学和生物多样性保育的科研人员，高校相关专业师生，小兴安岭地区基层林业工作者，自然保护地工作人员和广大植物爱好者参考。

图书在版编目（CIP）数据

小兴安岭森林生态调查 / 刘运伟等著. —北京 ：龙门书局，2022.11
（中蒙俄国际经济走廊多学科联合考察 / 董锁成，孙九林主编）
“十四五”时期国家重点出版物出版专项规划项目 国家出版基金项目
ISBN 978-7-5088-6301-6

Ⅰ. ①小… Ⅱ. ①刘… Ⅲ. ①小兴安岭－森林生态系统－调查研究
Ⅳ. ①S718.55

中国版本图书馆CIP数据核字(2022)第220114号

责任编辑：周 杰 / 责任校对：樊雅琼
责任印制：肖 兴 / 封面设计：黄华斌

科学出版社
龍門書局 出版
北京东黄城根北街16号
邮政编码:100717
http://www.sciencep.com
北京九天鸿程印刷有限责任公司 印刷
科学出版社发行 各地新华书店经销
*
2022年11月第 一 版 开本：787 × 1092 1/16
2022年11月第一次印刷 印张：44 1/2
字数：1 420 000

定价：600.00元

（如有印装质量问题，我社负责调换）

《中蒙俄国际经济走廊多学科联合考察》
学术顾问委员会

主　任　孙鸿烈

副主任　欧阳自远　刘　恕

委　员　叶大年　石玉林　李文华　刘嘉麒　郑　度
刘兴土　方　新　王艳芬　田裕钊　陈　才
廖小罕　毛汉英　叶舜赞

项目专家组

组　长　陈宜瑜

副组长　孙九林

专　家　尹伟伦　秦玉才　葛全胜　王野乔　董锁成

《中蒙俄国际经济走廊多学科联合考察》
丛书编写委员会

《小兴安岭森林生态调查》
撰写委员会

主　　笔　刘运伟　董　上　叶　林　李泽红

参与人员　（按姓氏笔画排序）

丁全志　马　珂　王贵来　王洪刚　王洪学　尹慧妮
艾志强　任伟超　刘艳杰　刘立波　刘洪鹏　刘继云
许忠海　李占君　李　阳　李　妍　李金禹　李相全
李巍巍　张忠林　张厚良　张　聪　张　巍　陈海波
范冬茹　房　柱　郝　锟　徐宜彬　高金辉　高智涛
郭　兴　韩家永

总序一

科技部科技基础资源调查专项“中蒙俄国际经济走廊多学科联合考察”重点项目，经过中蒙俄三国二十多家科研机构百余位科学家历时五年的艰辛努力，圆满完成了既定考察任务，形成了一系列科学考察报告和研究论著。

中蒙俄国际经济走廊是“一带一路”首个落地建设的经济走廊，是俄乌冲突爆发后全球地缘政治研究的热点区域，更是我国长期研究不足、资料短缺，亟待开展多学科国际科学考察研究的战略重点区域。因此，该项考察工作及成果集结而成的丛书出版将为我国在该地区的科学数据积累做出重要贡献，为全球变化、绿色“一带一路”等重大科学问题研究提供基础科技支持，对推进中蒙俄国际经济走廊可持续发展具有重要意义。

该项目考察内容包括地理环境、战略性资源、经济社会、城镇化与基础设施等，是一项科学价值大、综合性强、应用前景好的跨国综合科学考察工作。五年来，项目组先后组织了15次大型跨境科学考察，考察面积覆盖俄罗斯、蒙古国43个省级行政区及我国东北地区和内蒙古自治区的920万平方公里，制定了12项国际考察标准规范，构建了中蒙俄国际经济走廊自然地理环境本底、主要战略性资源、城市化与基础设施、社会经济与投资环境等领域近300个综合数据集和地图集，建立了多学科国际联合考察信息共享网络平台；获25项专利；主要成果形成了《中蒙俄国际经济走廊多学科联合考察》丛书共计13本专著，25份咨询报告被国家有关部门采用。

该项目在国内首次整编完成了统一地理坐标参考和省、地市行政区的1：100万中蒙俄国际经济走廊基础地理底图，建立了中蒙俄国际经济走廊“点、线、带、面”立体式、全要素、多尺度、动态化综合数据集群；全面调查了地理环境本底格局，构建了考察区统一的土地利用/土地覆被分类系统，在国内率先完成了不同比例尺中蒙俄国际经济走廊全区域高精度土地利用/土地覆被一体化地图；深入调查了油气、有色金属、耕地、森林、淡水等战略性资源的储量、分布格局、开发现状及潜力，提出了优先合作重点领域和区域、风险及对策；多尺度调查分析了中蒙俄国际经济走廊考察全区、重点区域和城市、跨境口岸城市化及基础设施空间格局和现状，提出了中蒙俄基础设施合作方向；调查了中蒙俄国际经济走廊经济社会现状，完成了投资环境综合评估，首次开展了中蒙俄国际经济走廊生态经济区划，揭示了中蒙俄国际经济走廊经济社会等要素“五带六区”空间格局及优先战略地位，提出了绿色经济走廊建设模式；与俄蒙共建了中蒙俄“两站两中心”野外生态实验站和国际合作平台，开创了“站点共建，数据共享，实验示范，密切合作”的跨国科学考察研究模式，开拓了中蒙俄国际科技合作领域，产生了重大的国际影响。

该丛书是一套资料翔实、内容丰富、图文并茂的科学考察成果，入选了“十四五”时期国家重点出版物出版专项规划项目和国家出版基金项目，出版质量高，社会影响大。在国际局势日趋复杂，我国全面建设中国式现代化强国的历史时期，该丛书的出版具有特殊的时代意义。

中国科学院院士

2022 年 10 月

总序二

“中蒙俄国际经济走廊多学科联合考察”是“十三五”时期科技部启动的跨国科学考察项目，考察区包括中国东北地区、蒙古高原、俄罗斯西伯利亚和远东地区，并延伸到俄罗斯欧洲部分，地域延绵6000余公里。该区域生态环境复杂多样，自然资源丰富多彩，自然与人文过程交互作用，对我国资源、环境与经济社会发展具有深刻的影响。

项目启动以来，中国、俄罗斯和蒙古国三国科学家系统组织完成了十多次大型跨国联合科学考察，考察范围覆盖中俄蒙三国近五十个省级行政单元，陆上行程近2万公里，圆满完成了考察任务。通过实地考察、资料整编、空间信息分析和室内综合分析，制作百余个中蒙俄国际经济走廊综合数据集和地图集，编写考察报告7部，发表论著一百多篇（部），授权二十多项专利，提出了生态环境保护及风险防控、资源国际合作、城市与基础设施建设、国际投资重点和绿色经济走廊等系列对策，多份重要咨询报告得到国家相关部门采用，取得了丰硕的研究成果，极大地提升了我国在东北亚区域资源环境与可持续发展研究领域的国际地位。该考察研究对于支持我国在全球变化领域创新研究，服务我国与周边国家生态安全和资源环境安全战略决策，促进“一带一路”及中蒙俄国际经济走廊绿色发展，推进我国建立质量更高、更具韧性的开放经济体系具有重要的指导意义。

《中蒙俄国际经济走廊多学科联合考察》丛书正是该项目成果的综合集成。参与丛书撰写的作者多为中蒙俄国立科研机构和大学的著名院士、专家及青年骨干，书稿内容科学性、创新性、前瞻性、知识性和可参考性强。该丛书已入选“十四五”时期国家重点出版物出版专项规划和国家出版基金项目。

该丛书从中蒙俄国际经济走廊不同时空尺度，系统开展了地理环境时空格局演变、战略性资源格局与潜力、城市化与基础设施、社会经济与投资环境，以及资源环境信息系统等科学研究；共建了两个国际野外生态实验站和两个国际合作平台，应用“3S”技术、站点监测、实地调研，以及国际协同创新信息网络平台等技术方法，创新了点—线—面—带国际科学考察技术路线，开创了国际科学考察研究新模式，有力地促进了地理、资源、生态、环境、社会经济及信息等多学科交叉和国内外联合科学考察研究。

在“一带一路”倡议实施和全球地缘环境变化加剧的今天，该丛书的出版非常及时。面对百年未有之大变局，我相信，《中蒙俄国际经济走廊多学科联合考察》丛书的出版，将为读者深入认识俄罗斯和蒙古国、中蒙俄国际经济走廊以及“一带一路”提供更加特别的科学视野。

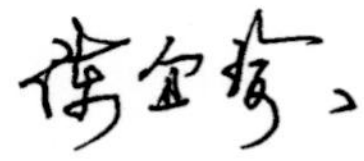

中国科学院院士

2022 年 10月

总序三

中蒙俄国际经济走廊覆盖的广阔区域是全球气候变化响应最为剧烈、生态环境最为脆弱敏感的地区之一。同时，作为亚欧大陆的重要国际大通道和自然资源高度富集的区域，该走廊也是全球地缘关系最为复杂、经济活动最为活跃、对全球经济发展和地缘安全影响最大的区域之一。开展中蒙俄国际经济走廊综合科学考察，极具科研价值和战略意义。

2017年，科技部启动科技基础资源调查专项“中蒙俄国际经济走廊多学科联合考察”项目。中蒙俄三国二十多家科研院校一百多位科学家历时五年的艰苦努力，圆满完成了科学考察任务。项目制定了12项项目考察标准和技术规范，建立了131个多学科科学数据集，编绘133个图集，建立了多学科国际联合考察信息共享网络平台并实现科学家共享，培养了一批国际科学考察人才。项目主要成果形成的《中蒙俄国际经济走廊多学科联合考察》丛书陆续入选“十四五”时期国家重点出版物出版专项规划项目和国家出版基金项目，主要包括《中蒙俄国际经济走廊多学科联合考察综合报告》《中蒙俄国际经济走廊地理环境时空格局及变化研究》《中蒙俄国际经济走廊战略性资源格局与潜力研究》《中蒙俄国际经济走廊社会经济与投资环境研究》《中蒙俄国际经济走廊城市化与基础设施研究》《中蒙俄国际经济走廊多学科联合考察数据编目》等考察报告，以及《俄罗斯地理》《蒙古国地理》等国别地理、《俄罗斯北极地区：地理环境、自然资源与开发战略》等应用类专论等13部。

这套丛书首次从中蒙俄国际经济走廊全区域、“五带六区”、中心城市、国际口岸城市等不同尺度系统地介绍了地理环境时空格局及变化、战略性资源格局与潜力、城市化与基础设施、社会经济与投资环境以及资源环境信息系统等科学考察成果，可为全球变化区域响应及中蒙俄跨境生态环境安全国际合作研究提供基础科学数据支撑，为“一带一路”和中蒙俄经济国际走廊绿色发展提供科学依据，为我国东北振兴与俄罗斯远东开发战略合作提供科学支撑，为“一带一路”和六大国际经济走廊联合科学考察研究探索模式、制定技术标准规范、建立国际协同创新信息网络平台等提供借鉴，对我国资源安全、经济安全、生态安全等重大战略决策和应对全球变化具有重大意义。

这套丛书具有以下鲜明特色：一是中蒙俄国际经济走廊是国家“一带一路”建设的重要着力点，社会关注度极高，但国际经济走廊目前以及未来建设过程中面临着生态环境风险、资源承载力以及可持续发展等诸多重大科学问题，亟须基础科技数据资源支撑研究。中蒙俄科学家首次联合系统开展中蒙俄国际经济走廊科学考察研究成果的发布，具有重要的战略意义和极高的科学价值。二是这套丛书深入介绍的中蒙俄经济走廊地理环境、战略性资源、城市化与基础设施、社会经济和投资环境等领域科学考察成果，将为进一步加强我国与俄蒙开展战略资源经贸与产能合作，促进东北振兴和资源型城市转型，以及推动兴边富民提供科学数据基础。三是将促进地理科学、资源科学、生态学、社会经济科学和信息科学等多学科的交叉研究，推动我国多学科国际科学考察理论与方法的创新。四是丛书主体内容中的 25 份咨询报告得到了中央和国家有关部门采用，为中蒙俄国际经济走廊建设提供了重要科技支撑。希望项目组再接再厉，为中国的综合科学考察事业做出更大的贡献！

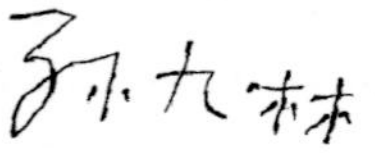

中国工程院院士

2022 年 10 月

序

小兴安岭林区是黑龙江省东北部的天然屏障，也是我国面积最大、纬度最高、国有林最集中、生态地位最重要的森林生态功能区、应对气候变化的重要支撑区、重要的碳汇区和木材资源战略储备基地，科学家们对小兴安岭的资源和特殊地位非常关注。在中蒙俄国际经济走廊多学科联合考察项目的支持下，挖掘和评估小兴安岭典型区战略资源的格局与潜力，具有重要而又深远的意义。

黑龙江省林业科学院伊春分院有这样一支常年在小兴安岭密林深处调查研究的团队，他们不畏严寒酷暑，不怕毒蛇蜱虫叮咬，用翔实可靠的一手数据，真实生动的原创图片，展示着老林区的资源丰度和广度，展示着小兴安岭作为我国生物多样性热点地区的植物群落现状和植物资源的丰富性。

《小兴安岭森林生态调查》这本书的出版，正是林业基础科学研究成果的最好体现。该书上篇收录了小兴安岭林区全面禁伐后有代表性的典型群落 31 个并配有高清图片，充分展现了群落类型现状、分布特征和演替规律。下篇收录了小兴安岭林区原生高等植物 162 科 514 属 1111 种，每种植物配有高清彩色照片，充分反映了植物资源的多样性和丰富性，为林区绿色化转型发展提供了基础信息。该书的照片均为作者团队原创，植物分类采用国际主流的分子分类系统，紧跟学术前沿。看到该书的书稿，仿佛置身于茫茫林海之中，切身感受大自然的魅力；看到很多的资源植物，包括山野菜、山野果、野生药材等重要的经济植物可以为林区发展提供原材料，还有高大乔木和微小的苔藓植物都可以为碳中和做重要贡献，我感到林区未来的发展可谓广阔天地大有作为，我为东北地区有这样一支能吃苦肯沉下心来做基础研究的团队感到骄傲，为他们取得这样的成果感到自豪，欣然为该书作序。该书将是一本研究小兴安岭地区植被和植物重要的参考文献，是林业、农业、生态环保等部门和森工企业进行植物资源开发利用及资源保护重要的参考资料，相信也会被科普工作者和广大植物爱好者收藏。

李文华

中国工程院院士

2022 年 8 月

前　言

小兴安岭位于我国黑龙江省中北部，地处东北平原以北、黑龙江以南、三江平原以西的低山丘陵地区，包括伊春林区以及黑河、绥棱、庆安、木兰、通河、汤原、鹤岗、萝北等县市的山林地带，是我国的重点用材林基地。实施天然林保护工程后，小兴安岭发挥着更加重要的作用——从以木材生产为主向祖国北方生态屏障为主的功能转变，从以培育高大用材乔木为目的向为维护生物多样性、维持森林生态系统功能发挥重要作用转变。

为了彻底摸清小兴安岭森林群落现状和植物资源家底，为资源型城市绿色转型发展助力，在科技部基础资源调查专项（2017FY101302-5）和伊春市重点科技攻关项目（Z2018-1，G2019-4，R0001）等课题的支持下，编者团队开展了为期五年的野外考察，设置调查样方100余个，采集植物标本1500余号，拍摄植物生态照片6万余张，累计行程4万公里，基本摸清了小兴安岭典型群落的类型、分布特征和演替现状，以及小兴安岭地区的植物资源家底。从科学考察成果中提炼出有代表性的31个典型群落和野外常见的1111种高等植物编著本书，以供从事植物学、林学、生物学等相关专业的科研人员，基层农林业科技工作者以及从事林业有关工作的技术人员参考。

从内容编排上，本书分上下两篇。上篇记录了小兴安岭典型群落的分布、特征、物种多样性及现状调查，包括森林、灌丛、草甸、沼泽、草塘等群落，配以无人机航拍高清照片和能够反映群落内植物生长状况的近景生态照片，从不同角度展示了小兴安岭的植被多样性。将红松过伐林作为独立植被类型列出，客观真实地反映了小兴安岭的群落现状。下篇记录小兴安岭原生高等植物162科514属1111种，占黑龙江野生高等植物种数的60%左右，包括了小兴安岭地区95%以上的维管束植物，其中有《黑龙江省植物志》未收录植物30余种和《东北植物检索表》（第二版）未收录植物10余种。每种植物描述包括学名、分类地位、生物学特性、分布和生境、应用价值等内容，照片包括植物野外生态照片、花果期及分类特征等。本书所有植物和群落的图片除标注作者以外的均来自于编者团队原创，充分展示了不同视角的群落和植物特征，具有十分重要的学术价值。被子植物使用国际主流的APG Ⅳ分类系统，所有凭证标本存放于伊春森林博物馆。本书的出版填补了本地资料没有专业学术专著的空白。

本书植物中文名和拉丁学名均参考“中国生物物种名录2022版”。“形态特征”主要参考《中国植物志》和《黑龙江省植物志》，将植物形态特征进行了提炼和简化，突出鉴别性状。“生境与分布”主要参考《中国植物志》、《黑龙江省植物志》和《东北草本植物志》，结合小兴安岭地区分布特征与作者团队实地观察有所改动。“价值”主要参考《黑龙江省植物志》、《黑龙江省植物资源志》和《中国药典2020版（一部）》，根据植物实际用途与时代发展变化有所改动。苔藓植物文字描述和物种鉴定主要参考《黑龙江省植物志》和《山东苔藓志》，石松类和蕨类植物文字描述和物种鉴定主要参考《黑龙江省蕨类植物》和《中国石松类和蕨类植物》，裸子植物文字描述和物种鉴定主要参考《黑龙江省树木志》和《东北树木彩色图志》，被子植物文字描述和物种鉴定主要参考《黑龙江省植物志》《东北草本植物志》《黑龙江省植物检索表》《东北植物检索表（第二版）》《小兴安岭植物区系与分布》《中国杓兰属植物》《东北维管束植物考》。

在国家科学技术部科技基础资源调查专项《中蒙俄国际经济走廊多学科联合考察》项目的支持下，我们团队圆满完成了小兴安岭森林生态资源格局与潜力调查专项工作。项目实施期间，特别感谢伊春市科学技术局先后给予了“数字化信息集构建”“森林群落划分及演替”“小兴安岭森林生态资源基础调查研究”几个专项课题支持调查工作的开展和专著编撰；在本书的出版过程中，李文华院士为本书作序，董锁成研究员为本书出版提供了技术指导。同时也要感谢东北林业大学穆立蔷教授、王庆成教授、郑宝江副教授，通化师范学院周繇教授，黑龙江省科学院自然与生态研究所焉志远研究员、魏晓雪副研究员，黑龙江中医药大学樊锐锋副教授，大连自然博物馆张淑梅研究员，唐山市曹妃甸区农业农村局张玉江研究员，山东博物馆任昭杰副研究馆员，贵阳生产力促进中心韩国营副研究员，中国科学院沈阳应用生态所李微高级工程师，唐山市曹妃甸区双井镇农业综合服务中心孙李光助理农艺师等专家、学者，植物爱好者庞爱佳、郑荣国、郭敬美等老师对植物物种鉴定提出的宝贵意见和对本书编著工作给予的帮助。还要感谢野外考察中黑龙江茅兰沟国家级自然保护区、黑龙江丰林国家级自然保护区、黑龙江凉水国家级自然保护区、黑龙江碧水中华秋沙鸭国家级自然保护区、黑龙江朗乡国家级自然保护区、黑龙江新青白头鹤国家级自然保护区、黑龙江乌伊岭湿地国家级自然保护区、黑龙江红星湿地国家级自然保护区、黑龙江友好国家级自然保护区、黑龙江翠北湿地国家级自然保护区等保护区，感谢伊春市林业和草原局、伊春森工集团、伊春各林业局公司及林场分公司相关的领导和同行，感谢各地的植物爱好者，正是他们毫不吝啬地为我们的考察工作提供各种便利条件和“花讯”，我们才能高效地完成浩大的野外考察。感谢田德君、刘晓刚、施利明、胡明月、张玉江、孙李光、任昭杰、李东辉、田琴几位老师为本书提供了部分植物图片。感谢植物学专家徐君老师为野外调查做出的贡献。

感谢以下项目对本书出版的联合支持：科技部基础资源调查专项“中蒙俄国际经济走廊多学科联合考察”子课题“小兴安岭森林生态资源格局与潜力调查”（2017FY101302-5）、中国主要沼泽湿地植物种质资源调查子课题“黑龙江省（大兴安岭以外）主要沼泽湿地植物种质资源调查”（2019FY100601-5）、东北禁伐林区野生经济植物资源调查子课题“小兴安岭禁伐区天然林野生经济植物种质资源调查任务 3”（2019FY100502-3）、国家重点研发计划项目“北方主要珍贵用材树种高效培育技术研究”子课题“小兴安岭过伐林红松优质大径材集约培育技术研究”（2017YFD0600601-07）、中央财政林业科技推广示范项目“胡枝子食用菌原料林栽培技术示范与推广”（［2013］TQ04）、“‘伊林 7 号’”大青杨苗木繁育及原料林营造技术推广与示范”（［2014］HZT08）、“食用菌原料林定向培育技术示范与推广”（［2015］TQ004）、国家林业和草原局野生动植物保护司“黑龙江省濒危兰科植物资源专项调查”（2020070709）、黑龙江省科技计划项目“过伐林生态系统恢复及经营技术研究与示范”（GA07B301-02）、黑龙江省财政厅科研自拟项目“红松组培及苗期繁育技术研究”（2017-1）、伊春市科技局科技攻关项目“小兴安岭森林生态资源基础调查研究”（R0001）、“伊春森林典型群落类型划分及演替规律研究”（G2019-4）、“伊春森林植物资源数字化信息集构建”（Z2018-1）。

由于作者水平有限，书中或存在一些不足之处，恳切希望得到广大读者的批评指正。

著 者

2022 年 1 月

目　录

上　篇

下　篇

上篇

小兴安岭森林植被

第 1 章　针阔混交林

1.1　针阔混交林的分布

小兴安岭的针阔混交林是指以红松 (*Pinus koraiensis*) 为主的温带针叶阔叶混交林，为该地区占主导地位的地带性森林植被，即通常所说的“阔叶红松林”。红松是古近纪孑遗的古老针叶树种，为材质优良、用途广泛的珍贵用材树种，自然分布于我国东北东部的山地、俄罗斯远东地区和朝鲜东北部，日本的本州和四国岛也有零星分布。我国为阔叶红松林的主要分布区，东北东部的小兴安岭、完达山、张广才岭、老爷岭、长白山、哈达岭、龙岗山等众多山系，都是阔叶红松林的自然分布区。从黑龙江省北部的黑河市胜山林场 (49°27′N) 至辽宁省南部的宽甸县 (40°45′N)，横跨三个省 8 个纬度 (周以良，1997)。

▲ 阔叶红松林景观

温带针阔混交林的分布范围较大，南北气候与生境的差异造成植被群落伴生种和标志种产生明显变化，将红松针阔混交林分布区划分为三个亚区，即北部亚区、中部（典型）亚区和南部亚区（黑龙江森林编辑委员会，1993)。

1.1.1 北部亚区

水平分布在伊春地区 48°10′N 以北，特点是在林分的伴生树种中云杉属 (*Picea* spp.) 和冷杉属 (*Abies* spp.) 占有较大比例。

1.1.2 中部亚区

中部亚区北界在伊春的丰林保护区、红星林业局，南至帽儿山 — 虎峰 — 牡丹江一线以北，包括小兴安岭、张广才岭及完达山的山地。代表林分为紫椴硕桦红松林，又称典型红松林。混生多种阔叶树是该亚区的一个特点。其中，以紫椴 (*Tilia amurensis*)、硕桦 (*Betula costata*) 及水曲柳 (*Fraxinus mandshurica*) 作为标志种，其他还有辽椴 (*T. mandshurica*)、春榆 (*Ulmus davidiana* var. *japonica*)、裂叶榆 (*U. laciniata*)、黄檗 (*Phellodendron amurense*)、胡桃楸 (*Juglans mandshurica*)、大青杨 (*Populus ussuriensis*)、香杨 (*P. koreana*)、山杨 (*P. davidiana*)、白桦 (*B. platyphylla*)、色木槭 (*Acer pictum*)、蒙古栎 (*Quercus mongolica*) 等。

1.1.3 南部亚区

该亚区的分布中心在长白山，代表林型为千金榆沙松冷杉红松林，伴生树种中特有的喜温树种为该类型的标志种，如针叶树种中的东北红豆杉 (*Taxus cuspidata*)、杉松 (*Abies holophylla*)，阔叶树种中的千金榆 (*Carpinus cordata*)、花曲柳 (*Fraxinus chinensis* subsp. *Rhynchophylla*)、东北槭 (*A. mandshuricum*) 及三花槭 (*A. triflorum*)。

1.2 针阔混交林的结构特点

温带针阔混交林植物组成复杂，在树种组成上以红松为主，混生多种阔叶树种和几种针叶树种，形成异龄复层的混交林。复层结构的林木一般分为 2 ~ 3 层，上层林木主要有红松，南部地区的上层木还有杉松。其他树种构成林分的第二层和第三层，其中混交的阔叶树种主要有紫椴、硕桦、水曲柳、黄檗、胡桃楸、春榆、大青杨、朝鲜槐 (*Maackia amurensis*)、蒙古栎等，混交的针叶树种主要有红皮云杉 (*Picea koraiensis*)、鱼鳞云杉 (*P. jezoensis*)、臭冷杉 (*A. nephrolepis*)。南部地区还有千金榆、花曲柳、刺楸 (*Kalopanax septemlobus*)、天女花 (*Oyama sieboldii*)、玉铃花 (*Styrax obassis*)、东北红豆杉及多种槭树 (*Acer* spp.) 等。

林下灌木主要有毛榛 (*Corylus mandshurica*)、刺五加 (*Eleutherococcus senticosus*)、

▲ 阔叶红松林主林层

东北山梅花 (*Philadelphus schrenkii*)、金花忍冬 (*Lonicera chrysantha*)、光萼溲疏 (*Deutzia glabrata*)、东北溲疏 (*D. parviflora*)、瘤枝卫矛 (*Euonymus verrucosus*)、黄芦木 (*Berberis amurensis*)、刺果茶藨子 (*Ribes burejense*) 、修枝荚蒾 (*Viburnum burejaeticum*)、暴马丁香 (*Syringa reticulata* subsp. *amurensis*)、长白忍冬 (*L. ruprechtiana*)、刺蔷薇 (*Rosa acicularis*)、尖叶茶藨子 (*R. maximowiczianum*)、花楷槭 (*A. ukurunduense*)、胡枝子 (*Lespedeza bicolor*)、兴安杜鹃 (*Rhododendron dauricum*)、石蚕叶绣线菊 (*Spiraea chamaedryfolia*) 等。林内生长的藤本植物有五味子 (*Schisandra chinensis*)、山葡萄 (*Vitis amurensis*) 、狗枣猕猴桃 (*Actinidia kolomikta*)、软枣猕猴桃 (*A. arguta*)，南部地区还有葛枣猕猴桃 (*A. polygama*)、木通马兜铃 (*Aristolochia manshuriensis*) 等。

林下的草本植物主要有羊须草 (*Carex callitrichos*) 、四花薹草 (*C. quadriflora*)、大披针薹草 (*C. lanceolata*)、毛缘薹草 (*C. pilosa*)、乌苏里薹草 (*C. ussuriensis*)、透骨草 (*Phryma leptostachya*)、龙常草 (*Diarrhena mandshurica*)、假冷蕨 (*Athyrium spinulosum*)、粗茎鳞毛蕨 (*Dryopteris crassirhizoma*)、东北蹄盖蕨 (*A. brevifrons*)、掌叶铁线蕨 (*Adiantum pedatum*)、木贼 (*Equisetum hyemale*)、山茄子 (*Brachybotrys paridiformis*)、舞鹤草 (*Maianthemum bifolium*)、白花酢浆草 (*Oxalis acetosella*)、深山露珠草 (*Circaea alpina* subsp. *caulescens*) 等。

藓类植物主要有拟垂枝藓 (*Rhytidiadelphus triquetrus*)、万年藓 (*Climacium dendroides*)、赤茎藓 (*Pleurozium schreberi*) 等。南部地区还有细辛 (*Asarum heterotropoides*)、大叶子

(*Astilboides tabularis*)、人参 (*Panax ginseng*)、天麻 (*Gastrodia elata*) 等。

▲ 阔叶红松林林相

▲ 阔叶红松林草本层

1.3　小兴安岭针阔混交林的主要类型

小兴安岭林区地处温带针阔混交林分布区的北部，包括分布区的北部亚区及中部亚区的大部分区域，典型的紫椴硕桦红松林为本地区分布最广泛的林型。红松作为本地区水平地带性植被的建群种，有较强的生态适应性，广泛分布于小兴安岭的山地，包括山坡、坡麓、漫岗等有暗棕壤的立地生境内，并与适应不同立地条件的伴生树种及灌草植被形成不同的森林类型 (周以良，1994)，其中常见的主要类型有以下 5 种。

1.3.1　陡坡蒙古栎红松林

陡坡蒙古栎红松林分布于小兴安岭山地的阳陡坡或山脊上，立地条件瘠薄，常有岩石裸露，土层干燥，排水良好，地表径流量大。此类红松林林相单纯，树种组成以红松 (*Pinus koraiensis*) 占绝对优势并混有少量蒙古栎 (*Quercus mongolica*) 和臭冷杉 (*Abies nephrolepis*)，或有鱼鳞云杉 (*Picea jezoensis*)、紫椴 (*Tilia amurensis*)、色木槭 (*Acer pictum*) 等零星分布，因接近红松纯林被称为“红松清塘林”(黑龙江森林编辑委员会，1993)。

▲ 蒙古栎红松林林相

▲蒙古栎红松林灌草层

林下的灌木主要有瘤枝卫矛 (*Euonymus verrucosus*)、早花忍冬 (*Lonicera praeflorens*)、金银忍冬 (*L. maackii*)、兴安杜鹃 (*Rhododendron dauricum*)、胡枝子 (*Lespedeza bicolor*)、石蚕叶绣线菊 (*Spiraea chamaedryfolia*) 等，草本植被主要以羊须草 (*Carex callitrichos*) 为主，还有乌苏里薹草 (*C. ussuriensis*)、小黄花菜 (*Hemerocallis minor*)、北野豌豆 (*Vicia ramuliflora*)、单花鸢尾 (*Iris uniflora*)、苍术 (*Atractylodes japonica*)、透骨草 (*Phryma leptostachya* subsp. *asiatica*) 等。

调查的样本林分位于黑龙江省伊春市大箐山县的凉水国家级自然保护区，树种组成 8 红 1 柞 1 冷，林分平均胸径 24.1cm，林分密度 850 株 /hm^2，林分蓄积 470.7m^3/hm^2。

1.3.2 斜坡椴树红松林

椴树红松林是典型阔叶红松林的林型之一，广泛分布于小兴安岭山地的山坡中上部、低山漫岗，多处于阳坡、半阳坡。伴生树种以椴树 (*Tilia* spp.)、色木槭 (*Acer pictum*) 为主，其他还有裂叶榆 (*Ulmus laciniata*)、春榆 (*U. davidiana* var. *japonica*)、水曲柳 (*Fraxinus*

▲ 椴树红松林林相

mandshurica)、硕桦 (*Betula costata*) 等树种的零星分布，林下灌木主要以中生类植物为主，有刺五加 (*Eleutherococcus senticosus*)、毛榛 (*Corylus mandshurica*)、东北山梅花 (*Philadelphus schrenkii*)、金花忍冬 (*Lonicera chrysantha*) 等，草本植物以大披针薹草 (*Carex lanceolata*) 和四花薹草 (*C. quadriflora*) 为主。

调查的样本林分位于黑龙江省伊春市大箐山县的凉水自然保护区，林分组成 7 红 2 椴 1 色，林分平均胸径 39.8cm，林分密度 508 株 /hm^2，林分蓄积 558.8m^3/hm^2。

1.3.3　缓坡硕桦红松林

硕桦红松林是分布面积最大的典型阔叶红松林林型，分布于小兴安岭山地的缓坡地带，以阴坡和半阴坡居多。伴生树种以硕桦 (*Betula costata*)、水曲柳 (*Fraxinus mandshurica*) 为主，其他还有椴树 (*Tilia* spp.)、榆树 (*Ulmus pumila*)、白桦 (*Betula platyphylla*)、胡桃楸 (*Juglans mandshurica*) 以及红皮云杉 (*Picea koraiensis*)、臭冷杉 (*Abies nephrolepis*) 等。

▲ 硕桦红松林林相

▲ 硕桦红松林藤本植物

由于林窗较多林内郁闭度降低、土壤湿润肥沃，林下藤本植物狗枣猕猴桃(*Actinidia kolomikta*)和山葡萄(*Vitis amurensis*)较多，灌木、林下草本植物及蕨类植物生长旺盛，并有苔藓植物发育。灌木主要有：暴马丁香(*Syringa reticulata* subsp. *amurensis*)、金花忍冬(*Lonicera chrysantha*)、东北山梅花(*Philadelphus schrenkii*)、毛榛(*Corylus mandshurica*)、刺五加(*Eleutherococcus senticosus*)、绣线菊(*Spiraea salicifolia*)等。下草有毛缘薹草(*Carex pilosa*)、宽叶薹草(*C. siderosticta*)、尾叶香茶菜(*Isodon excisus*)等，蕨类植物有粗茎鳞毛蕨(*Dryopteris crassirhizoma*)、东北蹄盖蕨(*Athyrium brevifrons*)、掌叶铁线蕨(*Adiantum pedatum*)、木贼

(*Equisetum hyemale*) 等，苔藓植物有万年藓 (*Climacium dendroides*)、拟垂枝藓 (*Rhytidiadelphus triquetrus*) 和赤茎藓 (*Pleurozium schreberi*) 等。

调查的样本林分位于黑龙江省伊春市大箐山县的凉水国家级自然保护区，树种组成 4 红 3 硕 2 冷 1 椴，林分平均胸径 25.4cm，林分密度 624 株 /hm^2，林分蓄积 343.2m^3/hm^2。

1.3.4　坡麓云冷杉红松林

坡麓云冷杉红松林分布于小兴安岭的平缓山麓或河谷阶地上，处于红松针阔混交林带与谷地云冷杉林带交错地段，伴生树种以红皮云杉 (*Picea koraiensis*) 和臭冷杉 (*Abies nephrolepis*) 为主，还有鱼鳞云杉 (*P. jezoensis*)、水曲柳 (*Fraxinus mandshurica*)、色木槭 (*Acer pictum*)、青楷槭 (*A. tegmentosum*)、花楷槭 (*A. ukurunduense*) 等。林下灌木有毛榛 (*Corylus mandshurica*)、金花忍冬 (*Lonicera chrysantha*) 等。草本层主要以鳞毛蕨属 (*Dryopteris* spp.) 和蹄盖蕨属 (*Athyrium* spp.) 为主，另有兴安鹿药 (*Maianthemum dahuricum*)、拟垂枝藓 (*Rhytidiadelphus triquetrus*)、塔藓 (*Hylocomium splendens*) 和万年藓 (*Climacium dendroides*) 等。

调查的样本林分位于黑龙江省伊春市大箐山县的凉水自然保护区，林分组成 4 红 2 云 2

▲ 云冷杉红松林林相

色 1 榆，林分平均胸径 29.3cm，林分密度 512 株 /hm^2，林分蓄积 440.9m^3/hm^2。

1.3.5 红松过伐林

红松过伐林是阔叶红松林经过不合理择伐后发育起来的异龄复层针阔混交林，原有的以红松为主的主林层仅剩少量的针叶、阔叶树，次林层结构得到充分的发育，更新层和演替层仍保留一定数量的红松种群，具有向原生植被阔叶红松林演替的趋势。过伐林是东北林区次生植被中最容易向原生植被恢复的森林类型，过伐林中的红松经过合理的抚育措施能够迅速生长演替，重新占据林分的主导地位，实现生态系统的重建及珍贵用材林资源的恢复。按其原生植被类型及现有林分结构，可将红松过伐林分为蒙古栎红松过伐林、椴树红松过伐林、硕桦红松过伐林、云冷杉红松过伐林四个类型。

▲ 蒙古栎红松过伐林林相

▲ 椴树红松过伐林林相

▲ 硕桦红松过伐林林相

1.4 小兴安岭针阔混交林的生长及更新演替

从20世纪50年代开始，小兴安岭林区的森林资源经过50年的开发，森林植被遭受严重破坏。原始的阔叶红松林只有在自然保护区和母树林内得以保存，其余的阔叶红松林经过若干次的择伐利用，主林层及林分中的大径木消耗殆尽，次林层的阔叶树得到充分发育，并占据林分的最上层，同时原更新层及演替层的红松和其他针叶树的幼树逐渐生长，形成了以阔叶树为主的针阔混交林即过伐林。

过伐林林分的树种组成除红松的主导地位大幅下降外，处于各种立地条件下的过伐林，其原生植被的主要伴生阔叶树种成为现有过伐林的主要树种组成，形成相应的过伐林林型，而红松则成为演替层和更新层的主要组成成分，对比数据见表1-1。

表1-1 红松林及过伐林树种组成及林分因子

林型	树种组成	林分平均胸径/cm	林分密度/(株/hm^2)	林分蓄积/(m^3/hm^2)
斜坡椴树红松林	7红2椴1色	39.8	508	558.822 6
缓坡硕桦红松林	3红3枫2云1色1椴	25.4	624	343.243 0
坡麓云冷杉红松林	4红2云2色1榆	29.3	512	440.886 2
椴树过伐林	3椴3红2色1水1枫	15.2	1440	147.083 2
硕桦过伐林	2枫2色2红1椴1水1落	16.8	904	125.683 0
云冷杉过伐林	5冷2红1枫1色1白	16.3	444	42.102 3

对测树指标的数据分析显示，过伐林的上层大径木被强度采伐，林分平均胸径只有15.2~16.8cm，与原始红松林25.4~39.8cm相比下降了40%~58%。在林分密度上，原始林在500~600株/hm^2，而过伐林则由于林型和破坏程度不同呈现疏密不均的状态。椴树过伐林及硕桦过伐林由于上层林冠的疏开，林内演替层的阔叶树密度大、生长速度快，能够以较快的速度形成过伐林的主林层，使林分密度上升，达到900~1440株/hm^2。云冷杉过伐林由于原生植被的演替层中阔叶树所占比例较小，同时地被物中的藓类发育旺盛也限制了阔叶树种的更新，而云冷杉幼树生长缓慢，因此短时期内无法完成主林层的恢复，形成过伐林密度的降低，林分密度只有444株/hm^2。

原始林中红松的重要值显著高于其他的树种而处于首位（表1-2），显示其建群种在林分中的主导地位。而过伐林中红松的重要值普遍大幅下降，基本处于第二位或第三位的水平，显示其仍是过伐林中的重要组成部分，仍可以视为红松针阔混交林的范畴。

通过多样性调查，过伐林在全林分及乔、灌、草各层上，无论是在物种数量还是在生物多样性指标上都没有显著的差异。只有云冷杉过伐林的物种数和生物多样性指数有明显的增加，原因是云冷杉过伐林的林分密度过低，林下侵入了一些阳性的草本及灌木植物，使其在草本层、灌木层的物种数量有一定程度的增加，但对多样性指数仍没有显著的影响（表 1-3）。

表 1-2 红松林及过伐林重要值

林型	红松	紫椴	硕桦	云杉冷杉	色木槭	水曲柳	榆树	白桦
斜坡椴树红松林	226.4	101.1	38.0	—	—	—	—	—
缓坡硕桦红松林	127.4	37.0	122.4	64.1	60.1	—	44.1	—
坡麓云冷杉红松林	178.6	35.2	—	97.0	97.0	—	52.9	—
椴树过伐林	147.3	149.5	57.7	—	100.9	91.4	—	—
硕桦过伐林	96.0	90.7	102.7	—	99.7	67.3	27.9	—
云冷杉过伐林	59.5	—	47.0	153.8	26.1	—	—	23.8

表 1-3 红松林及过伐林生物多样性

林型	全林分			乔木层			灌木层			草本层		
	物种数量	Simpson多样性指数	Shannon多样性指数	物种数量	Simpson多样性指数	Shannon多样性指数	物种数量	Simpson多样性指数	Shannon多样性指数	物种数量	Simpson多样性指数	Shannon多样性指数
斜坡椴树红松林	54	0.93	3.12	16	0.76	1.83	15	0.85	2.15	23	0.90	2.56
缓坡枫桦红松林	59	0.93	3.19	15	0.86	2.18	16	0.88	2.25	28	0.85	2.29
坡麓云冷杉红松林	58	0.94	3.31	13	0.85	2.07	16	0.89	2.32	29	0.88	2.49
椴树过伐林	52	0.95	3.24	17	0.84	2.19	15	0.86	2.12	20	0.83	2.12
枫桦过伐林	54	0.95	3.25	16	0.86	2.22	15	0.86	2.21	23	0.88	3.36
云冷杉过伐林	80	0.96	3.56	17	0.79	2.02	24	0.88	2.39	39	0.93	3.00

红松原始林的天然更新普遍不良，且林下多见 20 龄左右的红松幼苗，当林冠下的红松幼树随年龄的增大对光照的需求不断增加，如幼苗上方的针叶林冠不能疏开则因光照不足而死亡，形成只见幼苗不见幼树的现象。经过多世代的积累和等待，当上层针叶树死亡形成林窗、光照条件得到改善后，红松幼苗才能在林窗下快速更新起来的阔叶树的庇护下进入演替层。

分层频度调查显示（表 1-4），从分层频度数据来看，原始红松林的缓坡硕桦红松林和坡麓云冷杉红松林两个林型，红松在更新层分布频度偏小，但仍在基本合理的范围内，不会显著影响红松种群更新的后备基础。但调查的斜坡椴树红松林却出现红松在更新层频度为零的现象，分析其原因应该出在红松种源上。一方面，斜坡椴树红松林上层木的红松比例大，林分的郁闭度大，使红松幼苗幼树在林冠下的生存周期大幅缩短；另一方面，人类对红松种子的灭绝式采集使林分缺乏红松的天然下种数量。两个因素在一定期限内的双重影响，造成红松林下无更新幼苗的状况。这表明对红松种子的过度掠取，对阔叶红松林生态系统可持续发展的影响已初见端倪。

表 1-4　红松林及过伐林红松分层频度调查

林型	更新层数量	演替层数量	主林层数量
斜坡椴树红松林	0	60	90
缓坡硕桦红松林	36	44	72
坡麓云冷杉红松林	28	24	52
椴树过伐林	80	100	0
硕桦过伐林	56	28	8
云冷杉过伐林	76	72	0

表 1-4 的数据显示，三种过伐林林型更新层红松的频度非常理想，椴树过伐林和云冷杉过伐林在演替层的频度也很理想，呈现进展演替的状态，唯有硕桦过伐林在演替层红松的频度偏小。分析其原因，在阔叶红松林中缓坡硕桦红松林的红松立木比例是最小的，过多的阔叶树种斑块造成林分的结构复杂，林窗出现及林分更新的周期缩短，林分结构的稳定性不佳，加剧了林下灌木及草本植被对红松幼苗幼树的影响，从而增加林冠下红松更新幼树的死亡率。因此，此类过伐林应加强对林冠下红松幼树的透光抚育，以保持林分红松种群的数量，完成阔叶红松林恢复的进展演替。

第 2 章　针叶林

2.1　偃松林

小兴安岭地区的偃松 (*Pinus pumila*) 矮曲林分布在海拔 1160m 以上的高山区。一些高峰顶部多平坦而宽阔，地势高，风力强，土层极贫瘠，地表满覆石块，仅石块间有少量土壤，一般树木不能生长，唯偃松能适应，但通常平卧地面匍匐生长。

偃松林郁闭度在 0.4，高度达 2m。在林内有积雪的石块间隙，低凹地段生长兴安圆柏 (*Juniperus davurica*)、越橘 (*Vaccinium vitis-idaea*)。地被物主要是各种地衣和藓类，以附生石块上的黑石耳 (*Gyrophora proboscidea*) 为主，其次为石蕊 (*Cladina stellaria*)、鹿蕊 (*C. rangiferina*)、长毛砂藓 (*Racomitrium albipiliferum*) 及毛尖金发藓 (*Polytrichum piliferumm*) 等。草本植物以垫状或匍匐状的高山冻原或极地植物为主，如黑水岩茴香 (*Cnidium ajanense*)、白山耧斗菜 (*Aquilegia japonica*)、白山蒿 (*Artemisia lagocephala*) 等。

▲ 偃松林景观

2.2 鱼鳞云杉、臭冷杉林

鱼鳞云杉 (*Picea jezoensis*)、臭冷杉 (*Abies nephrolepis*) 林主要分布于小兴安岭800~1000m的高山区，以鱼鳞云杉为主，其次为红皮云杉 (*P. koraiensis*) 和臭冷杉，间或伴生极少的阔叶树种——花楷槭 (*Acer ukurunduense*) 和乔木状的岳桦 (*Betula ermanii*)，由于林冠郁闭度较大，林内暗湿，林下植物单纯。

鱼鳞云杉、臭冷杉林群落样本林分在朗乡局耳朵眼山 (46°46′22.84″N，128°59′53.21″E)，

▲ 鱼鳞云杉、臭冷杉林景观

海拔 1141m，郁闭度为 0.8 左右，物种数量 42 种，树种组成 4 花 3 冷 2 鱼 1 岳。林分平均胸径 15.3cm，林分密度 967 株 /hm^2，林分蓄积 136.6m^3/hm^2。乔木层有臭冷杉、花楷槭、鱼鳞云杉、岳桦。林分多样性调查结果见表 2-1。

表 **2-1**　鱼鳞云杉、臭冷杉林生物多样性

林层	物种数量	Simpson 多样性指数	Shannon 多样性指数
全林分	19	0.78	1.98
乔木层	5	0.68	1.29
灌木层	2	0.49	0.69
草本层	12	0.70	1.55

主林层中鱼鳞云杉频度为 70%，臭冷杉的频度为 60%；演替层中臭冷杉的频度为 100%，花楷槭的频度为 100%，鱼鳞云杉频度为 40%；更新层中臭冷杉的频度为 100%。臭冷杉在更新层和演替层频度都达到 100%，说明臭冷杉更新比其他树种都好，但是主林层鱼鳞云杉的频度高于臭冷杉，说明此林分将长期维持现状。

灌木层高 3.5m，层盖度为 37%，主要为库页悬钩子 (*Rubus sachalinensis*)、刺蔷薇 (*Rosa acicularis*)。

草本层高达 40cm，盖度为 50%，有大披针薹草 (*Carex lanceolata*)、大叶风毛菊 (*Saussurea grandifolia*)、东北羊角芹 (*Aegopodium alpestre*)、黑龙江蹄盖蕨 (*Athyrium rubripes*)、拟扁果草 (*Enemion raddeanum*)、白花酢浆草 (*Oxalis acetosella*)、高山露珠草 (*Circaea alpina*)、水金凤 (*Impatiens noli-tangere*)、粟草 (*Milium effusum*)、蟹甲草 (*Parasenecio forrestii*)、兴安鹿药 (*Maianthemum dahuricum*)。

藓类植物主要有羽枝青藓 (*Brachythecium plumosum*)、日本曲尾藓 (*Dicranum japonicum*)、拟腐木藓 (*Callicladium haldanianum*)、三洋藓 (*Sanionia uncinata*)、东亚沼羽藓 (*Helodium sachalinense*) 等。

2.3　臭冷杉林

臭冷杉 (*Abies nephrolepis*) 适应冷湿生境，在东北东部山区一般与鱼鳞云杉 (*Picea jezoensis*)、红皮云杉 (*P. koraiensis*) 混交成阴暗针叶林，形成纯林的情况不多，仅生存于低海拔河岸、溪流旁、沟谷低平地等过湿生境，土壤为腐殖质淤泥潜育暗棕壤，形成小面积的臭冷杉林，当地称“臭松排子”。

臭冷杉林样本林分在朗乡国家级自然保护区林中园（46°47′28.37″N，129°03′51.59″E），海拔 432m，郁闭度为 0.7 左右，物种数量 38 种，树种组成有臭冷杉、红松 (*Pinus*

▲ 臭冷杉林林相

koraiensis)、硕桦 (*Betula costata*)、青楷槭 (*Acer tegmentosum*)。林分平均胸径 25.8cm，林分密度 1289 株 /hm^2，林分蓄积 483.2m^3/hm^2。林分多样性调查结果见表 2-2。

表 2-2　臭冷杉林生物多样性

林层	物种数量	Simpson 多样性指数	Shannon 多样性指数
全林分	38	0.89	2.73
乔木层	12	0.73	1.80
灌木层	8	0.82	1.85
草本层	18	0.79	1.94

乔木层有臭冷杉、红松、硕桦、暴马丁香 (*Syringa reticulata* subsp. *amurensis*)、大黄柳 (*Salix raddeana*)、蒙古柳 (*S. linearistipularis*)、大青杨 (*Populus ussuriensis*)、青楷槭、花楷槭 (*A. ukurunduense*)、斑叶稠李 (*Prunus maackii*)、鱼鳞云杉、红皮云杉。主林层中臭冷杉的频度为 70%，红松频度为 30%，枫桦频度为 40%，演替层中臭冷杉的频度为 100%，青楷槭频度为 60%，花楷槭的频度为 70%，更新层中有臭冷杉、水曲柳、青楷槭。臭冷杉在主林层、演替层、更新层中的频度都较高，说明在此林分中该种很稳定，青楷槭是重要伴生树种。

灌木层高达 3.5m，盖度为 30%，主要为刺五加 (*Eleutherococcus senticosus*)、狗枣猕猴桃 (*Actinidia kolomikta*)、光萼溲疏 (*Deutzia glabrata*)、金花忍冬 (*Lonicera chrysantha*)、鼠李 (*Rhamnus davurica*)、色木槭 (*Acer pictum*)、五味子 (*Schisandra chinensis*)、瘤枝卫矛 (*Euonymus verrucosus*)。

草本层高达 60cm，盖度为 70%，有白花碎米芥 (*Cardamine leucantha*)、北乌头 (*Aconitum kusnezoffii*)、粗茎鳞毛蕨 (*Dryopteris crassirhizoma*)、大披针薹草 (*Carex lanceolata*)、东北蹄盖蕨 (*Athyrium brevifrons*)、东北羊角芹 (*Aegopodium alpestre*)、拟扁果草 (*Enemion raddeanum*)、白花酢浆草 (*Oxalis acetosella*)、水金凤 (*Impatiens noli-tangere*)、粟草 (*Milium effusum*)、蚊子草 (*Filipendula palmata*)、舞鹤草 (*Maianthemum bifolium*)、西伯利亚铁线莲 (*Clematis sibirica*)、新蹄盖蕨 (*Cornopteris crenulatoserrulata*)、狭叶荨麻 (*Urtica angustifolia*)、野芝麻 (*Lamium barbatum*)。

藓类植物有鞭枝疣灯藓 (*Trachycystis flagellaris*)、大拟垂枝藓 (*Rhytidiadelphus triquetrus*)、扁灰藓 (*Breidleria pratensis*)、大羽藓 (*Thuidium cymbifolium*)、东亚万年藓 (*Climacium japonicum*)、广叶绢藓 (*Entodon flavescens*)、皱叶匐灯藓 (*Plagiomnium arbusculum*) 等。

2.4　樟子松林

樟子松林主要集中分布在大兴安岭北部，海拔 450~980m，其南端可断续达内蒙古自治区赤峰市东北角，其西界间断分布到呼伦贝尔市；其东界可间断分布到小兴安岭北部（瑷珲、嘉荫、汤旺河等地）。由于樟子松是我国最耐寒的松树之一，为阳性树种，生态适应性强、耐干旱、对土壤要求不苛，能适应瘠薄土壤或沙土，唯耐水湿较差。所以樟子松林多占据阳坡上部或陡坡、水土流失严重、积雪融化较早、蒸发量大且较干燥的林地。在小兴安岭北部，此类樟子松林一般面积不大，甚少见，仅见于海拔 500m 左右的向阳陡坡或山脊。林下土壤为薄层粗骨质暗棕壤，土层浅而较干旱。

樟子松林样本林分在汤旺河守虎山 (48°36′21.63″N，129°54′56.24″E)，海拔 422.9m，郁闭度为 0.6 左右，物种数量 26 种，树种组成为 5 樟 5 栎。林分平均胸径 18.7cm，林分密度 1344 株 /hm^2，林分蓄积 277.6m^3/hm^2。林分多样性指数见表 2-3。

表 2-3　樟子松林生物多样性

林层	物种数量	Simpson 多样性指数	Shannon 多样性指数
全林分	26	0.78	1.98
乔木层	9	0.77	1.78
灌木层	2	0.83	0.72
草本层	15	0.77	1.71

▲ 樟子松林林相

乔木层高可达 24m，盖度为 60%，可分两个亚层：第一亚层以常绿叶高位芽植物樟子松为优势种，盖度为 20% 左右，频度为 80%，混有蒙古栎 (*Quercus mongolica*) 和少量黑桦 (*Betula dahurica*)；第二亚层以蒙古栎为主，高 8~16m，盖度为 40%，频度为 100%。演替层以红松为优势，频度达到 100%，其间偶混有少量的鱼鳞云杉 (*Picea jezoensis*)、落叶松 (*Larix gmelinii*)、辽椴 (*Tilia mandshurica*)、青楷槭 (*Acer tegmentosum*)、朝鲜槐 (*Maackia amurensis*)。此群落下进行了红松人工更新，演替层和更新层红松频度都为 100%，未来红松将取代樟子松为顶级群落树种，更新层的蒙古栎频度达到 100%，蒙古栎为群落重要的伴生树种。

灌木层高达 3m，层盖度为 40%，以兴安杜鹃 (*Rhododendron dauricum*) 为优势种，盖度为 30%，并混有耐旱灌木胡枝子 (*Lespedeza bicolor*)，盖度达 10%。

草本层高达 35cm，盖度为 50%，以草本地上芽植物羊须草 (*Carex callitrichos*) 为优势种，其次为二柱薹草 (*C. lithophila*)， 两种薹草的盖度达 30%，频度为 60%~80%，并混生有一些耐旱草本地面芽植物和地下芽植物，贝加尔野豌豆 (*Vicia ramuliflora*)、关苍术 (*Atractylodes japonica*)、大叶柴胡 (*Bupleurum longiradiatum*)、地榆 (*Sanguisorba officinalis*)、东风菜 (*Aster scaber*)、花荵 (*Polemonium caeruleum*)、蕨 (*Pteridium aquilinum* var. *latiusculum*)、裂叶蒿 (*Artemisia tanacetifolia*)、粟草 (*Milium effusum*)、繸瓣繁缕 (*Stellaria radians*)、拉拉藤 (*Galium *spurium*)、紫苞鸢尾 (*Iris ruthenica*)。大多是分布于干旱地段阔叶红松林下的典型草本植物。

藓类植物有大羽藓 (*Thuidium cymbifolium*)、毛尖青藓 (*Brachythecium piligerum*)、短叶毛锦藓 (*Pylaisiadelpha yokohamae*)。

2.5　落叶松林

落叶松 (*Larix gmelinii*) 林分布中心位于俄罗斯东西伯利亚，向南延伸到我国大兴安岭北部，在小兴安岭北部的乌伊岭、红星、新青、嘉荫等地亦有分布，位于海拔 300~500m 的台地或二级阶地，土壤为暗棕壤，土壤团粒结构明显，较肥沃，腐殖质层较厚，可达 20cm 以上。小兴安岭其他地区局部低湿地 (其他树种难以适应地段) 也能形成原生植被。

▲ 落叶松林林相

落叶松群落样本林分在乌伊岭局永胜林场 (48°58′25.65″N，129°30′32.98″E)，海拔 317.3m，郁闭度 0.5~0.6，植物组成较为简单，约有 20 种。下草、下木种类组成与阔叶红松林相近，其中大披针薹草 (*Carex lanceolata*) 和毛榛 (*Corylus mandshurica*) 均具有标志意义。林分平均胸径 33.7cm，林分密度 233 株 /hm^2，林分蓄积 202.3m^3/hm^2。林分多样性调查结果见表 2-4。

表 **2-4** 落叶松林生物多样性

林层	物种数量	Simpson 多样性指数	Shannon 多样性指数
全林分	20	0.67	1.55
乔木层	6	0.50	1.00
灌木层	2	0.32	0.50
草本层	12	0.55	1.11

乔木层以落叶松占绝对优势，郁闭度 0.6，高 18~24m，伴生少量的白桦 (*B. platyphylla*)、蒙古栎 (*Quercus mongolica*)、朝鲜柳 (*Salix koreensis*) 幼树，高 1~4m。

▲ 落叶松林景观

灌木层极其不明显，由少量毛榛、珍珠梅 (*Sorbaria sorbifolia*) 组成，高度为 0.4~1.0m。

草本植物层繁茂，总盖度达 90%，层高度为 0.1~1.2m。以大披针薹草为主，其次有白屈菜 (*Chelidonium majus*)、齿叶风毛菊 (*Saussurea neoserrata*)、地榆 (*Sanguisorba officinalis*)、东北蹄盖蕨 (*Athyrium brevifrons*)、宽叶山蒿 (*Artemisia stolonifera*)、林问荆 (*Equisetum sylvaticum*)、山尖子 (*Parasenecio hastatus*)、蚊子草 (*Filipendula palmata*)、舞鹤草 (*Maianthemum bifolium*)、种阜草 (*Moehringia lateriflora*)。

林下藓类植物有毛梳藓 (*Ptilium crista-castrensis*)、白氏藓 (*Brothera leana*)、美丽长喙藓 (*Rhyhchostegium subspeciosum*)、赤茎藓 (*Pleurozium schreberi*)、拟腐木藓 (*Callicladium haldanianum*)、弯叶毛锦藓 (*Pylaisiadelpha tenuirostris*)。

第 3 章　阔叶林

3.1　岳桦林

岳桦 (*Betula ermanii*) 主要分布在我国东北东部山区，俄罗斯远东地区、朝鲜、日本亦

▲ 岳桦林景观

▲ 岳桦林林相

有分布。岳桦林在黑龙江省只出现在少数高海拔山岭，构成森林的上限，是高山冻原往下向暗针叶林的过渡和纽带。在小兴安岭的分布高度是700m以上，主要分布于小兴安岭对面山、小兴安岭南坡白砬子山。岳桦为阳性树种，耐瘠薄土壤，是抗逆性较强的小乔木或中乔木，亚高山重要成林树种，常成纯林，被称作“亚高山曲干矮林”。在高山带，作丛生状，在亚高山带，直立单株生长。岳桦林占据亚高山200~300m的一条窄带，气候湿冷，土层瘠薄，土壤下含冻层。受环境限制，其他树种很难生存，故岳桦常形成纯林。

样本林分在朗乡局耳朵眼山(46°46′25.30″N，128°59′45.40″E)，海拔高度1153m，郁闭度为0.3左右，物种数量有20种。林分平均胸径7.44cm，林分密度622株/hm^2，林分蓄积69.13m^3/hm^2。生物多样性调查结果见表3-1。

表3-1　岳桦林生物多样性

林层	物种数量	Simpson 多样性指数	Shannon 多样性指数
全林分	20	0.84	2.20
乔木层	4	0.65	1.08
灌木层	2	0.46	0.70
草本层	14	0.75	1.70

乔木层高可达20m，以岳桦为主，频度为80%；其次为冷杉(*Abies fabri*)，频度为25%。演替层以冷杉、花楷槭(*Acer ukurunduense*)为优势种，二者频度达100%。更新层以冷杉为主，频度为80%。

灌木层高1.4m，层盖度为64%，以库页悬钩子(*Rubus sachalinensis*)为优势种，盖度达50%，其间混有石蚕叶绣线菊(*Spiraea chamaedryfolia*)，盖度达14%。

草本层高达50cm，盖度为90%，以粟草(*Milium effusum*)为优势种，盖度达25%，频度为100%；其次为东北羊角芹(*Aegopodium alpestre*)，盖度达15%，频度为60%，并混有一些草本地面芽植物和地下芽植物，如东北蹄盖蕨(*Athyrium brevifrons*)、二柱薹草(*Carex lithophila*)、槭叶蚊子草(*Filipendula glaberrima*)、山酢浆草(*Oxalis griffithii*)、水金凤(*Impatiens noli-tangere*)、粗茎鳞毛蕨(*Dryopteris crassirhizoma*)、黑龙江黄芩(*Scutellaria pekinensis* var. *ussuriensis*)、柔毛金腰(*Chrysosplenium pilosum* var. *valdepilosum*)、北乌头(*Aconitum kusnezoffii*)。

苔藓层有大羽藓(*Thuidium cymbifolium*)、三洋藓(*Sanionia uncinata*)、细叶小羽藓(*Haplocladium microphyllum*)、角齿藓(*Ceratodon purpureus*)、万年藓(*Climacium dendroides*)、白氏藓(*Brothera leana*)。

3.2　钻天柳林

钻天柳(*Salix arbutifolia*)在中国东北部、俄罗斯西伯利亚及远东地区、朝鲜北部、日本

▲ 钻天柳林景观

均有分布，主要分布于大兴安岭、小兴安岭、张广才岭及完达山等区域。钻天柳林为原生阔叶林，在小兴安岭地区由于树种组成复杂，受竞争压力影响，分布较为局限，成条状带分布海拔 250m 以下沿河平坦的河岸阶地，土壤多为沙壤质的冲积土，排水良好。

样本林分在朗乡局大西北岔孟沟 (46°42′08.25″N，129°05′11.82″E)，海拔高度 353m，郁闭度为 0.7，物种数量有 20 种。树种组成为 3 钻 3 水 2 杨 1 榆 1 椴。林分平均胸径 12.0cm，林分密度 466 株 /hm^2，林分蓄积 173.0m^3/hm^2。多样性调查结果见表 3-2。

▲ 钻天柳林林相

表 3-2　钻天柳林生物多样性

林层	物种数量	Simpson 多样性指数	Shannon 多样性指数
全林分	20	0.87	2.49
乔木层	4	0.82	1.85
灌木层	2	0.80	1.96
草本层	14	0.83	1.97

钻天柳林乔木层高可达 25m，以钻天柳为主，频度为 100%。演替层以水曲柳 (*Fraxinus mandshurica*)、大青杨 (*Populus ussuriensis*) 为优势种，二者频度达 80%，其间偶混有少量的春榆 (*Ulmus davidiana* var. *japonica*)、辽东桤木 (*Alnus Sibirica*)。更新层以水曲柳为主，频度为 100%。

灌木层高 2.5m，层盖度为 25%，以珍珠梅 (*Sorbaria sorbifolia*) 为优势种，盖度达 8%，并混有东北茶藨子 (*Ribes mandshuricum*)、东北扁核木 (*Prinsepia sinensis*)、乌苏里鼠李

(*Rhamnus ussuriensis*)，盖度达 11%。

草本层高达 70cm，盖度为 90%，以狭叶荨麻为优势种，盖度达 15%，频度为 100%；其次为东北羊角芹 (*Aegopodium alpestre*)，盖度达 15%，频度为 80%，并混有一些草本地面芽植物和地下芽植物，如白屈菜 (*Chelidonium majus*)、水田碎米荠 (*Cardamine lyrata*)、路边青 (*Geum aleppicum*)、柔毛金腰 (*Chrysosplenium pilosum* var. *valdepilosum*)、大披针薹草 (*Carex lanceolata*)、中华金腰 (*C. sinicum*)、白花碎米荠 (*C. leucantha*)、槭叶蚊子草 (*Filipendula glaberrima*)、鹅肠菜 (*Myosoton aquaticum*)、东北南星 (*Arisaema amurense*)、唐松草 (*Thalictrum aquilegiifolium* var. *sibiricum*) 及禾本科植物等。

苔藓层主要有鼠尾藓 (*Myuroclada maximowiczii*)、尖叶匐灯藓 (*Plagiomnium acutum*)、羽枝青藓 (*Brachythecium plumosum*)、曲肋薄网藓 (*Leptodictyum humile*) 等。

样本林分的钻天柳处于衰退演替状态，演替层以水曲柳、大青杨为主，更新层以水曲柳为优势种，未来该群落将逐步演替为以水曲柳为主的阔叶混交林。

3.3 蒙古栎林

蒙古栎是栎属中分布最北的一个树种，耐寒、耐旱。蒙古栎是深根性树种，对土壤条件要求不严，在土壤肥沃的阴坡或干旱瘠薄的阳陡坡和山脊均能生长成林。小兴安岭的蒙

▲ 蒙古栎林景观

▲ 蒙古栎林林相

古栎林分布于海拔 250~550m 的山区，偶见于 700m 或以上的山地，多数为红松阔叶混交林受破坏后形成的次生林，少数可见在局部陡峭、岩石裸露、土层薄的阳坡成小片分布的天然林。在小兴安岭南部地区，蒙古栎林生长速度较快，可以长成用材林，但在小兴安岭北部农业人口集中分布地区，可见蒙古栎林经多次破坏而形成的接近灌丛的次生植被，蒙古栎常主干不明显呈丛生状态，当地人称“柞矮林”，此类林分为低价次生林，需进行高强度的人工干预进行彻底改造。

蒙古栎样本林分在朗乡国家级自然保护区 2 号桥滚兔岭 (46°36′40.34″N，129°12′07.75″E)，海拔高度 261m，林分郁闭度在 0.8 左右，该群落树种组成为 8 栎 1 黑桦 1 色，乔木树种蒙古栎重要值为 1.71，其次为黑桦 0.78，群落 Simpson 多样性指数为 0.85，Shannon 多样性指数为 2.57。乔木层主要为蒙古栎 (*Quercus mongolica*)、黑桦 (*Betula dahurica*)、辽椴 (*Tilia mandshurica*)、色木槭 (*Acer pictum*) 等；灌木层主要为榛 (*Corylus heterophylla*)、水曲柳 (*Fraxinus mandshurica*)、乌苏里鼠李 (*Rhamnus ussuriensis*)、卫矛 (*Euonymus alatus*)、瘤枝卫矛 (*E. verrucosus*)、鸡树条 (*Viburnum opulus* subsp. *calvescens*) 等；草本层主要为大披针薹草 (*Carex lanceolata*)、四花薹草 (*C. quadriflora*)、宽叶山蒿 (*Artemisia stolonifera*)、费菜 (*Phedimus aizoon*)、两型豆 (*Amphicarpaea edgeworthii*)、蕨 (*Pteridium aquilinum* var. *latiusculum*)、关苍术 (*Atractylodes japonica*)、白鲜 (*Dictamnus dasycarpus*) 等，苔藓层种类较少，仅有白氏

藓 (*Brothera leana*)、短叶毛锦藓 (*Pylaisiadelpha yokohamae*)、小牛舌藓 (*Anomodon minor*)、暗绿多枝藓 (*Haplohymenium triste*)、羊角藓 (*Herpetineuron toccoae*)、毛尖紫萼藓 (*Grimmia pilifera*) 等少数几种。

该林分木材产量不高，但是对于防治水土流失有重要的作用，林下适合发展苍术、白鲜、沙参（*Adenophora* spp.）等药材种植。也可进行人工更新，促进其向阔叶红松林顶级群落演替，恢复地带性植被，更好地发挥生态功能。

3.4　山杨林

山杨林属于次生植被，在小兴安岭分布很普遍。山杨 (*Populus davidiana*) 为原始林采伐迹地或火烧迹地的先锋树种，属于强阳性树种，耐寒、耐干燥瘠薄，多生于中低山区的阳坡或半阳坡坡面或洼兜处，成林均为同龄林，繁殖能力强，速生。山杨的生长与立地条件密切相关，在排水不良和极度干旱条件下生长不良。在坡地中腹、阴向缓斜的适宜生境，山杨林生长速度及生产力水平高于白桦林和蒙古栎林。

山杨林样本林分在汤旺县守虎山 528 林班 (48°36′54.90″N，129°54′56.33″E)，海拔 372m，林分郁闭度为 0.7 左右，树种组成 4 杨 2 栎 1 槭 3 其他（椴、桦、色等）。乔木层主要为山杨 (*Populus davidiana*)、蒙古栎 (*Quercus mongolica*)、青楷槭 (*Acer tegmentosum*)、

▲ 山杨林林相

黑桦 (*Betula dahurica*)、朝鲜槐 (*Maackia amurensis*)、辽椴 (*Tilia mandshurica*)、色木槭 (*A. pictum*)、硕桦 (*B. costata*) 等；灌木层主要为毛榛 (*Corylus mandshurica*)、珍珠梅 (*Sorbaria sorbifolia*)、东北山梅花 (*Philadelphus schrenkii*)、瘤枝卫矛 (*Euonymus verrucosus*)、黄芦木 (*Berberis amurensis*) 等；草本层主要为大披针薹草 (*Carex lanceolata*)、舞鹤草 (*Maianthemum bifolium*)、东风菜 (*Aster scaber*)、羊须草 (*C. callitrichos*)、东北羊角芹 (*Aegopodium alpestre*)、紫苞鸢尾 (*Iris ruthenica*) 等；苔藓层种类有小牛舌藓 (*Anomodon minor*)、细叶小羽藓 (*Haplocladium microphyllum*)、鼠尾藓 (*Myuroclada maximowiczii*)、匐灯藓 (*Plagiomnium cuspidatum*)、拟腐木藓 (*Callicladium haldanianum*)、短叶毛锦藓 (*Pylaisiadelpha yokohamae*)、厚壁薄齿藓 (*Leptodontium flexifolium*)、广叶绢藓 (*Entodon flavescens*) 等。

山杨林处于次生演替的初期，可采取封育措施或红松人工更新，促进其向阔叶红松林顶级群落演替。

3.5 杨桦林

以白桦 (*Betula platyphylla*)、山杨 (*Populus davidiana*) 为主的杨桦林，是小兴安岭常见落叶软阔叶林的代表，多见于海拔 300~500m 的阳坡、半阳坡或半阴坡，一般分布在皆伐迹地或火烧迹地上。在山的中下坡沟谷边，也可见白桦、大青杨 (*P. ussuriensis*) 林。

白桦山杨林样本林分设置在乌伊岭林业局东山 (48°36′5.01″N，129°25′59.5″E)，海拔 443m，郁闭度为 0.6 左右，树种组成为 4 白 2 杨 1 云 1 椴 2 其他，乔木树种重要值为白桦 0.82，山杨 0.64，紫椴 0.41。乔木层主要为白桦、山杨、紫椴 (*Tilia amurensis*)、色木槭 (*Acer pictum*)、红皮云杉 (*Picea koraiensis*)、黑桦 (*B. dahurica*)、大黄柳 (*Salix raddeana*)、蒙古栎 (*Quercus mongolica*)、花楸树 (*Sorbus pohuashanensis*) 等；灌木层主要为绣线菊 (*Spiraea salicifolia*)、毛榛 (*Corylus mandshurica*)、瘤枝卫矛 (*Euonymus verrucosus*)、蓝果忍冬 (*Lonicera caerulea*)、黑茶藨子 (*Ribes nigrum*)、刺蔷薇 (*Rosa acicularis*) 等。草本层主要为大叶章 (*Calamagrostis purpurea*)、红花鹿蹄草 (*Pyrola asarifolia* subsp. *incarnata*)、林问荆 (*Equisetum sylvaticum*)、东北羊角芹 (*Aegopodium alpestre*)、灰背老鹳草 (*Geranium wlassowianum*)、宽叶山蒿 (*Artemisia stolonifera*) 等。

杨桦林样本林分设置在朗乡国家级自然保护区耳朵眼山 (46°49′10.40″N，128°59′47.83″E)，海拔 565m，郁闭度为 0.8 左右，树种组成为 7 杨 2 白 1 其他，乔木树种重要值为大青杨 1.43，白桦 1.21。乔木层主要为白桦、大青杨、大黄柳、臭冷杉 (*Abies nephrolepis*) 等；灌木层主要为珍珠梅 (*Sorbaria sorbifolia*)、绣线菊、石蚕叶绣线菊 (*S. chamaedryfolia*)、稠李 (*Prunus padus*)、刺蔷薇等；草本层主要为大叶章、东北羊角芹、狭叶荨麻 (*Urtica angustifolia*)、东北蹄盖蕨 (*Athyrium brevifrons*)、北野豌豆 (*Vicia ramuliflora*)、槭叶蚊子草 (*Filipendula glaberrima*) 等。苔藓层主要有钩叶青藓 (*Brachythecium uncinifolium*)、广叶绢藓 (*Entodon*

▲ 杨桦林景观

flavescens)、三洋藓 (*Sanionia uncinata*)、细叶小羽藓 (*Haplocladium microphyllum*)、柳叶藓 (*Amblystegium serpens*)、棉藓 (*Plagiothecium denticulatum*)、羽枝青藓 (*B. plumosum*) 等。

杨桦林的更新主要是在发生强烈的自然稀疏之后，林下可见明显的更新层。杨桦林处于演替的初级阶段，植被类型不稳定，终将被针叶林和其他耐阴的阔叶树种所取代。

3.6　色木槭、紫椴林

色木槭 (*Acer pictum*)、紫椴 (*Tilia amurensis*) 林是典型的杂木林，为阔叶红松林强度择伐或破坏后的次生植被，小兴安岭地区主要是色木槭和紫椴为主形成的杂木林，优势种不明显，也有其他软阔树种。

色木槭、紫椴林样本林分设置在朗乡国家级自然保护区耳朵眼山 (46°48′16.20″N，128°59′54.33″E)，海拔 705m，郁闭度为 0.8 左右，树种组成 3 色 2 桦 2 椴 1 杉 2 其他，乔木层主要为色木槭、花楷槭 (*A. ukurunduense*)、硕桦 (*Betula costata*)、紫椴、臭冷杉 (*Abies nephrolepis*)、鱼鳞云杉 (*Picea jezoensis*) 等；灌木层主要为毛榛 (*Corylus mandshurica*)、珍珠

▲ 色木槭、紫椴林景观

▲ 色木槭、紫椴林林相

梅 (*Sorbaria sorbifolia*)、金花忍冬 (*Lonicera chrysantha*)、狗枣猕猴桃 (*Actinidia kolomikta*)、瘤枝卫矛 (*Euonymus verrucosus*) 等；草本层主要为东北羊角芹 (*Aegopodium alpestre*)、大披针薹草 (*Carex lanceolata*)、深山堇菜 (*Viola selkirkii*)、黑龙江蹄盖蕨 (*Athyrium rubripes*)、东北风毛菊 (*Saussurea manshurica*)、大苞乌头 (*Aconitum raddeanum*) 等。苔藓层主要有大羽藓 (*Thuidium cymbifolium*)、匐灯藓 (*Plagiomnium cuspidatum*)、大拟垂枝藓 (*Rhytidiadelphus triquetrus*)、东亚万年藓 (*Climacium japonicum*)、圆条棉藓 (*Plagiothecium cavifolium*)、拟腐木藓 (*Callicladium haldanianum*)、羽枝青藓 (*Brachythecium plumosum*)、曲尾藓 (*Dicranum scoparium*) 等。

此类阔叶林处于次生演替阶段，在有红松、云冷杉种源的情况下，可以恢复为阔叶红松林。

3.7　胡桃楸、水曲柳林

胡桃楸 (*Juglans mandshurica*)、水曲柳 (*Fraxinus mandshurica*) 为主的硬阔混交林主要分布在我国东北东部小兴安岭和长白山，俄罗斯远东地区、朝鲜、日本亦有分布。在小兴安岭分布在海拔 300~500m 的地带，如河流两岸、山麓或低山缓坡中，在排水良好、土层

▲ 胡桃楸、水曲柳林景观

深厚肥沃地带多呈团块状或带状分布，面积不大。该群落通常为红松阔叶混交林红松经过强度择伐后形成的次生森林植被。

样本林分在朗乡大西北岔孟沟 (46°42′06.86″N，129°05′20.48″E)，海拔高度 356m，林分郁闭度为 0.8，群落物种数量有 38 种，树种组成为 5 水 2 黄 2 胡 1 桤，水曲柳重要值为 93.1，黄檗重要值为 68.4，胡桃楸重要值为 41.11。群落林分平均胸径为 18.5cm，林分密度 655 株 /hm^2，林分蓄积 167.9m^3/hm^2。多样性调查结果见表 3-3。

表 3-3　胡桃楸、水曲柳林生物多样性

林层	物种数量	Simpson 多样性指数	Shannon 多样性指数
全林分	38	0.88	2.56
乔木层	3	0.8	1.88
灌木层	3	0.78	1.75
草本层	32	0.84	2.08

群落乔木层高度达 26m，主要树种为水曲柳，盖度为 55%，频度为 100%；黄檗 (*Phellodendron amurense*) 盖度为 20%，频度为 60%；胡桃楸盖度为 14%，频度为 50%，并混生少量落叶松 (*Larix gmelinii*)、色木槭 (*Acer pictum*) 等。演替层以水曲柳为优势种，盖度为 30%，频度为 80%，并混生辽东桤木 (*Alnus hirsuta*)、春榆 (*Ulmus davidiana* var. *japonica*) 等少量树种。更新层主要树种为色木槭，盖度为 10%，频度为 70%，并有少量水曲柳、云杉。

灌木层高度达 2.2m，盖度为 37%。主要为刺五加 (*Eleutherococcus senticosus*)，盖度为 16%，频度为 30%；东北茶藨子 (*Ribes mandshuricum*) 盖度为 12%，频度为 60%，并混生暴马丁香 (*Syringa reticulata* subsp. *amurensis*)、东北扁核木 (*Prinsepia sinensis*)、光萼溲疏 (*Deutzia glabrata*) 等。

草本层高度达 65cm，盖度为 90%。主要为大披针薹草 (*Carex lanceolata*)，盖度为 90%，频度为 100%；柔毛金腰 (*Chrysosplenium pilosum* var. *valdepilosum*)，盖度为 70%，频度为 10%，并混生大量白花碎米荠 (*Cardamine leucantha*)、狭叶荨麻 (*Urtica angustifolia*)、鹅肠菜 (*Myosoton aquaticum*)、东北羊角芹 (*Aegopodium alpestre*)、槭叶蚊子草 (*Filipendula glaberrima*)、少量东北蹄盖蕨 (*Athyrium brevifrons*)、新蹄盖蕨 (*Cornopteris crenulatoserrulata*)、北乌头 (*Aconitum kusnezoffii*) 等。

苔藓层主要为匐灯藓 (*Plagiomnium cuspidatum*)、扁灰藓 (*Breidleria pratensis*)、羽枝青藓 (*Brachythecium plumosum*) 等。

水曲柳、胡桃楸、黄檗是东北珍贵的三大硬阔用材树种。经营手段主要以保护和恢复为主。水曲柳既耐阴也适应光照，天然更新良好，该群落常演替为以水曲柳为主的硬阔叶混交林。

3.8　白桦林

白桦 (*Betula platyphylla*) 喜湿润环境，适应大部分土壤，不耐盐碱，在东北与东西伯利亚地区广泛分布，主要集中在亚洲东部地区针叶林和针阔混交林地带。白桦林是小兴安岭地区分布最广的阔叶林，从垂直分布来看，上至暗针叶林带下至沟谷均有白桦分布。原始林或次生林区，白桦在山麓、山谷平地、草甸沼泽土上均可发育成林。衍生于不同类型原生森林植被的白桦林因生境不同产生各类次生白桦林群丛。在采伐及火烧迹地上，白桦常作为先锋树种组成极纯群落。

样本林分在汤旺县永胜林场 (48°50′54.49″N，129°28′48.43″E)，海拔高度 254m，林分郁闭度为 0.5，植物物种数量有 38 种。该群落为天然次生白桦纯林，林分平均胸径为 13.7cm，林分密度 1125 株 /hm^2，林分蓄积 124.1m^3/hm^2。多样性调查结果见表 3-4。

表 3-4　白桦林生物多样性

林层	物种数量	Simpson 多样性指数	Shannon 多样性指数
全林分	38	0.84	2.38
乔木层	3	0.086	0.213
灌木层	3	0.4	0.7
草本层	32	0.8	2.18

▲ 白桦林景观

▲ 白桦林林相

乔木层高度可达 20m，以白桦为主，频度为 100%。演替层以白桦为主，盖度为 35%，频度为 100%，零星散布落叶松 (*Larix gmelinii*)、筐柳 (*Salix lineariistipularis*)。更新层高度 0.2m，为红皮云杉 (*Picea koraiensis*)，盖度为 2%，频度为 100%。

灌木层高度 1.3m，主要为绣线菊 (*Spiraea salicifolia*)，盖度为 10%。

草本层高度 65cm，盖度为 90%，主要有蚊子草 (*Filipendula palmata*)，盖度为 60%，频度为 100%；二柱薹草 (*Carex lithophila*)，盖度为 50%，频度为 60%，其间混生唐松草 (*Thalictrum aquilegiifolium* var. *sibiricum*)、地榆 (*Sanguisorba officinalis*)、钝叶拉拉藤 (*Galium tokyoense*)、宽叶山蒿 (*Artemisia stolonifera*)、灰背老鹳草 (*Geranium wlassowianum*)、大叶柴胡 (*Bupleurum longiradiatum*)、黑水当归 (*Angelica amurensis*) 等。

苔藓层主要为拟腐木藓 (*Callicladium haldanianum*)、曲背藓 (*Oncophorus wahlenbergii*)、弯叶毛锦藓 (*Pylaisiadelpha tenuirostris*)、直毛藓 (*Dicranum montanum*)、薄网藓 (*Leptodictyum riparium*) 等。

白桦林十分不稳定，其林下针叶树种能获得较好的更新，样本林分将逐渐演替为以红皮云杉为主的针阔混交林。白桦适应性强、生长速度快，是良好的纸浆材和食用菌培养料用材，适于培育短轮伐期原料林。

3.9　硕桦林

硕桦林主要分布在我国小兴安岭和长白山，小兴安岭海拔 200~800m 的地带、完达山和张广才岭 500~950m 的地带，俄罗斯远东地区及朝鲜亦有分布。硕桦 (*Betula costata*) 耐阴，适冷湿条件，在小兴安岭林区常混生在针阔混交林内，少有纯林，易于在林冠下天然更新，多衍生自针叶林破坏后的次生植被。

▲ 硕桦林林相

样本林分在朗乡局耳朵眼山 (46°47′34.05″N，128°59′47.26″E)，海拔高度 925m，林分郁闭度为 0.6，群落物种数量有 25 种，树种组成为 7 硕 2 花 1 青，林分平均胸径 14cm，林分密度 1277 株 /hm^2，林分蓄积 206.5m^3/hm^2。硕桦重要值为 167.6、花楷槭 63.2、青楷槭 24.1、冷杉 14.6。多样性调查结果见表 3-5。

表 3-5　硕桦林生物多样性

林层	物种数量	Simpson 多样性指数	Shannon 多样性指数
全林分	25	0.81	2.16
乔木层	9	0.53	1.12
灌木层	5	0.73	1.42
草本层	11	0.64	1.54

群落乔木层高度可达26m，主要以硕桦为优势种，盖度为75%，频度为100%，混生少量鱼鳞云杉(*Picea jezoensis*)、斑叶稠李(*Prunus maackii*)、筐柳(*Salix linearistipularis*)。演替层以花楷槭(*Acer ukurunduense*)为优势种，频度为90%，混生少量青楷槭(*A. tegmentosum*)、红松(*Pinus koraiensis*)、裂叶榆(*Ulmus laciniata*)等。更新层为冷杉，高度达0.8m，盖度为15%，频度为70%。

灌木层高度达3.5m，主要为金花忍冬(*Lonicera chrysantha*)，盖度达20%，混生少量刺五加(*Eleutherococcus senticosus*)、东北茶藨子(*Ribes mandshuricum*)、狗枣猕猴桃(*Actinidia kolomikta*)等。

草本层高度0.5m，主要为东北羊角芹(*Aegopodium alpestre*)，盖度为60%，频度为100%；其次为黑龙江蹄盖蕨(*Athyrium rubripes*)，盖度为70%，频度为40%，混生少量舞鹤草(*Maianthemum bifolium*)、大披针薹草(*Carex lanceolata*)、大苞乌头(*Aconitum raddeanum*)、东北蹄盖蕨(*A. brevifrons*)、深山堇菜(*Viola selkirkii*)、东北风毛菊(*Saussurea manshurica*)等。

苔藓层有拟腐木藓(*Callicladium haldanianum*)、大羽藓(*Thuidium cymbifolium*)、鞭枝疣灯藓(*Trachycystis flagellaris*)、弯叶毛锦藓(*Pylaisiadelpha tenuirostris*)等。

硕桦林很少有纯林，任其发展可恢复各类原生植被，该群落常演替为以红松为主的针阔混交林。样本林分的分层频度数据表明，未来将更新演替为以冷杉为主的针阔混交林。在经营管理上应进行合理的抚育措施以提高林分质量、加速进展演替进程。

第 4 章　灌丛

4.1　柳丛

温带落叶灌丛多为次生类型，柳丛主要分布在低山、丘陵的河流沿岸、河滩地及林地沼泽中的河流边，常年受河流活水浸渍，土壤为层状冲积性草甸土或潜育化草甸土，盖度较高，达到 90% 以上。

优势种不明显，群落外貌结构简单，树种组成单纯，蒿柳 (*Salix schwerinii*) 为分布较多的树种，常见的还有卷边柳 (*S. siuzevii*)、细柱柳 (*S. gracilistyla*)、三蕊柳 (*S. nipponica*) 等。朝鲜柳 (*S. koreensis*)、粉枝柳 (*S. rorida*) 乔木状的柳树偶有混生，在排水条件较好的地段，还有香杨 (*Populus koreana*)、春榆 (*Ulmus davidiana* var. *japonica*)、稠李 (*Padus avium*) 和暴马丁香 (*Syringa reticulata* subsp. *amurensis*) 等谷地森林常见种，呈零星分布。在有季节性积水的地方也可混生辽东桤木 (*Alnus hirsute*)。

▲ 柳丛

▲ 柳丛林相

本群落因灌木层盖度较大，草本种类较少，盖度在15%左右，主要有大叶章 (*Deyeuxia purpurea*)、蒌蒿 (*Artemisia selengensis*)、兴安薄荷 (*Mentha dahurica*)、女菀 (*Turczaninovia fastigiata*)、旋覆花 (*Inula japonica*)、细叶地榆 (*Sanguisorba tenuifolia*)、单穗升麻 (*Cimicifuga simplex*)、毛水苏 (*Stachys baicalensis*)、狼尾花 (*Lysimachia barystachys*)、石龙芮 (*Ranunculus sceleratus*)、扯根菜 (*Penthorum chinense*)、风花菜 (*Rorippa globosa*)、箭头蓼 (*Polygonum sagittatum*)、点地梅 (*Androsace umbellata*)、茴茴蒜 (*Ranunculus chinensis*)、黄连花 (*Lysimachia davurica*)、小花鬼针草 (*Bidens parviflora*)、草地乌头 (*Aconitum umbrosum*)、看麦娘 (*Alopecurus aequalis*)、菵草 (*Beckmannia syzigachne*)、水棘针 (*Amethystea caerulea*)、翼柄翅果菊 (*Lactuca triangulata*)、戟叶蓼 (*P. thunbergii*) 等。

4.2 榛丛

榛丛为红松林遭到反复破坏，经次生演替产生，小兴安岭分布较多，内蒙古、河北、山西、陕西等地，俄罗斯远东地区、朝鲜和日本也有分布，多为海拔350m以下开阔的阳坡或半阳坡的缓坡、低山带的山麓和浅丘。多生于排水条件良好，水分含量适中、土层较深厚、腐殖质含量比较高的平缓地带，土壤常为暗棕壤。

▲ 榛丛景观

▲ 榛丛林相

群落平均高 1.5m 左右，盖度达到 90%，比较密集。群落 Simpson 多样性指数为 0.84，Shannon 多样性指数为 2.41。植物种类较多，最多可达百种，多为中生喜肥的种类。榛 (*Corylus heterophylla*) 为灌木层优势树种，伴生乔木树种有春榆 (*Ulmus davidiana* var. *japonica*) 和粉枝柳 (*Salix rorida*)，灌木树种有接骨木 (*Sambucus williamsii*)、黄芦木 (*Berberis amurensis*) 和卫矛 (*Euonymus alatus*)，藤本植物有山葡萄 (*Vitis amurensis*)。

草本层植物种类丰富，盖度为 80% 左右，禾本科和莎草科植物在数量上占有绝对优势，其他植物均为零星分布，有北附地菜 (*Trigonotis radicans*)、北重楼 (*Paris verticillata*)、蝙蝠葛 (*Menispermum dauricum*)、并头黄芩 (*Scutellaria scordifolia*)、穿龙薯蓣 (*Dioscorea nipponica*)、东北羊角芹 (*Aegopodium alpestre*)、独行菜 (*Lepidium apetalum*)、鸡腿堇菜 (*Viola acuminata*)、荚果蕨 (*Matteuccia struthiopteris*)、尖萼耧斗菜 (*Aquilegia oxysepala*)、宽叶山蒿 (*Artemisia stolonifera*)、藜 (*Chenopodium album*)、龙须菜 (*Asparagus schoberioides*)、龙牙草 (*Agrimonia pilosa*)、路边青 (*Geum aleppicum*)、草本威灵仙 (*Veronicastrum sibiricum*)、轮叶沙参 (*Adenophora tetraphylla*)、萝藦 (*Metaplexis japonica*)、蒙古蒿 (*A. mongolica*)、女娄菜 (*Silene aprica*) 、球果堇菜 (*V. collina*)、蛇莓委陵菜 (*Potentilla centigrana*)、水金凤 (*Impatiens noli-tangere*)、水珠草 (*Circaea canadensis* subsp. *quadrisulcata*)、蚊子草 (*Filipendula Palmata*)、细距堇菜 (*V. tenuicornis*)、兴安老鹳草 (*Geranium maximowiczii*)、一年蓬 (*Erigeron annuus*)、硬质早熟禾 (*Poa sphondylodes*)、鼬瓣花 (*Galeopsis bifida*)、猪毛蒿 (*A. scoparia*)、紫斑风铃草 (*Campanula punctata*)、白车轴草 (*Trifolium repens*)、草地早熟禾 (*P. pratensis*)、车前 (*Plantago asiatica*)、簇生泉卷耳 (*Cerastium fontanum* subsp. *vulgare*)、东亚唐松草 (*Thalictrum minus* var. *hypoleucum*)、看麦娘 (*Alopecurus aequalis*)、宽叶蔓乌头 (*Aconitum sczukinii*)、茜草 (*Rubia cordifolia*)、欧亚旋覆花 (*Inula britannica*)、繸瓣繁缕 (*Stellaria radians*)、野大豆 (*Glycine soja*)、野蓟 (*Cirsium maackii*) 等。

4.3 兴安杜鹃丛

此类群落为寒温带落叶灌丛，在森林遭受破坏后次生演替形成，常与白桦和落叶松混生，分布在黑龙江（大、小兴安岭）、内蒙古（锡林郭勒盟、满洲里）、吉林，蒙古国、日本、朝鲜、俄罗斯也有分布，在小兴安岭广泛分布。喜光植物，常生于山顶石砬子上，排水良好的山坡、火山熔岩地貌等立地条件比较恶劣的生境也可生存。兴安杜鹃为酸性土的指示植物。群落均高 2m 左右，火山熔岩地貌立地类型上盖度为 50% 左右，白桦落叶松混交林下盖度达到 70%，但天然更新均不好。群落 Simpson 多样性指数为 0.74，Shannon 多样性指数为 2.03。植物种类不丰富，多为中生种类。群落中兴安杜鹃 (*Rhododendron dauricum*) 为灌木优势树种，乔木伴生树种有山杨 (*Populus davidiana*)、白桦 (*Betula platyphylla*)、茶条槭 (*Acer tataricum* subsp. *ginnala*) 和大黄柳 (*Salix raddeana*)。灌木树种有山刺玫 (*Rosa davurica*)、

▲ 兴安杜鹃丛景观

▲ 兴安杜鹃丛林相

蒿柳 (*S. schwerinii*)、胡枝子 (*Lespedeza bicolor*)、瘤枝卫矛 (*Euonymus verrucosus*)、榛 (*Corylus heterophylla*) 和牛叠肚 (*Rubus crataegifolius*) 等。

草本层植物种类稀疏，盖度为 90% 以上，薹草 (*Carex* spp.) 为绝对优势草本植物，其他草本植物零星分布，有草地早熟禾 (*Poa pratensis*)、穿龙薯蓣 (*Disocorea nipponica*)、大丁草 (*Leibnitzia anandria*)、东北堇菜 (*Viola mandshurica*)、费菜 (*Phedimus aizoon*)、红足蒿 (*Artemisia rubripes*)、黄花葱 (*Allium condensatum*)、鸡腿堇菜 (*V. acuminata*)、宽叶山蒿 (*A. stolonifera*)、宽叶薹草 (*C. siderosticta*)、铃兰 (*Convallaria keiskei*)、龙牙草 (*Agrimonia pilosa*)、路边青 (*Geum aleppicum*)、轮叶沙参 (*Adenophora tetraphylla*)、萝藦 (*Metaplexis japonica*)、莓叶委陵菜 (*Potentilla fragarioides*)、蒙古蒿 (*A. mongolica*)、委陵菜 (*P. chinensis*)、小玉竹 (*Polygonatum humile*)、亚菊 (*Ajania pallasiana*)、野韭 (*Allium ramosum*)、硬质早熟禾 (*P. sphondylodes*)、玉竹 (*P. odoratum*)、掌叶堇菜 (*V. dactyloides*)、猪毛蒿 (*A. scoparia*)、紫斑风铃草 (*Campanula punctata*)、紫苞鸢尾 (*Iris ruthenica*)、大叶野豌豆 (*Vicia pseudo-orobus*)、银莲花 (*Anemone cathayensis*)、东北蹄盖蕨 (*Athyrium brevifrons*)、东亚唐松草 (*Thalictrum minus* var. *hypoleucum*)、蒲公英 (*Taraxacum mongolicum*)、山柳菊 (*Hieracium umbellatum*) 和鼠掌老鹳草 (*Geranium sibiricum*) 等。

第 5 章 草甸及沼泽

5.1 草甸

小兴安岭草甸主要分布于山间、沟谷、缓坡的平坦湿地，生境湿润但不常年积水，土壤为草甸土，一般腐殖质层较厚，可达 30cm，自然肥力较高。小兴安岭的草甸大多以大叶章 (*Deyeuxia purpurea*) 为建群种，按分布生境的水湿程度可分为典型草甸和沼泽草甸两大类。

5.1.1 典型草甸

此类典型草甸在小兴安岭分布广泛，主要分布于山麓、宽河谷及一级、二级阶地或高河漫滩地段，尤其在采伐迹地、林缘、林间空地，土壤为草甸土或草甸暗棕壤。草本植被

▲典型草甸

种类丰富，春夏季间相继更替开花，色彩缤纷，故俗称“五花草塘”。主要有小白花地榆(*Sanguisorba parviflora*)、蚊子草(*Filipendula palmata*)、地榆(*S. officinalis*)、大穗薹草(*Carex rhynchophysa*)、草本威灵仙(*Veronicastrum sibiricum*)、宽叶山蒿(*Artemisia stolonifera*)、短瓣金莲花(*Trollius ledebourii*)、毛蕊老鹳草(*G. platyanthum*)、风毛菊(*Saussurea japonica*)、野豌豆(*Vicia sepium*)、种阜草(*Moehringia lateriflora*)、舞鹤草(*Maianthemum bifolium*)、沼猪殃殃(*Galium uliginosum*)等。地表湿润或有季节性积水地段常见大叶章、泽芹(*Sium suave*)以及毛水苏(*Stachys baicalensis*)、细叶繁缕(*Stellaria filicaulis*)、绣线菊(*Spiraea salicifolia*)等。

5.1.2 沼泽草甸

一般在开阔的泛滥地呈带状分布，地势平坦湿润，有季节性积水，土壤为沼泽化草甸土。群落组成单纯以大叶章为建群种，散见丛生的瘤囊薹草(*C. schmidtii*)形成的草丘(塔头)。混生一些其他杂草，短瓣金莲花、单穗升麻(*Cimicifuga simplex*)、林风毛菊(*S. sinuata*)、短柱黄海棠(*Hypericum ascyron* subsp. *gebleri*)、广布野豌豆(*V. cracca*)、水蓼(*Polygonum hydropiper*)、草甸箭叶蓼(*P. sieboldi*)、野苏子(*Pedicularis grandiflora*)、驴蹄草(*Caltha palustris*)、大穗薹草和水问荆(*Equisetum fluviatile*)等。此外，群落内还散生一些木本植物，如落叶松(*Larix gmelinii*)、红皮云杉(*Picea koraiensis*)、辽东桤木(*Alnus hirsuta*)、

▲ 沼泽草甸

绣线菊等，一般生长不良。

在山麓平湿洼地或山间低地，地表有季节积水，局部有常年积水的地段。发育有灌木层，主要由柴桦 (*Betula fruticosa*) 组成，常混生有绣线菊、蓝果忍冬 (*Lonicera caerulea*)、细柱柳 (*Salix gracilistyla*)、北悬钩子 (*Rubus arcticus*)、沼柳 (*S. rosmarinifolia*) 和越橘柳 (*S. myrtilloides*) 等。草本层还有地榆、羽叶风毛菊（*S. maximowiczii*）、燕子花 (*Iris laevigata*)、野苏子等，“塔头”上还可见多枝梅花草 (*Parnassia palustris* var. *multiseta*)、小白花地榆。

5.2　沼泽

5.2.1　草甸沼泽

常见于地表湿润或有不同程度季节性积水的草甸沼泽土，表层常有轻度泥炭化，潜育现象明显。以瘤囊薹草为优势种，混生小白花地榆和大叶章、毛水苏、短瓣金莲花、翻白蚊子草、玉蝉花 (*Iris ensata*)、二歧银莲花 (*Anemone dichotoma*)、千屈菜 (*Lythrum salicaria*) 等。瘤囊薹草生长繁茂，形成草丘 (塔头)，丘间积水，生长有驴蹄草、球尾花（*Lysimachia thyrsiflora*）、泽芹等。局部小面积地段分布有芦苇 (*Phragmites australis*) 及大叶章、东方泽泻 (*Alisma orientale*)、球尾花、狭叶荨麻 (*Urtica angustifolia*)、全叶山芹

▲草甸沼泽

(*Ostericum maximowiczii*)、弯距狸藻(*Utricularia vulgaris* subsp. *macrorhiza*)、睡菜(*Menyanthes trifoliata*) 等。

5.2.2 典型沼泽

典型沼泽在小兴安岭分布广泛，常分布于狭沟谷、小型盆地、宽河谷两侧等地形，常见于海拔 300m 左右，地表有季节性积水或常年积水的泥炭沼泽土，地下为常年冻土层。

▲典型沼泽

群落组成主要有路边青(*Geum aleppicum*)、狭叶荨麻、旌节马先蒿(*Pedicularis sceptrum-carolinum*)、圆苞紫菀(*Aster maackii*)、蒌蒿(*Artemisia selengensis*)、草本威灵仙、长瓣金莲花(*Trollius macropetalus*)、蹄叶橐吾(*Ligularia fischeri*)、毛脉酸模(*Rumex gmelinii*)、草地乌头(*Aconitum umbrosum*)、兴安藜芦(*Veratrum dahuricum*)、瘤囊薹草、狭叶甜茅(*Glyceria spiculosa*)、驴蹄草、山梗菜(*Lobelia sessilifolia*)、莓叶委陵菜(*Potentilla fragarioides*)、细叶繁缕、狭叶沙参(*Adenophora gmelinii*)、线叶十字兰(*Habenaria linearifolia*)、溪木贼、燕子花、沼沙参(*A. palustris*)、异枝狸藻(*U. intermedia*) 等。在塔头间有时还见到沼柳、越橘柳等矮灌木。苔藓植物层有粗叶泥炭藓(*Sphagnum squarrosum*)、皱蒴藓(*Aulacomnium palustre*) 和鼠尾藓(*Myuroclada maximowiczii*) 等。

5.2.3　灌木沼泽

灌木沼泽分布在小兴安岭北部地区，多见于海拔 350~500m 的河漫滩、阶地或谷地，地表有季节性积水或常年积水，土壤 1m 左右以下有永冻层，土壤为泥炭土或泥炭沼泽土。灌木层以笃斯越橘 (*Vaccinium uliginosum*)、杜香 (*Ledum palustre*) 为优势种，伴生有柴桦、绣线菊、细叶沼柳 (*Salix rosmarinifolia*) 和沼柳。草本层优势种为瘤囊薹草、灰脉薹草 (*C. appendiculata*)，伴生有林风毛菊、单穗升麻、绒背老鹳草、轮叶沙参（*A. tetraphylla*），混生草本状小灌木越橘（*V. vitis-idaea*）和北悬钩子。苔藓层植被有细叶泥炭藓 (*S. teres*)、粗叶泥炭藓、金发藓 (*Polytrichum commune*) 等。

灌木沼泽另有以柴桦和沼柳为优势种的群落类型，伴生植被有珍珠梅（*Sorbaria sorbifolia*）、绣线菊、蓝果忍冬、越橘柳、地榆、小白花地榆、黑水缬草（*Valeriana amurensis*）、全叶山芹、瘤囊薹草、灰脉薹草和白毛羊胡子草 (*Eriophorum vaginatum*）、毛水苏、细叶繁缕、驴蹄草、燕子花、山梗菜等，以及草本状小灌木北悬钩子、越橘等。有些地段有藓类植物，如粗叶泥炭藓、白齿泥炭藓 (*S. girgensohnii*)、细叶泥炭藓以及金发藓等。

▲ 灌木沼泽

第6章　草塘

东北地区北部主要水体有黑龙江、额尔古纳河、嫩江、呼伦湖和五大连池等，地貌复杂、生境多样、水生植物丰富，而草塘是最为典型的生活型。草塘是由水生高等植物所组成的植被型，在植被分类上是与森林、草原、草甸和沼泽等陆生植被位于同一等级的水生植被。水生植物生活型可分为挺水型、浮叶型、漂浮型及沉水型四种。

6.1　沉水型草塘

沉水型水生植物根茎生于泥中，整个植株沉入水中，具发达的通气组织，利于进行气体交换。叶多为狭长或丝状，能吸收水中部分养分，在水下弱光的条件下也能正常生长发育。沉水型草塘主要分布在小兴安岭静水水体或缓流水体中，水深50cm处至水池边的泥里

▲ 沉水型草塘（弯距狸藻）

都可以生长，水深大于100cm则生长受限。组成植物以北温带种类为主，伴生植物较少。沉水型草塘季相变化有别于陆生植物和其他类型的水生植物。小兴安岭分布区主要包括皱果薹草 (*Carex dispalata*)、黑藻 (*Hydrilla verticillata*)、苦草 (*Vallisneria natans*)、光叶眼子菜 (*Potamogeton lucens*) 等。

6.2 浮叶型草塘

浮叶型草塘主要分布在小兴安岭中低海拔地区，根状茎较发达，花大色艳，无明显的地上茎或茎细弱不能直立。多在静水湖沼中分布，水深多在1m以上。叶具长柄漂浮于水面，为背、腹异面叶。叶背面或叶柄常具膨大的气囊，以使叶片浮于水面。叶腹面多气孔，具栅栏组织和角质层，类似于陆生植物叶的构造。除幼叶沉水外，叶片一般由叶柄支撑，浮于水面，主要有萍蓬草 (*Nuphar pumila*)、睡莲 (*Nymphaea tetragona*)、浮叶眼子菜 (*Potamogeton*

▲浮叶型草塘（睡莲）

▲ 浮叶型草塘（莕蓬草）

natans)、线叶眼子菜 (*P. panormitanus*)、茶菱 (*Trapella sinensis*)、欧菱 (*Trapa natans*)、细果野菱 (*Trapa incisa*)、浮叶慈姑 (*Sagittaria natans*) 等。

6.3　漂浮型草塘

漂浮型草塘主要分布在中低海拔地区的湖泊、沟塘等静水水体，水体多呈微酸至中性，尤其在中营养至富营养的水体中常能大批繁殖。由于漂浮植物繁殖方式多样，故世代更替快，生物生产力高。漂浮型水生植物种类较少，这类植株的根不生于泥中，具垂生丝状根，根长 3~5cm，叶状体下面一侧具囊，新叶状体于囊内形成浮出水面，以极短的柄与母体相连，后脱落。漂浮型植物株体漂浮于水面之上，随水流、风浪四处漂泊，多为池水提供装饰和绿荫。在与浮叶植物共同构建群落过程中，一般漂浮植物占优势时，浮叶植物种类减少，分布区面积退缩。群落的季相变化较其他类型草塘早。漂浮型草塘类型相对单一，主要包括槐叶蘋 (*Salvinia natans*)、紫萍 (*Spirodela polyrhiza*) 和浮萍 (*Lemna minor*)。

▲飘浮型草塘（紫萍）

6.4 挺水型草塘

小兴安岭虽位于季风区，但由于森林与山体的阻挡，滞缓了风对水生植物生长的影响，故挺水植物和浮叶型植物种类繁多。挺水型草塘主要分布在小兴安岭低海拔地区，在河流的阶地、山前冲积扇和夷平面处分布尤多，通常生长在水深20cm左右至水边或水位较浅的地方。根部生长于泥中，而叶片或茎却挺出水面。主要有小黑三棱 (*Sparganium emersum*)、香蒲 (*Typha orientalis*)、水烛 (*T. angustifolia*)、雨久花 (*Monochoria korsakowii*)、鸭舌草 (*M. vaginalis*)、芦苇 (*Phragmites australis*)、东北甜茅 (*Glyceria triflora*)、东方泽泻 (*Alisma orientale*)、狭叶慈姑 (*Sagittaria trifolia*)、狐尾藻 (*Myriophyllum verticillatum*)、菖蒲 (*Acorus calamus*)、水葱 (*Schoenoplectus tabernaemontani*) 等植物。

▲挺水型草塘（雨久花）

下篇

小兴安岭森林植物资源彩色图鉴

第 7 章　苔藓植物

▲ 壶苞苔

科 1　壶苞苔科 Blasiaceae

壶苞苔属 *Blasia*

壶苞苔 *Blasia pusilla* L.

【形态特征】植物体中等大，肉质，丛生。叶状体匍匐，多回叉状分枝。叶状体边缘具不规则圆齿，每个裂瓣基部有一对耳状结构，内生念珠藻群落。芽胞常见，二型，一种呈不规则星状，着生于叶状体背面先端，另一种球形或卵形，着生于叶状体背部的壶状结构内。

【分布与生境】分布于中国东北、华东和西南，日本、朝鲜半岛、俄罗斯远东地区、欧洲和北美洲。生于潮湿土面、腐木或岩面薄土上。

【价值】具生态价值。

科 2　地钱科 Marchantiaceae

地钱属 *Marchantia*

地钱 *Marchantia polymorpha* L.

【形态特征】植物体大，暗绿色，宽带状，多数叶状体中间有一条黑色带。叶状体多回二叉分枝，边缘多波曲，背面具气孔；腹鳞片紫色，4~6 列，附片圆形。假根平滑或具横隔。胞芽杯边缘具粗齿。雌雄异株。雄托盘状，波状浅裂成 7~8 瓣；雌托扁平，深裂成 9~11 个指状裂瓣。

【分布与生境】分布于全世界。生于阴湿土坡、墙下或沼泽湿地或岩石上。

【价值】具药用和生态价值。

▲ 地钱

科 3　疣冠苔科 Aytoniaceae

石地钱属 *Reboulia*

石地钱 *Reboulia hemisphaerica* (L.) Raddi

【形态特征】植物体大，扁平带状，革质，深绿色，无光泽，腹面紫红色。叶状体二叉分枝；腹鳞片呈覆瓦状排列，两侧各一列，紫红色，具 2~4 枚丝状附片；气孔单一型，凸出。雌雄同株，雄托无柄，贴生于叶状体背面中部，圆盘状；雌托生于叶状体顶端，半球形，4~7 瓣裂，托柄长。

【分布与生境】分布于全世界。生于干燥的石壁、土坡或岩缝上。

【价值】具药用和生态价值。

▲石地钱

疣冠苔属 *Mannia*

西伯利亚疣冠苔 *Mannia sibirica* (Müll. Frib.) Frye & L. Clark

【形态特征】叶状体扁平带形，叉状分枝，干燥时边缘内曲，上表面平，下表面红褐色，叶状体表皮细胞角略加厚。腹鳞片大，覆瓦状，有 1~2 条披针形附片。雌雄同株，精子器托盘状，生于叶状体末端，雌托柄长 1~2cm，半球形。

【分布与生境】分布于中国黑龙江和内蒙古，俄罗斯远东地区、欧洲、北美洲。生于山坡或石缝的土壤上。

【价值】具生态价值。

▲西伯利亚疣冠苔

▲蛇苔

科 4　蛇苔科 Conocephalaceae

蛇苔属 *Conocephalum*

蛇苔 *Conocephalum conicum* (L.) Dumort.

【**形态特征**】植物体大，革质，叶状体深绿色，有光泽。叶状体多回二叉分枝，背面有六角形或菱形气室，每室中央有一个单一型的气孔，气室内有多数直立的营养丝，营养丝顶端细胞长梨形，有细长尖。雌雄异株，雌托钝头圆锥形，有无色透明的长托柄；雄托柄圆盘状，无柄，贴生于叶状体背面。

【**分布与生境**】分布于北半球。生于溪边林下阴湿碎石或土上。

【**价值**】具药用和生态价值。

科 5　钱苔科 Ricciaceae

浮苔属 *Ricciocarpos*

浮苔 *Ricciocarpos natans* (L.) Corda

【**形态特征**】植物体中等大，肥厚，海绵状，半圆形至近圆形，鲜绿色至暗绿色。叶状体二至三回二叉分枝，分枝心脏形，背面中央有沟；腹面有长带状褐色或紫红色鳞片。雌雄同株，颈卵器与精子器均埋藏于叶状体背面组织中。

【**分布与生境**】分布于中国东北、西北、华北、华东、华中和西南，东亚其他地区、欧洲、美洲、非洲和大洋洲。生于养分丰富的沼泽或水田中。

【**价值**】具生态和观赏价值。

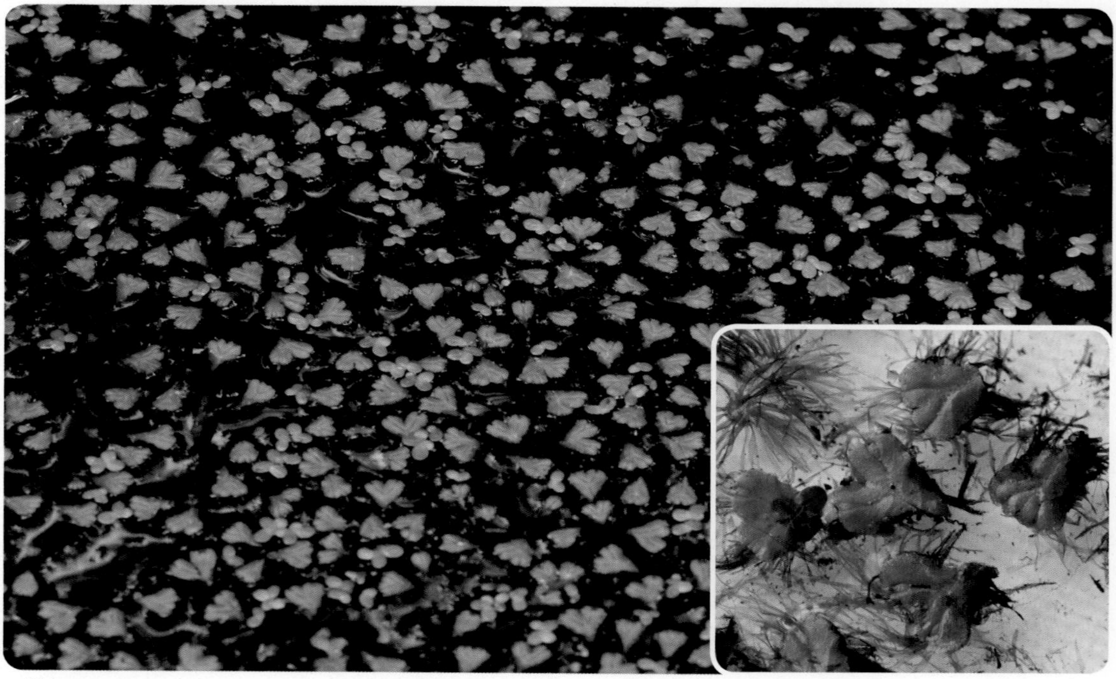

▲浮苔

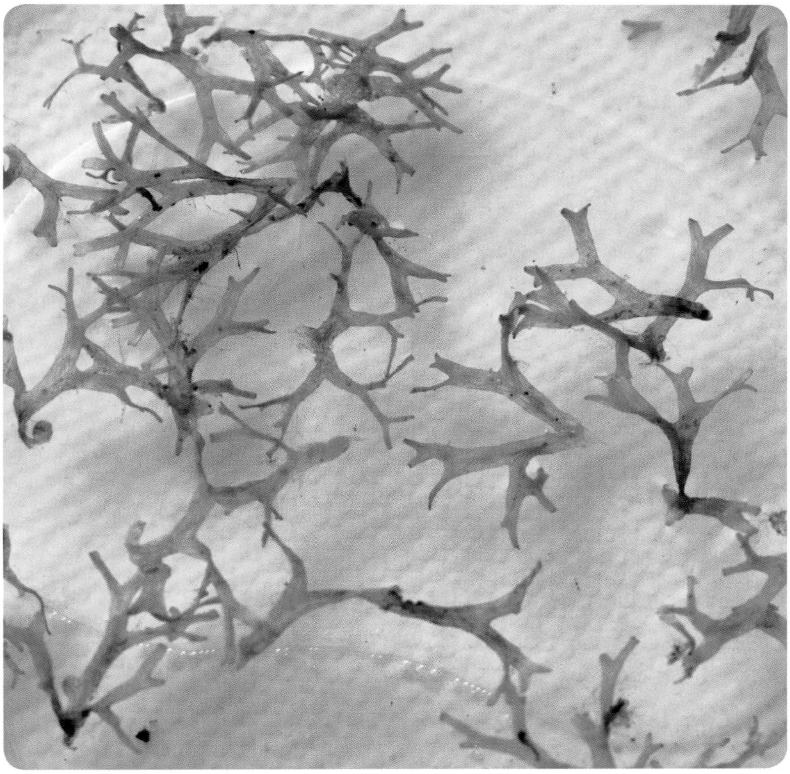

钱苔属 *Riccia*

叉钱苔 *Riccia fluitans* L.

【形态特征】叶状体小到中等大，扁平狭带状，绿色至黄绿色。叶状体多二叉分枝，陆生居群短粗，水生居群较长、纤细。叶状体横切面上同化组织的气室多角形，其间有单层绿色细胞相间隔。多雌雄异株。

【分布与生境】分布于中国东北、西北、华中、华东、华南和西南，世界广布。生于苗圃、农地、绿化带及水沟边潮湿土壤上，偶沉水。

【价值】具生态和观赏价值。

▲ 叉钱苔

▲异溪苔

科 6　溪苔科 Pelliaceae

异溪苔属 *Apopellia*

异溪苔（花叶溪苔）*Apopellia endiviifolia* (Dicks.) Nebel & D. Quandt

【形态特征】叶状体大，丛集着生，淡绿色至深绿色。不规则叉状分枝，尖端心脏形，老时末端常大量产生易落的花状分瓣。雌雄异株，精子器散列于叶状体背面中部。蒴柄透明；孢蒴球形，成熟时 4 瓣开裂；孢子由多细胞组成，表面有疣，黄绿色。

【分布与生境】分布于中国东北、西北、华中、华东、华南和西南，日本、朝鲜半岛、尼泊尔、不丹、印度、欧洲和北美洲。生于阴湿岩面或土面上。

【价值】具生态价值。

▲深裂毛叶苔

科 7　毛叶苔科 Ptilidiaceae

毛叶苔属 *Ptilidium*

深裂毛叶苔 *Ptilidium pulcherrimum* (Weber) Hampe

【形态特征】植物体纤细，疏松丛生，黄绿色或褐绿色。茎匍匐，一至三回不规则羽状分枝。侧叶覆瓦状着生，3~4 裂达叶长的 3/4 处，裂瓣披针形或三角状披针形，基部较窄，边缘有多数不规则毛状突起。腹叶小于侧叶，边缘被长毛。

【分布与生境】分布于黑龙江、内蒙古、陕西、新疆和云南，北半球广布。生于寒冷、干燥山区林下的树基或岩石上。

【价值】具生态价值。

科 8　光萼苔科 Porellaceae

光萼苔属 *Porella*

兴安光萼苔 *Porella hsinganica* C. Gao & Aur

【形态特征】植物体较细弱，不整齐羽状分枝。叶片基部有粗大的三角形耳垂状下延，叶片前缘具不规则粗大的波状突起，腹瓣和腹叶的边缘具疏齿。

【分布与生境】分布于中国东北、华北，尼泊尔、不丹和印度。生于林下岩面薄土和林内潮湿岩面上。

【价值】具生态价值。

▲兴安光萼苔

光萼苔属 *Porella*

毛缘光萼苔 *Porella vernicosa* Lindb.

【形态特征】植物体灰绿色，有光泽；匍匐，分枝不规则羽状。叶背瓣长椭圆形，覆瓦状排列，先端钝圆，强烈内卷，具多数齿，腹瓣舌形，具扭转的长齿，先端外卷，外侧边缘基部耳状，内缘基部下延。雌雄异株。

【分布与生境】分布于中国东北、河北、山东、福建、云南，朝鲜半岛、日本。林内土生或岩面薄土生。

【价值】具生态价值。

▲毛缘光萼苔

▲达乌里耳叶苔

科 9
耳叶苔科 Frullaniaceae
耳叶苔属 *Frullania*
达乌里耳叶苔 *Frullania davurica* Hampe

【形态特征】植物体大，密集成片，红棕色。茎规则羽状分枝，侧叶覆瓦状排列；背瓣圆形至卵圆形，先端圆钝，背缘基部耳状下延，腹缘轻微不下延；腹瓣兜形，具短喙;腹叶圆形至宽圆形，全缘，顶端偶略凹陷，基部多波纹状，不或轻微下延。

【分布与生境】分布于中国东北、华北、华东、华中和西南，俄罗斯、朝鲜半岛、日本。生于林下树干、树枝、岩面。

【价值】具生态价值。

科 10
细鳞苔科 Lejeuneaceae
顶鳞苔属 *Acrolejeunea*
南亚瓦鳞苔 *Acrolejeunea sandvicensis* (Gottsche) Steph.

【形态特征】植物体小到中等大，绿色。茎不规则分枝，叶背瓣卵形，顶端圆，全缘；腹瓣卵形或半圆形，边缘具3~5齿，透明疣位于腹瓣内表面中齿基部近轴侧。腹叶肾形，全缘。蒴萼倒卵球形或圆柱形，具6~10个平滑的脊。

【分布与生境】分布于中国各地，东亚其他地区、东南亚、南亚和北美。生于树皮、岩石、腐木、叶片、沙石或土上。

【价值】具生态价值。

▲南亚瓦鳞苔

科 11
挺叶苔科 Anastrophyllaceae
挺叶苔属 *Anastrophyllum*
石生挺叶苔 *Anastrophyllum saxicola* (Schrad.) R. M. Schust.

【形态特征】植物体较大，硬挺，橄榄绿或褐色或黄褐色，平铺丛生，先端上升倾立或近直立；侧叶宽，宽大于长，呈半球状，2 裂，2 瓣裂不等大，阔卵形，尖端钝圆，背瓣小，横生于茎，内弯，腹瓣大，兜状，内弯，叶背面基部下延，交错于茎；叶细胞六边形，角部加厚，基部细胞非长方形。

【分布与生境】分布于中国东北，日本、俄罗斯远东地区及西伯利亚、欧洲、北美洲。生于林下岩面薄土或湿土上。

【价值】具生态价值。

▲ 石生挺叶苔

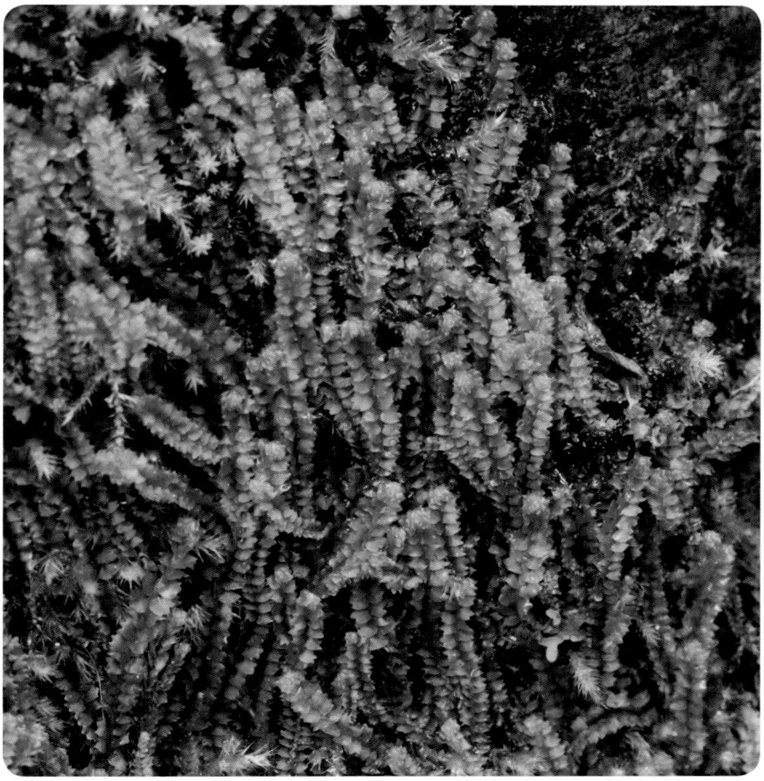

▲ 细裂瓣苔

细裂瓣苔属 *Barbilophozia*
细裂瓣苔 *Barbilophozia barbata* (Schmidel ex Schreb.) Loeske

【形态特征】植物体大，黄绿色或黄褐色，茎单一或稀叉状分枝，匍匐。侧叶斜生，蔽后式覆瓦状排列，背侧强烈偏斜，近四边形，浅 4 裂，瓣裂钝头，具小尖，两侧全缘；腹叶缺失或极小。雌雄异株。

【分布与生境】分布于中国东北、河北、四川、陕西、新疆、内蒙古，俄罗斯、日本、欧洲和北美洲。生于亚高山带的岩石表面或土上。

【价值】具生态价值。

▲ 三裂苔

科 12
裂叶苔科 Lophoziaceae
三裂苔属 *Trilophozia*
三裂苔 *Trilophozia quinquedentata* (Huds.) Bakalin

【形态特征】植物体匍匐或先端上升，绿色或黄褐色。侧叶蔽后式覆瓦状排列，近圆形，背基角向后斜列着生，腹基角横生，边缘波状，长宽相等，3 裂，瓣裂阔三角形，渐尖，腹瓣大，背瓣小；腹叶缺或披针形。雌雄异株，雌苞顶生，苞叶与茎叶近等大，3~4 裂。

【分布与生境】分布于中国东北、西北及台湾省，俄罗斯远东地区、日本、欧洲和北美洲。生于山区湿土或岩面薄土。

【价值】具生态价值。

科 13　合叶苔科 Scapaniaceae
折叶苔属 *Diplophyllum*
鳞叶折叶苔 *Diplophyllum taxifolium* (Wahlenb.) Dumort.

【形态特征】植物体较小，硬挺，匍匐生长，绿色或黄绿色，无光泽。侧叶离生或相接，横生于茎，背瓣舌形，先端锐尖或钝圆，边具细齿；腹瓣长舌形，先端钝圆，边具细齿或近全缘；叶细胞三角体不明显。雌雄异株。

【分布与生境】分布于中国东北，朝鲜半岛、俄罗斯远东地区、北美洲、欧洲。生于山区湿土岩面薄土上或土生。

【价值】具生态价值。

▲ 鳞叶折叶苔

科 14
羽苔科 Plagiochilaceae
羽苔属 *Plagiochila*
密齿羽苔 *Plagiochila porelloides* (Torr. ex Nees) Lindenb.

【形态特征】植物体中等，绿色或黄绿色。叶覆瓦状蔽后式排列，平展或斜列，背缘内折，下延，腹缘不下延，圆形或阔卵形，向腹侧渐小，背缘近先端具 3~4 个小齿，先端钝圆或截形，具 4~6 个小齿，腹缘很弯曲，具 10~14 齿，腹叶退化或丝状。

【分布与生境】分布于中国黑龙江、吉林、新疆、青海、湖北、四川、云南，日本。生于岩面薄土、腐殖质或腐木树皮上。

【价值】具生态价值。

▲ 密齿羽苔

科 15　护蒴苔科 Calypogeiaceae
假护蒴苔属 *Metacalypogeia*
假护蒴苔 *Metacalypogeia cordifolia* (Steph.) Inoue

【形态特征】植物体绿色或褐绿色，茎匍匐，分枝稀少。侧叶向两侧伸出，蔽前式覆瓦状排列，卵形，先端锐或钝圆或内凹，稀为 2 齿。腹叶离生或疏松覆瓦状排列，宽为茎的 1.5~3 倍，圆形，先端稍内凹。雌雄异株。

【分布与生境】分布于中国黑龙江、吉林、浙江、贵州、台湾，朝鲜半岛、日本。生于林下或林缘倒腐木上。

【价值】具生态价值。

▲ 假护蒴苔

科 16
泥炭藓科 Sphagnaceae
泥炭藓属 *Sphagnum*
泥炭藓 *Sphagnum palustre* L.

【形态特征】植物体大，密集交织大片生长，黄绿色至浅绿色，有时略带淡红色。茎及枝表皮细胞具螺纹，茎叶阔舌形，上部边缘有时具阔分化边。枝叶卵圆形，内凹，先端边缘内卷，绿色细胞在枝叶横切面呈狭等腰三角形或梯形，腹面裸露略多。雌雄异株。雄枝黄色或淡红色；雌苞叶阔卵形，兜状先端分化无色边缘，中下部有由绿色细胞构成的边缘。

【分布与生境】分布于中国东北、华北、华东、华中、华南和西南，日本、南亚、东南亚、美洲和大洋洲。生于潮湿林地、沼泽、草甸中。

【价值】具药用和生态价值。

▲ 泥炭藓

泥炭藓属 *Sphagnum*
白齿泥炭藓 *Sphagnum girgensohnii* Russow

【形态特征】枝及茎纤细而硬挺，密集交织生长，黄绿色或灰绿色或带淡棕色，无光泽。茎及枝表皮细胞无螺纹，茎叶短阔舌形或剑头形，先端圆钝而阔，具不规则粗齿边。枝叶卵状披针形，干时多挺立；绿色细胞在枝叶横切面呈梯形，偏于叶腹面，通常两面均裸露。

【分布与生境】分布于中国东北和西南，日本、朝鲜半岛、印尼、尼泊尔、印度（锡金）、乌克兰、俄罗斯、欧洲、北美洲和格陵兰岛。生于沼泽地、针叶林地腐殖土、塔头甸子、潮湿岩石、沟边岩面薄土上。

【价值】具药用和生态价值。

▲ 白齿泥炭藓

▲ 垂枝泥炭藓

泥炭藓属 ***Sphagnum***
垂枝泥炭藓 ***Sphagnum jensenii* H. Lindb.**

【形态特征】植物体粗大，密集交织生长，浅绿色。茎及枝表皮细胞无螺纹，茎叶小，三角状舌形，先端圆钝，具锯齿。枝叶斜卵状披针形，约比茎叶长一倍，先端渐尖，顶端狭而钝，具齿，具分化边；绿色细胞在枝叶横切面呈三角形，偏于叶背面，腹面全为无色细胞所包围。

【分布与生境】分布于中国东北和西南，日本、俄罗斯远东地区、欧洲和北美洲。生于沼泽地湿石或针叶林地。

【价值】具生态价值。

▲ 喙叶泥炭藓

泥炭藓属 ***Sphagnum***
喙叶泥炭藓 ***Sphagnum recurvum* P. Beauv.**

【形态特征】植物较纤长，苍白或黄绿色，稀呈褐色。茎叶小呈等边三角形，先端急尖，叶缘分化边上狭，中下部极宽延。枝叶呈狭卵状披针形或线状披针形，强烈内凹呈半圆筒状；绿色细胞在枝叶横切面呈卵状三角形偏于背面，腹面为无色细胞所包被。

【分布与生境】分布于中国东北、西南和西藏，日本、印度、尼泊尔、俄罗斯西伯利亚地区、欧洲、美洲、新西兰。生于沼泽地、针叶林下。

【价值】具生态价值。

▲ 粗叶泥炭藓

泥炭藓属 *Sphagnum*

粗叶泥炭藓 ***Sphagnum squarrosum* Crome**

【形态特征】植物体粗壮，密集交织生长，黄绿色。茎及枝表皮细胞无螺纹，茎叶舌形，先端圆钝，具细齿，叶缘具白色分化狭边。枝叶阔卵状披针形，内凹，先端渐狭，强烈背仰，边缘内卷，顶部钝头，具齿；绿色细胞在枝叶横切面呈梯形，偏于叶背面，腹面均裸露。

【分布与生境】分布于中国东北和西南，日本、中亚、印度、朝鲜半岛、欧洲、北非、新西兰和北美洲。生于沼泽腐殖质上。

【价值】具药用和生态价值。

* 国家二级重点保护野生植物。

▲ 粗叶泥炭藓

泥炭藓属 *Sphagnum*

柔叶泥炭藓 *Sphagnum tenellum* (Brid.) Bory

【形态特征】植物较细柔，灰绿色或黄棕色。茎叶呈短等腰三角状舌形，先端圆钝，具粗齿，两侧具狭分化边缘，至基部稍广延。枝叶阔卵形或长卵形，先端截形，具齿；绿色细胞在枝叶横切面呈三角形或梯形，偏于叶片背面，腹面全为无色细胞所包被，或部分裸露。

【分布与生境】分布于中国东北、西南，日本、欧洲、非洲及北美洲。生于林下、溪边低湿地或沼泽及水草地上。

【价值】具生态价值。

▲ 柔叶泥炭藓

泥炭藓属 *Sphagnum*

秃叶泥炭藓 *Sphagnum obtusiusculum* Lindb. ex Warnst.

【形态特征】植物较纤细，呈灰白带紫红色。茎及枝表皮细胞无螺纹，茎叶呈短等腰三角形，先端圆钝，具不规则粗齿，分化边缘上狭下部稍广延。枝叶呈密覆瓦状排列，先端倾立，叶长卵形或披针形，中上部边缘内卷；绿色细胞在枝叶横切面呈三角形或梯形，偏于叶腹面，背面为无色细胞所包被或裸露。

【分布与生境】分布于中国东北、西南、江西和新疆，南非及马达加斯加岛。生于沼泽地及高山针叶林下。

【价值】具生态价值。

▲ 秃叶泥炭藓

泥炭藓属 *Sphagnum*
细叶泥炭藓 *Sphagnum teres* (Schimp.) Ångstr. ex Hartm.

【形态特征】植物较纤细，黄绿色或淡棕色。茎叶较大，呈舌形，先端圆钝，具白色分化边，呈消蚀或锯齿状，两侧具狭分化边。枝叶呈卵圆状披针形，先端急尖，边内卷，上部稍背仰；绿色细胞在枝叶横切面呈梯形偏于叶背面，腹面常裸露或部分为无色细胞所包被。

【分布与生境】分布于中国东北、西南、西北和西藏，日本、乌克兰、俄罗斯远东地区、欧洲和北美洲。生于林下低湿之腐殖土上，或林边、溪边水草及沼泽地上，也见于塔头甸子水中。

【价值】具药用和生态价值。

▲ 细叶泥炭藓

泥炭藓属 *Sphagnum*
小孔泥炭藓 *Sphagnum microporum* Warnst. ex Cardot

【形态特征】植物体较纤细，上部淡绿色，下部灰白带绿色。茎叶小，呈三角状舌形，先端圆钝，顶边消蚀成粗齿状，两侧分化边狭或向下稍宽延。枝叶疏松排列，往往一向偏斜，卵状阔披针形，先端钝，具粗齿，边缘略内卷，具狭分化边；绿色细胞在枝叶横切面呈狭长方形或楔形位于中部，背腹面均裸露。

【分布与生境】分布于中国东北、西南、华东地区，朝鲜半岛。生于沼泽潮湿林地及塔头甸子中，也见于溪边水中。

【价值】具生态价值。

▲ 小孔泥炭藓

▲ 岸生泥炭藓

泥炭藓属 *Sphagnum*

岸生泥炭藓 *Sphagnum riparium* Aongstr.

【形态特征】植物体疏松丛生，绿色或呈灰黄绿色。茎皮部由 2~3 层大形无色细胞构成，表皮细胞无水孔。茎叶呈舌状三角形或阔舌形，先端内凹呈兜形或破裂具粗齿；两侧具宽分化边向下边更宽延；中下部的大型细胞常具纤维分隔。枝叶呈卵状披针形，上部边缘强烈内卷，顶部截形，具细齿；大型无色细胞具螺纹，腹面上部常具角隅对孔，背面具大型中央孔；绿色细胞在枝叶横切面观呈三角形。雌雄异株。雄枝褐色；雄苞叶基部收缩，向上变宽，急尖，具宽分化边；雌苞叶椭圆形，有时仅绿色细胞显著，无色细胞无纹孔。

【分布与生境】分布于中国黑龙江省，俄罗斯远东及西伯利亚地区、欧洲北部及北美洲。生于沼泽地。

【价值】具生态价值。

▲ 尖叶泥炭藓

泥炭藓属 *Sphagnum*

尖叶泥炭藓 *Sphagnum capillifolium* (Ehrh.) Hedw.

【形态特征】植物体疏丛生，通常呈淡绿色、黄褐色、带紫红色。茎叶在同株上异形，下大上小，叶片呈长卵状等腰三角形，渐狭，分化边缘上狭，下部明显广延；上部无色细胞阔菱形，多具分隔，下部细胞长菱形，分隔渐少。无色细胞密被螺纹，腹面上部细胞上下角均具小孔，下部及边缘细胞具多数大圆孔，背面则密被半圆形厚边成列对孔。绿色细胞在叶横切面呈三角形，偏于叶片腹面。雌雄杂株，雄枝着生精子器部分带红色；雄苞叶短宽，急尖；雌苞叶阔卵形，内凹呈瓢状。

【分布与生境】分布于中国东北、西北、西南、华中、华东，日本、南亚、东南亚、美洲、大洋洲。生于沼泽地。

【价值】具生态价值。

泥炭藓属 *Sphagnum*

中位泥炭藓 *Sphagnum magellanicum* Brid.

【形态特征】植物体粗大，密集交织生长，黄绿色至紫红色。茎及枝表皮细胞疏被螺纹，茎叶舌形，先端较阔，具分化白边。枝叶卵圆形，内凹呈兜形；绿色细胞在枝叶横切面呈椭圆形，位于叶片中部，背腹面全为无色细胞所包围。

【分布与生境】分布于中国东北和西南，日本、俄罗斯远东地区、印度尼西亚、欧洲、非洲南部、马达加斯加、智利和北美洲。生于高寒地区沼泽、针叶林及杜鹃灌丛下。

【价值】具药用和生态价值。

▲ 中位泥炭藓

科 17　金发藓科 Polytrichaceae

拟金发藓属 *Polytrichastrum*

台湾拟金发藓 *Polytrichastrum formosum* G. L. Sm.

【形态特征】植物体中等至大型，常密集丛生，绿色至黄绿色。茎直立，多单一。叶干时贴生，湿时倾立，基部阔鞘状，上部狭披针形，叶缘具锐齿；腹面栉片密生，高 4~6 个细胞，顶细胞椭圆形，略膨大；中肋突出叶先端呈芒状尖。蒴柄达 5cm；孢蒴具 4 棱；蒴帽密被金色纤毛。

【分布与生境】分布于中国东北、华北、华东、华南和西南，日本、俄罗斯远东地区、尼泊尔、叙利亚、欧洲、北非和北美洲。生于高山或亚高山林地。

【价值】具生态价值。

▲ 台湾拟金发藓

拟金发藓属 *Polytrichastrum*

拟金发藓 *Polytrichastrum alpinum* G. L. Smith

【形态特征】植物体中等至大型，散生或丛生，绿色。茎直立，常具分枝，上部密生叶。上部叶干时贴生或倾立，湿时倾立，叶基明显鞘状，上部狭披针形，叶缘具锐齿；栉片密生，常有5~8个细胞，顶细胞膨大，卵形，具粗疣。孢蒴多直立，圆柱形；蒴帽密被棕色纤毛。

【分布与生境】分布于中国东北、华北、华东、西南和西北，世界广布。生于高山林地。

【价值】具生态价值。

▲ 拟金发藓

仙鹤藓属 *Atrichum*

多蒴仙鹤藓 *Atrichum undulatum* var. *gracilisetum* Besch.

【形态特征】植物体中等大，茎单一或少分枝。叶长舌形，干时常强烈卷曲，湿时常具斜向波纹；叶中部细胞多为椭圆形，叶边常具 1~3 列狭长细胞构成的边缘，具双齿；单中肋长达叶尖；栉片一般 4~5 列，多数高 3~6 个细胞，仅生于中肋腹面。雌雄异株。蒴柄细长，直立。孢蒴长圆柱形，多 2~5 个丛生。

【分布与生境】分布于中国东北、西北和西南，朝鲜半岛、日本、泛喜马拉雅地区等北半球大部分地区。生于较潮湿的路边、林地或岩面。

【价值】具生态价值。

▲ 多蒴仙鹤藓

金发藓属 *Polytrichum*

桧叶金发藓 *Polytrichum juniperinum* Hedw.

【形态特征】植物体大型，稀疏或密集丛生，绿色、暗绿色至红褐色。茎单一或具分枝。叶干时直立，湿时倾立，基部鞘状，上部披针形，叶边近全缘，上部常强烈内卷；栉片密生，高 6~7 个细胞，顶细胞梨形；中肋突出叶尖，呈具齿突的红褐色芒尖。蒴柄达 4cm；孢蒴 4 棱，台部明显；蒴帽密被金黄色纤毛。

【分布与生境】分布于中国东北、西北和西南，东亚、印度、欧洲、非洲、北美洲和南美洲。生于阴湿林地。

【价值】具药用和生态价值。

▲ 桧叶金发藓

金发藓属 *Polytrichum*

金发藓 *Polytrichum commune* Hedw.

【形态特征】植物体大型，稀疏或密集丛生，绿色至暗绿色。茎直立，常单一。叶干时直立贴茎，湿时伸展，基部鞘状，上部披针形，叶缘具锐齿；栉片密生，高5~9个细胞，顶细胞略宽于下部细胞，上表面常明显内凹；中肋突出叶尖。蒴柄长4~8cm；孢蒴4棱，台部明显；蒴帽密被金色纤毛。

【分布与生境】分布于中国东北、华北、华东、华中、西北和西南，世界广布。生于路边土面或林地。

【价值】具药用和生态价值。

▲ 金发藓

小金发藓属 *Pogonatum*

疣小金发藓 *Pogonatum urnigerum* (Hedw.) P. Beauv.

【形态特征】植物体中等至大型，片状丛生，灰绿色。茎上部偶不规则分枝。上部叶片干时贴茎，湿时倾立或略背仰，鞘部卵形，上部骤狭为披针形，先端刺状，叶缘内曲，上部具粗齿；栉片密生，高4~6个细胞，顶细胞分化，圆形至卵形，带褐色，厚壁，具疣。蒴柄2.5~3cm；孢蒴圆柱形，蒴帽具金黄色纤毛。

【分布与生境】分布于中国诸多省区，巴基斯坦、巴布亚新几内亚和坦桑尼亚。生于阳光充足的干燥林地或石壁上。

【价值】具生态价值。

▲ 疣小金发藓

小金发藓属 *Pogonatum*

细疣小金发藓 *Pogonatum dentatum* (Brid.) Brid.

【形态特征】植物体稀疏丛生，矮小，常呈红绿色。茎直立，不分枝或分枝。叶片直立，干燥时硬挺，略内卷，长披针形渐尖，基部鞘状；叶缘狭，中肋宽，达于叶尖，先端背面有时具锐齿。蒴柄长达4.5cm，红褐色，具光泽。孢蒴稍倾立，无棱及台部。

【分布与生境】分布于中国东北、西北、西南，朝鲜半岛、日本、俄罗斯远东地区、欧洲、北美洲。生高山或林缘路旁，砂质黏土或黏土上，有时生于沼泽土上。

【价值】具生态价值。

▲ 细疣小金发藓

科 18

葫芦藓科 Funariaceae

葫芦藓属 *Funaria*

葫芦藓 *Funaria hygrometrica* Hedw.

【形态特征】植物体小至中等大，稀疏或密集丛生，黄绿色。茎单一或分枝。叶多簇生在茎先端，干时皱缩，湿时倾立，阔卵形、卵状披针形至倒卵圆形，先端急尖，叶边多少内卷，全缘；中肋单一，及顶或偶短突出。孢蒴梨形，不对称，倾立至垂倾；蒴帽兜形，形似葫芦瓢状。

【分布与生境】分布于中国大部分地区，世界广布。生于村边或火烧迹地土壁。

【价值】具生态和药用价值。

▲ 葫芦藓

立碗藓属 *Physcomitrium*

立碗藓 *Physcomitrium sphaericum* (C. Ludw.) Brid.

【形态特征】植物体小，稀疏或密集丛生，淡绿色。茎不分枝。叶椭圆形至倒卵状匙形，先端渐尖，叶边全缘或上部具疏钝齿；中肋单一，长达叶尖，偶短突出。孢蒴高出苞叶，半球形。

【分布与生境】分布于中国东北、华东、华南和西南，日本、俄罗斯、欧洲和北美洲。生于农地。

【价值】具生态价值。

▲ 立碗藓

科 19　白发藓科 Leucobryaceae

白氏藓属 *Brothera*

白氏藓 *Brothera leana* (Sull.) Müll. Hal.

【形态特征】植物体矮小，丛生，灰绿色。茎直立，高约 5mm，不育枝顶端具丛生无性芽胞。叶长披针形，多内卷；中肋宽阔，充满叶上部，横切面通常 3 层细胞，中间的绿色细胞排列不规则。叶细胞长方形，壁薄，透明。

【分布与生境】分布于中国东北、华北、西北、华东、华南和西南，亚洲、北美洲。生于岩面薄土上。

【价值】具生态价值。

▲ 白氏藓

科 20 缩叶藓科 Ptychomitriaceae

缩叶藓属 *Ptychomitrium*

中华缩叶藓 *Ptychomitrium sinense* (Mitt.) A. Jaeger

【形态特征】植物体矮小，绿色或褐绿色，常成小圆形垫状藓丛。茎单一或稀分枝，具明显分化中轴。叶干燥时强烈卷缩，湿时伸展倾立，先端略内弯，线披针形，基部阔平，叶缘平直，无齿，叶上部细胞常不透明，叶基部细胞短长方形至长方形。雌雄同株，雄苞常见于雌苞下方。蒴柄长短变化较大，直立，黄褐色；孢蒴直立，长椭圆形或长圆柱形；蒴齿单层，淡黄色。

【分布与生境】分布于中国东北、华北、西北、华中、华东，朝鲜半岛、日本。生于花岗岩岩面。

【价值】具生态价值。

▲ 中华缩叶藓

科 21 紫萼藓科 Grimmiaceae

紫萼藓属 *Grimmia*

毛尖紫萼藓 *Grimmia pilifera* P. Beauv.

【形态特征】植物体粗壮，稀疏成片丛生，上部黄绿色或绿色，下部深绿色或近黑色。茎倾立，硬挺，稀疏叉状分枝，中轴细胞不分化。叶干燥时硬挺，直立，稀覆瓦状排列，湿润时向外伸展，基部卵圆形，略呈鞘状，向上急剧收缩成披针形或长披针形，明显龙骨状背凸，先端具透明白色毛尖，叶边全缘，中下部背卷，中肋单一。雌雄异株。蒴柄短，直立；孢蒴直立，内隐于苞叶内。

【分布与生境】分布于中国南北各地，朝鲜半岛、日本、印度、俄罗斯、北美洲。生于不同海拔地区裸露、光照强烈的花岗岩石上或林下石面上。

【价值】具生态价值。

▲ 毛尖紫萼藓

长齿藓属 *Niphotrichum*

东亚长齿藓 *Niphotrichum japonicum* (Dozy &Molk.) Bedn.-Ochyra & Ochyra

【形态特征】植物体中等大，密集交织丛生，黄绿色。茎单一或稀疏分枝。叶干燥时贴茎，湿润时舒展，阔卵圆形或长卵圆形，先端龙骨状，急尖，具短的透明状毛尖；中肋单一，粗大，达叶长的 4/5~5/6。孢蒴高出，长卵形，直立。

【分布与生境】分布于中国东北、华北、西北、华东等地，越南、朝鲜半岛、日本、俄罗斯和澳大利亚。生于岩面及岩面薄土上。

【价值】具观赏和生态价值。

▲ 东亚长齿藓

连轴藓属 *Schistidium*

粗疣连轴藓 *Schistidium strictum* (Turner) Loeske ex Mårtensson

【形态特征】植物体纤细，高约 1~2cm，红色至黑褐色，稀疏丛生。茎直立，具多数分枝。叶卵状披针形，上部龙骨状背凸，先端具较短白色透明毛尖，毛尖具齿；叶边两侧背卷；中肋及顶，背面具明显疣状突起。

【分布与生境】分布于中国东北、华北、西北、华中、华东、西南等地，巴基斯坦、印度、日本、俄罗斯和北美洲。生于裸岩上。

【价值】具生态价值。

▲ 粗疣连轴藓

科 22
曲尾藓科 Dicranaceae
曲尾藓属 *Dicranum*
钩叶曲尾藓 *Dicranum hamulosum* Mitt.

【形态特征】植物体中等大小，柔软，暗黄绿色，密丛生。茎单一或叉状分枝，下部有假根。叶片密生，干燥时卷缩，湿时四散，从宽阔的基部渐向上呈狭披针形，上部内卷呈管状，叶边中上部有 2 列齿。中肋粗壮，达叶尖部终止，中部以上背面有锐齿。角细胞明显分化。雌雄异株。蒴柄红色直立，孢蒴短柱形，直立，辐射对称，干时略背曲。

【分布与生境】分布于中国东北、浙江、台湾，日本、俄罗斯远东地区。生于山区林下的红松、云杉或赤杨的树干基部，呈小丛状。

【价值】具生态价值。

▲ 钩叶曲尾藓

曲尾藓属 *Dicranum*
日本曲尾藓 *Dicranum japonicum* Mitt.

【形态特征】植物体丛生，黄绿色或褐绿色。茎单一，稀分枝。叶狭长披针形，镰刀形一侧弯曲；叶边上部具单列齿；中肋突出于叶尖，上部背面具 2 列粗齿。叶上部细胞长六边形，基部细胞狭长，具壁孔，角细胞明显分化，褐色。

【分布与生境】分布于中国东北、华北、西北、华南、华中、华东、西南等地，日本、朝鲜半岛、俄罗斯远东地区。生于岩面。

【价值】具生态价值。

▲ 日本曲尾藓

科 23　凤尾藓科 Fissidentaceae

凤尾藓属 *Fissidens*

卷叶凤尾藓 *Fissidens dubius* P. Beauv.

【形态特征】植物体中等大小，绿色至深绿色，偶带褐色。茎单一；中轴分化明显；无腋生透明结节。叶排列紧密，13~46 对；茎上部叶明显大于下部叶，披针形，先端急尖，背翅基部圆形，稍下延；鞘部为叶全长的 3/5~2/3；叶有由 3~5 列平滑的细胞构成的浅色边缘，叶边具细圆齿，先端具不规则齿；中肋粗壮，及顶至稍突出。

【分布与生境】分布于中国各地，世界广布。生于阴湿土表、岩石上，偶见于树干、腐木上。

【价值】具生态价值。

▲ 卷叶凤尾藓

凤尾藓属 *Fissidens*

裸萼凤尾藓 *Fissidens gymnogynus* Besch.

【形态特征】植物体形小，黄绿色至深绿色。茎单一，连叶高多不及 1cm；中轴分化不明显；无腋生透明结节。叶 9~25 对，排列较为紧密，干时明显卷缩，舌形或披针形，先端钝，具小短尖，背翅基部圆形至楔形；鞘部为叶全长的 1/2~3/5，不对称；叶边具细圆齿；中肋于叶尖稍下部消失。叶细胞六边形，具乳突。孢蒴圆柱形，直立，对称。

【分布与生境】分布于中国华北、西北、华中、华南、西南、华东等地，为黑龙江省新记录种。生于阴湿土表和岩石上。

【价值】具生态价值。

▲ 裸萼凤尾藓

科 24 牛毛藓科 Ditrichaceae

角齿藓属 *Ceratodon*

角齿藓 *Ceratodon purpureus* (Hedw.) Brid.

【形态特征】植物体中等大小，密集丛生，黄绿色至红棕色。茎直立，单一或具少数分枝。叶干时贴茎，湿时倾立，披针形或长披针形，渐尖，叶边背卷，上部具不规则齿；中肋单一，强劲，及顶或短突出。孢蒴多倾立，近圆柱形，表面具纵沟，红棕色。

【分布与生境】分布于中国东北、华中、西南和西北，世界广布。生于开阔林下土面或腐木上。

【价值】具生态价值。

▲ 角齿藓

科 25 粗石藓科 Rhabdoweisiaceae

狗牙藓属 *Cynodontium*

狗牙藓 *Cynodontium gracilecens* (F. Weber & D. Mohr) Schimp.

【形态特征】植物体密集丛生垫状，绿色或深绿色，有时黄褐色，无光泽。茎直立。叶直立或背仰，干时卷缩，基部宽，向上渐呈狭舌状，叶缘平直，具乳头；中肋达于叶尖终止；叶片基部细胞长方形，向上细胞变短，方圆形，具粗长乳头。雌雄异株。蒴柄弧形弯曲，草黄色。孢蒴长卵形，具纵行肋状突起。

【分布与生境】分布于中国东北、西南，日本、朝鲜半岛、俄罗斯远东地区、欧洲、北美洲。生于山区岩石薄土或腐殖土上，稀见于树基部。

【价值】具生态价值。

▲ 狗牙藓

卷毛藓属 *Dicranoweisia*

细叶卷毛藓 *Dicranoweisia cirrata* (Hedw.) Lindb.

【形态特征】旱生藓类，外形似直毛藓。植物体小，密集丛生，深绿色或黄绿色。茎直立，基部具假根。叶密生，直立，长 1.5~2.5mm，基部宽，向上呈狭长披针形，有细长叶尖，叶中上部内卷，全缘平滑。雌雄同株。雌苞叶分化明显，短阔披针形，雄器苞短，生于雌苞下方或短侧枝上。孢蒴长椭圆柱形，蒴帽兜形，齿片 16。

【分布与生境】分布于中国东北和新疆，亚洲其他地区、欧洲、北美洲、非洲北部和澳大利亚。生于山区林下或林边砂石质土上、岩面薄土上或树干基部。

【价值】具生态价值。

▲ 细叶卷毛藓

科 26　丛藓科 Pottiaceae

红叶藓属 *Bryoerythrophyllum*

红叶藓 *Bryoerythrophyllum recurvirostrum* (Hedw.) P. C. Chen

【形态特征】植物体绿色至深绿色，有时带红褐色。叶干燥时卷曲，潮湿时倾立，狭状卵状披针形至线状披针形，稍弯曲，先端渐尖；叶边中部常背卷，中下部全缘，尖部具细齿；中肋粗壮，及顶。叶中上部细胞方形至多边形，具多数马蹄形或圆形细疣，基部细胞短矩形，平滑，无色或带红色。雌雄同株。蒴柄直立，长 1~1.5cm，红褐色。孢蒴直立，圆柱形，红褐色。

【分布与生境】分布于中国东北、华北、西北、华中、西南等地，亚洲其他地区、欧洲、北美洲、大洋洲。生于土表或岩面上。

【价值】具生态价值。

▲ 红叶藓

科 27　珠藓科 Bartramiaceae

珠藓属 *Bartramia*

直叶珠藓 *Bartramia ithyphylla* Brid.

【形态特征】植物体密集丛生；茎红褐色，棱形，直立，稀分枝。叶片近直立，基部半鞘形，无色透明，向上渐狭，呈细长鬃毛状；叶缘平或微卷呈半管状，具锐齿；中肋宽，长达叶尖。叶片上部细胞狭长方形，边缘 2~3 层，具疣。雌雄异株。孢蒴倾立，球形，背凸。

【分布与生境】分布于中国东北、华北、华南、华中、西南，泛喜马拉雅地区、日本、俄罗斯远东地区、大洋洲、欧洲、美洲和非洲。生于平原和高山森林郁闭处，多生于砂质黏土上或岩石表面。

【价值】具生态价值。

▲ 直叶珠藓

科 28 虎尾藓科 Hedwigiaceae

虎尾藓属 *Hedwigia*

虎尾藓 *Hedwigia ciliata* Ehrh. ex P. Beauv.

【形态特征】植物体粗壮，硬挺，常密集丛生，灰绿色至黑褐色。主茎匍匐，支茎直立至倾立，不规则分枝。叶干时覆瓦状紧贴，湿时倾立，卵状披针形，略内凹，具长或短的透明尖，叶先端边缘常具齿；叶细胞近方形至卵圆形，具单疣至多疣；中肋缺失。孢蒴隐生，球形，蒴帽兜形。

【分布与生境】分布于中国多省区，世界广布。生于岩石表面。

【价值】具生态价值。

▲ 虎尾藓

科 29 提灯藓科 Mniaceae

匐灯藓属 *Plagiomnium*

尖叶匐灯藓 *Plagiomnium acutum* T. J. Kop.

【形态特征】植物体大，稀疏丛生，绿色。主茎匍匐，营养枝弓形弯曲，生殖枝近直立，不分枝。叶干时皱缩，湿时伸展，卵状披针形至椭圆形，叶基狭缩，先端渐尖，分化边明显，叶边中上部具单列锯齿；中肋单一，长达叶尖。

【分布与生境】分布于中国多个省区，蒙古国、印度、尼泊尔、不丹、缅甸、越南、朝鲜半岛、日本和俄罗斯。生于林下岩面薄土或石上。

【价值】具观赏和生态价值。

▲ 尖叶匐灯藓

匐灯藓属 *Plagiomnium*

匐灯藓 *Plagiomnium cuspidatum* T. J.Kop.

【形态特征】本种与尖叶匐灯藓 ***P. acutum*** 叶形相近，但本种叶细胞角部明显增厚，而后者细胞薄壁，角部不增厚。

【分布与生境】分布于中国多个省区，亚洲其他区域、欧洲、非洲、美洲等。生于土表、石上或岩面薄土上。

【价值】具生态价值。

▲ 匐灯藓

匐灯藓属 ***Plagiomnium***
皱叶匐灯藓 ***Plagiomnium arbuscula*m** **T. J. Kop.**

【形态特征】主茎匍匐，支茎直立。叶干时皱缩，狭长形或舌形，茎叶较大，小枝叶较小，具明显横波纹，先端急尖或渐尖，基部狭缩，下延；叶边通体具齿，齿由1~2 个细胞组成；中肋粗壮，及顶。叶细胞为不规则多边形至圆形，角部明显增厚，边缘分化 2~3 列狭长细胞。
【分布与生境】分布于中国东北、华北、西北、华东、西南、华南等地，尼泊尔、不丹和印度。生于石上。
【价值】具生态价值。

▲ 皱叶匐灯藓

毛灯藓属 ***Rhizomnium***
毛灯藓 ***Rhizomnium punctatum*** **T. J. Kop.**

【形态特征】植物体硬挺，疏丛生，明绿色。茎单一，布满褐色假根；叶疏生，不成丛状顶生。叶片干时波状弯曲，不褶皱，潮湿时舒展，不下延，基部特别狭窄，渐上成阔倒卵形，先端钝，形成凸状小尖。蒴柄长2~4cm，孢蒴长椭圆形，平列或倾垂。蒴盖喙状小尖。
【分布与生境】分布于中国东北、西北、华东、西南等地，朝鲜半岛、日本、印度、锡金、俄罗斯远东地区、欧洲、北美洲和非洲。生于湿草原和潮湿的林下沼泽土壤上，有时石生或腐木生。
【价值】具生态价值。

▲ 毛灯藓

疣灯藓属 *Trachycystis*

树形疣灯藓 *Trachycystis ussuriensis* (Maack & Regel) T. J. Kop.

【形态特征】植物体粗壮，密集丛生，绿色至黄绿色。营养枝匍匐，呈弓形弯曲或斜伸，生殖枝直立，先端往往丛生多数小枝。叶干燥时多少卷曲，湿时伸展，长卵圆形至阔卵圆形，基部阔，尖端渐锐尖，中上部边缘不明显分化，具锯齿，中肋单一，长达叶尖。

【分布与生境】分布于中国多个省区，蒙古国、朝鲜半岛、日本、俄罗斯。生于林下石壁上。

【价值】具生态价值。

▲ 树形疣灯藓

科 30　真藓科 Bryaceae

真藓属 *Bryum*

真藓（银叶真藓）*Bryum argenteum* Hedw.

【形态特征】植物体小，密集或疏松丛生，银白色至淡绿色，具绢丝光泽。茎偶不规则分枝。叶干湿时均覆瓦状排列，宽卵圆形或近圆形，内凹，具细长尖或短渐尖，上部无色透明，下部呈淡绿色或黄绿色，叶边全缘；中肋单一，在叶中上部消失。孢蒴卵圆形或长卵形，垂倾。

【分布与生境】分布于中国大多地区，世界广布。生于土表或岩面薄土上。

【价值】具药用和生态价值。

▲ 真藓

真藓属 *Bryum*

垂蒴真藓 *Bryum uliginosum* (Brid.) Bruch & Schimp.

【形态特征】植物体密集或疏松丛生。茎直立，单一或具叉状分枝。叶披针形至长卵状披针形；叶边背卷，全缘；中肋粗壮，突出于叶尖，呈芒状。叶中部细胞六边形或菱形，边缘明显分化 2~4 列线形细胞。孢蒴长棒状至梨形，平列至下垂。

【分布与生境】分布于中国东北、西北、华北、华东和西南等区，新西兰、智利、北极地区和北半球高山上。生于土表、岩石、岩面薄土或树基上。

【价值】具观赏和生态价值。

▲ 垂蒴真藓

短月藓属 *Brachymenium*

短月藓 *Brachymenium nepalense* Hook.

【形态特征】植物体较粗壮，丛生。茎直立，高可达 2cm。叶丛集于枝端呈莲座状，长匙形，渐尖；叶边背卷，上部具齿；中肋粗壮，突出呈毛尖状，基部红色。叶中上部细胞菱形或六边形，基部细胞长方形，上部边缘分化 1~3 列狭长细胞。孢蒴直立或略倾立，短棒槌形。

【分布与生境】分布于中国东北、西北、华北、华东、华南和西南等区，亚洲多国。生于树基部、土表及岩面薄土上。

【价值】具生态价值。

▲ 短月藓

大叶藓属 *Rhodobryum*

狭边大叶藓 *Rhodobryum ontariense* Kindb.

【形态特征】植物体稀疏丛生。主茎匍匐，支茎直立。茎顶部叶簇集呈花瓣状，长舌形；叶边上部平展，具齿，下部背卷；中肋及顶，横切面中后部具厚壁细胞束，背部具1层大型细胞。叶细胞长菱形，边缘细胞不明显分化。

【分布与生境】分布于中国东北、西北、华北、华中、华南和西南等区，亚洲其他地区、非洲。生于林下、岩面或岩面薄土上。

【价值】具药用和生态价值。

▲ 狭边大叶藓

科 31

皱蒴藓科 Aulacomniaceae

皱蒴藓属 *Aulacomnium*

皱蒴藓 *Aulacomnium palustre* Schwägr.

【形态特征】植物体粗大，密集大片丛生，绿色或黄绿色。茎直立，具分枝。叶披针形或阔披针形，中部边缘内卷，上部平展，先端钝尖，叶边全缘或有钝齿；中肋单一，达于叶尖。部分枝端有无性芽聚生。

【分布与生境】分布于中国东北、西北和西南等区，世界广布。生于沼泽地上。

【价值】具生态价值。

▲ 皱蒴藓

科 32
棉藓科 Plagiotheciaceae
棉藓属 *Plagiothecium*
圆条棉藓 *Plagiothecium cavifolium* (Brid.) Z. Iwats.

【形态特征】植物体小至中等大小，具光泽。茎不规则密集分枝，多少呈圆条状，中轴分化。叶覆瓦状排列，卵圆形、椭圆形，或略呈卵状披针形，急尖或略渐尖，基部略下延或不下延，两侧近对称至略不对称，内凹；叶边平展，先端具微齿；中肋 2 条，较短。叶中部细胞线形，先端和基部细胞略短。

【分布与生境】分布于中国东北、华北、西北、华东、华南和西南等区，巴基斯坦、不丹、尼泊尔、朝鲜半岛、日本、蒙古国、俄罗斯远东地区、欧洲、北美洲。生于土表、岩面或岩面薄土上。

【价值】具生态价值。

▲ 圆条棉藓

科 33
蝎尾藓科 Scorpidiaceae
水灰藓属 *Hygrohypnum*
褐黄水灰藓 *Hygrohypnum ochraceum* (Wilson) Loeske

【形态特征】植物体中等至大型，疏松丛生，黄绿色或绿色。茎匍匐，稀疏不规则分枝。茎叶密集，阔卵形、长椭圆状舌形至披针形，上部常内卷呈半管形，先端钝，常内凹或破损，叶边全缘或先端具细齿；叶角细胞分化、透明；中肋分叉，达叶中部。枝叶有时略大。

【分布与生境】分布于中国东北、华北、西北和西南等区，东亚、俄罗斯远东地区、欧洲、北美洲。生于山涧急流岩面上。

【价值】具生态价值。

▲ 褐黄水灰藓

科 34
湿原藓科 Calliergonaceae
湿原藓属 *Calliergon*
湿原藓 *Calliergon cordifolium* (Hedw.) Kindb.

【形态特征】植物体黄绿色至绿色。茎直立或倾立，稀疏不规则分枝。茎叶卵状心形，直立，先端钝，常内凹成兜形；叶边全缘；中肋单一，达叶尖稍下部消失。枝叶与茎叶同形，较窄小。叶中部细胞长虫形，尖部和基部细胞短，角细胞分化，透明，凸出成耳状。

【分布与生境】分布于中国东北、华北、西北和西南等区，日本、尼泊尔、格陵兰岛、俄罗斯远东地区、欧洲、北美洲和大洋洲。生于潮湿土表或岩面薄土上。

【价值】具生态价值。

▲ 湿原藓

科 35　水藓科 Fontinalaceae
水藓属 *Fontinalis*
水藓 *Fontinalis antipyretica* Hedw.

【形态特征】植物体疏松或密集交织生长，绿色或暗绿色。茎稀疏或密集不规则羽状分枝，枝先端锐尖或钝。茎叶三裂着生，卵形至卵状披针形，先端锐尖或圆钝，基部下延，叶边平直，全缘；角细胞分化，有时形成叶耳；中肋缺失。

【分布与生境】分布于中国东北、内蒙古和新疆等地，日本、欧洲、北美洲和非洲。生于流动浅水底部的岩石或树根上。

【价值】具观赏和生态价值。

▲ 水藓

科 36　塔藓科 Hylocomiaceae

拟垂枝藓属 *Rhytidiadelphus*

大拟垂枝藓（拟垂枝藓） *Rhytidiadelphus triquetrus* (Hedw.) Warnst.

【形态特征】植物体粗大，硬挺，常疏松丛生，黄绿色至绿色，偶带橙红色。茎上部羽状分枝，枝平列。茎叶阔卵状披针形，具不规则纵褶，先端渐尖，有时略背仰，叶缘上部具齿，下部具细齿或细圆齿；叶上部细胞常具刺状疣；中肋 2 条，达叶中部。枝叶卵状披针形。

【分布与生境】分布于中国东北、华北、华东、华中、西南和西北，东亚其他区域、欧洲、非洲和北美洲。生于高山林下腐殖质或腐木上。

【价值】具生态价值。

▲ 大拟垂枝藓

塔藓属 *Hylocomium*

塔藓 *Hylocomium splendens* (Hedw.) Schimp.

【形态特征】植物体粗大，硬挺，大片丛生，黄绿色至红棕色。主茎平卧，具向上的新生枝，多二至三回羽状分枝，树形或明显塔状分层。主茎和支茎上密被鳞毛。茎叶卵形或阔卵形，略内凹，先端多骤狭为长而波曲的披针形尖，叶缘常具齿；中肋 2 条。枝叶较小，卵形或卵状披针形。

【分布与生境】分布于中国东北、华北、华东、西南和西北，不丹、欧洲、非洲北美洲和新西兰。生于高山林地上。

【价值】具观赏和生态价值。

▲ 塔藓

科 37

青藓科 Brachytheciaceae

青藓属 *Brachythecium*

钩叶青藓 *Brachythecium uncinifolium* Broth. & Paris

【形态特征】植物体中等大小，黄绿色至暗绿色，略具光泽。茎匍匐，稀疏不规则分枝。茎叶卵形，先端渐尖或狭缩成长毛尖，常偏曲或反卷；叶边平展，基部两侧略背卷，全缘；中肋达叶中上部至叶尖稍下部。枝叶卵形至椭圆形，先端渐尖，多偏曲。叶中上部细胞长菱形至线形，角细胞方形或多边形。

【分布与生境】分布于中国东北、华北、华东、华中、西南、西北等地，日本。生于岩面、土表或岩面薄土上。

【价值】具生态价值。

▲ 钩叶青藓

青藓属 *Brachythecium*

弯叶青藓 *Brachythecium reflexum* (Starke) Schimp.

【形态特征】植物体小至中等大小，绿色至暗绿色，具光泽。茎匍匐，羽状分枝。茎叶阔三角形或三角状卵形，先端突成长尖，常偏曲或反卷，基部多下延；叶边平展，全缘或先端具细齿；中肋细长，几达叶尖。枝叶卵状披针形，叶边具细齿。叶中上部细胞长菱形至线形，角细胞矩形或椭圆形。孢蒴长椭圆柱形，深褐色。

【分布与生境】分布于中国东北、华北、华东、华中、西南和西北，日本、俄罗斯远东地区、巴基斯坦、格陵兰岛、北美洲和欧洲。生于岩面、土表或岩面薄土上。

【价值】具生态价值。

▲ 弯叶青藓

青藓属 *Brachythecium*

溪边青藓 *Brachythecium rivulare* Schimp.

【形态特征】植物体稀疏丛生，黄绿色或淡绿色。茎匍匐，多回分枝呈树形。茎叶阔卵形，平展或略具褶皱，先端宽阔，锐尖，基部阔下延；叶边平展，全缘或中上部具细齿；中肋达叶中部以上。叶中上部细胞线形，薄壁，角细胞椭圆形或六边形，薄壁，膨大，形成明显的角部。

【分布与生境】分布于中国东北、华北、华东、华中、西南和西北，巴基斯坦、南美洲、欧洲、北美洲。生于土表或岩面薄土上。

【价值】具生态价值。

▲ 溪边青藓

燕尾藓属 *Bryhnia*

短尖燕尾藓 *Bryhnia hultenii* E. B. Bartram

【形态特征】植物体中等大小，黄绿色至绿色，具光泽。茎匍匐，近羽状分枝。茎叶卵形至阔卵形，强烈内凹，先端钝，阔急尖或具小尖头，基部下延；叶边平展，具细齿；中肋达叶中上部。叶中部细胞菱形至阔菱形，具前角突，尖部和基部细胞较短，角细胞分化明显，方形或矩形，膨大。

【分布与生境】分布于中国东北、华北、西南和西北，日本。生于岩面、土表或岩面薄土上。

【价值】具生态价值。

▲ 短尖燕尾藓

同蒴藓属 *Homalothecium*

无疣同蒴藓 *Homalothecium laevisetum* Sande Lac.

【形态特征】植物体黄绿色至淡绿色。茎匍匐，常密生枝。枝直立单一，偶尔具数小枝，干燥时叶在枝上紧贴呈圆条形，先端钝或锐尖，偶尔呈鞭状。茎叶宽卵状披针形，具皱褶。枝叶卵状披针形至卵状长披针形，先端具长渐尖，偶尔呈锥形先端，基部不呈心形，具2~3深皱褶；边缘反卷，具粗齿、细齿或通体全缘；中肋纤细，渐尖，延伸至叶长度的2/3或3/4。叶中部细胞长宽比不超过10 ∶ 1。

【分布与生境】分布于中国东北、华北、华东、华南、西南和西北，为黑龙江新记录种，日本和朝鲜也有分布。生于岩面、树基和薄土上。

【价值】具生态价值。

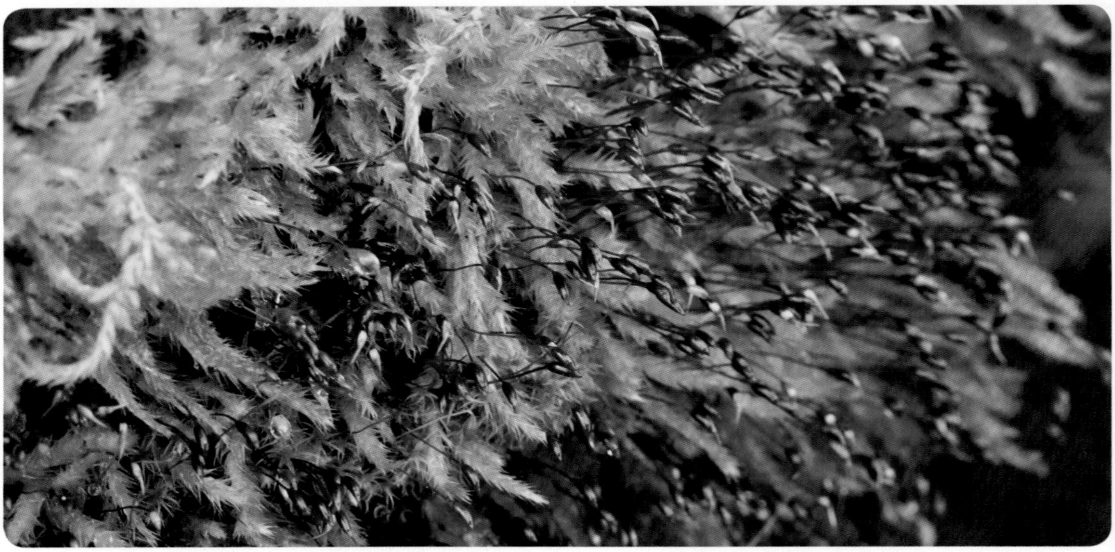

▲ 无疣同蒴藓

鼠尾藓属 *Myuroclada*

鼠尾藓 *Myuroclada maximowiczii* (G. G. Borshch.) Steere & W. B. Schofield

【形态特征】植物体中等大小，疏松或密集交织丛生，绿色，具光泽。茎匍匐，枝直立或倾立，圆条形，强烈内凹，基部心形，略下延，先端圆钝，有时具小尖头，叶缘上部具细齿；角细胞分化；中肋单一，达叶中部。

【分布与生境】分布于中国东北、华北、华东、华中、西南和西北，日本、朝鲜半岛、俄罗斯远东地区、欧洲和北美洲。生于沟边石面或岩面薄土上。

【价值】具生态价值和观赏价值。

▲ 鼠尾藓

科 38　牛舌藓科 Anomodontaceae

牛舌藓属 *Anomodon*

牛舌藓 *Anomodon viticulosus* (Hedw.) Hook. & Taylor

【形态特征】植物体密集交织丛生，黄绿色至黄褐色。主茎匍匐，裸露，稀疏分枝，支茎直立。茎叶干时卷曲，湿时倾立，基部卵形至椭圆形，上部长舌形，先端圆钝；叶中部细胞多疣；中肋单一，达叶先端。枝叶略小，狭卵状舌形。

【分布与生境】分布于中国东北、华北、华东、华中、西南和西北，东亚其他区域、印度、巴基斯坦、越南、缅甸、北非、欧洲和北美洲。生于岩面上。

【价值】具生态价值。

▲ 牛舌藓

羊角藓属 *Herpetineuron*

羊角藓 *Herpetineuron toccoae* (Sull. & Lesq.) Cardot

【形态特征】植物体中等大小，硬挺，交织丛生，黄绿色至深绿色。主茎匍匐，稀疏不规则分枝，枝直立或拱形弯曲，枝端常呈尾尖状。枝叶卵状披针形或阔披针形，多少具横波纹，先端短渐尖，叶缘上部具不规则粗齿；中肋单一，粗壮，几达叶先端，上部明显扭曲。

【分布与生境】分布于中国东北、华北、华东、华中、华南和西南，东亚、东南亚、南亚、大洋洲、南美洲和北美洲。生于阴湿石壁或树干上。

【价值】具生态价值。

▲ 羊角藓

科 39

灰藓科 Hypnaceae

扁灰藓属 *Breidleria*

扁灰藓 *Breidleria pratensis* (W. D. J. Koch ex Spruce) Loeske

【形态特征】植物体粗壮，黄绿色至绿色。茎匍匐，不规则分枝或近羽状分枝。假鳞毛片状。叶卵状披针形，内凹，先端渐尖，多一侧弯曲；叶边平展，中上部具细齿；中肋短，2条或不明显。叶细胞长线形，平滑，角细胞小，方形至长方形。

【分布与生境】分布于中国东北、华北、西北和西南，蒙古国、日本、俄罗斯远东地区和西伯利亚、欧洲及北美洲。生于岩面或土表。

【价值】具生态价值。

▲ 扁灰藓

灰藓属 *Hypnum*

多蒴灰藓 *Hypnum fertile* Sendtn.

【形态特征】植物体中等大小，具光泽。茎匍匐，近羽状分枝，横切面表皮细胞大型。假鳞毛片状。茎叶椭圆披针形至阔椭圆状披针形，内凹，无纵褶或略具纵褶，先端渐尖，镰刀状一侧偏曲；叶边缘略背卷，中下部全缘，上部具细齿；中肋 2，短弱或缺失。枝叶与茎叶同形，较小。叶中部细胞线形，基部细胞短，具壁孔，角细胞分化，方形或长圆形，常由少数透明薄壁细胞组成。

【分布与生境】分布于中国东北、华北、华中、华东和西南，日本、俄罗斯远东地区和西伯利亚、欧洲、非洲及北美洲。生于岩面、土表或岩面薄土上。

【价值】具生态价值。

▲ 多蒴灰藓

拟腐木藓属 *Callicladium*

拟腐木藓 *Callicladium haldanianum* H. A. Crum

【形态特征】植物体稀疏平铺丛生，绿色或黄绿色。茎匍匐或上升倾立；缺鳞毛，枝基部有小片状假鳞毛。叶片异形；茎腹面叶短，常对称；生于其他部位的叶片长，常不对称。叶片卵状披针形，渐尖，叶尖部多向一侧弯曲；叶缘平直，全缘平滑；中肋非常短，两条。角细胞多列，方形厚壁。

【分布与生境】分布于中国东北、华东，日本、俄罗斯远东地区和西伯利亚、欧洲及北美洲。生于林下土壤、腐木上或岩面薄土上。

【价值】具生态价值。

▲ 拟腐木藓

毛梳藓属 *Ptilium*

毛梳藓 ***Ptilium crista-castrensis* (Hedw.) De Not.**

【形态特征】植物体粗壮，密集大片簇生，淡绿色或黄绿色，稍具光泽。茎匍匐，密集羽状分枝，分枝向茎尖渐短，近于平列。茎叶阔卵状披针形，具多数深纵褶，强烈背仰，上部狭长渐尖，叶缘中上部或缺失。枝叶卵状披针形，具深纵褶，镰刀形弯曲；中肋不明显。

【分布与生境】分布于中国东北、华北、华中、西南和西北，东亚、喜马拉雅、缅甸、欧洲和北美洲。生于岩面、树干、腐木、腐殖质和沼泽地上。

【价值】具药用和生态价值。

▲ 毛梳藓

科 40　万年藓科 Climaciaceae

万年藓属 *Climacium*

万年藓 ***Climacium dendroides* (Hedw.) F. Weber & D. Mohr**

【形态特征】植物体粗壮，常稀疏丛生，绿色或黄绿色。主茎匍匐，支茎直立，下部不分枝，上部密集近羽状分枝，枝多直立，密被叶，先端钝。支茎上部叶长卵形，具长纵褶，先端圆钝，具齿。枝叶狭卵形至卵状披针形，基部略下延，叶缘上部具粗齿；中肋单一，达叶上部，背面平滑。

【分布与生境】分布于中国东北、华北、华中、西南和西北，北半球和新西兰。生于林下腐殖质或岩面上。

【价值】具药用和生态价值。

▲ 万年藓

万年藓属 *Climacium*

东亚万年藓 *Climacium japonicum* Lindb.

【形态特征】植物体粗壮，稀疏丛生，黄绿色。主茎匍匐，支茎直立，向一侧偏曲，上部密集不规则羽状分枝，枝端多尾尖状。茎叶宽卵形，先端圆钝，叶缘平展，全缘。枝叶卵状披针形，具纵褶，先端锐尖至短渐尖，基部两侧呈耳状，叶缘先端具粗齿；中肋单一，达叶尖下部，背面常具少数齿。

【分布与生境】分布于中国东北、华东、华中、西南和西北，日本、朝鲜半岛和俄罗斯。生于林下腐殖质或岩面上。

【价值】具观赏和生态价值。

▲ 东亚万年藓

科 41

毛锦藓科 Pylaisiadelphaceae

毛锦藓属 *Pylaisiadelpha*

弯叶毛锦藓 *Pylaisiadelpha tenuirostris* (Bruch & Schimp. ex Sull.) W. R. Buck

【形态特征】植物体中等大，密集交织丛生，绿色至黄绿色。茎匍匐，规则或不规则分枝。叶椭圆状披针形，镰刀形弯曲，内凹，上部长渐尖，叶边全缘或上部具细齿，下部内卷；叶角细胞膨大；中肋无。孢蒴直立，椭圆状圆柱形。

【分布与生境】广布中国诸多省区，日本、巴基斯坦、美国和墨西哥。生于树干上。

【价值】具生态价值。

▲ 弯叶毛锦藓

科 42 平藓科 Neckeraceae

扁枝藓属 *Homalia*

扁枝藓 *Homalia trichomanoides* (Hedw.) Schimp.

【形态特征】植物体中等大，黄绿色，具明显光泽。主茎匍匐，单一，或不规则分枝。茎叶扁平交互着生，椭圆形，略弓形弯曲，两侧不对称，先端具钝尖或锐尖，基部着生处狭窄；叶边平展，叶基部一侧常狭内折，上部具细齿；中肋单一，细弱，达叶中部。枝叶与茎叶同形，略小。

【分布与生境】分布于中国东北、华北、西北、华东、华中、西南、华南等地，巴基斯坦、印度、不丹、日本、朝鲜半岛、俄罗斯远东地区、墨西哥以及欧洲和北美洲。多生于岩面，偶见于土表。

【价值】具生态价值。

▲ 扁枝藓

▲ 柳叶藓

科 43 柳叶藓科 Amblystegiaceae

柳叶藓属 *Amblystegium*

柳叶藓 *Amblystegium serpens* (Hedw.) Schimp.

【形态特征】植物体小型，纤细。茎匍匐，不规则分枝；中轴分化。假鳞毛片状。茎叶卵状披针形，向上渐成长尖；叶边平展，具细齿；中肋单一，达于叶片的 1/2~2/3。枝叶与茎叶同形，略小。叶角细胞分化，方形。蒴柄细长，红色。孢蒴长圆筒形，红褐色，倾立。

【分布与生境】分布于中国东北、华北、西北、华东、华中、西南等地，日本、朝鲜半岛、俄罗斯远东地区、巴基斯坦、印度、秘鲁、新西兰、墨西哥以及欧洲和非洲北部。多生于潮湿的岩石、树干或岩面薄土上。

【价值】具生态价值。

柳叶藓属 ***Amblystegium***

多姿柳叶藓

***Amblystegium varium* (Hedw.) Lindb.**

【形态特征】本种中肋长于叶尖且上部常扭曲，角细胞分化不明显，以上特征可区别于柳叶藓 ***A. serpens***。

【分布与生境】分布于中国东北、华北以及新疆和云南，日本、印度、秘鲁、墨西哥、澳大利亚、欧洲、北美洲和非洲北部。多生于湿岩面、树干、枯木或岩面薄土上。

【价值】具生态价值。

▲ 多姿柳叶藓

科 44　绢藓科 Entodontaceae

绢藓属 ***Entodon***

柱蒴绢藓（密叶绢藓）***Entodon challengeri* (Paris) Cardot**

【形态特征】植物体暗绿色或橄榄绿色，有时呈黄绿色或亮绿色，具光泽。茎匍匐，亚羽状分枝，带叶的茎和枝呈扁平状。茎叶长椭圆形，强烈内凹，先端钝；中肋 2 条，甚短，有时缺失。叶中部细胞线形，向先端渐变短；角细胞透明，方形，数多，在叶基延伸至中肋处。蒴柄红褐色。孢蒴椭圆形或卵球形，蒴盖圆锥状，具喙。

【分布与生境】分布于中国东北、西北、华北、华南、华中、西南，俄罗斯、蒙古国、朝鲜半岛、日本和美国。生于树干、树枝、岩面或土坡上。

【价值】具药用和生态价值。

▲ 柱蒴绢藓

科 45　垂枝藓科 Rhytidiaceae

垂枝藓属 *Rhytidium*

垂枝藓 *Rhytidium rugosum* (Hedw.) Kindb.

【形态特征】植物体 5~13cm，粗壮硬挺，绿色、黄绿色、褐绿色或棕黄色，略具光泽，疏生或密集成片生长。茎圆条形；主茎直立或倾立，具假根；支茎倾立斜生，先端略一向弯曲。不规则一回羽状分枝。叶密集螺旋排列。雌雄异株。

【分布与生境】分布于中国东北、西北、华北、西南，俄罗斯远东地区、朝鲜半岛、日本、喜马拉雅地区、欧洲和美洲。生于岩面、林地或腐殖土上。

【价值】具生态价值。

▲ 垂枝藓

科 46　金灰藓科 Pylaisiaceae

金灰藓属 *Pylaisia*

金灰藓 *Pylaisia polyantha* (Hedw.) Schimp.

【形态特征】植物体平铺丛生，深绿色或黄绿色，有光泽。茎匍匐，不规则分枝或规则羽状分枝。叶片从卵形基部渐上成长披针形，具长尖；叶缘平直，稀具卷边，全缘平滑；中肋短弱或缺。叶角细胞方形或不规则多边形，10 列以下。

【分布与生境】分布于中国东北、西北、华北、西南，俄罗斯远东地区、朝鲜半岛、日本、喜马拉雅地区、欧洲和美洲。生于岩面、林地或腐殖土上。

【价值】具生态价值。

▲ 金灰藓

科 47　羽藓科 Thuidiaceae

沼羽藓属 *Helodium*

沼羽藓 *Helodium blandowii* (F. Weber & D. Mohr) Warnst.

【形态特征】植物体干燥时淡黄绿色，柔软丛生。茎倾立或直立，一次羽状分枝，枝密，呈两行排列，渐向茎端枝变短，细弱。茎和枝带有多数多细胞细毛状的线形鳞毛。茎枝叶同形。茎叶基部不下延，收缩成狭柄状或不成狭柄状，向上成宽卵形，先端很快成叶尖，叶面具纵沟状褶；叶缘背卷，上部具齿突，中下部常具毛状突起；中肋单一细弱，达于叶尖终止，背部具刺和毛状突起。

【分布与生境】分布于中国东北，俄罗斯远东和西伯利亚地区、欧洲及北美洲。生于湿沼泽或泥炭沼泽上。

【价值】具生态价值。

▲ 沼羽藓

山羽藓属 *Abietinella*

山羽藓 *Abietinella abietina* (Hedw.) M. Fleisch.

【形态特征】植物体稀疏丛生，黄绿色。茎倾立，干燥时硬挺，一次规则羽状分枝，分枝向茎尖部渐次变短，向两侧伸出；具多数鳞毛。茎叶从短下延部向上成卵状心脏形，逐渐成短尖，叶面带 2~4 条纵褶；基部叶缘内翘，上部带细齿；中肋单一，粗壮，直达于叶尖部消失，不突出；枝叶小，卵披针形或椭圆形，叶缘中部从下内翘。

【分布与生境】分布于中国诸多省区，日本、欧洲和北美洲。生于林缘或林间开旷的岩石上或岩面薄土上。

【价值】具生态价值。

▲ 山羽藓

小羽藓属 *Haplocladium*

狭叶小羽藓 *Haplocladium angustifolium* (Hampe & Müll. Hal.) Broth.

【形态特征】植物体中等大，交织丛生，黄绿色至黄褐色。茎羽状至不规则羽状分枝。鳞毛多见于茎上，常分枝。茎叶卵状或阔卵状披针形，具长尖，叶缘具齿；叶中部细胞具前角疣；中肋达叶先端或突出于叶尖。枝叶卵状至狭卵状披针形。孢蒴常倾立，圆柱形，拱形弯曲。

【分布与生境】分布于中国诸多省区，东亚其他区域、东南亚、南亚、欧洲、美洲。生于岩面、稀树基或腐木上。

【价值】具观赏和生态价值。

▲ 狭叶小羽藓

小羽藓属 *Haplocladium*

细叶小羽藓 *Haplocladium microphyllum* (Hedw.) Broth.

【形态特征】本种植株及形态均与狭叶小羽藓（*H. angustifolium*）类似，但本种叶细胞疣位于细胞中央，明显区别于前者。

【分布与生境】分布于中国诸多省区，东亚其他区域、东南亚、南亚、欧洲、北美洲。生于土表、岩面或岩面薄土上。

【价值】具药用、观赏和生态价值。

▲ 细叶小羽藓

羽藓属 *Thuidium*

大羽藓 *Thuidium cymbifolium* (Dozy & Molk.) Dozy & Molk.

【形态特征】植物体粗壮，黄绿色至暗绿色。老时黄褐色，交织大片生长。茎匍匐，规则二回羽状分枝；中轴分化。鳞毛密生，披针形至线形，顶端细胞具2~4个疣。茎叶基部三角状卵形，突成狭长披针形尖，毛尖由6~10个单列细胞组成。叶边多背卷，稀平展，上部具细齿；中肋达叶尖部。枝叶卵形至长卵形，内凹，中肋达叶上部。叶细胞卵状菱形至椭圆形，具单个刺状疣。

【分布与生境】分布于中国诸多省区，世界广布。生于土表、岩面或岩面薄土上。

【价值】具药用和生态价值。

▲ 大羽藓

羽藓属 *Thuidium*

绿羽藓 *Thuidium assimile* (Mitt.) A. Jaeger

【形态特征】本种植物体及叶形均与大羽藓（*T. cymbifolium*）相似，本种叶尖较多由3~6个单列细胞组成，或更短，而前者叶尖较长，多由6~10个单列细胞组成。

【分布与生境】分布于中国诸多省区，日本、俄罗斯西伯利亚地区、欧洲和北美洲。生于土表或岩面上。

【价值】具生态价值。

▲ 绿羽藓

虫毛藓属 *Boulaya*

虫毛藓 *Boulaya mittenii* (Broth.) Cardot

【形态特征】植物体硬挺，黄绿色或褐绿色，有时基部黑绿色。茎匍匐，2~3 次规则羽状分枝；小枝较密，等长；鳞毛多数，片状分枝或单列细胞不分枝。叶片密生，干燥时贴于茎上，潮湿时倾立。茎叶自阔卵形或圆心脏形的基部向上很快成长毛尖状，内凹瓢形，具纵皱褶；叶缘内翘，全缘平滑；中肋粗，达于毛状狭部终止。

【分布与生境】分布于中国东北，日本、朝鲜半岛、俄罗斯西伯利亚地区。生于针叶林或针阔混交林林下。

【价值】具生态价值。

▲ 虫毛藓

科 48 白齿藓科 Leucodontaceae

白齿藓属 *Leucodon*

垂悬白齿藓 *Leucodon pendulus* Lindb.

【形态特征】植物体悬垂着生于树干或树冠。茎细弱，匍匐；分枝细长，上升弧形弯曲或悬垂，枝尖钝或延长成细长尖。叶片心脏形或椭圆形，渐尖或成急尖，具纵长褶；叶缘平滑，略内翘；无中肋。蒴柄平滑，黄褐色；孢蒴高出苞叶，卵圆形或长椭圆形，台部短。

【分布与生境】分布于中国东北，日本、朝鲜半岛、俄罗斯远东地区。生于针叶林或针阔混交林的针叶树干或树冠上。

【价值】具生态价值。

▲ 垂悬白齿藓

第 8 章　石松类和蕨类植物

科 1　石松科 Lycopodiaceae

石杉属 *Huperzia*

东北石杉 *Huperzia miyoshiana* (Makino) Ching

【形态特征】多年生土生植物。高 10~18cm，2~4 回二叉分枝。叶螺旋状排列，略斜向上或平直，钻形，基部最宽，长 4~6mm，基部截形，下延无柄，先端渐尖，边缘平直不皱曲，全缘，两面光滑，草质。孢子叶与不育叶同形；孢子囊生于叶腋，两端露出，肾形，黄色。

【分布与生境】分布于中国东北、朝鲜半岛、日本及北美洲。生于海拔 1000~2200m 的林下湿地或苔藓上。

【价值】具生态和药用价值。

*** 国家二级重点保护野生植物。**

▲ 东北石杉

单穗石松属 *Spinulum*

单穗石松 *Spinulum annotinum* (L.) A. Haines

【形态特征】多年生土生植物。匍匐茎细长横走，绿色，被稀疏的叶；侧枝斜立，高 8~20cm，1~3 回二叉分枝，稀疏，圆柱状。叶螺旋状排列，披针形，边缘有锯齿（主茎的叶近全缘）。孢子囊穗单生于小枝末端，直立无柄，长 2.5~4.0cm；孢子叶阔卵状，先端急尖，边缘膜质，啮蚀状，纸质；孢子囊生于孢子叶腋，内藏，圆肾形，黄色。

【分布与生境】分布于中国东北、西北、华中、西南及台湾，朝鲜半岛、日本、俄罗斯远东地区、欧洲、北美。生于海拔 700~3700m 的林下、林缘。

【价值】具生态、观赏和药用价值。

▲ 单穗石松

石松属 *Lycopodium*

东北石松 *Lycopodium clavatum* L.

【形态特征】多年生土生植物。匍匐茎细长横走，1~2 回分叉，绿色，被稀疏的全缘叶；侧枝直立，高 20~25cm，三至五回二叉分枝。叶螺旋状排列，披针形，边缘全缘。孢子囊穗 2~3 个集生于总柄；孢子囊穗直立，圆柱形；孢子叶阔卵形，先端急尖，具短尖头，边缘膜质；孢子囊生于孢子叶腋，略外露，圆肾形，黄色。

【分布与生境】分布于中国东北三省、内蒙古，亚洲东北部、美洲。生于海拔 700~1800m 的针叶林下苔藓层。

【价值】具生态和药用价值。

▲ 东北石松

科 2　卷柏科　Selaginellaceae

卷柏属　*Selaginella*

垫状卷柏 *Selaginella pulvinata* (Hook. & Grev.) Maxim.

【形态特征】土生或石生，复苏植物，呈垫状。根多分叉，密被毛，不形成树状主干。主茎自近基部羽状分枝，茎卵圆柱状；侧枝二至三回羽状分枝。叶二形，质厚，覆瓦状排列，绿色或棕色，边缘撕裂状。孢子黄色。

【分布与生境】分布于中国各地，俄罗斯、朝鲜半岛、日本、印度和菲律宾。生于干山坡岩石上，海拔 500~2100m。

【价值】具有水土保持和药用价值。

▲ 垫状卷柏

卷柏属 *Selaginella*

鹿角卷柏 *Selaginella rossii* (Baker) Warb.

【形态特征】石生，旱生，匍匐，长 10~25cm。根托由茎枝的分叉处上面生出。主茎全部分枝，不具关节，红色；侧枝 3~10 对，1~2 次分叉。叶全部交互排列，二形，叶质厚。主茎上的腋叶较分枝上的大。孢子叶一形，卵状三角形，边缘疏具睫毛，不具白边，锐龙骨状；大孢子白色；小孢子橘黄色或淡黄色。

【分布与生境】分布于我国东北、山东，朝鲜半岛、俄罗斯远东地区。生于海拔 200~800m 的林下岩石上。

【价值】具药用价值。

▲ 鹿角卷柏

卷柏属 *Selaginella*

西伯利亚卷柏 *Selaginella sibirica* (Milde) Hieron.

【形态特征】多年生草本，密集呈垫状生长。茎匍匐或倾斜，主茎明显，侧生分枝短而多，侧枝上升，再生出 1~3 个短的小枝。叶一形，紧密排列，线状披针形，茎下面和侧面的叶向上，上侧叶斜升，基部楔形，下延或圆形，贴生，叶先端龙骨状，钝头或截形，叶尖具长芒。孢子叶穗紧密，四棱柱形，单生于小枝末端，孢子叶一形。

【分布与生境】分布于中国黑龙江、内蒙古，朝鲜北部、日本北部、蒙古国、俄罗斯、加拿大。生于干旱山坡、岩石上。

【价值】具生态价值。

▲ 西伯利亚卷柏

卷柏属 *Selaginella*

小卷柏 *Selaginella helvetica* (L.) Spring

【形态特征】植株短匍匐，能育枝直立。叶二型，边缘具不明显小锯齿，不具白边。孢子叶穗疏松，或上部紧密，圆柱形；孢子叶和营养叶略同形，不具白边，边缘具睫毛，先端具长尖头。

【分布与生境】分布于中国东北、华北、西北、华中、华南和华西，蒙古国、朝鲜半岛、日本、欧洲、俄罗斯远东地区、泛喜马拉雅地区。生于林中阴湿石壁或石缝中，同苔藓混生。

【价值】具生态价值。

▲ 小卷柏

科 3　木贼科 Equisetaceae

木贼属 *Equisetum*

草问荆 *Equisetum pratense* Ehrh.

【形态特征】多年生草本。地上枝当年枯萎。枝二型，能育枝与不育枝同期萌发。能育枝高15~25cm，禾秆色，最终能形成分枝；鞘筒灰绿色，淡棕色，披针形，膜质，背面有浅纵沟。不育枝高30~60cm，禾秆色或灰绿色，轮生分枝多，主枝有脊 14~22 条；鞘齿 14~22 枚，披针形，膜质，宿存。侧枝柔软纤细，扁平状，鞘齿不呈开张状。孢子囊穗椭圆柱状，顶端钝，成熟时柄伸长。

【分布与生境】分布于中国东北、华北、西北、华中，日本、欧洲、北美洲。生于林内、林缘、草地。

【价值】具生态和药用价值。

▲ 草问荆

木贼属 ***Equisetum***

林问荆 ***Equisetum sylvaticum* L.**

【形态特征】多年生草本。地上枝当年枯萎。枝二型。能育枝高20~30cm，红棕色或禾秆色，鞘齿连成2~5个宽裂片，红棕色。不育枝高30~70cm，轮生分枝多，主枝有脊，每脊常有一行小瘤；鞘筒上部红棕色，下部灰绿色，鞘齿连成2~5个宽裂片，红棕色，宿存。侧枝柔软纤细，鞘齿呈开张状。孢子囊穗圆柱状，顶端钝，成熟时柄伸长。

【分布与生境】分布于中国黑龙江、吉林、内蒙古、新疆、山东，日本、欧洲、北美洲。生于林下、草地、灌丛、湿地。

【价值】具生态和药用价值，同问荆。

▲ 林问荆

木贼属 ***Equisetum***

木贼 ***Equisetum hyemale* L.**

【形态特征】多年生常绿草本。枝一型，高达1m，绿色，不分枝或直基部有少数直立的侧枝。地上枝有脊，鞘筒黑棕色，鞘齿小，披针形。顶端淡棕色，下部黑棕色，基部的背面有4纵棱。孢子囊穗卵状，顶端有小尖突，无柄。

【分布与生境】分布于中国东北、华北、西北、西南，北半球温带地区。生于林下、林缘、水沟边、湿草地。

【价值】具生态和药用价值。

▲ 木贼

木贼属 *Equisetum*

问荆 *Equisetum arvense* L.

【形态特征】多年生草本。枝二型。能育枝春季先萌发，高 5~35cm，节间长 2~6cm，黄棕色；鞘筒栗棕色或淡黄色，孢子散后能育枝枯萎。不育枝后萌发，高达 40cm，绿色，轮生分枝多，主枝中部以下有分枝。侧枝柔软纤细，扁平状。孢子囊穗圆柱形，顶端钝。

【分布与生境】分布于中国东北、华北、西北、西南、华中，北温带北寒带。生于河岸、路边、草地。

【价值】具药用价值；可食用。

▲ 问荆

木贼属 *Equisetum*

水问荆 *Equisetum fluviatile* L.

【形态特征】多年生草本。湿生植物。高 40~60cm，主枝下部 1~3 节节间红棕色，具光泽，主枝上部禾秆色或灰绿色。鞘筒狭长，淡棕色；鞘齿 1~20 枚，披针形，薄革质，黑棕色。侧枝无或纤细柔软，禾秆色或灰绿色；鞘齿 4~6 个，薄革质，禾秆色或略为棕色，宿存。孢子囊穗短棒状或椭圆形，顶端钝，成熟时柄伸长。

【分布与生境】分布于中国东北、西北、西南，北半球温带和寒带。生于沼泽地、河岸沙地、湿草地浅水中。

【价值】具生态价值；可作绿化植物。

▲ 水问荆

科 4　紫萁科 Osmundaceae

桂皮紫萁属 *Osmundastrum*

桂皮紫萁（分株紫萁）*Osmundastrum cinnamomeum* (L.) C. Presl

【形态特征】多年生草本，叶二型；不育叶高约 1m，二回羽状深裂；羽片 20 对或更多，下部的对生，平展，上部的互生，向上斜，披针形，羽状深裂几达羽轴；裂片约 15 对，长圆形，全缘。叶幼时密被灰棕色绒毛，成长后变为光滑。孢子叶比营养叶短，遍体密被灰棕色绒毛，强度紧缩，羽片长 2~3cm，背面满布暗棕色的孢子囊。

【分布与生境】分布于中国东北、西南、华南、华中，俄罗斯远东地区、日本、朝鲜、印度北部、越南。生于沼泽地带，林中或灌丛中的湿地。

【价值】可食用。

▲ 桂皮紫萁

科 5　槐叶蘋科 Salviniaceae

槐叶蘋属 *Salvinia*

槐叶蘋 *Salvinia natans* (L.) All.

【形态特征】多年生浮水植物。三叶轮生，两枚漂浮水面，另一枚在水中成根状；叶椭圆形或长圆形，下面密被棕色茸毛；孢子果簇生于沉水叶的基部，表面疏生成束的短毛；小孢子果表面淡黄色；大孢子果表面淡绿色。

【分布与生境】分布于中国大部分地区，亚洲其他区域、非洲、欧洲和北美洲。生于水田或池潭中。

【价值】具药用价值。

▲ 槐叶蘋

科 6　凤尾蕨科 Pteridaceae

粉背蕨属 *Aleuritopteris*

银粉背蕨 *Aleuritopteris argentea* (S.G.Gmél) Fée

【形态特征】植株高 15~30cm。根状茎直立或斜升，棕色、有光泽的鳞片。叶簇生，红棕色，上部光滑，基部疏被棕色披针形鳞片；叶片五角形，长宽几相等。叶干后草质或薄革质，上面褐色、光滑，叶脉不显，下面被乳白色或淡黄色粉末，裂片边缘有明显而均匀的细齿牙。孢子囊群较多；囊群盖连续，狭，膜质，黄绿色，全缘。

【分布与生境】分布于中国各省区，尼泊尔、印度北部以及俄罗斯、蒙古国、朝鲜半岛、日本。生于石灰岩石缝中或墙缝中。

【价值】具药用价值；可食用。

▲ 银粉背蕨

铁线蕨属 *Adiantum*

掌叶铁线蕨 *Adiantum pedatum* L.

【形态特征】多年生草本，高 30~60cm。叶柄黑栗色，基部粗可达 3.5mm；叶片一回二叉或鸟足状分裂；小羽片上部边缘分裂至长度的 1/3~1/2，先端钝齿状，背面绿色；孢子囊群每小羽片 4~6 枚；囊群盖上部边缘微凹。

【分布与生境】分布于中国东北、西南、华北、华西、华东和西北，印度东北部、尼泊尔、不丹、朝鲜半岛、日本和北美洲。生于海拔 350~3100m 的山地针叶林下或灌木丛中。

【价值】具药用价值。

▲ 掌叶铁线蕨

科 7

碗蕨科 Dennstaedtiaceae

蕨属 *Pteridium*

蕨 *Pteridium aquilinum* var. *latiusculum* (Desv.) Underw. ex A. Heller

【形态特征】多年生草本，高 1m 余；根状茎横走。叶片阔三角形或长圆三角形，近革质，近无毛或在背轴面有稀疏的毛；三回羽状；末回全缘裂片阔披针形至长圆形，彼此接近或彼此间的间隔宽不超过裂片的宽。孢子囊群条形，沿叶缘边脉着生。

【分布与生境】分布于中国各地，热带、亚热带、温带和暖温带。生于海拔 200~3000m 的山地、林下或灌木丛中。

【价值】具药用价值；可食用。

▲ 蕨

科 8　冷蕨科 Cystopteridaceae

冷蕨属 *Cystopteris*

欧洲冷蕨 *Cystopteris sudetica* A. Br. & Milde

【形态特征】根状茎细长横走，直径 1~2mm，连同叶柄基部被褐色短柔毛及少数灰褐色膜质卵状披针形鳞片，茎顶部鳞片较多；叶远生。能育叶长纤细，禾秆色，略有光泽；叶片阔卵形，三回羽状；叶干后薄草质或草质，绿色。叶轴及羽轴偶有稀疏或较多短腺毛及少数多细胞节状长毛。

【分布与生境】分布于中国东北、内蒙古、北京、河北、山西、云南和西藏，日本、朝鲜半岛、俄罗斯远东地区及欧洲。生于针叶林或针阔叶混交林下。

【价值】具观赏价值。

▲ 欧洲冷蕨

羽节蕨属 *Gymnocarpium*

羽节蕨 *Gymnocarpium jessoense* (Koidz.) Koidz.

【形态特征】多年生草本，植株高 15~55cm。根状茎细，细长如绳状，横走，叶水平倾斜。叶柄禾秆色，基部疏被鳞片，向上光滑；叶柄和叶轴被腺毛；叶片三角状卵形；裂片上的侧脉往往分叉；孢子囊群无囊群盖。

【分布与生境】分布于中国东北、华北、西南，东喜马拉雅、朝鲜半岛、日本、欧洲和北美洲。生于山地暗针叶林下或高山灌丛中。

【价值】具生态价值。

▲ 羽节蕨

▲ 过山蕨

科 9 铁角蕨科 Aspleniaceae

铁角蕨属 *Asplenium*

过山蕨 *Asplenium ruprechtii* Sa. Kurata

【形态特征】植株小型，高 10~20cm。根状茎短小，直立，先端密被小鳞片；鳞片披针形，黑褐色；叶簇生；叶片椭圆形，钝头，基部阔楔形，单叶，叶片先端伸长，延伸成鞭状，末端稍弯曲，能着地生根，无性繁殖；孢子囊群线形或椭圆形；囊群盖狭，同形，灰绿色或浅棕色。

【分布与生境】分布于中国东北、华北、华东，俄罗斯、朝鲜半岛和日本。生于山谷溪流边岩石上。

【价值】具生态价值。

科 10 岩蕨科 Woodsiaceae

岩蕨属 *Woodsia*

等基岩蕨 *Woodsia subcordata* Turcz.

【形态特征】草本。根茎短而直立，顶端及叶柄基部密被披针形鳞片。叶多数簇生，浅栗色或棕禾秆色，有光泽；叶片披针形，二回羽裂，叶草质，干后草绿色或棕色，两面均疏被灰色毛及棕色的线形小鳞片；叶轴禾秆色，疏被长节状毛及小鳞片。孢子囊群圆形，着生分叉小脉顶部，每裂片有 1~4 枚；囊群盖蝶形，边缘具睫毛。

【分布与生境】分布于中国东北、内蒙古、北京、河北及山西，日本、朝鲜半岛、俄罗斯及蒙古国。生于林下岩隙间。

【价值】具生态价值。

▲ 等基岩蕨

岩蕨属 *Woodsia*

大囊岩蕨 *Woodsia macrochlaena* Mett. ex Kuhn

【形态特征】植株高 5~20cm，根状茎短，直立或斜出。叶簇生；柄长 1~5cm，基部向上与叶轴均疏被棕色的节状毛，顶端有关节；叶片椭圆披针形，短渐尖头或急尖头，二回浅羽裂；羽片 7~10 对，对生，平展或略斜展，疏离，仅基部一对羽片分离，无柄，向上的均与叶轴合生，下部 2 对羽片有时略缩短，中部羽片较长，基部不对称与叶轴合生。叶脉不明显。叶草质，两面及叶轴密被长节状毛。孢子囊群圆形，位于分叉小脉的顶端，略靠近叶缘，沿羽片边缘排列成行。

【分布与生境】分布于中国黑龙江、辽宁、河北、山东，日本、朝鲜半岛及俄罗斯（乌苏里）。生于林下石缝中。

【价值】具生态价值。

▲ 大囊岩蕨

▲ 耳羽岩蕨

岩蕨属 *Woodsia*

耳羽岩蕨 *Woodsia polystichoides* Eaton

【形态特征】植株高 15~30cm。根状茎短而直立，先端密被鳞片。叶簇生，禾秆色或棕禾秆色，略有光泽；叶片线状披针形，一回羽状，羽片 16~30 对。叶脉先端有棒状水囊。叶纸质或草质，干后草绿色或棕绿色；孢子囊群圆形，着生于二叉小脉的上侧分枝顶端；囊群盖杯形，边缘浅裂并有睫毛。

【分布与生境】分布于中国东北、华北、西北、西南、华中及华东，日本、朝鲜及俄罗斯。生于林下石上及山谷石缝间。

【价值】具观赏价值。

岩蕨属 *Woodsia*

岩蕨 *Woodsia ilvensis* (L.) R. Br.

【形态特征】根状茎短而直立或斜出；鳞片阔披针形；叶密集簇生；叶柄栗色，有光泽；叶片披针形，疏被长毛，二回羽裂；羽片长，卵状披针形，深羽裂；叶脉羽状，小脉不达叶边；孢子囊群圆形；囊群盖碟形。

【分布与生境】分布于中国东北、华北、新疆，欧洲、亚洲北部、北美洲及环北极区。生于岩石上。

【价值】具生态价值。

▲ 岩蕨

▲ 球子蕨

科 11　球子蕨科 Onocleaceae

球子蕨属 *Onoclea*

球子蕨 *Onoclea sensibilis* var. *interrupta* Maxim.

【形态特征】多年生草本，高 30~70cm。根状茎长而横走；鳞片阔卵形；叶疏生，二型；不育叶阔卵状三角形或阔卵形，一回羽状；能育叶叶片强度狭缩；小羽片反卷成小球形；叶脉明显，网状，网眼无内藏小脉。

【分布与生境】分布于中国东北和华北，日本、朝鲜半岛、俄罗斯和北美洲。生于潮湿草甸或林区河谷湿地上。

【价值】具生态价值。

▲ 荚果蕨

荚果蕨属 *Matteuccia*

荚果蕨（黄瓜香）*Matteuccia struthiopteris* (L.) Tod.

【形态特征】植株高 70~110cm。根状茎短而直立；鳞片披针形，先端纤维状，全缘；叶簇生，二型；下部羽片向基部渐狭；能育叶片狭，倒披针形，羽片呈念珠状；不育叶片的下部羽片缩短成小耳形；孢子囊群圆形，成熟时连接而成为线形。

【分布与生境】分布于中国东北、华北、华中、西北和西南，日本、朝鲜半岛、俄罗斯和北美洲。生于山坡阴处或草丛中。

【价值】具观赏和生态价值；可食用。

科 12 蹄盖蕨科 Athyriaceae

双盖蕨属 *Diplazium*

黑鳞短肠蕨（黑鳞双盖蕨）
Diplazium sibiricum (Turcz. ex Kunze) Kurata

【形态特征】夏绿中型植物。根状茎细长横走，黑色。鳞片褐色或黑褐色，有光泽，阔披针形，边缘疏具细锯齿；叶疏生或近生；叶柄基部黑色，向上禾秆色；叶片阔三角形，二回羽状，小羽片羽状深裂；下部羽片的小羽片线状披针形，宽小于 1.5cm，无柄或近无柄。孢子囊群矩圆形，在小羽片的裂片上可达 3 对，生于小脉中部或上部。

【分布与生境】分布于中国东北、华北，俄罗斯、朝鲜半岛、日本和欧洲北部。生于针阔混交林或阔叶林下。

【价值】具生态价值。

▲ 黑鳞短肠蕨

蹄盖蕨属 *Athyrium*

东北蹄盖蕨（猴腿蹄盖蕨）
Athyrium brevifrons Nakai ex Tagawa

【形态特征】根状茎短，叶簇生。叶片卵形至卵状披针形，先端渐尖，基部圆截形，二回羽状；羽片约 15~18 对，一回羽状；小羽片 18~28 对，基部的近对生，阔披针形，向上的互生，近平展，几无柄，披针形至镰刀状披针形。叶脉下面可见。叶轴和羽轴下面淡褐禾秆色或带淡紫红色，疏被浅褐色短腺毛。孢子囊群长圆形、弯钩形或马蹄形。

【分布与生境】分布于中国东北和华北，俄罗斯远东地区、朝鲜半岛和日本。生于针阔叶混交林下或阔叶林下。

【价值】具食用价值。

▲ 东北蹄盖蕨

蹄盖蕨属 *Athyrium*

假冷蕨（尖齿蹄盖蕨）*Athyrium spinulosum* Milde

【形态特征】根状茎长而横走，黑褐色；叶远生。能育叶根状茎同色，被鳞片，近地表处常密生金黄色长柔毛，向上为禾秆色，略有光泽；叶片广卵状三角形，二至三回羽状；叶干后草质，绿色或褐绿色，小羽轴和主脉上面稍有短刺状突起。孢子囊群圆形，生于小脉背上，每末回裂片有一至数对；囊群盖近圆肾形，膜质，浅褐色。

【分布与生境】分布于中国东北、内蒙古、陕西、河南和四川，朝鲜半岛、日本及俄罗斯远东地区。生于针叶林、混交林下或灌丛、竹丛中阴湿处。

【价值】具观赏价值。

▲ 假冷蕨

角蕨属 *Cornopteris*

新蹄盖蕨 *Cornopteris crenulatoserrulata* (Makino) Nakai

【形态特征】根状茎中等粗壮，长而横走；叶柄下部粗壮，基部不变尖削，侧脊有凸起；叶轴、羽轴和小羽轴下面有非腺体单细胞毛；叶片三角状卵形至卵状长圆形，二回羽状；小羽片长 4~6cm，宽约 1.5cm，羽状深裂。

【分布与生境】分布于中国东北、华北和西北，俄罗斯、朝鲜半岛及日本。生于亚高山针阔叶混交林下或草地。

【价值】具食用价值。

▲ 新蹄盖蕨

对囊蕨属 *Deparia*

东北蛾眉蕨 *Deparia pycnosora* (Christ) M. Kato

【形态特征】根状茎粗而斜升，先端连同叶柄基部密被有浅褐色鳞片；叶簇生。能育叶叶柄长，基部栗黑色，向上渐变为禾秆色，膜质；叶片阔披针形，一回羽状。叶干后草质，绿色，沿叶轴、羽轴及主、侧脉略被有节状短毛。孢子囊群长新月形至线形，成熟时往往彼此密接；囊群盖同形，灰褐色，栉篦状排列，宿存。

【分布与生境】分布于中国东北、北京、河北及山东，朝鲜半岛、日本北部及俄罗斯远东地区。生于针阔叶混交林下阴湿处。

【价值】具药用价值。

▲ 东北蛾眉蕨

科 13　金星蕨科 Thelypteridaceae

沼泽蕨属 *Thelypteris*

沼泽蕨 *Thelypteris palustris* Schott

【形态特征】植株高 35~65cm。根状茎细长横走，黑色，光滑或顶端疏生红棕色的卵状披针形鳞片。叶近生，基部黑褐色，向上为深禾秆色，有光泽，通常光滑无毛；叶片披针形，先端短渐尖并羽裂，基部几不变狭，二回深羽裂；羽片约 20 对，彼此接近，近对生，平展或斜展，成熟时往往略向下弯曲。叶厚纸质，两面光滑，叶轴和羽轴上面有一纵沟，下面隆起，均无毛。孢子囊群圆形，背生于叶脉中部，位于主脉和叶缘之间。

【分布与生境】分布于中国东北、华北、新疆、四川，北半球其他温带地区。生于草甸和芦苇中沼泽地或林下阴湿处。

【价值】具生态价值。

▲ 沼泽蕨

科 14　鳞毛蕨科 Dryopteridaceae

耳蕨属 *Polystichum*

鞭叶耳蕨 *Polystichum craspedosorum* (Maxim.) Diels

【形态特征】植株高 10~20cm。根茎直立，密生披针形棕色鳞片。叶簇生，下部边缘为卷曲的纤毛状；叶片线状披针形，长 10~20cm，宽 2~4cm，一回羽状；羽片 14~26 对。叶纸质，背面脉上有黄棕色鳞片。孢子囊群通常位于羽片上侧边缘成一行，有时下侧也有；囊群盖大，圆形，全缘，盾状。

【分布与生境】分布于中国东北、华北、西北、西南及山东，俄罗斯、日本、朝鲜半岛。生于阴面干燥的石灰岩上。

【价值】具药用价值。

▲ 鞭叶耳蕨

鳞毛蕨属 *Dryopteris*

粗茎鳞毛蕨 *Dryopteris crassirhizoma* Nakai

【形态特征】植株高达 1m。根状茎粗大，直立或斜升；鳞片淡褐色至栗棕色，具光泽；叶簇生；叶柄上的鳞片深棕色至黑色；叶片草质，长圆形至倒披针形，二回羽状深裂；羽片无柄，裂片顶端无软骨质边。孢子囊群圆形，通常孢生于叶片背面上部；囊群盖圆肾形或马蹄形，几乎全缘，棕色，稀带淡绿色或灰绿色。

【分布与生境】分布于中国东北、华北，日本、朝鲜半岛、俄罗斯。生于山地林下。

【价值】具药用价值。

▲ 粗茎鳞毛蕨

鳞毛蕨属 *Dryopteris*

东北亚鳞毛蕨 *Dryopteris coreano-montana* Nakai

【形态特征】植株高 70~120cm。根状茎粗而直立，被红棕色、质薄、全缘、长圆披针形鳞片。叶簇生，乌木色，有光泽，密被鳞片，鳞片褐棕色；叶片椭圆披针形，长 60~80cm，中部宽 20~25cm，二回羽状；羽片约 30 对，斜展，互生。叶干后薄纸质，淡绿色，两面几光滑；叶轴上面密被淡棕色、披针形鳞片和纤维状毛。孢子囊群生于主脉和叶边之间。

【分布与生境】分布于中国黑龙江、吉林，俄罗斯、朝鲜、日本。生于草甸湿地。

【价值】具生态价值。

▲ 东北亚鳞毛蕨

鳞毛蕨属 *Dryopteris*

广布鳞毛蕨 *Dryopteris expansa*(C.presl)Fraser-Jenk.

【形态特征】多年生草本，高 55~90cm。根茎先端连同叶柄基部密被棕褐色鳞片。叶轴和羽轴疏被棕褐色狭披针形鳞片及鳞毛；叶片长 24~50cm，宽 12~35cm；3~4 回羽裂。基部羽片最大；末回小裂片矩圆形，长 6~8mm，宽约 2mm。先端与边缘具刺尖重锯齿。孢子囊群生于上部或近顶端；囊群盖淡褐色，圆肾形。

【分布与生境】分布于中国东北、华北，蒙古国、俄罗斯、欧洲、北美洲。生于林下。

【价值】具生态价值。

▲ 广布鳞毛蕨

鳞毛蕨属 *Dryopteris*

香鳞毛蕨 *Dryopteris fragrans* (L.) Schott

【形态特征】植株高 20~30cm。根状茎顶端连同叶柄基部密被红棕色、膜质、卵圆形或卵圆披针形、边缘有疏具锯齿的鳞片。叶簇生，禾秆色，密被红棕色、长圆披针形、边缘具锯齿的鳞片和金黄色腺体；叶片长圆披针形，先端短渐尖，二回羽状至三回羽裂；羽片约 20 对，斜展，彼此靠近，披针形。叶草质，沿叶轴与羽轴被鳞片和腺体。孢子囊群圆形，背生于小脉上；囊群盖膜质，圆形至圆肾形，边缘疏具锯齿。

【分布与生境】分布于中国东北、河北、内蒙古、新疆，俄罗斯远东地区、日本、朝鲜半岛、欧洲、北美。生于林下。

【价值】具生态和药用价值。

▲ 香鳞毛蕨

科 15　水龙骨科 Polypodiaceae

石韦属 *Pyrrosia*

有柄石韦 *Pyrrosia petiolosa* (Christ) Ching

【形态特征】植株高 5~15cm。根状茎细长横走，幼时密被披针形棕色鳞片；鳞片长尾状渐尖头，边缘具睫毛。叶远生，具长柄，叶片椭圆形，急尖短钝头，基部楔形，下延，干后厚革质，全缘，上面灰淡棕色，疏被星状毛，下面被厚层星状毛。主脉下面稍隆起，上面凹陷，侧脉和小脉均不显。孢子囊群布满叶片下面，成熟时扩散并汇合。

【分布与生境】分布于中国东北、华北、西北、西南和长江中下游，朝鲜和俄罗斯。多附生于干旱裸露岩石上。

【价值】具药用价值。

▲ 有柄石韦

瓦韦属 *Lepisorus*

乌苏里瓦韦 *Lepisorus ussuriensis* (Regel & Maack) Ching

【形态特征】植株高 10~15cm。根状茎细长横走，密被鳞片。叶片线状披针形，向两端渐变狭，短渐尖头或圆钝头，基部楔形，下延，干后上面淡绿色，下面淡黄绿色，边缘略反卷，纸质或近革质。主脉上下均隆起。孢子囊群圆形，位于主脉和叶边之间，幼时被星芒状褐色隔丝覆盖。

【分布与生境】分布于中国东北、华北。附生于林下或山坡阴处岩石缝。

【价值】具药用价值。

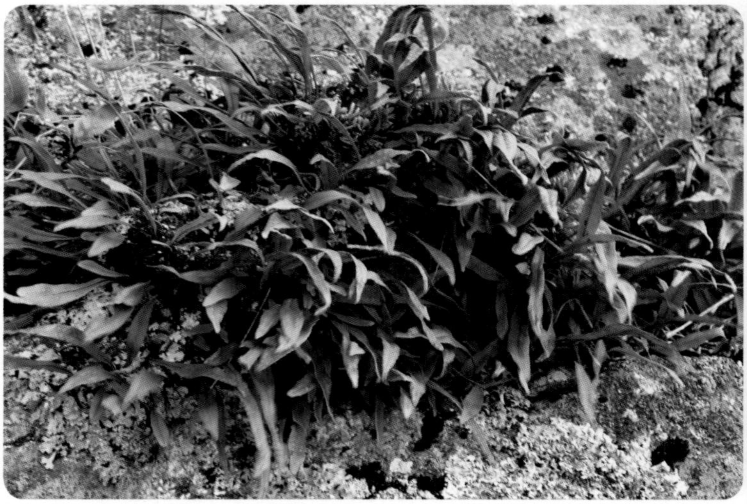

▲ 乌苏里瓦韦

多足蕨属 *Polypodium*

东北多足蕨 *Polypodium sibiricum* Siplivinsky

【形态特征】附生植物。根状茎长而横走，密被鳞片。叶远生或近生；叶柄禾秆色，光滑无毛；叶片长椭圆状披针形，羽状深裂或基部为羽状全裂，顶端羽裂渐尖或尾尖；侧生裂片约 12~16 对，平展或近平展，条形，基部与叶轴阔合生，顶端钝圆，边缘具浅锯齿。叶片近革质，背面黄绿色，褶皱，两面光滑无毛。孢子囊群圆形，在裂片中脉两侧各 1 行，靠近裂片边缘着生，无盖。

【分布与生境】分布于中国东北、河北和内蒙古，日本、朝鲜半岛、蒙古国、俄罗斯（西伯利亚）和北美。附生于树干上或石上。

【价值】具生态价值。

▲ 东北多足蕨

第 9 章　裸子植物

科 1　柏科 Cupressaceae

刺柏属 *Juniperus*

西伯利亚刺柏 *Juniperus communis* var. *saxatilis* Pall.

【形态特征】匍匐灌木，茎枝长 0.5~1.5m。刺叶三叶轮生，斜伸，通常稍成镰状弯曲，披针形或椭圆状披针形，先端急尖或上部渐窄成锐尖头，上面稍凹，中间有 1 条较绿色边带为宽的白粉带，下面具棱脊。球果圆球形或近球形，熟时褐黑色，被白粉，通常有 3 粒种子，间或 1~2 粒；种子卵圆形，顶端尖，有棱角，长约 5mm。花期 6 月，种子 9~10 月成熟。

【分布与生境】分布于中国东北、新疆、西藏，俄罗斯、朝鲜半岛、日本。阳性树种，耐寒，耐干燥而瘠薄土壤，抗风力强，分散生于高海拔满覆碎石块的山顶部。

【价值】具水土保持价值；可作观赏绿化树种。

▲ 西伯利亚刺柏

刺柏属 *Juniperus*

兴安圆柏（兴安桧）*Juniperus sabina* var. *davurica* (Pall.) Farjon

【形态特征】匍匐灌木，主茎枝长 0.5~1.8m。分枝多，主茎沿地面匍匐。叶二型，刺叶交叉对生，长 3~6mm，鳞叶交叉对生，卵状矩圆形。雄球花卵圆形或近矩圆形，雄蕊 6~9 对。球果呈不规则球形，通常较宽，熟时暗褐色至蓝紫色，被白粉，有 1~4 粒种子；种子卵圆形，扁，顶端急尖，有不明显的棱脊。花期 6 月，种子 9~10 月成熟。

【分布与生境】分布于中国黑龙江省大兴安岭、小兴安岭。耐寒，抗风力强，耐瘠薄，生于亚高山矮曲林带，地表面满覆碎石块处，疏林下。

【价值】具水土保持价值；可作绿化观赏树种。

▲ 兴安圆柏

科 2　松科 Pinaceae

冷杉属 *Abies*

臭冷杉 *Abies nephrolepis* (Trautv. ex Maxim) Maxim.

【形态特征】常绿乔木，树皮灰色，平滑或浅裂，常有内含树脂的丘囊。一年生枝密生淡褐色毛；叶条形，长 1.5~2.5cm，宽 1.5mm；先端凹缺或微裂，下面有 2 条白色气孔带。球果卵状圆柱形，无梗，熟时紫褐色；种子倒卵状三角形，微扁，种翅淡褐色或带黑色，楔状。花期 4~5 月，球果 9~10 月成熟。

【分布与生境】分布于中国东北、华北，俄罗斯、朝鲜半岛。常在山地混交或成小面积纯林。

【价值】工业用材；绿化观赏。

▲ 臭冷杉

落叶松属 *Larix*

落叶松（兴安落叶松）*Larix gmelinii* (Rupr.) Kuzen.

【形态特征】落叶乔木，树皮灰色或灰褐色，纵裂成鳞片状剥离，剥落后内皮呈紫红色；枝斜展或近平展，小枝下垂；树冠卵状圆锥形。叶倒披针状条形，长 1.5~3cm，宽 0.7~1mm，上面中脉不隆起，下面沿中脉两侧各有 2~3 条气孔线。球果幼时紫红色，成熟时上部的种鳞张开，种子斜卵圆形，灰白色，具淡褐色斑纹。花期 5~6 月，球果 9~10 月成熟。

【分布与生境】分布于中国东北北部及俄罗斯。山坡山麓、沼泽、泥炭沼泽、草甸、湿润而土壤肥沃的阴坡及阳坡、河谷或山顶等均可生长。

【价值】工业用材。

▲ 落叶松

云杉属 *Picea*

红皮云杉（红皮臭）*Picea koraiensis* Nakai

【形态特征】常绿乔木，高达35m；树皮灰褐色或淡红褐色，主枝之叶近辐射排列，侧生小枝上面之叶直上伸展，长1~2.5cm、宽1~1.5mm，先端急尖，四面有气孔线，横切面四棱形。球果卵状圆柱形或长卵状圆柱形，长5~8cm、径2.5~3.5cm；种子灰黑褐色，倒卵圆形，种翅淡褐色，倒卵状矩圆形，先端圆，连种子；花期5~6月，种子10月成熟。

【分布与生境】分布于中国东部、北部，俄罗斯、朝鲜半岛。适应性强，生于山地多种生境。

【价值】用材树种；园林绿化。

▲ 红皮云杉

云杉属 *Picea*

鱼鳞云杉（鱼鳞松 鱼鳞杉）*Picea jezoensis* (Siebold & Zucc.) Carrière

【形态特征】常绿乔木，高可达 40m；幼树树皮暗褐色，老则呈灰色，裂块呈鳞片状；树冠尖塔形或圆锥形，大枝平展；冬芽圆锥形，淡褐色。小枝上面之叶覆瓦状向前伸展，条形，长 1.2~2cm、宽 1.5~2mm，常微弯，先端常微钝，上面有 2 条白粉气孔带。球果矩圆状圆柱形或长卵圆形，长 4~8cm、径 1.8~3.2cm，花期 5~6 月，球果 9~10 月成熟。

【分布与生境】分布于中国东北以及俄罗斯、朝鲜半岛。多生于山坡中腹以上，排水良好的山坡上。

【价值】工业用材。

▲ 鱼鳞云杉

▲ 红松

松属 *Pinus*

红松（海松 朝鲜松）*Pinus koraiensis* Siebold & Zucc.

【形态特征】常绿乔木，树皮灰褐色，幼树近平滑，大树皮纵裂成不规则块片脱落，内皮红褐色。一年生枝密生黄褐色柔毛；针叶 5 针一束，长 6~12cm，粗硬，边缘具细锯齿。球果圆锥状卵圆形，长 9~14cm；成熟后种鳞不张开或微张开；种子不脱落；种子长 1.2~1.6cm，暗紫褐色或褐色，倒卵状三角形，微扁；花期 6 月，球果第二年 9~10 月成熟。

【分布与生境】分布于中国黑龙江、吉林、辽宁，朝鲜、俄罗斯、日本。生于排水良好、湿润的山坡上。

【价值】优质木材；可提取松香及松节油等；针叶可提取维生素 C 浓缩剂；种子是优质坚果。

* 国家二级重点保护野生植物。

▲ 红松

松属 ***Pinus***

偃松（爬松 矮松）***Pinus pumila*** **(Pall.) Regel**

【形态特征】常绿灌木，树皮灰褐色，裂成片状脱落。针叶5针一束，长4~6cm，边缘锯齿不明显或近全缘。雄球花椭圆形，黄色；雌球花及小球果单生或2~3个集生，紫色或红紫色。球果卵形，长3~6cm、径2.5~3.5cm；种鳞边缘微向外反曲；种子不脱落，暗褐色，三角形倒卵圆形，微扁，长7~10mm、径5~7mm。花期6~7月，球果第二年9月成熟。

【分布与生境】分布于中国东北高海拔地带，朝鲜半岛、俄罗斯、日本。生于高山顶部呈灌木状，或高海拔的山上部，形成矮曲林。

【价值】保持水土；种子可食。

▲ 偃松

松属 ***Pinus***

樟子松（海拉尔松）***Pinus sylvestris*** **var.** ***mongolica*** **Litv.**

【形态特征】常绿乔木，高达30m；树干下部皮灰褐色，深裂鳞状块片脱落，上部树皮及枝皮黄色至褐黄色，内侧金黄色，裂成薄片脱落。针叶2针一束，长4~9cm、径1.5~2mm，硬直，常扭曲。雄球花柱状卵圆形，聚生新枝下部；雌球花有短梗，淡紫褐色，下垂。球果卵圆形或长卵圆形，长3~6cm、径2~3cm；种子黑褐色，长卵圆形或倒卵圆形，微扁。花期5~6月，球果第二年9~10月成熟。

【分布与生境】分布于中国大兴安岭山区、小兴安岭北部，蒙古国、俄罗斯。生于山中上部。现已广泛栽培。

【价值】优质木材；工业用材。

▲ 樟子松

第 10 章　被子植物

科1 睡莲科 Nymphaeaceae

萍蓬草属*Nuphar*

萍蓬草（黄金莲）*Nuphar pumila* (Timm) DC.

【形态特征】多年水生草本。根茎扁柱形，稀疏分枝，密具叶痕。叶片纸质，宽卵形或卵形，上面无毛，下面密生柔毛。萼片5，黄色，花瓣状。花瓣狭窄，较小与萼片同色。雄蕊下位生。柱头盘状，常10浅裂。浆果卵形，具宿存柱头及萼片。种子长圆形，多数，褐色，有光泽。花果期5~9月。

【分布与生境】分布于中国东南、华北、东北，蒙古国、朝鲜半岛、日本。生于湖泊中。

【价值】根茎可食；具药用价值。

▲ 萍蓬草

睡莲属 *Nymphaea*

睡莲 *Nymphaea tetragona* Georgi

【形态特征】多年水生草本。根常固定于泥沼中，有时漂浮。叶柄直立；小叶椭圆形。花序多花；总状花序连花茎长30~35cm；花冠白色，管状，内部具长流苏状毛；花药箭形。蒴果球形。花果期5~7月。

【分布与生境】分布于中国东北、华北、东南和西南，南亚、东北亚非洲和美洲。生于沼泽地、泥浆中或开阔水面。

【价值】具观赏和药用价值。

▲ 睡莲

科 2 五味子科 Schisandraceae

五味子属 *Schisandra*

五味子（山花椒）*Schisandra chinensis* (Turcz.) Baill.

【形态特征】木质藤本，长达 8m。枝皮和果有强烈香气。叶互生，长 5~9cm、宽 2.5~5cm。花单性；花被片 6~9，长 6~10mm、宽 4~5mm；雄蕊 5；心皮多数，排在凸起的花托上，集成雌蕊群呈椭圆形；浆果近球形，红色，肉质，外果皮具腺点。种子肾形，长 4~5mm。花期 5 月，果期 8~9 月。

【分布与生境】分布于中国北部、华中、四川，朝鲜半岛、俄罗斯、日本。生于山林中。

【价值】果实入药；枝茎可做调味料；庭院绿化。

▲ 五味子

科 3 金粟兰科 Chloranthaceae

金粟兰属 *Chloranthus*

银线草（四块瓦）*Chloranthus japonicus* Siebold

【形态特征】多年生草本；茎直立，单生或数枚丛生，不分枝，叶 4 片，生茎顶，鳞状叶膜质，开花期叶较短，先端急尖，基部宽楔形，边缘具尖锐的锯齿；花序单一，顶生，直立。花白色。无花梗；苞片近正三角形或近半圆形，着生子房外侧；果实倒卵圆形，绿色。花期 5~6 月，果期 7 月。

【分布与生境】分布于中国东北、华北、西北，朝鲜半岛和日本。生于山坡或山谷腐殖土层厚、疏松、阴湿且排水良好的杂木林下。

【价值】具药用价值；根状茎可提炼芳香油。

▲ 银线草

科 4　菖蒲科 Acoraceae

菖蒲属 *Acorus*

菖蒲 *Acorus calamus* L.

【形态特征】多年生草本，高 80~120cm。根状茎粗壮，芳香。叶长 70~100cm、宽 5~15mm。佛焰苞叶状剑形，花序柄三棱形；肉穗花序，近圆柱形，长 4~7cm、径 6~10mm；花两性，黄绿色，雄蕊 6；子房长圆柱形，长约 3mm。浆果长圆形，红色。花果期 6~8 月。

【分布与生境】分布于中国各地，全球温带、亚热带常见。生于湿地、水边。

【价值】具药用价值。

▲ 菖蒲

科 5　天南星科 Araceae

浮萍属 *Lemna*

浮萍 *Lemna minor* L.

【形态特征】飘浮植物。叶状体对称，近圆形，上面稍凸起或沿中线隆起，背面垂生丝状根 1 条，白色，长 3~4cm，根冠钝头，根鞘无翅。叶状体背面一侧具囊，新叶状体于囊内形成浮出，以极短的细柄与母体相连，后脱落。雌花具弯生胚珠 1 枚，果实无翅，近陀螺状，种子具凸出的胚乳并具 12~15 条纵肋。

【分布与生境】分布于中国南北各省，全球温暖地区广布。生于水田、池沼或其他静水水域。

【价值】饲料；饵料；具药用价值。

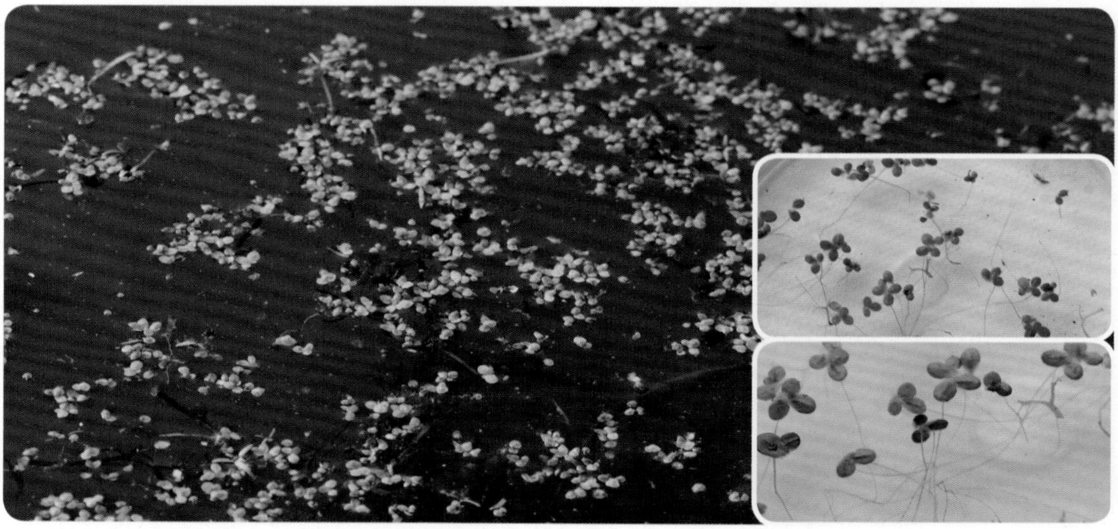

▲ 浮萍

浮萍属 *Lemna*

品藻 *Lemna trisulca* L.

【形态特征】水生植物，悬浮于水面附近，常聚成堆团或层片。叶状体薄，膜质或纸质，二面暗绿色，有时带紫色，具长 5~10mm 的细柄，借以与母体相连经数代不脱落，背面生 1 细根，根端尖，常连根脱落，幼叶状体于母体基部两侧的囊中萌发，浮出后与母体构成品字形。果实卵形，种子具突起脉纹。

【分布与生境】分布于中国南北各省区，全球温带地区。生于静水池沼或浅水中。

【价值】具观赏价值。

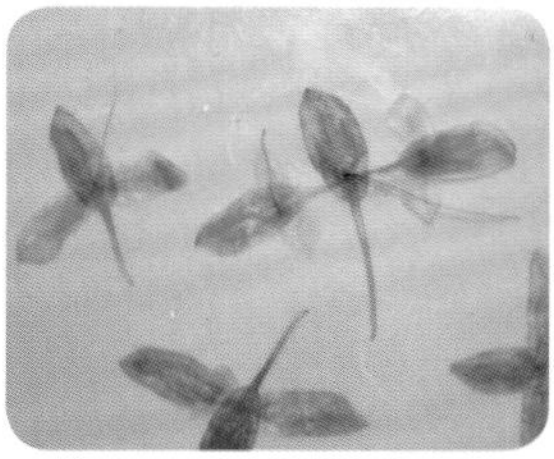

▲ 品藻

水芋属 *Calla*

水芋 *Calla palustris* L.

【形态特征】多年生草本。匍匐茎长达 60cm，节上生根。基生叶具长柄，长达 25cm；叶长 6~15cm、宽 5~13cm。佛焰苞长 3~5cm、宽 2.5~3.5cm；肉穗花序无花被；雄蕊 6；子房卵圆形。果序直径达 2.5cm，浆果靠合。花果期 6~9 月。

【分布与生境】分布于中国东北、内蒙古，欧洲、亚洲其他区域、美洲的北温带和亚北极地区。生于湿地。

【价值】具药用和观赏价值。

▲ 水芋

▲ 东北南星

天南星属 *Arisaema*

东北南星 *Arisaema amurense* Maxim.

【形态特征】多年生草本，高 20~40cm，块茎近球形。叶片鸟足状全裂，裂片长 10~15cm、宽 5~8cm；叶柄长 15~35cm，下部具鞘。肉穗花序；佛焰苞长 10~15cm；单性异株；雄花序花疏，花药顶孔开裂。雌花序圆锥形，柱头盘状。浆果靠合，生成圆柱形果序，径 1.8~2.5cm。果落后呈紫红色。花期 5 月，果期 9 月。

【分布与生境】分布于中国北部，俄罗斯、朝鲜半岛、日本。生于林下。

【价值】具药用和观赏价值。

天南星属 *Arisaema*

细齿南星（朝鲜南星）*Arisaema peninsulae* Nakai

【形态特征】块茎扁球形，白色或褐色，直径 2~5cm，鳞叶 3。叶 2，叶柄鞘长 30~60cm，圆筒状，顶部几截平，叶柄不具鞘部分长 8~10cm，圆柱形。叶片鸟足状分裂，裂片 5~13，中裂片长约 10cm，宽 2.5~3cm，侧裂片依次渐小。花序柄略短于叶柄。佛焰苞圆柱形，绿色或紫色，管部长 5.5~7.5cm，有白色条纹，边缘略外卷；檐部卵形，下弯，先端渐狭，长 7cm，宽 4~5cm。肉穗花序单性，雄花序圆锥形，长 1.5cm，基部粗 1cm。浆果红色。花期 5~6 月，果期 8~9 月。

【分布与生境】分布于中国黑龙江、吉林、河南，日本。生于林下。

【价值】具药用价值。

▲ 细齿南星

▲ 紫萍

紫萍属 *Spirodela*

紫萍 *Spirodela polyrhiza* (L.) Schleid.

【形态特征】多年生漂浮水生草本，群生。叶状体倒卵状圆形，长 5~8mm、宽 3~7mm，具掌状脉 5~11 条，背面紫色；下面着生 5~11 条细根。在叶状体背面近基部两侧发育生出新的叶状体；与母体分离前有细柄相连；秋后冬芽沉水越冬。花单性，雌花 1 与雄花 2 同生于袋状的佛焰苞内；雄花 1 雄蕊，花药 2 室；雌花具 1 室子房，花期 6~7 月。

【分布与生境】分布于中国南北各地，温带、亚热带、热带地区。生于静水中。

【价值】具药用价值。

科 6　泽泻科 Alismataceae

泽泻属 *Alisma*

东方泽泻 *Alisma orientale* (Samuel) Juz.

【形态特征】多年生水生草本。花葶高 30~90cm。挺水叶具 5~7 条弧形脉。圆锥花序具 3~9 轮分枝；花两性，直径约 6mm；外轮萼片 3，卵形；内轮花瓣 3，近圆形，白色，边缘波状；心皮排列整齐。瘦果椭圆形，侧扁，背部具 1~2 条不明显浅沟。花果期 6~9 月。

【分布与生境】分布于中国各地，俄罗斯、蒙古国、日本。生于湿地、水塘。

【价值】块茎入药；水生观赏植物。

▲ 东方泽泻

慈姑属 *Sagittaria*

浮叶慈姑 *Sagittaria natans* Pall.

【形态特征】多年生水生浮叶植物。根状茎匍匐，先端膨胀呈球茎。叶基生，顶裂片与侧裂片之间常溢缩。花葶挺水，总状花序，下部 1~2 轮为雌花，上部为雄花，轮花被片卵形，内轮花被片倒卵形，白色。瘦果两侧压扁，果喙位于腹侧，直立或斜上。花期 6~7 月，果期 8~9 月。

【分布与生境】分布于中国东北和西北，亚洲其他区域和欧洲。生于水稻田、沟渠边及浅水沼泽处。

【价值】园林绿化。

*** 国家二级重点保护野生植物。**

▲ 浮叶慈姑

慈姑属 *Sagittaria*

野慈姑 *Sagittaria trifolia* L.

【形态特征】多年生挺水草本，具匍匐茎。叶箭形；顶端裂片短于基部裂片。花序总状，每轮 3 花，仅基部具分枝；花单性，下部为雌花，萼片反折；花瓣白色。瘦果两侧扁，具翅；喙顶生，直立。花果期 5~10 月。

【分布与生境】分布于中国大部分地区，亚洲其他区域、欧洲。生于湖泊、池塘、沼泽、沟渠、水田等水域。

【价值】具生态价值。

▲ 野慈姑

科 7　花蔺科 Butomaceae

花蔺属 *Butomus*

花蔺 *Butomus umbellatus* L.

【形态特征】多年生水生草本。根茎横走，节生多须根。叶基生，无柄，先端渐尖，基部扩大成鞘状，鞘缘膜质。花葶圆柱形；花序基部 3 枚苞片卵形，先端渐尖；花被片外轮较小，萼片状，绿色而稍带红色，内轮较大，花瓣状，粉红色。蓇葖果成熟时沿腹缝线开裂，顶端具长喙。种子小。花果期 6~8 月。

【分布与生境】分布于中国东北、华北、西北、华东、华中，亚洲其他地区及欧洲。生于湖泊、水塘、沟渠的浅水中或沼泽里。

【价值】可用于浅水边绿化；叶可作编织及造纸原料。

▲ 花蔺

科 8　水鳖科 Hydrocharitaceae

黑藻属 *Hydrilla*

黑藻 *Hydrilla verticillata* (L. f.) Royle

【形态特征】多年生沉水草本。单叶 3~8 枚轮生，条状披针形，叶缘有细齿，中脉明显，无柄。花单性；佛焰苞绿色；萼片白色；花瓣反折，白色或淡红色。果实具 2~9 个针状附属物或光滑无附属物。种子 1~6 粒。花果期 5~10 月。

【分布与生境】分布于中国东北、华北、华东、华中、华南和西南，南亚、东南亚、中亚、东北亚和大洋洲。生于淡水中。

【价值】作饲料或沤肥。

▲ 黑藻

茨藻属 *Najas*

小茨藻 *Najas minor* All.

【形态特征】一年生沉水草本，植株纤细，雌雄同株。叶线形，弯曲，长 1~3cm，宽 0.5~1mm，叶缘每侧有 6~12 个锯齿，顶端渐尖。花黄绿色。果实线状椭圆形。种子狭椭圆形。花果期 6~10 月。

【分布与生境】分布于中国大部分地区，非洲、亚洲其他区域和欧洲。生于池塘、湖泊、稻田或沟渠中。

【价值】作饲料或绿肥。

▲ 小茨藻

苦草属 *Vallisneria*

苦草 *Vallisneria natans* (Lour.) Hara

【形态特征】多年生沉水草本。叶条形，长 0.2~2m，宽 0.5~2cm，全缘或有不明显锯齿，顶端钝。雄佛焰苞卵状圆锥形，具 200 多朵雄花；雌佛焰苞长 1.5~2cm，柄长 30~50cm 或更长，纤细；花萼绿紫色；花瓣白色，细小。果圆柱形，长 5~30cm。

【分布与生境】分布于中国大部分地区，亚洲其他区域和澳大利亚。生于河流、溪流、池塘或湖泊中。

【价值】作饲料或水族箱内装饰。

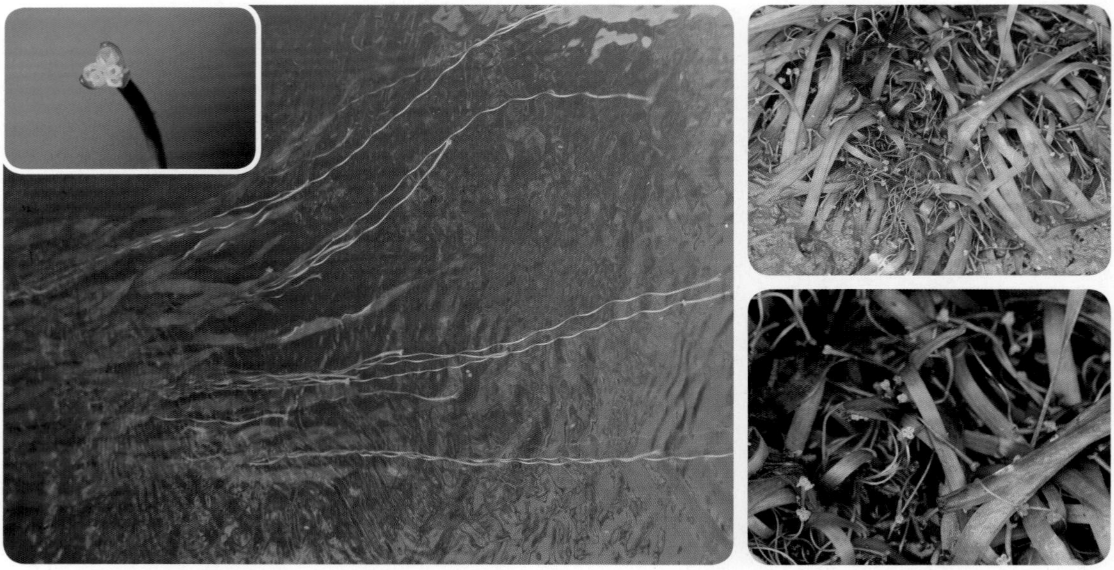

▲ 苦草

科9　冰沼草科 Scheuchzeriaceae

冰沼草属 *Scheuchzeria*

冰沼草 *Scheuchzeria palustris* L.

【形态特征】多年生草本。短根状茎上的匍匐茎长 15~30cm。基生叶直立而相互紧靠，长 20~30cm；茎生叶长 2~13cm；叶舌长 3~5mm。花茎高 12~30cm，无毛；开花时花柄长 2~4mm，果柄长 6~22mm。蓇葖果几无喙，长 5~7mm。种子长 3~4mm。花期 6~7 月。

【分布与生境】分布于中国东北、青海、四川等地，北半球较寒冷地区。生于沼泽和其他极湿处。

【价值】具生态价值。

* 国家二级重点保护野生植物。

▲ 冰沼草

科 10　眼子菜科 Potamogetonaceae

眼子菜属 *Potamogeton*

八蕊眼子菜 *Potamogeton octandrus* Poir.

【形态特征】多年生沉水草本。茎纤细，圆柱形，于节处生有纤长须根。叶两型，花期前全部为沉水叶，线形，互生，无柄，长 2~6cm，宽约 1mm，先端渐尖，全缘；叶脉 3 条；花期出现浮水叶，互生，花序梗下面的叶近对生，具柄，叶片椭圆形，革质，长 1.5~2.5cm，宽 0.7~1.2cm，全缘。穗状花序顶生，具花 4 轮；花序梗稍膨大，略粗于茎；花小，被片 4；雌蕊 4 枚，离生。果实平滑无凸起。花果期 7~9 月。

【分布与生境】分布于中国东北、陕西南部、江苏、湖北和广西，俄罗斯、朝鲜半岛、日本。生于池塘、缓流河沟中。

【价值】可作饲料或绿肥。

▲ 八蕊眼子菜

眼子菜属 *Potamogeton*

穿叶眼子菜 *Potamogeton perfoliatus* L.

【形态特征】多年生草本，沉水植物。根状茎泥中横生，径约 3mm，节上生多数不定根。多分枝，长 30~60cm，径 2~3mm。叶互生，花序下叶对生，卵状披针形或阔卵形，基部心形抱茎，长 2~5cm，宽 1~2.5cm。穗状花序圆柱形，长约 3cm，具 4~7 轮对生花。果实倒卵球形。花果期 6~8 月。

【分布与生境】分布于中国大部分地区，世界各地可见。生于淡水中。

【价值】全草入药，可作饲料或绿肥。

▲ 穿叶眼子菜

眼子菜属 *Potamogeton*

浮叶眼子菜 *Potamogeton natans* L.

【形态特征】多年生水生草本。根状茎泥沙中匍匐。叶二型；沉水叶狭条形，长 10~20cm、宽 1~2mm；浮水叶具长柄，卵状长圆形，长 4~10cm、宽 2~4cm。总花梗长 5~10cm；穗状花序长 3~8cm。果实倒卵球形。花果期 6~8 月。

【分布与生境】分布于中国各地，北半球温带与亚热带。生淡水中。

【价值】可作饲料或绿肥。

▲ 浮叶眼子菜

眼子菜属 *Potamogeton*
光叶眼子菜 *Potamogeton lucens* L.

【形态特征】多年生沉水草本，具根茎。茎圆柱形。叶长椭圆形，长 2~18cm，宽 0.8~3.5cm，质薄，先端尖锐，常具芒状尖头；叶脉 5~9 条，中脉粗大而显著，侧脉细弱；托叶大而显著，绿色，与叶片离生。穗状花序顶生，具花多轮，密集；花序梗明显膨大呈棒状；花小，被片 4，绿色。果实卵形，背部 3 脊，中脊稍锐。花果期 6~10 月。

【分布与生境】分布于中国东北、华北、华东、西北各省区及云南，北半球广布。生于湖泊、沟塘等微酸至中性静水中。

【价值】可作鱼类饵料。

▲ 光叶眼子菜

眼子菜属 *Potamogeton*
微齿眼子菜 *Potamogeton maackianus* A. Benn.

【形态特征】多年生沉水草本，根状茎圆柱形。茎细长，多分枝。叶无柄，长 2~6cm，宽 2~4mm，具 3~5 脉，先端钝圆有突尖。穗状花序；花 2~3 轮；心皮 4。果实倒卵形，长 3.5~4mm，顶端具长约 0.5mm 的喙。花果期 6~9 月。

【分布与生境】分布于中国东北、华北、华东、华中以及西南各地，俄罗斯、朝鲜半岛、日本。生于静水中。

【价值】可净化水质。

▲ 微齿眼子菜

眼子菜属 *Potamogeton*
小眼子菜 *Potamogeton pusillus* L.

【形态特征】沉水草本，无根茎。茎具分枝，近基部常匍匐地面，并于节处生出稀疏而纤长的白色须根，茎节无腺体。叶线形，长 2~6cm，宽约 1mm，无柄；托叶为无色透明的膜质，与叶离生，生成套管状而抱茎，常早落；穗状花序顶生，具花 2~3 轮，间断排列。果实斜倒卵形。花果期 5~10 月。

【分布与生境】分布于中国各地，北方更为多见，世界广布。生于水湿地。

【价值】具药用价值。

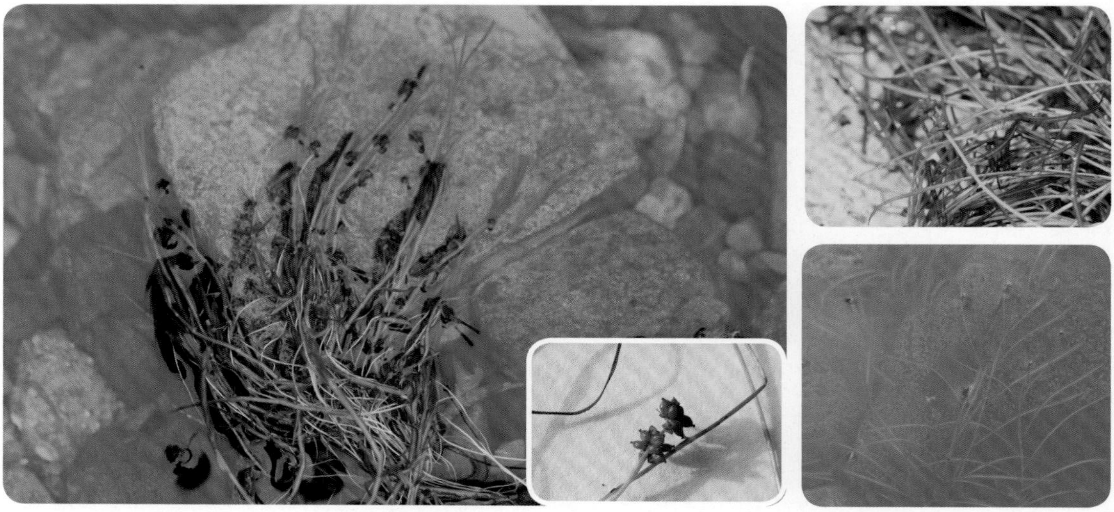

▲ 小眼子菜

眼子菜属 *Potamogeton*
眼子菜 *Potamogeton distinctus* A.Benn.

【形态特征】多年生水生草本。根状茎匍匐于泥沙中。茎多分枝，长约 50cm；叶二型；沉水叶披针形至狭披针形，长 2~7cm，宽约 1.5cm；浮水叶共生，具长柄，花序下的叶对生，革质，叶片长 4~13cm、宽 2~5cm。穗状花序生于浮叶腋，长 4~5cm。果实宽倒卵形。花果期 7~8 月。

【分布与生境】分布于中国大部分地区，亚洲各国。生于池塘、水田和水渠中。

【价值】具生态价值。

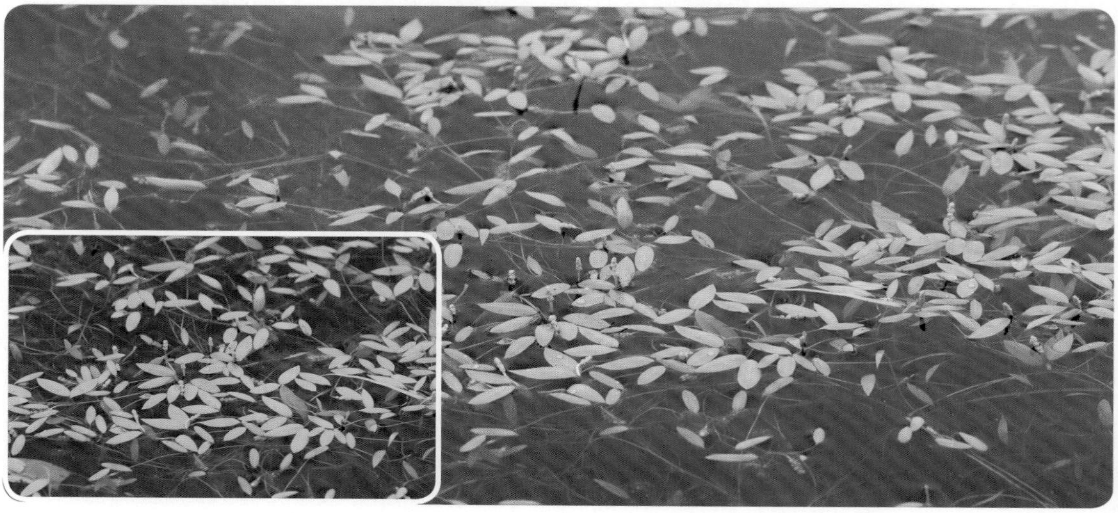

▲ 眼子菜

眼子菜属 *Potamogeton*

菹草 *Potamogeton crispus* L.

【形态特征】多年生沉水草本。根状茎圆柱状或稍扁，多分枝。茎略扁，长 30~70cm，基部匍匐，节上生不定根，上部多分枝；叶条形长 3~8cm、宽 5~10mm，边缘波状具微锯齿。穗状花序长 1~2cm，具对生花 2~4 轮。果实卵形，基部稍合生，顶端有 2mm 长的喙。花果期 6~9 月。

【分布与生境】分布于中国南北各省区，世界广布。生于淡水中。

【价值】可作鱼类饵料。

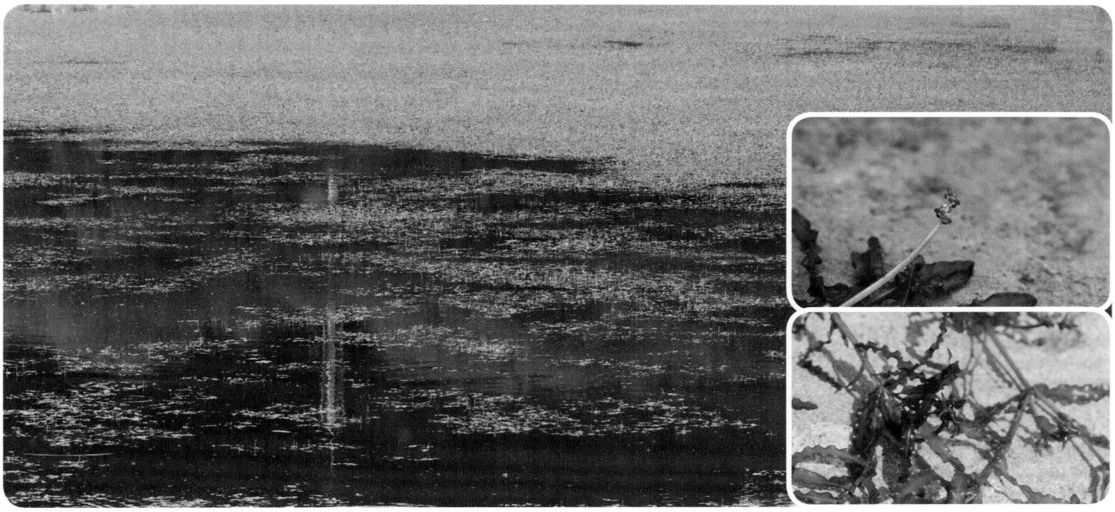

▲ 菹草

篦齿眼子菜属 *Stuckenia*

篦齿眼子菜 *Stuckenia pectinata* (L.) Börner

【形态特征】多年生沉水草本。根茎发达，直径 1~2mm。茎长 50~200cm，近圆柱形，直径 0.5~1mm。叶线形，长 2~10mm，宽 0.3~1mm，先端尖，基部与托叶合生成鞘，鞘长 1~4cm，边缘叠压而抱茎，顶端具无色膜质小舌片；叶脉 3 条。穗状花序顶生，具花 4~7 轮；花被片 4，圆形或宽卵形；雌蕊 4 枚。果实倒卵形。花果期 7~9 月。

【分布与生境】分布于中国南北各省区，全球广布。生于河沟、水渠、池塘等各类水体中。

【价值】全草入药；可作绿肥。

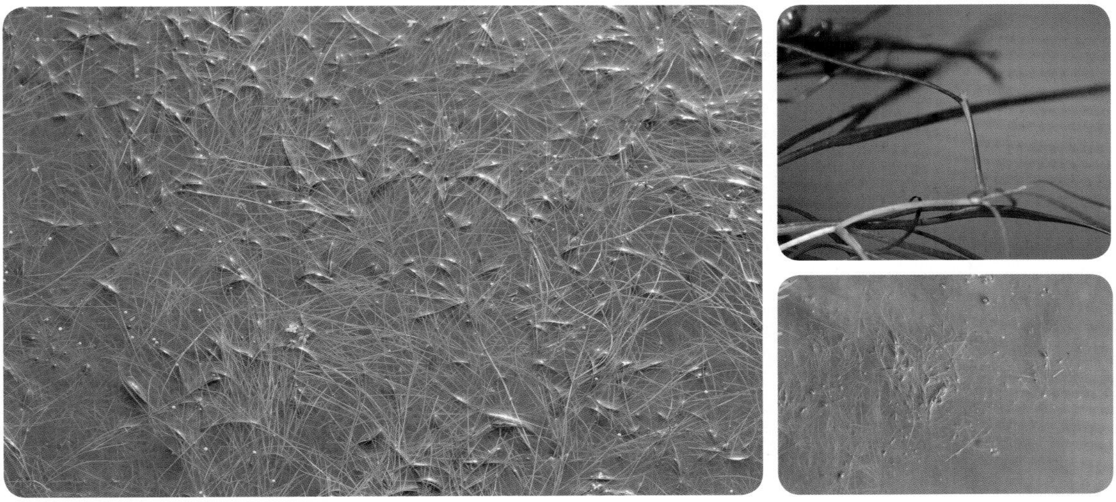

▲ 篦齿眼子菜

科 11　薯蓣科 Dioscoreaceae

薯蓣属 *Dioscorea*

穿龙薯蓣 *Dioscorea nipponica* Makino

【形态特征】多年生缠绕草质藤本，茎长达 5m。根状茎横走，粗壮坚硬，不规则，左旋；单叶具长柄，叶长 5~12cm、宽 2.5~10cm。雌雄异株，花序穗状；雄花被略呈钟形，长 2~3mm，雄蕊 6；雌花筒状，长 5~7mm，花被 6 裂，蒴果具 3 翅，种子每室 2 枚。花果期 5~9 月。

【分布与生境】分布于中国北部、华东、华中、四川，俄罗斯、朝鲜半岛、日本。生于林缘、灌丛中。

【价值】根状茎入药。

▲ 穿龙薯蓣

科 12　藜芦科 Melanthiaceae

藜芦属 *Veratrum*

尖被藜芦 *Veratrum oxysepalum* Turcz.

【形态特征】多年生草本，高 60~120cm。茎基密生无网眼的纤维束。叶长 15~30cm、宽 3.5~14cm，背面近无毛。圆锥花序长 30~50cm，花序轴密生短绵状毛；花被片外面绿色，内面白色；雄蕊 6；子房疏生短柔毛或乳突状毛；花柱长 2mm，外卷。蒴果长 12~15mm。花果期 7~9 月。

【分布与生境】分布于中国东北，俄罗斯、朝鲜半岛、日本。生于草甸、湿草地。

【价值】具药用价值。

▲ 尖被藜芦

藜芦属 *Veratrum*

藜芦 *Veratrum nigrum* L.

【形态特征】多年生草本，高 70~100cm。茎粗壮，基部有网眼状纤维。叶长 15~25cm、宽 6~15mm，两面光滑，叶脉隆起。圆锥花序密被灰白色绵毛；花冠黑紫色，花被片长 5~7mm、宽约 3mm；雄蕊 6，比花被片短；子房无毛，花柱 3，外展。蒴果有三棱，长 1.5~2cm。花果期 7~9 月。

【分布与生境】分布于中国北部、华东、华中、西南，俄罗斯远东地区、欧洲。生于林缘、草丛。

【价值】根及根状茎可入药。

▲ 藜芦

藜芦属 *Veratrum*

毛穗藜芦 *Veratrum maackii* Regel

【形态特征】多年生草本，高 60~110cm。茎较细弱，基部有网眼状纤维。下部叶长圆状披针形，长 15~30cm、宽 1.5~4cm；叶脉隆起。圆锥花序密生绵毛，花黑紫色，瓣片长 5~7mm、宽 2~3mm；雄蕊 6，花药肾形；子房长圆形，无毛，花柱 3，向外张开。蒴果长圆形，长 1~1.7cm。花果期 8~9 月。

【分布与生境】分布于中国东北、华北，朝鲜半岛、俄罗斯、日本。生于林下、山坡。

【价值】根及根状茎可入药。

▲ 毛穗藜芦

藜芦属 *Veratrum*

兴安藜芦 *Veratrum dahuricum* (Turcz.) Loes.

【形态特征】多年生草本，高70~ 120cm。茎基部纤维无网眼。叶长13~23cm，宽5~11cm，背面密生银白色短柔毛。圆锥花序密生白色短绵毛，长20~50cm，花被片淡黄绿色带苍白色边缘，长8~12mm，宽3~4mm；雄蕊6，长约为花瓣的一半；子房近圆锥形，密生短柔毛。蒴果3裂。花果期6~9月。

【分布与生境】分布于中国东北，俄罗斯、朝鲜半岛。生于草甸和山坡湿草地。

【价值】全草入药。

▲ 兴安藜芦

重楼属 *Paris*

北重楼 *Paris verticillata* M. Bieb.

【形态特征】多年生草本，高 20~50cm；叶 5~8 枚轮生于茎顶，叶片长 5~13cm，宽 1~5cm。花单一，花梗长 5~15cm，4 枚外轮花被片叶状，宽 13~30mm，内轮花被片 4，长 1~2cm，条状；雄蕊 8，药隔突出部分短于花药；子房近球形，花柱常 4，下部合生，外卷。蒴果浆果状，径约 1.2cm，紫黑色，具数粒种子。花果期 5~9 月。

【分布与生境】分布于中国北部、华东，朝鲜半岛、俄罗斯、日本。常生于山坡林下、林缘。

【价值】根状茎可入药。

▲ 北重楼

科 13　秋水仙科 Colchicaceae

万寿竹属 *Disporum*

宝珠草 *Disporum viridescens* (Maxim.) Nakai

【形态特征】多年生草本，高 30~80cm。具根状茎和匍匐茎。叶互生，纸质，椭圆形至卵状长圆形，长 6~12cm，宽 2~5cm，具 3~5（7）条弧形脉，横脉明显。花淡绿色或白色，生于茎或分枝顶端；花被片张开，长圆状披针形，具明显的脉纹，基部囊状；柱头 3 裂，外卷。浆果球形，黑色，具 2~3 枚种子。花果期 6~9 月。

【分布与生境】分布于中国东北，俄罗斯、朝鲜半岛、日本。生于林下或山坡草地。

【价值】具观赏价值。

▲ 宝珠草

科 14　百合科 Liliaceae

百合属 *Lilium*

东北百合 *Lilium distichum* Nakai ex Kamibayashi

【形态特征】多年生草本，高 50~90cm。鳞茎卵圆形；鳞片披针形，白色，有节。茎具小乳头状突起。叶长 8~18cm、宽 2~7cm，7~9 (~20) 枚轮生于茎中部，还有少数散生叶。花 2~12 朵，排列成总状花序；苞片叶状；花淡橙红色，具紫红色斑点；花被片稍反卷，蜜腺两边无乳头状突起。蒴果倒卵形。花期 7~9 月。

【分布与生境】分布于中国东北，俄罗斯、朝鲜半岛。生于林下、林缘、草地。

【价值】鳞茎药用；具观赏价值。

▲ 东北百合

百合属 *Lilium*

毛百合 ***Lilium Pensylvanicum*** **Ker Gawl.**

【形态特征】多年生草本，高 50~80cm。鳞茎卵状球形；鳞片宽披针形，白色。茎具棱。叶长 7~15cm、宽 8~14mm，苞片叶状；花梗具白色绵毛；花 1~8 朵顶生，花径 7~10cm。外轮花被片倒披针形，外面有白色绵毛；内轮花被片稍窄，蜜腺两边有深紫色的乳头状突起。花果期 6~9 月。

【分布与生境】分布于中国东北、河北，朝鲜半岛、日本、蒙古国、俄罗斯。生于林下、林缘草地。

【价值】鳞茎药用；具观赏价值。

▲ 毛百合

百合属 *Lilium*

山丹 ***Lilium pumilum*** **Redouté**

【形态特征】多年生草本，高 20~60cm。鳞茎卵形或圆锥形；鳞片矩圆形或长卵形，白色。茎具小乳头状突起，有的带紫色条纹。叶长 3~10cm、宽 1~3mm，散生于茎中部，中脉下面突出，边缘有乳头状突起。花单生或数朵排成总状花序，鲜红色，通常无斑点，下垂；花被片反卷，蜜腺两边有乳头状突起；蒴果矩圆形。花果期 6~9 月。

【分布与生境】分布于中国北部，俄罗斯、朝鲜半岛、蒙古国。生于草原、干山坡。

【价值】鳞茎含淀粉，供食用；鳞茎药用；具观赏价值。

▲ 山丹

百合属 *Lilium*

有斑百合 *Lilium concolor* var. *pulchellum* (Fisch.) Regel

【形态特征】多年生草本，高 30~80cm。鳞茎卵球形，鳞片少数，卵形或卵状披针形，白色。茎圆柱形，具小乳头状突起；叶散生，长 2~7cm、宽 3~6mm。花顶生，花深红色或橘红色，被片 6，有光泽，长圆状披针形至披针形，内面有紫色斑点，蜜腺两边具乳头状突起。花果期 6~9 月。

【分布与生境】分布于中国东北、华北，朝鲜半岛、俄罗斯。生于石质山坡、草地、灌丛及疏林下。

【价值】具观赏价值。

▲ 有斑百合

贝母属 *Fritillaria*

轮叶贝母 *Fritillaria maximowiczii* Freyn

【形态特征】多年生草本，高 20~40cm。鳞茎由 4~5 枚或更多鳞片组成，周围有许多米粒状小鳞片。叶条状或条状披针形，长 6~8cm、宽 3~10mm，在茎上部轮生。花紫色，稍有黄色小方格；叶状苞片 1 枚，先端不卷；花药近基着，花丝无小乳突。蒴果椭圆形，具宽约 4mm 的翅。花果期 5~6 月。

【分布与生境】分布于中国东北、河北北部，俄罗斯。生于杂木疏林中。

【价值】具药用价值。

*** 国家二级重点保护野生植物。**

▲ 轮叶贝母

贝母属 *Fritillaria*

平贝母 *Fritillaria ussuriensis* Maxim.

【形态特征】多年生草本，植株高 60~100cm。鳞茎具 2~3 枚鳞片，周围具少数小鳞茎。茎生叶长 4~14cm、宽 2~6mm，下部叶常轮生，上部叶先端常卷曲呈卷须状，花 1~3，紫色，具黄色小方格，外花被片长圆状倒卵形，长约 3.5cm、宽约 1.5cm；花药黄色，长 5~8mm。花丝、花柱具乳突。蒴果倒卵形，具 6 棱。花果期 5~6 月。

【分布与生境】分布于中国东北，俄罗斯、朝鲜半岛。生于阔叶林下、灌丛、草甸和河谷。栽培历史悠久，是药材“平贝”的基源植物。

【价值】具药用价值。

*** 国家二级重点保护野生植物。**

▲ 平贝母

顶冰花属 *Gagea*

顶冰花 *Gagea nakaiana* Kitag.

【形态特征】多年生草本，高 10~35cm。鳞茎卵球形，长 10~17mm、宽 7~12mm，鳞茎皮褐黄色，无附属小鳞茎。基生叶 1 枚，长 10~30cm、宽 5~10mm。总苞片披针形；花 3~5 朵，排成伞形花序；花药矩圆形，花丝基部扁平；子房矩圆形，柱头不明显 3 裂。蒴果卵圆形至倒卵形。花果期 3~4 月。

【分布与生境】分布于中国东北各省，日本、朝鲜半岛、俄罗斯。生于林缘、灌丛及草地中。

【价值】具观赏价值。

▲ 顶冰花

顶冰花属 *Gagea*

小顶冰花 *Gagea terraccianoana* Pascher

【形态特征】多年生草本，高 8~25cm。鳞茎卵形，鳞茎皮褐黄色，通常在鳞茎皮内基部具一团小鳞茎。基生叶 1 枚，长 12~15cm、宽 2~5mm，扁平。总苞片狭披针形，长 3~5cm、宽 3~6mm；花通常 3~5 朵，花梗不等长，排成伞形花序；花被片条形或条状披针形，内面淡黄色，外面黄绿色；花丝基部扁平，花药矩圆形；子房长倒卵形。蒴果近球形。花果期 4~5 月。

【分布与生境】分布于中国东北、华北、西北，俄罗斯、朝鲜半岛。生于山坡、林缘、灌丛、沟谷及河岸草地等处。

【价值】具生态价值。

▲ 小顶冰花

顶冰花属 *Gagea*

三花顶冰花（三花洼瓣花）*Gagea triflora* (Ledeb.) Roem. & Schult.

【形态特征】多年生草本，高 15~30cm。鳞茎球形，径 6~10mm；鳞茎皮黄褐色，膜质，在鳞茎皮内基部有几个很小的鳞茎。基生叶 1 枚，长 10~25cm；茎生叶 1~3 枚，向上渐小。花 2~4 朵，排成二歧的伞房花序；小苞片狭条形；花被片条状倒披针形；子房倒卵形，柱头头状。果实三棱状倒卵形。花果期 5~7 月。

【分布与生境】分布于中国东北、华北，朝鲜半岛、日本、俄罗斯。生于林缘、草地中。

【价值】具观赏价值。

▲ 三花顶冰花

七筋姑属 *Clintonia*

七筋姑 *Clintonia udensis* Trautv. & C. A. Mey.

【形态特征】多年生草本。根状茎短，具撕裂成纤维状残存鞘。叶基生 3~5，长 10~25cm、宽 4~15cm，基部成鞘状抱茎或后期伸长成柄状。花葶密生白色短柔毛；总状花序有花 3~12 朵；花梗密生柔毛，果期伸长至约 50cm；花被片矩圆形，具 5~7 脉；果实矩圆形蓝黑色。种子卵形或梭形。花果期 6~9 月。

【分布与生境】分布于中国东北、华北、华中、西北、西南，俄罗斯、日本、朝鲜半岛、不丹和印度。生于山地针阔混交林及针叶林下、林缘。

【价值】具观赏价值。

▲ 七筋姑

科 15　兰科 Orchidaceae

斑叶兰属 *Goodyera*

小斑叶兰 *Goodyera repens* (L.) R. Br.

【形态特征】多年生草本，高 10~25cm。根状茎匍匐纤细，具多节，节上生根。叶片 2~7，生于茎下部至基部，叶长 1~4cm、宽 1~2cm。总状花序轴稍扭转；序轴、苞片、花被片、子房均被腺毛；中萼片椭圆形，长 3~4mm，与侧花瓣紧密靠合成兜状。蒴果椭圆近球形，长 5~6mm。花果期 7~9 月。

【分布与生境】分布于中国大部分地区，亚洲其他区域、欧洲和北美洲。生于山坡、林下。

【价值】全草药用。

▲ 小斑叶兰

鸟巢兰属 *Neottia*

凹唇鸟巢兰 *Neottia papilligera* Schltr.

【形态特征】腐生多年生草本，高 25~40cm。根状茎密生淡褐色肉质纤维根，成鸟巢状。茎基部互生 3~5 枚膜质鞘状叶，长 1.5~5cm。总状花序长 5~12cm；苞片狭三角状披针形，长 4~8mm。唇瓣先端 2 裂，裂片呈镰形外弯，长约 3.5mm。蒴果卵状椭圆形，长 6~8mm。花果期 6~8 月。

【分布与生境】分布于中国东北，俄罗斯、日本、朝鲜半岛。生于林下。

【价值】观赏花卉。

▲ 凹唇鸟巢兰

▲大花杓兰

杓兰属 *Cypripedium*

大花杓兰 *Cypripedium macranthos* Sw.

【形态特征】多年生草本，高 20~50cm。叶片 3~5，长椭圆形至宽椭圆形，长 8~16cm、宽 3~10cm，全缘，具缘毛，弧形脉 6~10。花顶生，常 1 朵；花紫红色至粉色，通常具深色斑纹，少有白色；唇瓣长 4~5cm。蒴果纺锤形，长约 4cm。花果期 6~8 月。

【分布与生境】分布于中国北部、四川、西藏、云南，蒙古国、俄罗斯、日本。生于疏林下、亚高山草甸。

【价值】具观赏及药用价值。

*** 国家二级重点保护野生植物。**

▲ 大花杓兰

杓兰属 *Cypripedium*

东北杓兰 *Cypripedium ventricosum* Sw.

【形态特征】多年生草本，高 30~50cm。通常具叶 4~6 枚；叶片长 13~20cm、宽 7~11cm。花顶生，常具 2 花；花红紫色、粉红色至白色；花瓣通常多少扭转；唇瓣深囊状，形状大小多变，通常囊口周围有浅色的圈；退化雄蕊前面常具沟槽。花期 5~6 月。

【分布与生境】分布于中国东北、内蒙古，俄罗斯、朝鲜半岛。生于疏林下、林缘。

【价值】观赏花卉。

*** 国家二级重点保护野生植物。**

▲东北杓兰

杓兰属 *Cypripedium*
山西杓兰 *Cypripedium shanxiense* S. C. Chen

【形态特征】多年生草本，高可达 55cm。叶片椭圆形，长 7~15cm。花序顶生，常具 2 花，花序梗与花序轴被短柔毛和腺毛；花苞片叶状，长 5.5~10cm、宽 1~3cm，花紫褐色，具深色脉纹，唇瓣常有深色斑点；退化雄蕊白色，有少数紫褐色斑点；花瓣窄披针形，唇瓣深囊状，囊底有毛。蒴果近梭形。花果期 5~8 月。

【分布与生境】分布于中国东北、华北、西北，日本、俄罗斯。生于林下或草坡上。

【价值】具观赏价值。

*** 国家二级重点保护野生植物。**

▲ 山西杓兰

杓兰属 *Cypripedium*
杓兰 *Cypripedium calceolus* L.

【形态特征】多年生草本，高 30~50cm。茎被短柔毛；叶长 7~16cm、宽 4~8cm，3~5 枚生茎中上部。花 1~2 朵生于茎端，花除唇瓣黄色外，其余部分皆为紫红色；花瓣条状或狭披针形，长 3~6cm，扭曲，唇瓣囊长约 3cm；退化雄蕊椭圆形，长 7~10mm。花果期 6~8 月。

【分布与生境】分布于中国东北、内蒙古，蒙古国、俄罗斯远东地区、欧洲、北美。生于林下、林缘、灌丛。

【价值】具观赏价值；全草入药。

*** 国家二级重点保护野生植物。**

▲ 杓兰

杓兰属 *Cypripedium*

紫点杓兰 *Cypripedium guttatum* Sw.

【形态特征】多年生草本，高 15~35cm。茎直立，被短柔毛和腺毛；茎中部具 2 枚叶，叶片椭圆形、卵形或卵状披针形，具弧形脉。花单生于茎顶，中萼片卵形，长 1.8~2.5cm；唇瓣囊状近球形，径 1.5~2.5cm，白色杂以紫红色或褐红色斑。花果期 6~8 月。

【分布与生境】分布于中国大部分地区，蒙古国、俄罗斯、北美。生于林下、灌丛、草地。

【价值】观赏花卉。

* **国家二级重点保护野生植物。**

▲ 紫点杓兰

▲ 原沼兰

原沼兰属 *Malaxis*

原沼兰 *Malaxis monophyllos* (L.) Sw.

【形态特征】地生草本，高 10~35cm。假鳞茎卵形，外被白色的薄膜质鞘。叶通常 1 枚，较少 2 枚，斜立，卵形，基部收狭成柄。花葶直立，总状花序长 4~20cm，具数朵花；苞片披针形；花梗和子房长 2.5~6mm；花小，较密集，淡黄绿色至淡绿色；中萼片披针形，先端长渐尖，具 1 脉；侧萼片线状披针形，略狭于中萼片，具 1 脉；花瓣为极狭的披针形；唇瓣长 3~4mm，先端骤然收狭而成线状披针形的尾；唇盘宽卵形，中央略凹陷；蕊柱粗短。蒴果倒卵形。花果期 7~8 月。

【分布与生境】产中国东北、华北、西北、西南，日本、朝鲜半岛、西伯利亚、欧洲和北美。生于林下、灌丛中或草坡上。

【价值】具生态价值。

舌唇兰属 *Platanthera*

多叶舌唇兰 *Platanthera densa* (Wall. ex Lindl.) Soó

【形态特征】多年生草本，高 25~60cm。块茎卵状纺锤形，径 6~20mm。茎下部生有 2 枚互生的大型叶，长 8~17cm，中上部生有披针形苞片状小叶。穗状花序长 7~22cm；唇瓣舌状条形，长 12~22mm；蒴果狭长圆形，连喙长 17~22mm。花果期 6~8 月。

【分布与生境】分布于中国北部、西南、华东，俄罗斯远东地区、朝鲜半岛、日本、欧洲。生于林间、草地。

【价值】观赏花卉。

▲ 多叶舌唇兰

舌唇兰属 *Platanthera*

密花舌唇兰 *Platanthera hologlottis* Maxim.

【形态特征】多年生草本，高 40~ 80cm。茎基部生有膜质叶鞘；茎中下部生条形叶 4~6 枚，长 8~20cm、宽 7~22mm。总状花序长 10~25cm；唇瓣向前直伸，卵状长圆形，长 7~10mm，基部有距，长 16~25mm；蕊柱长约 2mm；子房扭转，长 10~15mm。花果期 6~8 月。

【分布与生境】分布于中国大部分地区，俄罗斯、朝鲜半岛、日本。生于林缘、湿地。

【价值】观赏花卉。

▲ 密花舌唇兰

舌唇兰属 *Platanthera*

蜻蜓兰 *Platanthera souliei* Kraenzl.

【形态特征】多年生草本，高 25~70cm。根状茎指状，粗达 5mm；茎基部具膜质叶鞘。叶 2~3 枚互生于茎中下部，长 6~15cm、宽 3~10cm。总状花序长 7~15cm；花苞片狭披针形，先端尾尖；唇瓣舌状披针形，长 3~6mm；距细长 7~9mm，向末端渐粗。花果期 6~9 月。

【分布与生境】分布于中国大部分地区，朝鲜半岛、俄罗斯和日本。生于山坡林下。

【价值】观赏花卉。

▲ 蜻蜓兰

绶草属 *Spiranthes*

亚太绶草 *Spiranthes australis* Lindl.

【形态特征】多年生草本，高 15~40cm。基生叶 2~5 枚，长 2~12cm、宽 2~8mm，有互生渐小的茎生叶。总状花序长 4~15cm，花序轴呈左或右螺旋扭转，具腺毛；唇瓣长圆状卵形，子房卵形，长 4~5mm。蒴果具 3 棱，长 5~7mm。花果期 7~9 月。

【分布与生境】分布于中国北方大部分地区，亚洲其他区域以及大洋洲。生于林间、湿地。

【价值】具观赏价值；药用价值。

▲ 亚太绶草

小红门兰属 *Ponerorchis*

二叶兜被兰 *Ponerorchis cucullata* (L.) X. H. Jin, Schuit. & W. T. Jin

【形态特征】多年生草本，高 10~40cm。块茎近球形至卵形。基生叶 2 枚，卵形、椭圆形、倒披针状匙形或狭长圆形，长 2.5~10cm、宽 1~3.5cm，具狭披针形苞片状小叶。花常偏生于一侧；子房近长圆形或近纺锤形，长 5~10mm。花果期 7~9 月。

【分布与生境】分布于中国大部分省区，南亚和东北亚。生于林下、灌丛、草地。

【价值】观赏花卉。

▲二叶兜被兰

羊耳蒜属 *Liparis*

北方羊耳蒜 *Liparis makinoana* Schltr.

【形态特征】多年生草本，高 15~40cm。叶 2 枚基生，叶柄成鞘状抱茎，长 2~8cm；叶片椭圆形或卵形，长 7~15cm，宽 2.5~7cm。总状花序顶生 6~20 朵花，花序轴具翅；苞片卵状三角形；花带暗紫色、紫褐色或红紫色，萼片长圆状线形；唇瓣宽倒卵形或近广椭圆形，近基部向外弯并急剧收狭成宽爪。花果期 6~9 月。

【分布与生境】分布于中国东北，朝鲜半岛、日本、俄罗斯远东地区。生于林下、林缘、林间草地、灌丛。

【价值】具生态价值。

▲北方羊耳蒜

羊耳蒜属 *Liparis*

曲唇羊耳蒜 *Liparis kumokiri* F. Meak.

【形态特征】多年生草本，高10~25cm。叶2枚基生，叶柄成鞘状抱茎，长2~6cm；叶片椭圆形或卵形，长6~12cm、宽2.5~6cm。总状花序顶生具花20余朵，花序轴具翅；苞片膜质，卵状三角形，长1~3mm；花淡绿色或黄绿色，萼片狭长圆形，唇瓣椭圆形，基部收狭成短爪，上半部开花时急剧并显著外弯，反折。花果期6~9月。

【分布与生境】分布于中国东北，朝鲜半岛、日本。生于林下、林缘、草地。

【价值】具生态价值。

▲ 曲唇羊耳蒜

羊耳蒜属 *Liparis*

羊耳蒜 *Liparis campylostalix* Rchb. f.

【形态特征】多年生草本，高 15~35cm。假鳞茎卵形。叶 2 枚基生，长 6~14cm、宽 3~8cm；叶柄成鞘状抱茎。总状花序有花 7~20 朵，花序轴具翅；花淡绿色或带紫色，唇瓣倒卵形，长 7~10mm。蒴果倒卵形，长 10~14mm，具纵棱。花果期 6~9 月。

【分布与生境】分布于中国大部分地区，日本、朝鲜半岛、俄罗斯。生于林下、灌丛、草地。

【价值】全草入药。

▲ 羊耳蒜

▲ 线叶十字兰

玉凤花属 *Habenaria*

线叶十字兰 *Habenaria linearifolia* Maxim.

【形态特征】多年生草本，高 40~90cm。块茎长圆形或卵圆形。茎下部具多枚疏生的叶，叶长 5~20cm、宽 3~8mm，茎上部具 1~2 枚鳞片状叶。总状花序具 10~20 余朵花；唇瓣向前伸，基部线形，近基部的 1/3 处 3 深裂呈十字形；侧裂片与中裂片向先端增宽且具流苏；子房长约 20mm。花果期 7~9 月。

【分布与生境】分布于中国大部分地区，俄罗斯、朝鲜半岛和日本。生于林下、灌丛、湿草地。

【价值】具观赏价值。

科 16 鸢尾科 Iridaceae

鸢尾属 *Iris*

单花鸢尾 *Iris uniflora* Pall. ex Link

【形态特征】多年生草本。根状茎细长，二歧分枝。叶条形或披针形，花期叶长 10~20cm，果期伸长至 30~45cm。花茎纤细，中下部有 1 披针形茎生叶；苞片 2 枚，干膜质，黄绿色，边缘略红色，内含 1 花，直径 4~4.5cm。蒴果圆球形，径 8~10mm。花果期 5~8 月。

【分布与生境】分布于中国东北，蒙古国、俄罗斯、朝鲜半岛。生于干山坡、疏林下。

【价值】具观赏价值。

▲ 单花鸢尾

鸢尾属 *Iris*

紫苞鸢尾 *Iris ruthenica* Ker Gawl.

【形态特征】多年生草本。根状茎斜伸，二歧分枝，节明显。叶条形，有 3~5 条纵脉，长 8~30cm。花茎纤细，有 2~3 枚茎生叶；苞片 2 枚，膜质，紫红色或边缘带红紫色，披针形或宽披针形，长中脉明显，内含 1 花，花直径 5~5.5cm；外花被裂片倒披针形，有白色及深紫色的斑纹。蒴果球形或卵圆形，径约 1cm。花果期 4~8 月。

【分布与生境】分布于中国大部分地区，朝鲜半岛、俄罗斯、中亚。生于向阳山坡草地及疏林。

【价值】观赏花卉。

▲ 紫苞鸢尾

鸢尾属 *Iris*

燕子花 *Iris laevigata* Fisch.

【形态特征】多年生草本，高 40~80cm。根状茎粗壮，棕褐色。叶剑形或宽条形，具明显的中脉，长 40~100cm、宽 1~2cm。苞片 3~5 枚，披针形，中脉明显，内含 2~4 花；花大，蓝紫色；外花被裂片倒卵形或椭圆形，上部反折下垂，中央下陷呈沟状，鲜黄色，内花被裂片直立，倒披针形；花药白色。蒴果长圆状柱形，长 4.5~6.5cm。花果期 5~8 月。

【分布与生境】分布于中国东北、云南，日本、朝鲜半岛和俄罗斯。生于湿地。

【价值】观赏花卉。

▲燕子花

鸢尾属 *Iris*

溪荪 *Iris sanguinea* Donn ex Hornem.

【形态特征】多年生草本，高 30~70cm。根状茎粗壮，斜伸；叶条形，中脉不明显。花茎实心，具 1~2 茎生叶；苞片 3，绿色，常常基部微红，内含 2 花；外花被裂片倒卵形，基部有黑褐色的网纹及黄色的斑纹，爪部楔形，中央下陷呈沟状，内花被裂片直立，狭倒卵形；花药黄色；果实三棱状圆柱形。花果期 5~9 月。

【分布与生境】分布于中国东北、山东、浙江，朝鲜半岛、日本、俄罗斯。生于林缘、湿草甸或沼泽地。

【价值】观赏花卉。

▲溪荪

鸢尾属 *Iris*

玉蝉花 *Iris ensata* Thunb.

【形态特征】多年生草本，高 40~90cm。叶条形，两面中脉明显。花茎圆柱形；苞片 3 枚，平行脉明显而突出，内含 2 花；花深紫色；外花被裂片倒卵形，中央下陷呈沟状，中脉上有黄色斑纹，内花被裂片小，直立，狭披针形或宽条形；花药紫色；花柱紫色，顶端裂片三角形。蒴果椭圆形，长 2.5~5cm、宽 1.5~2cm。花果期 6~9 月。

【分布与生境】分布于中国东北、山东、浙江，朝鲜半岛、日本、俄罗斯。生于湿地、林缘。

【价值】观赏花卉。

▲ 玉蝉花

科 17　阿福花科 Asphodelaceae

萱草属 *Hemerocallis*

北黄花菜 *Hemerocallis lilioasphodelus* L.

【形态特征】多年生草本。具短的根状茎和多条绳索状须根。叶基生，2 列，条形，叶长 20~70cm，基部抱茎。花葶由叶丛中抽出，基部的苞片较大；花淡黄色或黄色，花被裂片长 5~7cm，内 3 片，宽约 1.5cm；子房圆柱形，花柱丝状。蒴果椭圆形；种子扁圆。花果期 6~9 月。

【分布与生境】分布于中国东北、河北、山东、江苏、山西、陕西和甘肃，俄罗斯远东地区及欧洲。生于山坡、草地、灌丛、林下。

【价值】根及嫩苗入药；花可食；观赏花卉。

▲ 北黄花菜

萱草属 *Hemerocallis*
大苞萱草 *Hemerocallis middendorffii* Trautv. & C. A. Mey.

【形态特征】多年生草本，根状茎，呈绳索状。叶片柔软，上部下弯。花葶与叶近等长，在顶生 2~6 朵花；苞片宽卵形，先端长渐尖至近尾状，花近簇生，花被金黄色或橘黄色。蒴果椭圆形，稍有三钝棱，花果期 6~10 月。

【分布与生境】分布于中国东北，日本、朝鲜半岛、俄罗斯。生于林下、湿地、草甸、草地。

【价值】观赏花卉。

▲ 大苞萱草

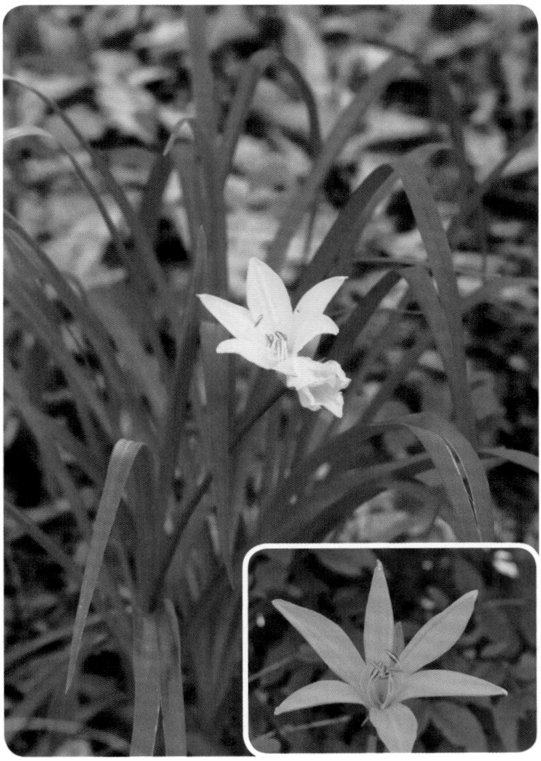

萱草属 *Hemerocallis*
小黄花菜 *Hemerocallis minor* Mill.

【形态特征】多年生草本，具短的根状茎和绳索状的须根。叶基生，条形，叶长 20~60cm，花葶纤细，由叶丛中抽出，花梗短；苞片披针形或卵状披针形，花淡黄色，花被裂片长 4.5~6cm，内 3 片，宽 1.5~2.3cm；雄蕊 6，着生于花被管上端，子房长圆形，花柱丝状。蒴果椭圆形；花果期 6~9 月。

【分布与生境】分布于中国东北、内蒙古、河北、西北，朝鲜半岛、俄罗斯。生于山坡、草甸、林缘。

【价值】花可食用；根及根茎入药。

▲ 小黄花菜

科 18　石蒜科 Amaryllidaceae

葱属 *Allium*

单花韭 *Allium monanthum* Maxim.

【形态特征】多年生草本。鳞茎卵球形，长6~10mm，粗约1cm，单生，外皮灰褐色或黄褐色，有时带红色，具人字形细脉纹。叶1~2枚，宽条形，长10~20cm、宽3~8mm，基生，肥厚，从中部向两端渐狭。总苞白色，膜质；伞形花序仅具1~2(~4)朵花，花白色或稍带红色，单性异株。蒴果球状。花果期4~5月。

【分布与生境】分布于中国东北，俄罗斯、朝鲜半岛、日本。生于山坡、林下。

【价值】幼苗可食。

▲单花韭

葱属 *Allium*

茖葱 *Allium ochotense* Prokh.

【形态特征】多年生草本。鳞茎柱状圆锥形，长4~6cm，粗约1cm，皮灰褐色至棕褐色，呈明显的网状纹。叶2~3枚，倒披针状椭圆形至椭圆形，基部楔形渐狭成柄。伞形花序球形，花多而密；外轮花被片较狭而短，内轮花被片椭圆状卵形，先端钝圆，花被片分离，花梗长不超过4.5cm。花果期6~8月。

【分布与生境】分布于中国北部、四川、湖北、浙江，在北温带广泛分布。生于山坡、林下、林缘草甸及灌丛中。

【价值】嫩叶可食。

▲茖葱

葱属 *Allium*
黄花葱 *Allium condensatum* Turcz.

【形态特征】多年生草本。鳞茎柱状圆锥形，粗 1~2cm，外皮红褐色，有光泽。叶圆柱形或半圆柱形，上面具沟槽，中空，先端渐尖。花葶圆柱形，高 30~90cm，实心，具纵棱；总苞白色，膜质，宿存；伞形花序球形，花淡黄色或白色，花梗基部具有小苞片，子房基部有带帘的蜜穴。花果期 7~10 月。

【分布与生境】分布于中国东北、华北及山东，俄罗斯、蒙古国、朝鲜半岛。生于山坡或草地上。

【价值】具生态价值。

▲黄花葱

葱属 *Allium*
球序韭 *Allium thunbergii* G. Don

【形态特征】多年生草本。鳞茎常单生，径 1~1.5cm，外皮深褐色或黑褐色，顶端常破裂成纤维状。叶三棱状条形，花葶圆柱形，中空，中下部具叶鞘；总苞白色。伞形花序球形，花多而密集，无珠芽，花梗近等长，花紫红色至蓝紫色，花被片先端钝圆。花果期 8~10 月。

【分布与生境】分布于中国北部、湖北、江苏、台湾，俄罗斯、蒙古国、朝鲜半岛、日本。生于草地、山坡及林缘。

【价值】鳞茎可调味食用。

▲球序韭

葱属 *Allium*

山韭 *Allium senescens* L.

【形态特征】多年生草本。鳞茎近圆锥形，粗 0.8~2cm，外皮黑色或灰白色，膜质，不破裂，内皮白色，有时稍带红色。叶基生，线形，扁平。花葶圆柱形，高 10~65cm，下部具叶鞘，两侧狭翼；总苞白色，膜质。伞形花序半球形至球形，花多而密集；花紫红色至淡紫色，花丝长于花被片或近等长；花果期 7~9 月。

【分布与生境】分布于中国北部地区，欧亚大陆。生于林下、草甸、砾石山坡。

【价值】嫩叶可食；饲料；观赏花卉。

▲ 山韭

葱属 *Allium*

薤白（小根蒜）*Allium macrostemon* Bunge

【形态特征】多年生草本。鳞茎近球形，外皮不破裂。叶半圆柱形或三棱状半圆柱形，长 15~30cm。花葶圆柱形；总苞白色，膜质，宿存；伞形花序半球形或球形，花数朵，通常具珠芽；花淡紫色或淡红色，具深色中脉，先端钝，内轮花丝基部扩大约为外轮的 1.5 倍。花果期 5~9 月。

【分布与生境】分布于中国大部分地区，俄罗斯、朝鲜半岛、日本。生于田野、荒地、路旁、草地和山坡上。

【价值】嫩株连同鳞茎可食。

▲ 薤白

葱属 *Allium*

细叶韭 *Allium tenuissimum* L.

【形态特征】多年生草本，株高 10~40cm。鳞茎数枚聚生。叶半圆柱状或近圆柱状，与花葶近等长。花葶圆柱状，高达 30~50cm，伞形花序半球状或近帚状。花白或淡红色，稀紫红色；内轮花丝无齿，花丝短于花被片，外轮花被片卵状长圆形至广卵状长圆形，长 3~4mm，先端钝；子房基部无凹陷的蜜穴；花梗长 0.5~1.5cm；花果期 6~9 月。

【分布与生境】分布于中国大部分地区，俄罗斯、蒙古国。生于山坡、草地或沙丘上。

【价值】具生态价值。

▲ 细叶韭

葱属 *Allium*

野韭 *Allium ramosum* L.

【形态特征】多年生草本。具横生的粗壮根状茎。鳞茎近圆柱形，簇生，外皮暗黄色至黄褐色，破裂成纤维状，呈网状。叶三棱状条形，背面具龙骨状隆起的纵棱，宽 1~6mm。花葶圆柱状，高 30~70cm，具纵棱或不明显，下部被叶鞘；伞形花序半球形或近球形，花白色，花被片常具红色中脉。花果期 8~9 月。

【分布与生境】分布于中国北部，俄罗斯、蒙古国。生于向阳山坡、草地。

【价值】叶可食用；优等饲用植物。

▲ 野韭

葱属 *Allium*

硬皮葱 *Allium ledebourianum* Roem. & Schult.

【形态特征】多年生草本，植株通常高 30~70cm。鳞茎狭卵状圆柱形，外皮灰褐色，薄革质，片状破裂。叶 1~2 枚，圆柱形，中空，先端渐尖。花葶圆柱形，不具翼；伞形花序近球形，花多而密集；花梗近等长，基部无小苞片；花淡紫色，有光泽，花被片披针形至卵状披针形，长 4~10mm。花果期 7~8 月。

【分布与生境】分布于中国东北地区，俄罗斯、蒙古国。生于草甸、河谷、沟边。

【价值】可食用。

▲ 硬皮葱

科 19 天门冬科 Asparagaceae

黄精属 *Polygonatum*

二苞黄精 *Polygonatum involucratum* (Franch. & Sav.) Maxim.

【形态特征】 多年生草本。根状茎细长，节间较长，须根多数。叶 4~7 枚，互生，下部叶具短柄。总花梗单生于下部叶腋，弯垂；花双生于苞片内；花绿白色至淡黄绿色，筒形，口部稍缢缩，顶端 6 裂，裂片长齿端具乳突状毛；雄蕊 6，浆果具 7~8 粒种子。花果期 5~9 月。

【分布与生境】 分布于中国东北、华北，朝鲜半岛、俄罗斯、日本。生于林下或阴湿山坡。

【价值】 根状茎可入药。

▲ 二苞黄精

黄精属 *Polygonatum*

狭叶黄精 *Polygonatum stenophyllum* Maxim.

【形态特征】 根状茎白色，圆柱形，结节处稍膨大。茎直立，4~6 枚轮生，上部各轮较密接。花序由中下部叶腋生出，具 2 花，花梗下垂；苞片狭披针形；花白色或绿色，筒状，喉部稍缢缩，上端 6 裂；雄蕊 6，着生于花被筒上，花丝丝状，子房卵形，浆果近球形，熟时黑色。花果期 6~8 月。

【分布与生境】 分布于中国东北，朝鲜半岛、俄罗斯。生于林下、灌丛及路旁。

【价值】 根状茎可入药。

▲ 狭叶黄精

黄精属 *Polygonatum*

小玉竹 *Polygonatum humile* Fisch. ex Maxim.

【形态特征】多年生草本，高 20~50cm。根状茎径 2.5~5mm。叶长 4~9cm、宽 1.5~4cm，叶背面有短糙毛。花序腋生，花冠长 15~18mm，先端 6 裂，口部稍缢缩；雄蕊 6，着生于花冠筒中上部，花丝长 3~4mm，两侧稍扁，有粒状突起；子房倒卵状长圆形，花柱长 11~13mm，超出雄蕊。浆果球形，径约 1cm，熟时蓝黑色，有种子 5~6 粒。花果期 5~8 月。

【分布与生境】分布于中国东北、华北，朝鲜半岛、俄罗斯、日本。生于林下、山坡、草地。

【价值】根状茎可入药；园林地被植物。

▲ 小玉竹

黄精属 *Polygonatum*

玉竹 *Polygonatum odoratum* (Mill.) Druce.

【形态特征】多年生草本，高 30~70cm。根状茎圆柱形。叶长 5~20cm、宽 2~8cm。花序腋生，带 1~2 朵花，花有香气；花冠绿白色至淡黄色，长 1.3~2cm，顶端 6 裂倒卵形，长 4~6mm，裂片内叠具 1 簇白毛；雄蕊 6，着生于花被筒中上部，子房倒卵形，花柱长 10~14mm，柱头 3 裂。浆果近球形，径 5~7mm。花果期 5~8 月。

【分布与生境】分布于中国北部、华东、华中，欧亚大陆温带。生于林缘、草坡。

【价值】根状茎入药。

▲ 玉竹

铃兰属 *Convallaria*

铃兰 *Convallaria keiskei* Miq.

【形态特征】多年生草本，高 20~40cm，全株无毛。叶 2 枚，长 7~20cm、宽 3~8.5cm。花梗长 6~15mm，果熟时从关节处脱落；花冠长约 7mm、径约 10mm，芳香；雄蕊 6，着生在冠筒下部；花柱长 2.5~3mm。球形浆果直径 6~12mm。种子表面有细网纹，直径 3mm。花果期 5~9 月。

【分布与生境】分布于中国北部、华东、华中，俄罗斯远东地区、日本、欧洲、北美。生于林下，灌丛。

【价值】带花全草供药用。

▲铃兰

天门冬属 *Asparagus*

龙须菜 *Asparagus schoberioides* Kunth

【形态特征】多年生草本，高 40~100cm。叶状枝扁平，具中脉，长 1~2cm、宽 0.6~1mm，弯曲，常 3~4 枚成一簇。叶鳞片状，披针形，基部无刺。花每 2~4 朵腋生，花梗长 0.5~1mm；花被长 2~2.5mm，雄蕊 3 长 3 短；雌花具 6 枚退化雄蕊。球形浆果径 5~6mm，成熟后红至黑色。花果期 5~9 月。

【分布与生境】分布于中国北部，朝鲜半岛、俄罗斯、日本。生于山坡、灌丛、林下。

【价值】根状茎和根药用；具观赏价值。

▲龙须菜

天门冬属 *Asparagus*

南玉带 *Asparagus oligoclonos* Maxim.

【**形态特征**】多年生草本，高 40~80cm。叶状枝长 15~30mm、粗约 0.5mm，通常 5~12 枚簇生，近扁圆柱形，表面略具 3 棱，叶鳞片状。雌雄异株；单性花 1~2 朵腋生；花梗长 1.5~2.5cm，雄花被片长 7~9mm、宽约 2mm；雌花长约 3mm，具 6 枚退化雄蕊。球形浆果径 8~10mm，熟时红色，后渐变黑色。花果期 5~8 月。

【**分布与生境**】分布于中国东北、华北，朝鲜半岛、俄罗斯、日本。生于林下、灌丛及山坡草地。

【**价值**】具观赏价值。

▲ 南玉带

舞鹤草属 *Maianthemum*

鹿药 *Maianthemum japonica* (A. Gray) LaFrankie

【形态特征】多年生草本，高 30~ 50cm。茎上部密被粗毛。叶长 8~14cm、宽 4~7cm。圆锥花序顶生，长 3~6cm，有毛；花被片 6，具 1 脉；雄蕊 6；子房卵圆形，3 室，花柱长 0.5~1mm。近球形浆果径 5~6mm，初期绿色带紫色斑点，熟时红色，具 1~2 枚种子。花果期 5~8 月。

【分布与生境】分布于中国大部分地区，俄罗斯、朝鲜半岛、日本。生于林缘、林下。

【价值】根状茎及根入药；嫩苗可食。

▲鹿药

舞鹤草属 *Maianthemum*

三叶鹿药 *Maianthemum trifolium* (L.) Sloboda

【形态特征】多年生草本，高 10~20cm。根状茎细长，粗约 2~2.5mm。常具 3 叶，叶长 6~13cm、宽 1.5~3.5cm，基部多少抱茎。总状花序具 4~10 花；花被片长 2~3mm；雄蕊 6，基部着生在花被片上；花柱长约 1mm，柱头略 3 裂。球形浆果径 4~5mm，红色；果葶可伸长至 35cm。花果期 6~8 月。

【分布与生境】分布于中国东北，俄罗斯、日本、北美。生于湿地。

【价值】具生态价值。

▲ 三叶鹿药

舞鹤草属 *Maianthemum*

舞鹤草 *Maianthemum bifolium* (L.) F. W. Schmidt

【形态特征】多年生草本，高 8~20cm。基生叶花期凋萎；茎生叶通常 2 枚，长 3~6cm、宽 2~4cm；常有柔毛。总状花序长 3~5cm，花序轴有柔毛或乳头状突起；花被片矩圆形，长 2~2.5mm；雄蕊 4；子房球形，花柱长约 1mm，柱头 3 浅裂；浆果球形，径 3~5mm。花果期 5~8 月。

【分布与生境】分布于中国北部、西南，俄罗斯远东地区、日本、欧洲、北美。生于林下。

【价值】全草入药。

▲ 舞鹤草

舞鹤草属 ***Maianthemum***

兴安鹿药 ***Maianthemum dahuricum*** **(Turcz. ex Fisch. & C. A. Mey.) LaFrankie**

【形态特征】多年生草本，高 30~60cm。茎直立，单一。叶长 5~13cm、宽 2~5cm，背面密生短毛。总状花序长 3~4cm，每 2~4 朵簇生，花序轴及花梗密被短毛；花被片长 2~5mm，雄蕊 6，花丝基部贴生于花被片，柱头稍 3 裂。球形浆果径 6~7mm，熟时红色或紫红色，具 1~2 枚种子。花果期 5~8 月。

【分布与生境】分布于中国东北，朝鲜半岛、俄罗斯。生于林下、林缘。

【价值】幼苗可食；可用于绿化。

▲ 兴安鹿药

玉簪属 ***Hosta***

东北玉簪 ***Hosta ensata*** **F. Maek.**

【形态特征】多年生草本，花葶高 20~60cm。基生叶具 5~20cm 长柄；叶片长 7~13cm、宽 2~4cm。总状花序；苞片宽披针形，膜质；花淡紫色至蓝紫色；花冠先端 6 裂；雄蕊 6，基部贴生于花被管上；子房圆柱形，花柱长 4~5cm。蒴果长 1.2~1.8cm。花果期 7~9 月。

【分布与生境】分布于中国东北，朝鲜半岛、俄罗斯。生于山地、林缘、河边。

【价值】具药用价值；可用于绿化。

▲ 东北玉簪

科 20　鸭跖草科 Commelinaceae

鸭跖草属 *Commelina*

鸭跖草 *Commelina communis* L.

【形态特征】一年生草本，高 20~50cm。茎匍匐生根，多分枝，上部被短毛。叶披针形至卵状披针形，长 3~8cm、宽 0.7~3cm。总苞片佛焰苞状，与叶对生，折叠状，展开后为心形，边缘常有硬毛；聚伞花序，下枝仅有 1 花；上枝具 3~4 花；萼片膜质，内面 2 枚常靠近或合生。蒴果椭圆形，长 6~8mm。花果期 6~9 月。

【分布与生境】分布于中国云南、四川、甘肃以东的南北各省区，越南、朝鲜半岛、日本、俄罗斯、北美。生于荒野。

【价值】具药用价值；嫩茎叶可食。

▲鸭跖草

科 21　雨久花科 Pontederiaceae

雨久花属 *Monochoria*

鸭舌草 *Monochoria vaginalis* (Burm. f.) C. Presl ex Kunth

【形态特征】一年水生草本。茎直立或斜上，高 15~30cm。叶基生和茎生；叶片长卵形至披针形，具弧状脉；叶柄基部扩大成开裂的鞘，顶端有舌状体。总状花序从叶柄中部抽出；花序基部有 1 披针形苞片；花常 3~5 朵，蓝色；花被片卵状披针形或长圆形。花果期 8~9 月。

【分布与生境】分布于中国南北各省，日本、马来西亚、菲律宾、印度、尼泊尔、不丹。生于湿地、浅水池塘、稻田。

【价值】嫩茎、叶可食；具观赏价值。

▲鸭舌草

雨久花属 *Monochoria*

雨久花 *Monochoria korsakowii* Regel & Maack

【形态特征】一年水生草本，高 30~60cm。根状茎粗壮；茎直立。基生叶宽卵状心形，具多数弧状脉；茎生叶叶柄基部增大成鞘，抱茎。总状花序顶生，有时再聚成圆锥花序，花 10 余朵；花被片椭圆形，雄蕊 6，淡蓝色。蒴果卵形，长 8~10mm；种子长圆形，有纵棱。花果期 7~10 月。

【分布与生境】分布于中国东北、华中、华北、华南、华东、西北等省区，朝鲜半岛、日本、俄罗斯。生于池塘、湖边、稻田。

【价值】饲料；具药用、观赏价值。

▲ 雨久花

科 22　香蒲科 Typhaceae

黑三棱属 *Sparganium*

短序黑三棱 *Sparganium glomeratum* laest. ex Beurl.

【形态特征】多年生沼生或水生草本，高达 50cm。根状茎粗壮，横走，挺水。叶通常长 30~56cm，中下部背面具龙骨状凸起，边缘膜质。花序总状；雄花花被片长约 1.5mm，先端尖，具齿裂；雌性头状花序互相靠近至簇生；雌花花被片着生于子房柄基部或稍上，子房纺锤形，具柄，长约 1mm。果实宽纺锤形，黄褐色。花果期 6~9 月。

【分布与生境】分布于中国东北、华北、西南，日本、俄罗斯远东地区、欧洲。生于水域。

【价值】具药用价值。

▲ 短序黑三棱

黑三棱属 *Sparganium*

黑三棱 *Sparganium stoloniferum* (Buch. -Ham. ex Graebn.) Buch. -Ham. ex Juz.

【形态特征】多年生草本，高 60~120cm。叶片扁平，长 25~90cm、宽 6~25mm，具横隔，中脉明显。圆锥花序开展，侧枝上部为雄性头状花序；下部为雌性头状花序，雄蕊 3；雌花序直径 1~1.5cm；花被片 4~5，长约 5mm，子房近无柄。果实倒圆锥形。花果期 7~9 月。

【分布与生境】分布于中国北部、西南，俄罗斯、朝鲜半岛、日本。生于浅水域。

【价值】块茎入药。

▲ 黑三棱

黑三棱属 *Sparganium*

小黑三棱 *Sparganium emersum* Rehmann

【形态特征】多年生草本，高 40~60cm。根状茎细长，横走。叶片长 15~50cm、宽 5~9mm，中脉明显，挺水或浮水。雄花序 5~7 个生于茎端；雌花序 2~4 个，径约 8mm，下面的有梗；花被片匙形，长 2.5~3mm，花柱长约 1.5mm。果实深褐色，花被片生于果柄基部。花果期 6~10 月。

【分布与生境】分布于中国东北、西北，亚洲西部和北部、欧洲、北美。生于水湿地。

【价值】地下茎加工后可入药。

▲ 小黑三棱

香蒲属 ***Typha***

达香蒲 ***Typha davidiana* (Kronf.) Hand.-Mazz.**

【形态特征】多年生草本，高 70~100cm。根状茎横走，茎直立。叶长 32~55cm、宽 2.5~3mm，花茎下部具完整的叶片。雄雌花序间断而生，每一雄花具 2~3 雄蕊，花序轴具丝状毛；雌花序棕褐色，长 3~5cm；雌花无小苞片。花果期 7~9 月。

【分布与生境】分布于中国东北、华北，蒙古国、俄罗斯。生于浅水。

【价值】嫩茎叶可食。

▲达香蒲

香蒲属 ***Typha***

宽叶香蒲 ***Typha latifolia* L.**

【形态特征】多年生草本，高 1.5~2.5m。根状茎粗壮，横走。叶长 40~90cm、宽 1~2cm，基部鞘状抱茎，鞘边缘白色膜质。雌雄花序近相连，共长 15~35cm；雌花具长毛，比柱头短，具不育雌蕊；柱头菱状披针形，先端紫黑色。成熟果穗粗 1.8~3cm。花果期 7~8 月。

【分布与生境】分布于中国北部、西南，北半球多国均有分布。生于浅水湿地。

【价值】嫩茎叶可食。

▲宽叶香蒲

香蒲属 *Typha*

水烛（狭叶香蒲）*Typha angustifolia* L.

【形态特征】多年生草本，高 1.5~3m。根状茎横走。叶宽 5~12mm，下部呈鞘状抱茎。雄雌花序间断而生，雄花序长 20~30cm，雄蕊 2~3，基生毛超出花药；雌花序长 10~28cm，雌花的小苞片匙形，短于条形柱头，花被退化成毛。坚果小，无纵沟。花果期 7~8 月。

【分布与生境】分布于中国北部、华东、西南，中亚、俄罗斯远东地区、欧洲、北美。生于浅水湿地。

【价值】嫩茎叶可食。

▲ 水烛

香蒲属 *Typha*

无苞香蒲（短穗香蒲）*Typha laxmannii* Lepech.

【形态特征】多年生草本，高 80~150cm。根状茎横走。叶片长 50~90cm、宽 2~4mm。雌雄花序远离；雄穗长 8~14cm、粗约 6mm；雄花由 2~3 枚雄蕊合生；雌花序长 4~6cm，孕性雌花柱头匙形，花柱长 0.5~1mm，子房柄纤细，长 2.5~3mm。果实椭圆。花果期 6~9 月。

【分布与生境】分布于中国北部、西南，俄罗斯远东地区、中亚、欧洲。生于浅水湿地。

【价值】嫩茎叶可食。

▲ 无苞香蒲

香蒲属 *Typha*

香蒲 *Typha orientalis* C. Presl

【形态特征】多年生草本。地下根状茎粗壮，有节；茎直立，植株高 1~2m。叶线形，宽 5~10mm，基部鞘状，抱茎。穗状花序圆锥状，雄花无花被，雄蕊 2~4，花粉粒单生，雌花无小苞片，有多数基生的白色长毛，毛与柱头近相等，子房长圆形，有柄，柱头匙形，不育雌蕊棒状。小坚果有 1 纵沟。花果期 5~8 月。

【分布与生境】分布于中国大部分省区，菲律宾、日本、俄罗斯及大洋洲。生于水域。

【价值】嫩茎叶可食。

▲ 香蒲

香蒲属 *Typha*

小香蒲 *Typha minima* Funck ex Hoppe

【形态特征】多年生草本，高 22~50cm。叶宽 1~1.5mm，花茎下部的叶只具叶鞘。穗状花序间断，相距 5~8cm。每一雄花仅具 1 枚雄蕊，花粉为 4 合体；雌花序长 1.5~3cm，基部具 1 枚叶状苞片，苞片稍超出整个花序；子房长椭圆形，柱头披针形。果实褐色。花果期 5~7 月。

【分布与生境】分布于中国北部，俄罗斯远东地区、欧洲。生于浅水湿地。

【价值】嫩茎叶可食。

▲ 小香蒲

科 23　灯芯草科 Juncaceae

灯芯草属 *Juncus*

扁茎灯芯草（细灯芯草）*Juncus gracillimus* (Buchenau) V. I. Krecz. & Gontsch. in Komarov

【形态特征】多年生草本，高 15~70cm。根状茎粗壮横走，褐色，具黄褐色须根；茎丛生，直立。基生叶 2~3 枚，叶片线形；茎生叶 1~2枚，扁平；叶鞘松弛抱茎；叶耳圆形。顶生复聚伞花序；花柱很短；子房长圆形。蒴果卵球形，有 3 个隔膜；种子斜卵形，表面具纵纹。花果期 5~8 月。

【分布与生境】分布于中国东北、华北、西北、华东，欧洲、俄罗斯西伯利亚、格鲁吉亚。生于水湿地。

【价值】具药用价值。

▲ 扁茎灯芯草

灯芯草属 *Juncus*

洮南灯芯草 *Juncus taonanensis* Satake & Kitag.

【形态特征】多年生草本，高 5~20cm。根状茎横走，具黄褐色须根；茎丛生，直立，圆柱形。基生叶 3~4 枚，茎生叶 1~2 枚，线形，长 6~20cm；叶鞘松弛抱茎；叶耳圆钝。聚伞花序顶生；花单生；叶状总苞片黄绿色；子房长圆形，3 室，花柱极短。蒴果长圆状卵形，淡褐色，有光泽。种子椭圆形，暗红色。花期 6~9 月。

【分布与生境】分布于中国东北、华北、华东。生于湿地。

【价值】具药用价值。

▲ 洮南灯芯草

灯芯草属 *Juncus*

小灯芯草 *Juncus bufonius* L.

【形态特征】一年生草本，高 4~30cm。茎丛生。茎生叶常 1 枚；叶片线形，长 1~13cm。花序二歧聚伞状，生于茎顶；叶状总苞片长 1~9cm；小苞片 2~3 枚，三角状卵形；花被片披针形，外轮长 3.2~6mm，背部中间绿色，膜质；雄蕊 6；柱头 3。蒴果三棱状椭圆形；种子椭圆形。花果期 5~9 月。

【分布与生境】分布于中国东北、华北、西北、华东及西南地区，朝鲜半岛、日本、俄罗斯远东地区、中亚、欧洲、北美。生于潮湿地。

【价值】具药用价值。

▲ 小灯芯草

地杨梅属 *Luzula*

淡花地杨梅 *Luzula pallescens* Sw.

【形态特征】多年生草本，高 10~36cm；根状茎短，须根褐色。茎丛生，圆柱形。基生叶长 4~15cm，宽 1.5~5mm，顶端加厚成胼胝状。花序由 5~15 个小头状花簇组成，排列成伞形；叶状总苞片线状披针形；花被片披针形。蒴果三棱状倒卵形，黄褐色。种子卵形，褐色。花果期 5~8 月。

【分布与生境】分布于中国东北、华北、西南，日本、朝鲜半岛、俄罗斯。生于林下、路边、荒草地。

【价值】可食用。

▲ 淡花地杨梅

地杨梅属 *Luzula*

火红地杨梅 *Luzula rufescens* Fisch ex E. Mey.

【形态特征】多年生草本，高 12~25cm，茎簇生。基生叶长 2.5~9.5mm、宽 2~4mm；边缘具白色长毛，叶鞘闭合筒状；茎生叶 2~3 枚。总苞片叶状，红褐色，边缘具丝状长柔毛。疏散伞形花序，花单生，基部有苞片；花被片红褐色。蒴果三棱状卵形，顶端具小尖头。花果期 5~7 月。

【分布与生境】分布于中国大部分地区，东北亚、北美。生于湿草地。

【价值】具生态价值。

▲ 火红地杨梅

科 24　莎草科 Cyperaceae

藨草属 *Scirpus*

东北藨草 *Scirpus radicans* Schk.

【形态特征】多年生草本，株高 65~120cm。秆近花序部分为钝三棱形。叶片宽 7~10mm，边缘及背面中脉粗糙。长侧枝多次复出聚伞花序，长 10~20cm。每小穗柄具 1 小穗，长 6~7mm、宽 2mm；下位刚毛 6 条，为小坚果长的 4 倍，多次弯曲隐藏于鳞片内。花果期 7~9 月。

【分布与生境】分布于中国北部，俄罗斯、蒙古国、日本、朝鲜半岛。生于湿地。

【价值】牧草；造纸；编织原料。

▲ 东北藨草

藨草属 *Scirpus*

东方藨草 *Scirpus orientalis* Ohwi

【形态特征】多年生草本。秆高 60~150cm，钝三棱形。叶片宽 4~10mm。总苞片 2~3 枚；顶生复出的长侧枝聚伞花序，长 10~15cm；小穗单一或 2~3 簇生，长 4~6mm；鳞片长约 1.5mm，背部具 1 条中肋及 2 侧脉；下位刚毛 6 条，与小坚果近等长。花果期 6~8 月。

【分布与生境】分布于中国北部，日本、朝鲜半岛、蒙古国和俄罗斯。生于沼泽地、潮湿处。

【价值】造纸；牧草；编织原料。

▲东方藨草

羊胡子草属 *Eriophorum*

白毛羊胡子草（羊胡子草）*Eriophorum vaginatum* L.

【形态特征】多年生草本，高 20~40cm。秆密丛生，形成塔头。基生叶三棱形、条形，宽约 1mm，短于秆；茎生叶 1 或 2，退化为无叶片的鞘。花序仅具 1 小穗，花多数；刚毛多数，花后伸长 1.5~2.5cm；雄蕊 3，柱头 3。小坚果倒卵形，长 2mm、宽 1mm。花果期 7~9 月。

【分布与生境】分布于中国东北，亚洲其他区域、欧洲和北美洲。生于湿地。

【价值】造纸原料；饲料。

▲白毛羊胡子草

羊胡子草属 *Eriophorum*

东方羊胡子草 *Eriophorum angustifolium* Honck.

【形态特征】多年生草本，高 40~80cm。根状茎短。秆散生，上部稍成三棱形；基生叶短于秆；叶片扁平，宽 2~6mm；秆生叶鞘闭合，叶扁平或对折，长 3~6cm、宽 2~9mm。长侧枝聚伞花序含 1~10 小穗；鳞片灰褐色，下位刚毛多数，花后伸长。雄蕊 3，柱头 3。花果期 7~9 月。

【分布与生境】分布于中国东北、华北，欧洲、俄罗斯远东地区、日本、朝鲜半岛。生于沼泽或湿润处。

【价值】园林绿化。

▲ 东方羊胡子草

薹草属 *Carex*

宽叶薹草 *Carex siderosticta* Hance

【形态特征】多年生草本，秆高 30cm。根茎伸长。秆分花秆和不孕秆，基部具无叶片之叶鞘，叶长圆状披针形，长 10~20cm。花茎上叶苞片状，穗状花序 3~10，雄雌顺序；雌花鳞片椭圆状至披针状长圆形。果囊椭圆形或倒卵形，三棱形；瘦果椭圆球形。花果期 5~7 月。

【分布与生境】分布于中国华北、华东、华西和东北，俄罗斯、朝鲜半岛和日本。生于林下。

【价值】饲草；根药用。

▲ 宽叶薹草

薹草属 *Carex*

大披针薹草（凸脉薹草）*Carex lanceolata* Boott

【形态特征】多年生草本，高 10~35cm。根状茎短，木质。秆丛生，扁三棱形，上部粗糙。叶与秆近等长或超出，扁平。穗状花序 3~6；顶生者雄性，侧生者雌性，花疏生；雌花鳞片卵状长圆形，先端急尖或成芒状。果囊倒卵状圆形，三棱状。花果期 4~5 月。

【分布与生境】分布于中国大部分地区，朝鲜半岛、蒙古国、俄罗斯、日本。生于林下、林缘、草地。

【价值】造纸和牧草原料。

▲大披针薹草

薹草属 *Carex*

羊须草 *Carex callitrichos* V. I. Krecz. in Komarov

【形态特征】根状茎长，匍匐。疏丛生，高 2~6cm，钝三棱形。叶长为秆的数倍，细如毛发状，宽不足 1mm。苞片佛焰苞状，无明显苞叶。小穗 2~4 个；顶生的 1 个为雄性，侧生的 1~3 个为雌小穗；雌花鳞片披针形，具短尖，中间绿色，具 1 条中脉，两侧锈色或淡锈色，具宽的白色膜质边缘。果囊倒卵形；柱头 3 个。

【分布与生境】分布于中国东北、华北，俄罗斯、朝鲜半岛、日本。生于林下。

【价值】茎叶可造纸、搓绳及包装填充之用。

▲羊须草

薹草属 *Carex*

矮丛薹草 *Carex callitrichos* **var. nana (H. Lév. & Vaniot) Ohwi**

【形态特征】雄性小穗具 3~4 朵花；雄花鳞片披针形，顶端渐尖；雌性小穗仅具 1~2 朵花与原变种相区别。

【分布与生境】分布于中国东北、华北，俄罗斯、朝鲜半岛、日本。生于石质山坡、荒山、林下。

【价值】可作草坪。

▲ 矮丛薹草

薹草属 *Carex*

低矮薹草（矮丛薹草）***Carex humilis*** **Leyss.**

【形态特征】多年生草本，高 2.5~5cm。秆密丛生，藏于叶丛中；叶片扁平，宽 1~1.5mm，比秆长 3~5 倍。穗状花序 2~4；雄穗具 3~4 花，雌穗具 1~2 花；雌花鳞片披针形，长约 4mm，锈红色，先端急尖。果囊倒卵圆形，钝三棱形，被短柔毛。瘦果长圆状倒卵球三棱形。花果期 6~7 月。

【分布与生境】分布于中国东北、华北，朝鲜半岛、俄罗斯、日本。生于山坡、林间。

【价值】具生态价值。

▲ 低矮薹草

薹草属 *Carex*

柄状薹草 *Carex pediformis* C. A. Mey.

【形态特征】根状茎短或长而斜生。秆丛生，高 25~40cm。叶短于秆或与之等长，平张，宽 2~3mm；苞片佛焰苞状，苞鞘下部褐色，背部绿色，上部边缘白色膜质。小穗 3~4 个，顶生的 1 个雄性，棒状圆柱形；侧生的 2~3 个小穗雌性，雄花鳞片长圆形，雌花鳞片具短尖或短芒；柱头 3 个。

【分布与生境】分布于中国东北、华北、西北，俄罗斯、蒙古国。生于草原、山坡、疏林下。

【价值】优良牧草；干草用作编织。

▲ 柄状薹草

薹草属 *Carex*

四花薹草 *Carex quadriflora* (Kük.) Ohwi

【形态特征】根状茎短，斜生。秆密丛生，侧生，高 15~30cm。叶短于秆，宽 2~4mm。苞片佛焰苞状，红褐色，具芒状苞叶。小穗 2~3 个；顶生 1 个雄性，线形，侧生的 1~2 个小穗为雌性；小穗轴多次曲折；雄花鳞片倒卵状长圆形，锈色，具宽的白色膜质边缘；雌花鳞片通常具短尖，中间绿色，有 1 条中脉。柱头 3 个。

【分布与生境】分布于中国东北、华北，俄罗斯、朝鲜半岛。生于林下。

【价值】具生态价值。

▲ 四花薹草

薹草属 *Carex*

小苞叶薹草 *Carex subebracteata* (Kük.) Ohwi

【形态特征】根状茎细长匍匐。秆高 15~30cm，纤细。叶短于秆，宽 1.5~2.5mm，上面及边缘粗糙。苞片刚毛状，具鞘。小穗 2~3 个，顶生小穗雄性；侧生小穗雌性；雄花鳞片倒卵状长圆形，淡褐色，边缘白色膜质；雌花鳞片顶端急尖，背面中间绿色，中脉明显，向顶端延伸成粗糙短芒尖。小坚果顶端缢缩成环盘。

【分布与生境】分布于中国华北、东北，俄罗斯、朝鲜半岛、日本。生于林中湿地、采伐迹地、草甸。

【价值】饲料。

▲ 小苞叶薹草

薹草属 *Carex*

绿囊薹草 *Carex hypochlora* Freyn

【形态特征】根状茎短。秆丛生，高 20~45cm，纤细。叶长于秆，宽 1~2.5mm，边缘粗糙。苞片最下部的叶状，长于小穗，具短鞘。小穗 2~3 个，顶生小穗雄性，棒状；侧生小穗雌性，球形、卵形或长圆形，花密生，具短柄。雄花鳞片倒卵状长圆形，顶端急尖，具短尖；雌花鳞片宽椭圆形或倒卵状长圆形，具粗糙短芒尖，膜质，淡棕色，背面中间绿色，具 1 脉。果囊长于鳞片。小坚果紧包于果囊中，顶端缢缩成环盘状。

【分布与生境】分布于中国东北，俄罗斯远东地区、朝鲜半岛。生于山坡、草甸或林下。

【价值】嫩茎叶可作牧草。

▲ 绿囊薹草

薹草属 *Carex*

青绿薹草 *Carex breviculmis* R. Br.

【形态特征】根状茎短。秆丛生，高 8~40cm。叶短于秆，宽 2~5 mm，质硬。最下部苞片叶状，其余刚毛状。小穗 2~5 个，顶生小穗雄性，长圆形；侧生小穗雌性。雄花鳞片具短尖，黄白色；雌花鳞片长圆形，苍白色，具 3 条脉，向顶端延伸成长芒。小坚果紧包于果囊中，顶端缢缩成环盘。

【分布与生境】分布于中国大部分地区，俄罗斯、朝鲜半岛、日本、印度、缅甸。生于荒野。

【价值】牧草；草坪。

▲ 青绿薹草

薹草属 *Carex*

麻根薹草 *Carex arnellii* Christ in Scheutz

【形态特征】多年生草本，秆高 30~60cm。秆密丛生，三棱形。叶片宽约 3.5mm，与秆近等长。穗状花序 5~7；顶生 2~3 个为雄性；雌小穗圆柱形，长 3~5cm；雌花鳞片披针状卵形，长 5~6mm，中部具 3 脉，脉间绿色。果囊椭圆球形，鼓胀，三棱状；瘦果倒卵球形。花果期 6~7 月。

【分布与生境】分布于中国大部分地区，朝鲜半岛、蒙古国、俄罗斯、日本。生于森林湿地。

【价值】具生态价值。

▲ 麻根薹草

薹草属 *Carex*

卷柱头薹草 *Carex bostrychostigma* Maxim.

【形态特征】根状茎长，木质。秆密丛生，高 20~50cm。叶宽 3~4mm，上面两侧脉，背面中脉及边缘均粗糙，具鞘。下面 1~2 个苞片叶状，上面刚毛状。小穗 5~8 个，顶生小穗雄性；侧生小穗雌性，狭圆柱形。雄花鳞片淡黄色，背面具 1 条中脉；雌花鳞片顶端急尖，淡褐黄色，背面具 3 条脉。果囊近于直立。柱头 3 个。

【分布与生境】分布于中国东北、华东、西北，日本、朝鲜半岛、俄罗斯。生于湿地。

【价值】牧草；造纸原料。

▲卷柱头薹草

薹草属 *Carex*

乌拉草 *Carex meyeriana* Kunth

【形态特征】根状茎短，形成踏头。秆紧密丛生，高 20~50cm，纤细，三棱形。叶刚毛状，向内对折，边缘粗糙。苞片最下部的刚毛状，上部的鳞片状。小穗 2~3 个，接近，顶生 1 个雄性；侧生小穗雌性，球形或卵形，花密生；雄花鳞片黑褐色；雌花鳞片卵状椭圆形，深紫黑色，边缘为狭的白色膜质。果囊卵形，具 5~6 条脉。小坚果紧包于果囊中，倒卵状椭圆形，褐色，具短柄，顶端圆形；柱头 3 个。花果期 6~7 月。

【分布与生境】分布于中国东北、西南，俄罗斯（远东地区和西伯利亚）、蒙古国、朝鲜半岛、日本。生于沼泽。

【价值】茎叶可供造纸原料、絮鞋取暖、编制垫子，幼嫩时可作牧草。

▲乌拉草

薹草属 *Carex*
毛缘薹草 *Carex pilosa* Scop.

【形态特征】多年生草本。秆高 30~60cm，三棱形，紫红色，疏生短柔毛。叶片宽 5~8mm，边缘和两面疏生柔毛，短于秆。苞片叶状。小穗 3~4 个；顶生小穗雄性，雌花鳞片卵形，紫色。果囊长于鳞片，钝三棱状倒卵形，两面具数条凸起脉；喙圆锥形；瘦果包于果囊中，倒卵形，钝三棱状。花果期 5~7 月。

【分布与生境】分布于中国东北，俄罗斯远东地区、日本及欧洲。生于林下。

【价值】具生态价值。

▲ 毛缘薹草

薹草属 *Carex*
长嘴薹草 *Carex longerostrata* C.A.Mey.

【形态特征】多年生草本，高 15~50cm。秆丛生，扁三棱形。叶片质微硬，边缘稍外卷，宽 2~3mm。小穗 2~3，顶生者雄性，棍棒状；雌花鳞片狭椭圆形，长约 6.5mm，具 0.5mm 的芒。果囊近乎圆形，喙口具 2 长齿；小坚果三棱状倒卵球形。花果期 5~6 月。

【分布与生境】分布于中国华北、东北、浙江、陕西，俄罗斯、朝鲜半岛、日本。生于灌丛、林下。

【价值】具生态价值。

▲ 长嘴薹草

薹草属 *Carex*

大穗薹草 *Carex rhynchophysa* C.A.Mey.

【形态特征】多年生草本，高 60~100cm。秆粗壮，三棱形。基部叶鞘无叶片；叶宽 8~15mm，长于秆。穗状花序 7~11；上部 3~6 为雄性；雌花鳞片长圆状披针形，具 3 脉，脉间绿色，长约 5mm，顶端锐尖。果囊卵球形，长 5~7mm，有光泽，具细脉；瘦果倒卵球形，三棱形。花果期 6~7 月。

【分布与生境】分布于中国东北、西北，俄罗斯、蒙古国、朝鲜半岛、日本。生于湿地。

【价值】嫩叶作牧草；茎叶为造纸原料。

▲ 大穗薹草

薹草属 *Carex*

灰株薹草 *Carex rostrata* Stokes in Withering

【形态特征】多年生草本，高 40~100cm。秆疏丛生，钝三棱形。叶长于秆，宽 3~5mm，灰绿色，脉间常具横隔节；苞片叶状。小穗 3~6 个，上端 1~4 为雄小穗，雌花鳞片长圆状披针形。果囊稍长于鳞片，鼓胀三棱形，淡黄绿色；瘦果包于果囊中，三棱状。花果期 5~8 月。

【分布与生境】分布于中国东北，蒙古国、俄罗斯远东地区、欧洲、北美洲。生于森林湿地。

【价值】具生态价值。

▲ 灰株薹草

薹草属 *Carex*

弓喙薹草 *Carex capricornis* Meinsh. & Maxim.

【形态特征】多年生草本，高 30~70cm。秆丛生，三棱形。叶长于或稍短于秆；苞片叶状，长于小穗。小穗 3~5 个，顶生雄小穗棍棒形，侧生雌小穗长圆状卵形；雌花鳞片长圆形，淡绿色。果囊斜展或极叉开，窄披针形，扁三棱；瘦果包于果囊中，椭圆形，三棱状。花果期 5~8 月。

【分布与生境】分布于中国东北和华东，朝鲜半岛、日本、俄罗斯。生于河边、湖边以及沼泽地或潮湿处。

【价值】具生态价值。

▲ 弓喙薹草

薹草属 *Carex*

胀囊薹草（膜囊薹草）*Carex vesicaria* L.

【形态特征】多年生草本。秆高30~70cm，锐三棱形。叶宽2~4mm，稍短于秆，脉间具横隔。苞片叶状，长于小穗。小穗4~6个，上端2~3个为雄小穗，线状圆柱形，长2~4cm；雌花卵状披针形，长约3.5mm，边缘白色透明，具1~3脉。果囊稍膨大，长5~6mm，具4~5条脉。小坚果疏松包于果囊中，近倒卵形。花果期6~8月。

【分布与生境】分布于中国东北，俄罗斯远东地区、朝鲜半岛、日本、蒙古国、北美洲和欧洲。生于河边、湿地。

【价值】牧草；造纸原料。

▲胀囊薹草

薹草属 *Carex*

黑水薹草 *Carex drymophila* var. *abbreviata* (Kük.) Ohwi

【形态特征】具长的地下匍匐茎。秆高达100cm。叶短于秆，宽5~10mm，边缘粗糙，具较长叶鞘；苞片叶状。小穗5~7个，上端2~3个为雄小穗；其余为雌小穗，下面小穗柄较长。雄花鳞片具短芒，淡锈色；雌花鳞片两侧淡锈色，中间淡绿色。果囊具多条明显的脉，喙边缘具糙毛，喙口具直的两裂齿。柱头3个。花果期6~7月。

【分布与生境】分布于中国东北、华北，俄罗斯、朝鲜半岛、日本。生于潮湿地、草甸。

【价值】嫩茎叶可作饲料。

▲黑水薹草

薹草属 *Carex*
直穗薹草 *Carex orthostachys* C. A. Mey. in Ledebour

【形态特征】具长的地下匍匐茎。秆高 40~70cm。叶短于秆，宽 3~5mm，具小横隔脉，具鞘。苞片叶状，雄小穗基部的苞片呈刚毛状。小穗 5~7 个，顶部 2~3 个小穗为雄小穗，其余为雌小穗。雄花鳞片披针形；雌花鳞片芒边缘粗糙。果囊斜展，鼓胀三棱形，具多条脉，顶端渐狭成喙，喙口深裂成两齿。柱头 3 个。花果期 5~7 月。

【分布与生境】分布于中国东北、华北、西北，俄罗斯、蒙古国。生于潮湿地。

【价值】具生态价值。

▲ 直穗薹草

薹草属 *Carex*
玉簪薹草 *Carex globularis* L.

【形态特征】多年生草本。秆高 20~45cm，基部叶鞘鲜紫红色。叶宽 1~2mm；下部苞片叶状线形。小穗 3~4 个，顶生雄小穗线形；雌花鳞片矩卵形，长约 2.3mm，具 3 脉。果囊膜质，长 3~3.2mm，宽倒卵形，小坚果倒卵形，三棱状。花果期 6~8 月。

【分布与生境】分布于中国东北和华北，俄罗斯远东地区、朝鲜半岛、日本、欧洲。生于森林湿地。

【价值】可作牧草。

▲ 玉簪薹草

薹草属 *Carex*
皱果薹草 *Carex dispalata* Boott ex A. Gray in Perry

【形态特征】多年生草本，高 40~80cm。秆丛生，锐三棱形。叶几等长于秆，2 侧脉明显；苞片叶状，下部的苞片长于小穗，上部的苞片短于小穗；小穗 4~6，顶生雄小穗、侧生雌小穗圆柱形；雌花鳞片披针形，具短尖或芒。果囊斜展，卵形，稍鼓胀三棱状；瘦果包于果囊中，倒卵形，三棱状。花果期 5~7 月。

【分布与生境】分布于中国东北、华北和华东，朝鲜半岛、日本。生于潮湿地。

【价值】嫩草可为饲料；纤维可加工。

▲ 皱果薹草

薹草属 *Carex*
灰脉薹草 *Carex appendiculata* (Trautv.) Kük.

【形态特征】根状茎短，形成踏头。秆密丛生，高 30~75cm。叶与秆近等长，宽约 2mm，边缘粗糙。最下部的苞片叶状。小穗 3~5 个，上部 1~2 个为雄性；其余小穗雌性。雌花鳞片狭椭圆形，边缘为狭的白色膜质，中部淡绿色，具 1~3 脉。果囊椭圆形，平凸状，淡绿色，密生小瘤状突起。柱头 2 个。

【分布与生境】分布于中国黑龙江、吉林、内蒙古，朝鲜半岛、俄罗斯。生于湿地。

【价值】具生态价值。

▲ 灰脉薹草

薹草属 *Carex*
小囊灰脉薹草 *Carex appendiculata* var. *saculiformis* Y. L. Chang & Y. L. Yang

【形态特征】多年生草本；根状茎密丛生，形成踏头。秆高 30~45cm。基部叶鞘无叶；叶片宽 2~4.5mm，边缘具微细齿。小穗 3~5，上部为雄小穗；雌小穗长 1.8~4.5cm，雌花鳞片紫黑色，中间淡绿色具 1~3 脉，边缘白膜质；柱头 2。果囊长 1.8~2.2mm，密生细小乳头状突起；小坚果紧包于果囊中。花果期 5~7 月。

【分布与生境】分布于中国东北，蒙古国、俄罗斯、朝鲜半岛。生于森林湿地。

【价值】具生态价值。

▲ 小囊灰脉薹草

薹草属 *Carex*
丛薹草 *Carex caespitosa* L.

【形态特征】多年生草本，高 40~75cm，形成踏头。秆密丛生，三棱形。叶宽约 3.5mm，边缘外卷；苞片刚毛状。小穗 3~4 个，顶生小穗雄性；雌花鳞片窄卵形，紫褐色，中部淡绿色；果囊通常椭圆形，平凸或近双凸状，密布细小乳头状凸起；瘦果广倒卵形，长 1.2~1.5mm。花果期 5~7 月。

【分布与生境】分布于中国东北、西北，俄罗斯、蒙古国、日本、北欧。生于湿地。

【价值】具生态价值。

▲ 丛薹草

薹草属 *Carex*
瘤囊薹草 *Carex schmidtii* Meinsh.

【形态特征】多年生草本，高 30~80cm。秆密丛生，纤细，三棱形。叶短于秆，宽 2~3mm，边缘反卷；苞片叶状。小穗 3~5 个，上部 1~3 为雄性，其余雌性；雌花鳞片披针形，紫褐色；果囊宽为鳞片 2 倍，倒卵形，膨胀，密生瘤状小突起；瘦果包于果囊中，倒卵形，双凸状。柱头 2。花果期 6~7 月。

【分布与生境】分布于中国东北、内蒙古，朝鲜半岛、俄罗斯、蒙古国、日本。生于沼泽、溪边、林缘。

【价值】具生态价值。

▲ 瘤囊薹草

薹草属 *Carex*
乌苏里薹草 *Carex ussuriensis* Kom.

【形态特征】根状茎具细长的地下匍匐茎。秆疏丛生，高 20~40cm。叶几与秆等长，宽约 0.5mm，具黄褐色叶鞘；苞片鞘状。小穗 2~3 个，顶生为雄小穗，侧生为雌小穗，疏生 2~4 花；小穗轴微呈之字形曲折；雌花鳞片顶端具硬短尖，边缘具透明边。果囊倒卵圆形，顶端急狭为短喙，喙口截形。柱头 3。花果期 6~7 月。

【分布与生境】分布于中国黑龙江、吉林、内蒙古、陕西等地，俄罗斯、朝鲜半岛、日本。生于针叶林下、阴湿处。

【价值】具生态价值。

▲ 乌苏里薹草

薹草属 *Carex*

大针薹草 *Carex uda* Maxim.

【形态特征】多年生草本，高 20~60cm。秆丛生。叶片扁平，宽 2~3mm，边缘粗糙。小穗 1 个，雄雌顺序；雌花鳞片长圆状披针形，淡棕色，具 1 条脉。果囊长圆状披针形，长 3.5~4mm，背腹面具多条明显细脉，基部圆形而具极短的柄；瘦果包于果囊中，圆三棱形。花果期 6~7 月。

【分布与生境】分布于中国东北，朝鲜半岛、俄罗斯、蒙古国。生于林中湿地。

【价值】具生态价值。

▲大针薹草

薹草属 *Carex*

针叶薹草 *Carex onoei* Franch. ex Sav.

【形态特征】根状茎短。秆丛生，高 20~40cm。叶稍短于秆，宽 1~1.5mm。小穗 1 个，顶生，宽卵形至球形，雄雌顺序；雌花部分显著而占小穗的极大部分，常具 5~6 花；雌花鳞片宽卵形，中间部分色淡而具 3 脉。果囊卵状长圆形，侧脉明显，尤以背面为甚，先端急缩成短喙，喙口有 2 微齿。柱头 3 个。

【分布与生境】分布于中国东北、华北、西北、华东，日本、朝鲜半岛、俄罗斯。生于林下、湿草地。

【价值】具生态价值。

▲针叶薹草

薹草属 *Carex*

少花薹草 *Carex vaginata* Tansch

【形态特征】具细长的地下匍匐茎。秆高20~50cm，下部具叶。叶较秆短得多，宽3~5mm。小穗2~4个，顶生为雄小穗，近棍棒状；侧生为雌小穗。雄花鳞片卵形，淡锈褐色；雌花鳞片宽卵形，锈褐色，具3条绿色的脉。果囊卵形，长约4mm，黄绿色，顶端急狭成短喙，喙口微缺或具两短齿；小坚果三棱形。花果期5~7月。

【分布与生境】分布于中国东北，俄罗斯远东地区、日本、朝鲜半岛、欧洲。生于林下、草地。

【价值】可作牧草。

▲ 少花薹草

薹草属 *Carex*

尖嘴薹草 *Carex leiorhyncha* C.A.Mey.

【形态特征】多年生草本，高20~70cm。根状茎短。秆丛生，基部具锈褐色鞘。叶片扁平，宽3~5mm，短于秆，密集。穗状花序，雄雌顺序；雌花鳞片卵形，先端渐尖，具短芒，具紫红色斑点。果囊长圆状卵形，平凸状，无翅，具锈点；瘦果椭圆球形，平凸状。花果期6~7月。

【分布与生境】分布于中国北部，朝鲜半岛、俄罗斯。生于森林湿地。

【价值】具生态价值。

▲ 尖嘴薹草

薹草属 *Carex*

翼果薹草 *Carex neurocarpa* Maxim.

【形态特征】多年生草本，秆高 20~60cm。根状茎短，木质。秆丛生，扁三棱形。叶扁平滑，宽 1.5~4.5mm。穗状花序长 3~6cm；下部苞片叶状，上部刚毛状。囊卵圆形，自中部以上具翅，常具紫褐色腺点；小坚果卵球形。花果期 6~8 月。

【分布与生境】分布于中国东北、华北、华西、华东，朝鲜半岛、俄罗斯、日本。生于河边、草地。

【价值】具生态价值。

▲翼果薹草

薹草属 *Carex*

假尖嘴薹草 *Carex laevissima* Nakai

【形态特征】多年生草本，高 20~60cm。根状茎短。秆丛生。叶宽 2~3mm，短于秆；苞片鳞片状，顶端刚毛状。小穗多数，卵形，雄雌顺序；穗状花序圆柱形；雌花鳞片卵形，边缘白膜质。果囊狭卵形，淡绿黄色；瘦果包于果囊中，椭圆形，平凸状，三棱状。花果期 7~8 月。

【分布与生境】分布于中国东北，朝鲜半岛、俄罗斯、日本。生于森林湿地。

【价值】具生态价值。

▲假尖嘴薹草

薹草属 *Carex*

二柱薹草 *Carex lithophila* Turcz.

【形态特征】多年生草本。秆高 10~60cm，上部粗糙，下部平滑。叶短于秆，宽 2~4mm；苞片鳞片状。小穗 10~20 个；穗状花序圆柱形，上部及下部小穗为雌性，中部和中上部为雄性；雌花鳞片卵状披针形。果囊平凸状，边缘有窄翅；瘦果包于果囊中，近圆形，平凸状。花果期 5~6 月。

【分布与生境】分布于中国东北、华北和西北，朝鲜半岛、日本、俄罗斯和蒙古国。生于沼泽、河岸湿地或草甸。

【价值】具生态价值。

▲ 二柱薹草

薹草属 *Carex*

山林薹草 *Carex yamatsutana* Ohwi

【形态特征】根状茎细长，匍匐。秆高 20cm。叶与秆近等长，宽 2~3mm；苞片鳞片状。穗状花序长圆形，长 1~2cm；雄雌顺序，有时在花序下部为雌性；雌花鳞片狭卵形，顶端稍急尖，中部绿色，边缘白色膜质。果囊卵形，平凸状，淡黄绿色，两面具 4~6 条细脉，先端渐狭成长喙，喙口膜质，斜截形，具 2 齿裂。柱头 2 个。花果期 6~7 月。

【分布与生境】分布于中国东北、内蒙古，俄罗斯、蒙古国。生于林下。

【价值】可作饲料；草坪。

▲ 山林薹草

薹草属 *Carex*

寸草 *Carex duriuscula* C. A. Mey.

【形态特征】多年生草本，秆高 5~20cm。叶宽 1.5mm，内卷成针状，短于秆。苞片鳞片状；穗状花序长 7~12mm，小穗 3~6 个，卵形，密生，雄雌顺序，具少数花；雌花鳞片宽卵形，锈褐色；花柱基部膨大，柱头 2 个。果囊宽椭圆形，长 3~3.2mm；瘦果包于果囊中，近圆形。花果期 4~6 月。

【分布与生境】分布于中国东北、西北，朝鲜半岛、俄罗斯、蒙古国。生于草原，山坡、路边或河岸湿地。

【价值】可作草坪；具生态价值。

▲ 寸草

薹草属 *Carex*

莎薹草 *Carex bohemica* Schreb.

【形态特征】多年生草本。秆丛生，高 25~40cm。叶短于秆，条形，宽 2~4mm；总苞叶状，3~4 枚，比花序长很多。花序头状，径 1~1.8cm；小穗密集；雌花鳞片淡褐色，狭披针形，长约 4~5mm，膜质，中部具 1 脉。果囊淡绿色，狭披针形，长 9~10mm；小坚果紧包于果囊中。花果期 6~8 月。

【分布与生境】分布于中国黑龙江、吉林、内蒙古，朝鲜半岛、日本、俄罗斯远东地区、欧洲。生于湿地。

【价值】具生态价值。

▲ 莎薹草

薹草属 *Carex*

丝引薹草 *Carex remotiuscula* Wahlenb.

【形态特征】多年生草本。秆丛生，高 40~60cm。叶短于秆，宽 1~2mm；下部苞片叶状。小穗 4~10，长 4~6mm，雌雄顺序；雌花鳞片窄卵形，具 1 条脉，中间绿色。果囊披针形，平凸状，顶端渐窄为喙；小坚果紧密包于果囊中，椭圆卵形，平凸状。花果期 6~7 月。

【分布与生境】分布于中国北部、西南，俄罗斯、朝鲜半岛、日本。生于森林湿地。

【价值】具生态价值。

▲ 丝引薹草

薹草属 *Carex*

细花薹草 *Carex tenuiflora* Wahlenb.

【形态特征】根状茎短，具短匍匐茎。秆疏丛生，高 20~50cm。叶短于秆，宽 1~1.5mm；苞片鳞片状。小穗 2~4 个，球形，雌雄顺序，聚集成头状或稍疏松的穗状花序；雌花鳞片卵形，苍白色至淡黄色，背面中脉淡褐色。果囊卵形或椭圆形，平凸状，近革质，具白色小点，两面具褐紫色脉 5~9 条，顶端喙口微 2 齿裂。柱头 2 个。

【分布与生境】分布于中国黑龙江、吉林、内蒙古，欧洲、北美洲、俄罗斯远东地区、蒙古国、朝鲜半岛、日本。生于沼泽。

【价值】具生态价值。

▲ 细花薹草

薹草属 *Carex*

白山薹草 *Carex canescens* L.

【形态特征】根状茎短。秆丛生，高 25~50cm。叶短于秆，宽 2~3mm，边缘粗糙。苞片鳞片状。小穗 4~7 个，卵形或长圆形，雌雄顺序；穗状花序上部小穗聚集；雌花鳞片卵形，顶端急尖，苍白色，具 1 脉。果囊卵形或椭圆形，平凸状，绿褐色，具细点，具海绵状组织，顶端急缩为短喙，喙口微浅裂。柱头 2 个。花果期 6~8 月。

【分布与生境】分布于中国黑龙江、吉林、内蒙古、新疆，欧洲、亚洲温带、美洲广布。生于湿地。

【价值】具生态价值。

▲ 白山薹草

薹草属 *Carex*

间穗薹草 *Carex loliacea* L.

【形态特征】根状茎细而匍匐。秆高 15~25cm，三棱形。叶短于秆，宽 1~2mm；苞片鳞片状。小穗 3~4 个，半球形或卵形，长 3~5mm，雌雄顺序；穗状花序上部 2 个小穗接近，下部远离；雌花鳞片宽卵形或卵形，顶端稍钝。果囊长圆形，平凸状，长 2.5~3mm，近革质，淡绿褐色，顶端近无喙。小坚果宽椭圆形。花果期 5~6 月。

【分布与生境】分布于中国黑龙江，欧洲、蒙古国北部、朝鲜半岛、日本、北美洲。生于林下。

【价值】可作牧草。

▲ 间穗薹草

薹草属 *Carex*

卵果薹草 *Carex maackii* Maxim.

【形态特征】根状茎短。秆丛生，高 20~70cm，基部具褐色叶鞘。叶宽 2~4mm，边缘具细锯齿；基部苞片刚毛状，其余鳞片状。小穗 10~14 个，卵形，雌雄顺序；穗状花序长圆柱形，长 2.5~6cm。雌花鳞片卵形，顶端急尖，中间绿色，具 1 脉。果囊卵形或卵状披针形，平凸状，先端渐狭成喙，喙口 2 齿裂；小坚果微双凸状。花果期 5~6 月。

【分布与生境】分布于中国东北、华中、华东，俄罗斯、朝鲜半岛、日本。生于湿地。

【价值】具生态价值。

▲ 卵果薹草

荸荠属 *Eleocharis*

细秆荸荠 *Eleocharis maximowiczii* G. Zinserl. in Komarov

【形态特征】多年生草本。秆高 8~25cm，锐四棱柱状。叶鞘红紫色，无叶片。小穗长卵形，长 2.5~5mm；鳞片卵形或椭圆形，具宽的白膜质边缘；雄蕊 3；花柱基三角形，柱头 3。下位刚毛 6 条，稍短于小坚果，具倒生密刺。小坚果倒卵形，长约 1mm。花果期 6~7 月。

【分布与生境】分布于中国黑龙江，俄罗斯、朝鲜半岛、日本。生于湿地。

【价值】块茎入药；水生观赏。

▲ 细秆荸荠

荸荠属 *Eleocharis*

乌苏里荸荠 *Eleocharis ussuriensis* G. Zinserl. in Komarov

【形态特征】有长的匍匐根状茎。秆单生，高 13~70cm，有纵槽，具多数疣状突起。无叶片，只在秆的基部有 1~2 个叶鞘，鞘的下部紫红色，鞘口斜或截形。小穗圆筒状披针形，长 10~20mm，淡褐色；在小穗基部有 2 片鳞片中空无花，最下一片抱小穗基部过半周；下位刚毛 4~5 条；雄蕊 3；花柱短。小坚果顶端缢缩。花果期 7 月。

【分布与生境】分布于中国东北、华北，日本、韩国、俄罗斯。生于湿地。

【价值】具生态价值。

▲ 乌苏里荸荠

水葱属 *Schoenoplectus*

吉林水葱 *Schoenoplectus komarovii* (Roshevitz) Sojak

【形态特征】多年生草本。秆密丛生，高 10~50cm，圆柱状，具槽。秆上部叶鞘具极短的叶片；苞片 1 枚，为秆的延长，15~25cm。小穗无柄，2~10 多个聚成头状，假侧生，卵形，长 4~8mm；雄蕊 3，柱头 2。下位刚毛 4~5 条，生有倒刺。小坚果宽倒卵形平凸状，有光泽。花果期 7~9 月。

【分布与生境】分布于中国东北，日本、俄罗斯、朝鲜半岛。生于湿地。

【价值】可作牧草；药用。

▲ 吉林水葱

水葱属 *Schoenoplectus*

水葱 *Schoenoplectus tabernaemontani* (C. C. Gmel.) Palla

【形态特征】多年生草本。秆单生，圆柱形粗壮，高 1~2m，径 5~15mm。苞片 1~2 枚，其中 1 枚为秆之延伸。假侧生长侧枝聚伞花序，辐射枝 4~13，不等长；小穗卵形，长 5~8mm；鳞片椭圆形或卵形，边缘微透明；下位刚毛 6 条，具倒刺；雄蕊 3，柱头 2。花果期 7~9 月。

【分布与生境】分布于中国大部分地区，欧亚大陆、北美洲以及大洋洲。生于 1m 以内浅水。

【价值】造纸；编织；牧草；药用。

▲ 水葱

萤蔺属 *Schoenoplectiella*

水毛花 *Schoenoplectiella mucronata* (L.) J. Jung & H. K. Choi

【形态特征】秆丛生，高 50~120cm，锐三棱形，基部具 2 棕色叶鞘，长 7~23cm。苞片 1 枚；小穗 5~9 聚集成头状，具多数花；鳞片卵形或长圆状卵形，具红棕色短条纹，背面具 1 条脉；下位刚毛 6 条，有倒刺；雄蕊 3，柱头 3。小坚果倒卵形或宽倒卵形，扁三棱形，成熟时暗棕色，具光泽，稍有皱纹。

【分布与生境】除新疆、西藏外，广布中国各地。朝鲜半岛、日本、亚洲其他区域、马尔加什、欧洲均有分布。生于水湿地。

【价值】幼嫩茎叶可作饲料。

▲ 水毛花

扁莎属 *Pycreus*

红鳞扁莎 *Pycreus sanguinolentus* (Vahl) Nees ex C. B. Clarks in Hookerf.

【形态特征】一年生草本，高 10~50cm。秆密集丛生。叶鞘红褐色，具纵肋；叶扁平，宽 1~3mm；总苞片 2~5 枚。聚伞花序聚缩成头状，或有辐射枝；小穗 4 棱长圆形，长 5~10mm；鳞片两行排列，具 3 条脉，两侧具槽；雄蕊 3，柱头 2。小坚果倒卵球形，长约 1.2mm，表面具细点。花果期 7~9 月。

【分布与生境】分布于中国大部分地区，亚洲、非洲、大洋洲广布。生于湿地。

【价值】具药用价值。

▲ 红鳞扁莎

莎草属 *Cyperus*

阿穆尔莎草 *Cyperus amuricus* Maxim.

【形态特征】多年生草本，高 5~50cm。须根；秆丛生，基部叶较多。叶状苞片 3~5 枚。聚伞花序具 2~ 10 个辐射枝，辐射枝最长达 12cm；穗状花序蒲扇形、宽卵形或长圆形，具 5 至多数小穗；小穗线形或线状披针形，具 8~10 朵花；小穗轴具白色透明的翅；鳞片顶端具短尖，中脉绿色，5 条脉；雄蕊 3，柱头 3。小坚果倒卵形或长圆形，顶端具小短尖。

【分布与生境】分布于中国大部分地区，俄罗斯也有。生于湿地。

【价值】具生态价值。

▲阿穆尔莎草

莎草属 *Cyperus*

具芒碎米莎草 *Cyperus microiria* Steud.

【形态特征】一年生草本。秆丛生，高 20~50cm。叶短于秆，宽 2.5~5mm，叶鞘红棕色，叶状苞片 3~4 枚。长侧枝聚伞花序复出或多次复出，具 5~7 个辐射枝，最长达 13cm；穗状花序卵形或宽卵形或近三角形，具多数小穗；小穗线形或线状披针形，具 8~24 朵花；小穗轴具白色透明的狭边；鳞片宽倒卵形，背面具龙骨状突起，脉 3~5 条，绿色，中脉延伸出顶端呈短尖；雄蕊 3，柱头 3。小坚果倒卵形或三棱形。

【分布与生境】分布于中国各地，朝鲜半岛、日本。生于河岸边、草原湿处。

【价值】具生态价值。

▲具芒碎米莎草

莎草属 *Cyperus*

三轮草 *Cyperus orthostachyus* Franch. et Sav.

【形态特征】一年生草本。秆丛生，高 8~50cm，扁三棱形。叶扁平，宽 3~8mm，边缘粗糙。叶鞘较长，褐色；苞片 3~5 枚。聚伞花序辐射枝 3~9；辐射枝具 5~32 个小穗；鳞片排列稍疏，长 1.5~2mm，背部绿色，具 4~5 脉；雄蕊 3，柱头 3。小坚果三棱倒卵形，具细点。花果期 8~9 月。

【分布与生境】分布于中国中东部，俄罗斯、日本、朝鲜半岛、越南。生于湿地。

【价值】具药用价值。

▲ 三轮草

莎草属 *Cyperus*

长苞三轮草 *Cyperus orthostachyus* var. *longibracteatus* L. K. Dai

【形态特征】叶状苞片较花序长很多；穗状花序长圆形或长圆状圆柱形，具多数小穗；小穗排列紧密，近于直立，长 3~6mm，宽约 1mm，具 6~12 朵花。

【分布与生境】分布于中国黑龙江、辽宁。生于沼泽。

【价值】具生态功能。

▲长苞三轮草

莎草属 *Cyperus*

头状穗莎草 *Cyperus glomeratus* L.

【形态特征】一年生草本。秆散生，高 10~70cm。叶扁平，宽 3~8mm，边缘粗糙。长侧枝聚伞花序复出；侧枝上的小穗密集成卵圆状、头状；小穗长 5~9mm；鳞片长 1.5~2mm，具 1 脉；雄蕊 3，柱头 3。小坚果狭长圆状，长约 1mm。花果期 7~9 月。

【分布与生境】分布于中国大部分地区，亚洲、欧洲广布。生于湿地。

【价值】具药用价值。

▲头状穗莎草

科 25　禾本科 Poaceae

菰属 *Zizania*

菰 *Zizania latifolia* (Griseb.) Turcz. ex Stapf

【形态特征】多年生草本，高 1.5~2m。具根状茎，径 1cm，中空；秆基部节上生不定根。叶鞘肥厚长于节间；叶舌膜质三角形，长 1~1.5cm；叶片平展长达 1m，宽 1.5~2.5cm，上面粗糙，下面光滑。圆锥花穗长达 50cm，雄小穗常生于下部，上部为雌小穗，中部混杂。花果期 7~9 月。

【分布与生境】分布于中国大部分地区，俄罗斯、日本、印度。生于湖沼中。

【价值】秆基寄生真菌后形成茭白，可食用；具药用和饲用价值。

▲菰

甜茅属 *Glyceria*

东北甜茅 *Glyceria triflora* (Korsh.) Kom.

【形态特征】多年生草本，具根茎。秆单生，高 50~150cm。叶鞘闭合几达口部；叶舌膜质透明，长 2~4mm；叶片扁平或边缘纵卷，长 15~25cm，宽 5~10mm。圆锥花序大型，开展，每节具 3~4 分枝；颖膜质，卵形至卵圆形；外稃草质，顶端稍膜质；内稃较短或等长于外稃，顶端截平；雄蕊 3。颖果红棕色，倒卵形。花果期 6~9 月。

【分布与生境】分布于中国东北、河北、陕西、四川、云南，亚洲其他区域、欧洲。生于沼泽、溪边、湿地。

【价值】具饲用价值。

▲东北甜茅

臭草属 *Melica*

大臭草 *Melica turczaninowiana* Ohwi

【形态特征】多年生草本，秆 40~130cm。须根纤弱。秆常丛生，具 5~6 节。叶鞘无毛，闭合几达鞘口；叶舌长 2~4mm；叶片扁平长达 25cm、宽 8mm。圆锥花序开展，长 10~30cm；每节 2~3 分枝；小穗宽椭圆状，紫色，含可育小花 2~3 朵；外稃中部以下具硬毛。花果期 7~8 月。

【分布与生境】分布于中国东北、华北，俄罗斯、蒙古国和朝鲜半岛。生于山地林缘草地。

【价值】可作饲料。

▲ 大臭草

臭草属 *Melica*

大花臭草 *Melica grandiflora* Koidz.

【形态特征】多年生草本。秆丛生高 20~60cm。叶鞘闭合至鞘口，上部者短于而下部者长于节间；叶舌长约 0.5mm。圆锥花序狭窄，常为总状，长 3~10cm；小穗长 7~10mm，含孕性小花 2 枚，顶生不育外稃聚集成粗棒状；外稃不被糙毛，内稃宽椭圆形，顶端钝，短于外稃。花期 6~8 月。

【分布与生境】分布于中国大部分地区，东北亚、欧洲。生于林下。

【价值】可作饲料。

▲ 大花臭草

雀麦属 *Bromus*

耐酸草 *Bromus pumpellianus* Scribn.

【形态特征】多年生草本。秆高 0.6~1.2m。节密生倒毛。叶鞘常宿存秆基，叶舌先端齿蚀状。圆锥花序开展；分枝具 1~2 小穗，棱具细刺毛，小穗含 9~13 花。第二颖长 9~11mm，略长于第一颖；外稃披针形，顶端具长 2~5mm 的短芒；内稃稍短于外稃。花果期 6~8 月。

【分布与生境】分布于中国黑龙江、内蒙古、山西，欧亚大陆温带、北美。生于中山带草甸、河谷灌丛草地上。

【价值】优质牧草。

▲ 耐酸草

雀麦属 *Bromus*

西伯利亚雀麦 *Bromus sibiricus* Drobow

【形态特征】多年生草本，植株高 20~100cm。秆 3~4 节，节生柔毛，基部为褐色老鞘所包围。叶舌长 1~2mm，叶片扁平粗糙，长 5~10cm、宽 4~10mm。圆锥花序狭窄，长 5~15cm；分枝上部着生 1~2 枚紫色小穗，含 4~8 小花；第二颖长于第一颖，外稃边脉密生柔毛，内稃短于外稃，沿脊生纤毛。花果期 7~9 月。

【分布与生境】分布于中国东北、河北，俄罗斯、蒙古国、欧洲、北美。生于林缘、草地。

【价值】优质牧草。

▲ 西伯利亚雀麦

大麦属 *Hordeum*

芒颖大麦草 *Hordeum jubatum* L.

【形态特征】多年生草本，丛生，平滑无毛，秆直立或基部膝曲，高 30~60cm，常 3~5 节。叶舌平截长约 1mm；叶片长 5~27cm、宽 2~5mm。穗状花序绿色或稍带紫色，下垂，每节簇生 3 枚小穗；侧生小穗退化为 1~3 个开展的芒，芒长约 7cm；外稃与内稃近等长，约 6~7mm。颖果长约 3mm，顶端有毛。花果期 6~8 月。

【分布与生境】分布于中国北部、新疆，蒙古国、俄罗斯远东地区、中亚、欧洲。生于草原、田边、草地。

【价值】可作牧草。

▲ 芒颖大麦草

披碱草属 *Elymus*

多秆鹅观草 *Elymus pendulinus* subsp. *multiculmis* (Kitag.) Á. Löve

【形态特征】秆直立，高 60~90cm，节处贴生微毛。叶鞘无毛，叶片长 12~25cm，宽 3~9mm。穗状花序常下垂；颖披针形，先端渐尖，边缘有时疏生小纤毛，具 3~5 明显的脉，脉上粗糙，第一颖长 7~9mm，第二颖长 8~10mm；外稃长圆状披针形；内稃与外稃几相等或稍短，先端钝平，脊上部 1/3 具纤毛，脊间疏生细毛，其毛向基部逐渐减少。

【分布与生境】分布于中国东北、西北、内蒙古。生于干燥山坡或林下阴处荒芜地。

【价值】具生态价值。

▲ 多秆鹅观草

披碱草属 *Elymus*

肥披碱草 *Elymus excelsus* Turcz.

【形态特征】多年生草本，高可达 140cm，秆粗达 7mm。叶片扁平，长 20~30cm，宽 10~16mm，常带粉绿色。穗状花序直立，长 12~20cm，每节具 2~3 枚小穗，小穗含 4~5 小花；颖狭披针形，具 5~7 明显而粗糙的脉，先端具长达 7mm 的芒；外稃披针形，具 5 脉，先端和脉上及边缘被有微小短毛。花果期 6~8 月。

【分布与生境】分布于中国北部、西南，蒙古国、俄罗斯、朝鲜半岛。多生于山坡、草地和河岸。

【价值】优质牧草。

▲ 肥披碱草

披碱草属 *Elymus*

鹅观草 *Elymus kamoji* (Ohwi) S. L. Chen

【形态特征】多年生草本，高 30~100cm。叶鞘外侧边缘常具纤毛；叶片扁平，长 5~40cm，宽 3~13mm。穗状花序长 7~20cm，弯曲或下垂；小穗绿色或带紫色，长 13~25mm，含 3~10 小花；颖先端锐尖至具短芒；外稃披针形，内稃约与外稃等长。花果期 6~8 月。

【分布与生境】分布于中国大部分地区，蒙古国、俄罗斯、日本。生于山坡、草地。

【价值】优质牧草。

▲ 鹅观草

披碱草属 *Elymus*

老芒麦 *Elymus sibiricus* L.

【形态特征】多年生草本，高60~90cm。秆单生直立，有时基部稍膝曲。叶鞘无毛；叶扁平，长10~20cm，宽0.5~1cm，无毛或上面稍具柔毛。穗状花序疏散下垂，长10~20cm；小穗灰绿色或稍带紫色，通常每节2个，含（3）4~5小花。花果期6~9月。

【分布与生境】分布于中国北部、西南、华西，东南亚、东北亚。生于林缘，山坡和河谷。

【价值】优质牧草；茎叶可作造纸原料。

▲老芒麦

披碱草属 *Elymus*

缘毛鹅观草 *Elymus pendulinus* (Nevski) Tzvelev

【形态特征】多年生草本，秆高60~80cm。节处平滑无毛，基部叶鞘具倒毛。穗状花序垂头；小穗长15~25mm，含4~8小花；颖长圆状披针形，第一颖与第二颖等长，7~10mm；外稃边缘具长纤毛，内稃与外稃几等长，内稃脊上部具纤毛。花果期6~8月。

【分布与生境】分布于中国东北、华北，日本、蒙古国、俄罗斯。生于河边、山沟、林下。

【价值】优质牧草。

▲缘毛鹅观草

披碱草属 *Elymus*

纤毛鹅观草 *Elymus ciliaris* **(Trin. ex Bunge) Tzvelev**

【形态特征】多年生草本，高约 80cm。植株常被白粉，叶片无毛，边缘粗糙。穗状花序直立；颖片椭圆状披针形，顶端尖头，尖头下面具齿；外稃边缘具纤毛，里面有硬毛；第一外稃长 8~ 9mm，芒长 10~30mm；内稃脊无翼，上部具纤毛。花果期 6~8 月。

【分布与生境】分布于中国大部分地区，蒙古国、俄罗斯、朝鲜半岛、日本。生于山坡、草甸、路旁。

【价值】优质牧草。

▲纤毛鹅观草

赖草属 *Leymus*

羊草 *Leymus chinensis* (Trin.ex Bunge) Tzvelev

【形态特征】多年生草本，秆疏散丛生，高 40~90cm。叶鞘暗黄色，光滑；叶灰绿色，长 6~18cm、宽 3~5mm，扁平或内卷。穗状花序直立，长 7~15cm；通常在穗状花序的中部每节对生 2 个小穗，其他地方每节只有 1 个；颖锥形，不包被外稃；内稃与外稃近等长。花果期 6~8 月。

【分布与生境】分布于中国北部、华西，俄罗斯、蒙古国、朝鲜半岛。生于草丛中。

【价值】优质牧草。

▲羊草

落草属 *Koeleria*

落草 *Koeleria macrantha* (Ledeb.) Schult.

【形态特征】多年生草本，秆高 20~60cm，秆纵向裂开。叶片扁平或纵卷，上面无毛。圆锥花序，长达 13cm，宽达 2.5cm，分枝较长，长 1~3cm；小穗，长 5~7mm，常含 4 小花；第一颖长 3.2~4mm，第二颖长 4~5.5mm；第一外稃和内稃几等长。子房无毛。花果期 6~7 月。

【分布与生境】分布于中国东北、西北，欧洲及亚洲其他区域。生于草坡和林下。

【价值】优质牧草。

▲落草

虉草属 *Phalaris*

虉草 *Phalaris arundinacea* L.

【形态特征】 多年生草本，根状茎大范围展开。秆直立，高 0.6~1.5m，有 6~8 节。叶鞘无毛；叶舌薄膜质，长 2~3mm。圆锥花序紧缩，长 8~15cm，间断；小穗长 4~6mm，侧扁；颖片灰绿色，具深绿色或浅紫色条纹，无翅或上部有狭翼。花果期 6~8 月。

【分布与生境】 分布于中国大部分地区，北半球温带广布。生于湿地边。

【价值】 优质牧草，秆可编织或造纸。

▲ 虉草

黄花茅属 *Anthoxanthum*

光稃茅香 *Anthoxanthum glabrum* (Trin.) Veldkamp

【形态特征】 多年生草本，秆高 15~22cm。叶鞘密生微毛至无毛；叶舌膜质透明，先端啮蚀状；叶片扁平，长 2.5~10cm、宽 1.5~3mm。圆锥花序卵形至三角状卵形；小穗黄褐色有光泽；雄花外稃等长或较长于颖片，边缘具纤毛；两性花外稃锐尖，上部被短毛。花果期 6~9 月。

【分布与生境】 分布于中国北部，蒙古国、俄罗斯。常生于山坡或湿润草地。

【价值】 优质牧草。

▲ 光稃茅香

野青茅属 *Deyeuxia*

大叶章 *Deyeuxia purpurea* (Trin.) Kunth

【形态特征】多年生草本，高 90~150cm。叶片扁平或边缘内卷，长 12~26cm、宽 4~11mm。圆锥花序疏松开展，长 10~16cm，小穗长 4~5mm。两颖近等长；外稃膜质，外稃长 3~4mm，自背中部伸出一细直芒，芒长约 3mm，内稃淡褐色。花果期 7~9 月。

【分布与生境】分布于中国北部、华中地区，欧亚大陆温寒地带。生于山坡草地、林下、沟谷潮湿地。

【价值】优质牧草，可刈割。

▲ 大叶章

野青茅属 *Deyeuxia*

小叶章 ***Deyeuxia angustifolia*** **(Kom.) L.Y. Chang**

【形态特征】多年生草本，具短根状茎。秆平滑无毛，高 30~100cm。叶鞘平滑，常短于节间；叶舌膜质，长 3~5mm；叶片纵卷，线形，长 10~25cm，宽 1.5~4mm，两面微粗糙。圆锥花序稍疏松，分枝粗糙，斜向上升；小穗长 2~3.5mm，黄绿色或淡紫色；颖片窄披针形，两颖近等长；外稃膜质；内稃约短于外稃 1/2。花果期 7~9 月。

【分布与生境】分布于中国东北，朝鲜半岛、俄罗斯。生于草地、路旁及沟边湿地。

【价值】抽穗前为优良饲料、牧草；能抗有毒气体，是优良的环境保护植物。

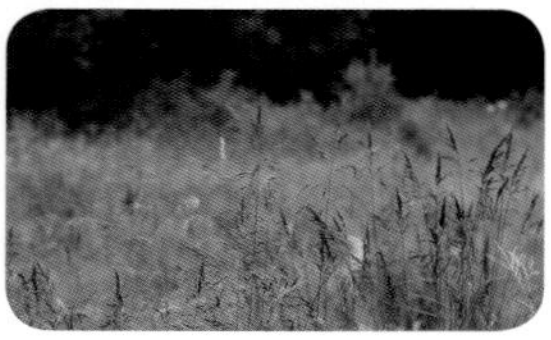

▲ 小叶章

拂子茅属 *Calamagrostis*

拂子茅 ***Calamagrostis epigeios*** **（L.）Roth**

【形态特征】多年生草本，秆直立，高 45~150cm。叶片扁平或内卷，长 10~29cm、宽 2~5mm；叶舌膜质，长 5~6mm。圆锥花序紧密，直立；小穗银绿色或带淡紫色；颖片等长或第二颖微短，条状披针形。外稃具 3 脉，先端具 2 短齿；芒自外稃背面近中部生出。花果期 7~9 月。

【分布与生境】分布于中国大部分地区，欧亚大陆温带。生于潮湿地。

【价值】优质牧草。

▲ 拂子茅

拂子茅属 *Calamagrostis*

假苇拂子茅 *Calamagrostis pseudophragmites* (Haller f.) Koeler

【形态特征】多年生草本，秆直立，高 40~150cm。叶鞘短于节间；叶扁平或稍内卷，长 10~25cm、宽 2~10mm，上表面及边缘粗糙，下表面光滑。圆锥花序疏松开展；颖片条状披针形，第一颖较长；外稃具 3 脉；雄蕊 3。花果期 7~9 月。

【分布与生境】分布于中国大部分地区，欧亚大陆温带。生于潮湿草坡或河边。

【价值】可作饲料；防沙固堤。

▲ 假苇拂子茅

羊茅属 *Festuca*

远东羊茅 *Festuca extremiorientalis* Ohwi

【形态特征】多年生草本，具根茎，疏丛生。秆高 50~100cm。叶鞘短于节间；叶舌膜质，长 2~4mm；叶片扁平，较柔软，长 15~30cm，宽 6~13mm。圆锥花序开展，长 10~25cm；小穗轴节间被短毛；小穗绿色或带紫色，长 5~7mm；颖片背部平滑，边缘膜质，顶端渐尖；内稃稍短于或等长于外稃；子房顶端具短毛。花果期 6~8 月。

【分布与生境】分布于中国东北、华北、陕西、甘肃、青海、四川，朝鲜半岛、日本、俄罗斯。生于林下、山谷、河边草丛中。

【价值】可作牧草。

▲ 远东羊茅

碱茅属 *Puccinellia*

鹤甫碱茅 *Puccinellia hauptiana* (Trin. ex V. I. Krecz.) Kitag.

【形态特征】多年生草本，疏丛型草本。秆高 20~60cm，径 1~2mm。叶舌长 1~1.5mm；叶片扁平，上面与边缘微粗糙。圆锥花序开展，长 15~20cm；分枝微粗糙，下部裸露不具小枝；颖卵形，第一颖长 0.7~1mm，第二颖长 1.2~1.5mm；外稃倒卵形，长 1.6~1.8mm，先端宽圆而钝，具纤毛状细齿，绿色，基部具短柔毛；内稃等长或长于其外稃。花果期 6~7 月。

【分布与生境】分布于中国北部、山东、江苏，俄罗斯、中亚、蒙古国、朝鲜半岛、日本和北美。生于河滩、湖畔沼泽地、田边沟旁、低湿盐碱地及河谷沙地。

【价值】开花前家畜喜食。

▲ 鹤甫碱茅

粟草属 *Milium*

粟草 *Milium effusum* L.

【形态特征】多年生草本。须根细长稀疏。秆质地较软，光滑。叶鞘松弛；叶舌透明膜质，披针形；叶片条状披针形，质软而薄，平滑，边缘微粗糙，长 5~20cm，宽 3~10mm。圆锥花序疏松开展，分枝细弱，光滑或微粗糙；小穗仅 1 花，椭圆形，灰绿色或带紫红色；颖纸质；外稃软骨质，乳白色，光亮；内稃与外稃同质同长；鳞被 2，透明膜质。花果期 5~7 月。

【分布与生境】分布于中国东北、西北、河北及长江流域，全球温带地区。生于林下及阴湿草地。

【价值】饲料；秆为编织草帽的良好材料。

▲ 粟草

▲ 草地早熟禾

早熟禾属 *Poa*

草地早熟禾 *Poa pratensis* L.

【形态特征】多年生草本，直立，高 30~75cm。根状茎发达，匍匐。叶片扁平或稍内卷，长 6~15cm、宽 2~5mm。圆锥花序分枝大角度向上斜升至较宽开展，近平滑至粗糙，最长枝具 7~18 小穗；外稃卵形至披针形，中部脉凸起，脉间无毛；内稃无毛或疏具钩刺。花果期 6~8 月。

【分布与生境】分布于中国大部分地区，世界广布。生于山坡路边或草地。

【价值】优质饲料。

▲ 西伯利亚早熟禾

早熟禾属 *Poa*

西伯利亚早熟禾 *Poa sibirica* Trin.

【形态特征】多年生草本，高 60~100cm。茎生叶长 5~10cm，宽 2~5mm，分蘖叶细长。圆锥花序，疏松开展；小穗含 2~5 小花，绿色或带紫黑色；第一颖长 2~2.5mm，具 1 脉，第二颖长 2.5~3mm，具 3 脉；外稃先端狭膜质，具明显的 5 脉，第一外稃长 3~3.5mm。花果期 6~8 月。

【分布与生境】分布于中国北部，俄罗斯、蒙古国、亚洲和欧洲的其他区域。生于林缘、草地。

【价值】优良牧草。

早熟禾属 *Poa*

泽地早熟禾 *Poa palustris* L.

【形态特征】多年生草本，疏丛生。秆倾斜上升，直立，高 40~80cm，具 5~6 节。叶鞘平滑无毛；叶舌长 1~3mm；叶片扁平，长 8~20cm，宽约 2mm。圆锥花序狭金字塔形，长 10~20cm；小穗卵状长圆形，黄绿色；花药长 1.2~1.5mm。花期 6~7 月。

【分布与生境】分布于中国黑龙江、新疆、西藏、四川，北半球温带地区广布。生于山坡疏林灌丛草甸、沼泽草地。

【价值】具生态价值。

▲ 泽地早熟禾

菵草属 *Beckmannia*

菵草 *Beckmannia syzigachne* (Steud.) Fernald

【形态特征】一年生草本，高 15~90cm，具 2~4 节。叶鞘无毛，多长于节间；叶舌透明膜质；叶片长 5~20cm、宽 3~10mm。圆锥花序长 10~30cm，小穗扁平，灰绿色，圆形，长约 3mm，常含 1 小花；颖舟形，等长；外稃稍长于颖，具 5 脉，先端具芒尖。花果期 5~9 月。

【分布与生境】分布于中国各地，世界温寒带广布。生于水边湿地。

【价值】牧草；谷粒可食。

▲ 菵草

看麦娘属 *Alopecurus*
看麦娘 *Alopecurus aequalis* Sobol.

【形态特征】一年生草本，高20~40cm。秆少数丛生，基部常膝曲。叶舌膜质，先端渐尖；叶片长3.5~11cm、宽3~8mm。圆锥花序圆柱状，长2~8cm、径3~5mm；小穗长2~3mm，具1花；芒藏于小穗或伸长达1.2mm，直伸；花药橙色，长0.5~0.8mm。花果期6~9月。

【分布与生境】分布于中国大部分地区，北半球温带和寒带。生于潮湿草地及水边。

【价值】优质牧草。

▲ 看麦娘

看麦娘属 *Alopecurus*
苇状看麦娘 *Alopecurus arundinaceus* Poir.

【形态特征】多年生草本，具根茎。秆高20~ 80cm，具3~5节。叶鞘松弛大都短于节间；叶舌膜质，长约5mm；叶片长5~20cm，宽3~7mm，上面粗糙，下面平滑。圆锥花序灰绿色或成熟后黑色；小穗长4~5mm；颖基部约1/4互相连合，顶端尖，稍向外张开，脊上具纤毛；外稃较颖短，先端钝，具微毛，芒约自稃体中部伸出。花果期7~9月。

【分布与生境】分布于中国东北、内蒙古、甘肃、青海、新疆，欧亚大陆寒温带。生于山坡草地。

【价值】优质牧草。

▲ 苇状看麦娘

芦苇属 *Phragmites*

芦苇 *Phragmites australis* (Cav.) Trin. ex Steud.

【形态特征】多年生草本，高 2~3m，径约 10mm。根状茎发达。叶鞘浅绿色，无毛或具微毛；叶常下垂，长达 35cm、宽约 3.5cm。圆锥花序长 8~30cm；小穗长 10~18mm；含小花 4~7 朵；颖及外稃均有 3 条脉。花果期 7~9 月。

【分布与生境】分布于中国各地，世界广布。生于湿润地，浅水。

【价值】饲料；造纸原料；具生态价值。

▲ 芦苇

虎尾草属 *Chloris*

虎尾草 *Chloris virgata* Sw.

【形态特征】一年生草本，高 20~80cm。丛生，秆直立或基部膝曲。叶片长 5~25cm、宽 3~6mm。穗状花序 5~12 枚指状排列于秆顶；小穗长 3~4mm，成熟后带紫色；颖膜质，不等长；外稃侧扁，中脉延伸成直芒；基盘具柔毛。花果期 6~9 月。

【分布与生境】分布于中国大部分地区，世界温带广布。生于山坡、草原、河边沙地。

【价值】牧草。

▲ 虎尾草

隐子草属 *Cleistogenes*

糙隐子草 *Cleistogenes squarrosa* (Trin.) Keng

【形态特征】多年生草本，高 12~30cm。秆直立密丛，秋季经霜后常变成紫红色。叶鞘多长于节间，叶舌具短纤毛；叶长 3~6cm、宽 1~2mm。圆锥花序狭窄，小穗含 2~3 小花；第一颖短于第二颖；外稃披针形，第一外稃长 5~6mm；先端常具较稃体为短或近等长的芒。花果期 7~9 月。

【分布与生境】分布于中国北部，东北亚、欧洲。生于干旱草原、森林草原、丘陵坡地。

【价值】优质牧草。

▲ 糙隐子草

隐子草属 *Cleistogenes*

多叶隐子草 *Cleistogenes polyphylla* Keng ex P. C. Keng & L. Liu

【形态特征】多年生草本，高 15~40cm。秆粗壮直立，上部左右弯曲，与鞘口近于叉状分离。叶鞘具疣毛；叶片长 2~6.5cm、宽 2~4mm。圆锥花序，小穗绿带紫色，含 3~7 小花；颖不等长，质薄；外稃披针形，具 5 脉，第一外稃先端具长 0.5~1.5mm 的短芒；内稃与外稃近等长。花果期 7~10 月。

【分布与生境】分布于中国东北、华北。生于干燥山坡、沟岸。

【价值】优质牧草。

▲ 多叶隐子草

马唐属 *Digitaria*

升马唐 *Digitaria ciliaris* (Retz.) Koeler

【形态特征】一年生草本，高 10~60cm。秆基部斜卧地面，节上生根，叶长 4~8cm、宽 3~10mm。总状花序 5~8 枚，长 5~12cm，呈指状排列于茎顶；小穗披针形，两枚孪生，小穗柄一长一短；第一外稃 5~7 脉，脉间具白色柔毛并杂有白色或褐色疣基长刚毛，熟时疣毛外展。花果期 6~9 月。

【分布与生境】分布于中国南北各省区，全世界热带、温带地区。生于路旁、荒野、荒坡。

【价值】优质牧草。

▲ 升马唐

马唐属 *Digitaria*

止血马唐 *Digitaria ischaemum* (Schreb.) Muhl.

【形态特征】一年生草本，高 15~45cm。秆基部膝曲；鞘口常具长柔毛。叶长 3~12cm、宽 2~8mm。总状花序 2~4 枚近指状排列，最下一枚较远离；小穗 2~3 枚着生于各节；第一颖或缺；第二颖具 3 脉，脉间及边缘密被柔毛；第一外稃脉间及边缘具细柱状棒毛与柔毛；第二外稃成熟后紫褐色。花果期 7~9 月。

【分布与生境】分布于中国大部分地区，北半球温带地区。生于田野。

【价值】优质牧草。

▲ 止血马唐

稗属 *Echinochloa*

稗 *Echinochloa crus-galli* (L.) P. Beauv.

【形态特征】一年生草本，秆高 50~150cm，径 2~5mm。叶片长 10~40cm，宽 0.5~2cm。圆锥花序稍弯曲，长 6~20cm，主轴粗糙有棱角；小穗卵形，密集排列于穗轴的一侧，绿色或淡紫色，长 2.5~4mm，小穗柄粗糙具刺毛；第一外稃具 7 脉，脉上具硬刺状疣毛，先端延伸为一粗壮的芒。花果期 7~9 月。

【分布与生境】分布于中国大部分地区，世界温带和亚热带。生于湿润草丛、农田中。

【价值】优质牧草。

▲ 稗

稗属 *Echinochloa*

无芒稗 *Echinochloa crus-galli* var. *mitis* (Pursh) Peterm.

【形态特征】一年生草本，高 50~ 120cm。秆粗壮，直立。圆锥花序稍疏松，直立，分枝不作弓形弯曲，常再分枝；小穗无芒或具一短于 5mm 的芒。第二颖比谷粒长。花果期 6~9 月。

【分布与生境】分布于中国大部分地区，世界温带和亚热带地区。生于水边或路边草地上。

【价值】优质牧草。

▲ 无芒稗

稗属 *Echinochloa*

长芒稗 *Echinochloa caudata* Roshev.

【形态特征】一年生草本，秆呈小密丛，高 1~2m。叶宽条形，长 10~45cm、宽 10~20mm。花序弓形弯曲或下垂，具密集小穗；小穗淡紫色，卵状椭圆形，长 2.5~4.0mm；第一颖三角形，具 3 脉，第一外稃具 5 脉，先端延伸成一较粗壮的芒，芒长 3~5cm。花果期夏秋季。

【分布与生境】分布于中国大部分地区，俄罗斯、蒙古国、朝鲜和日本。生于水边、田中或路边。

【价值】饲用植物。

▲ 长芒稗

狗尾草属 *Setaria*

狗尾草 *Setaria viridis* (L.) P. Beauv.

【形态特征】一年生草本，秆高 30~100cm。叶片长 10~30cm、宽 2~15mm。圆锥花序紧密，长 2~8cm、径（刚毛除外）4~8mm；刚毛长为小穗的 2~4 倍；小穗长 2.5mm；第一颖长为小穗的 1/4~1/3，具 3 脉；第二颖与小穗近等长，具 5 脉。花果期 7~9 月。

【分布与生境】分布于中国大部分地区，世界温带、热带。生于荒野、草丛、山坡。

【价值】饲料。

▲ 狗尾草

狗尾草属 *Setaria*

金色狗尾草 *Setaria pumila* (Poir.) Roem. & Schult.

【形态特征】一年生草本，高 20~90cm。叶舌为一圈长约 1mm 的纤毛；叶片长 5~25cm、宽 4~8mm。圆锥花序，长 3~10cm；小穗长 2.2~3.5mm，先端尖，通常每簇仅一小穗完全发育；第一颖顶端尖，具 3 脉；第二颖略长，顶端钝，具 5~7 脉。花果期 7~9 月。

【分布与生境】分布于中国大部分地区，欧亚大陆温带、热带。生于林边、山坡、荒地。

【价值】优质饲料。

▲ 金色狗尾草

野古草属 *Arundinella*

野古草 *Arundinella hirta* (Thunberg) Tanaka

【形态特征】多年生草本，高 50~75cm。疏松丛生，具结实的多鳞根状茎。叶舌长约 1cm，撕裂；叶片长 6~19cm、宽 2~8mm，上面基部被长硬毛，近鞘口处更密。圆锥花序长 6.5~19cm，主轴粗糙或疏生小刺毛；小穗长 3~4.8mm，颖卵状披针形，基部心形，具 3~5 脉。花果期 7~9 月。

【分布与生境】分布于中国大部分地区，东南亚、俄罗斯、朝鲜半岛、日本。生于山坡、田缘。

【价值】优质饲料；根茎可固堤和造纸。

▲ 野古草

芒属 *Miscanthus*

荻 *Miscanthus sacchariflorus* (Maxim.) Benth. & Hook. f. ex Franch.

【形态特征】多年生草本，秆高 65~160cm。根状茎长而匍匐。叶茎生，长 10~60cm、宽 4~12mm，中脉白色，基部密生柔毛。圆锥花序扇形，长 20~30cm；分枝节处和腋间有毛；小穗成对生于各节，小穗柄一长一短；第一颖顶端膜质，渐尖，具 2 脊；第二颖舟形，顶端具 1 脊。花果期 8~9 月。

【分布与生境】分布于中国北部，日本、朝鲜及俄罗斯。生于山坡湿润处、河岸湿地。

【价值】根状茎入药；优良防沙护坡植物。

▲ 荻

荩草属 *Arthraxon*

荩草 *Arthraxon hispidus* (Thunb.) Makino

【形态特征】一年生草本，高 23~55cm。叶鞘具短硬疣毛；叶舌膜质，叶狭卵形，基部心形抱茎。总状花序长 1.5~3cm，2~10 枚指状排列或簇生秆顶；第一颖边缘膜质，具 7~9 脉；第二颖近膜质，具 3 脉；雄蕊 2，花药黄色。花果期 7~9 月。

【分布与生境】分布于中国大部分地区，欧亚大陆、大洋洲。生于田野潮湿处。

【价值】优质饲料。

▲ 荩草

大油芒属 *Spodiopogon*

大油芒 *Spodiopogon sibiricus* Trin

【形态特征】多年生草本，秆单生直立，高 80~120cm。叶长 15~28cm，宽 1~3cm。圆锥花序长 10~20cm；总状分枝近轮生；小枝 2~4 节，每节具 2 小穗，其小穗柄一有一无；小穗长 4.5~6mm，基部有毛；第一颖具小尖头，6~9 脉；外稃裂齿间伸出一芒，芒长 10~15mm。柱头紫色。花果期 7~9 月。

【分布与生境】分布于中国大部分地区，俄罗斯、蒙古国、朝鲜半岛和日本。生于山坡、林缘。

【价值】优质牧草。

▲ 大油芒

科 26　金鱼藻科 Ceratophyllaceae

金鱼藻属 *Ceratophyllum*

金鱼藻 *Ceratophyllum demersum* L.

【形态特征】多年生沉水草本，茎长 40~150cm。叶亮绿色，质地粗糙，轮生，每轮直径 1.5~6cm，二叉状分枝，裂片线状或丝状。花直径 1~3mm。瘦果深绿色至红褐色，边缘无翅且无刺。花期 6~7 月，果期 8~10 月。

【分布与生境】分布于中国大部分地区，世界广布。生于池塘、河沟或湖内。

【价值】饲用。

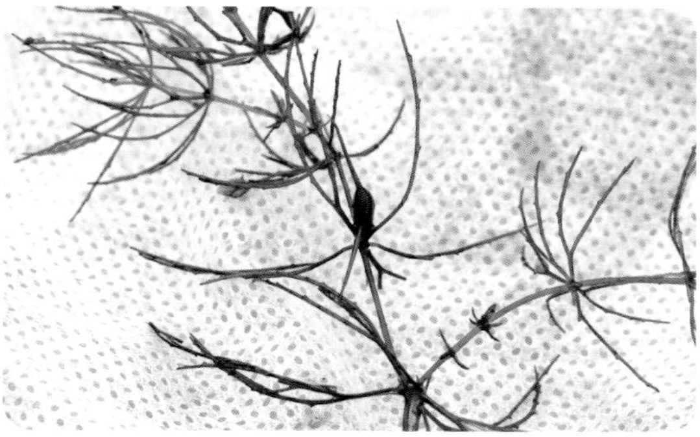

▲ 金鱼藻

▲ 黑水罂粟

科 27　罂粟科 Papaveraceae

罂粟属 *Papaver*

黑水罂粟（山大烟）*Papaver nudicaule* f. *amurense* (N. Busch) H. Chuang

【形态特征】多年生草本，高 20~60cm，全株密被硬伏毛。叶茎生，卵形或长卵形，羽状深裂，边缘具羽状缺刻，两面疏生短硬毛。有长柄，花葶单生或多枚，花顶生，单一。花蕾卵形或球形，弯垂。花瓣 4，白色，广倒卵形。柱头 8~15 星状裂。蒴果近圆形，无毛，较大，长 1.5~1.7cm，孔裂。花果期 6~8 月。

【分布与生境】分布于中国北部及中南各地，朝鲜、俄罗斯。生于山坡、山沟路边、石砾山地及河岸砂地。

【价值】具观赏价值。

荷青花属 *Hylomecon*

荷青花 *Hylomecon japonica* (Thunb.) Prantl & Kundig

【形态特征】多年生草本，高 15~40cm，含黄色乳汁。全株疏生白色长柔毛。根茎斜生，棕褐色。基生叶为奇数羽状复叶，长 10~15cm，具长柄，羽状深裂，裂片边缘有锯齿。花 1~3 朵，较大，金黄色倒卵状圆形，生于茎上部。萼片 2 枚，狭卵形，早落。雌蕊与雄蕊近等长，柱头 2 裂。蒴果 2 瓣裂。花果期 4~6 月。

【分布与生境】分布于中国各地，俄罗斯、朝鲜半岛、日本。生于山地灌丛、林下、溪沟湿地。

【价值】具观赏价值。

▲ 荷青花

白屈菜属 *Chelidonium*

白屈菜（土黄连）*Chelidonium majus* L.

【形态特征】多年生草本，高 30~60cm，含橘黄色乳汁。主根圆锥形，密生须根。茎具棱，多分枝，具白色细长柔毛，有白粉。叶羽状深裂，长 8~20cm，裂片边缘无锯齿。花 3 朵以上，排成伞形状聚伞花序。花瓣 4，黄色，分离。柱头不明显 2 裂。萼片 2，椭圆形，淡绿色，疏生柔毛。蒴果长角状，由下向上 2 瓣裂。花果期 5~9 月。

【分布与生境】分布于中国大部分地区，朝鲜、日本、俄罗斯远东地区及欧洲。生于山谷湿润地、水沟边、林宅附近。

【价值】全草入药。

▲ 白屈菜

荷包藤属 *Adlumia*

荷包藤 *Adlumia asiatica* Ohwi

【形态特征】多年生草质藤本，无毛。茎细，长达3m，具分枝。基部叶长5~20mm，宽2~6mm，有长柄，上部叶三回近羽状全裂，下面被白粉，叶脉近二叉状分枝。花序为数个聚散花序，生于叶腋。花瓣4，外层花瓣卵状三角形，淡紫红色，先端尖，内层花瓣匙形，先端圆。蒴果线状椭圆形，2瓣裂。花果期7~9月。

【分布与生境】分布于中国黑龙江、吉林，俄罗斯、朝鲜、日本。生于针叶林下或林缘。

【价值】具观赏价值。

▲ 荷包藤

紫堇属 *Corydalis*

矮生延胡索 *Corydalis humilis* B. U. Oh & Y. S. Kim

【形态特征】多年生草本，高10~20cm。块茎圆球形。叶二回三出，具白点，裂片倒卵形。总状花序，密集；苞片扇形或倒卵形，具齿或栉裂状分裂；花蓝色，有时紫色，内花瓣淡白色，长8~12mm，外花瓣宽展；上花瓣长2~2.6cm，瓣片近直立，下花瓣直；距圆筒形，长11~14mm。蒴果纺锤形，具4~6种子。花果期4~6月。

【分布与生境】分布于中国东北和朝鲜。生于林下。

【价值】具观赏价值。

▲ 矮生延胡索

紫堇属 *Corydalis*

黄堇 *Corydalis pallida* (Thunb.) Pers.

【形态特征】丛生草本，高 20~60cm。茎 1 至多条，基生叶莲座状。茎生叶二回羽状全裂。总状花顶生和腋生；花黄色；外花瓣顶端勺状，内花瓣具鸡冠状突起；雄蕊束披针形；子房线形；柱头具横向伸出的 2 臂，各枝顶端具 3 乳突。蒴果念珠状；种子密具圆锥状突。花果期 5~ 6 月。

【分布与生境】分布于中国东北、西北、华北、华中、华东，朝鲜、日本、俄罗斯。生于林间空地、林缘、河岸。

【价值】具观赏价值。

▲ 黄堇

紫堇属 *Corydalis*

黄紫堇 *Corydalis ochotensis* Turcz.

【形态特征】无毛多年草本，高 50~90cm。主根长达 13cm；茎柔弱，常自下部分枝。基生叶三回三出分裂，背面具白粉，二歧状细脉明显；茎生叶多数。总状花序生于枝先端，4~6 花；苞片宽卵形至卵形；萼片鳞片状，近肾形；花瓣黄色。蒴果狭倒卵形，有 6~10 枚种子；种子近圆形。花果期 6~9 月。

【分布与生境】分布于中国东北、河北，俄罗斯、朝鲜、日本。生于林下、水边。

【价值】具观赏价值。

▲ 黄紫堇

紫堇属 *Corydalis*

堇叶延胡索 *Corydalis fumariifolia* Maxim.

【形态特征】多年生草本，高 8~20cm。块茎圆球形。叶 2~3 回三出，小叶形多变。总状花序，具 5~12 花；花蓝色，稀紫或白色；外花瓣较宽展，顶端下凹；上花瓣长 1.8~2.5cm；柱头近四方形，顶端具 4 短柱状乳突，基部具 2 下延的紧邻花柱的尾状突起；距呈三角形。蒴果线形，红棕色，具 1 列种子。花果期 4~6 月。

【分布与生境】分布于中国东北和俄罗斯。生于林缘或灌木丛中。

【价值】具观赏价值。

▲ 堇叶延胡索

紫堇属 *Corydalis*

巨紫堇 *Corydalis gigantea* Trautv. & C. A. Mey. in Middendorff (ed.)

【形态特征】多年生草本，高 80~120cm。根茎头部粗大，块状；茎中空，上部多分枝。叶二回三出羽状全裂，长 5~10cm。花序腋生，2~3 分枝，组成圆锥状；花冠紫红色，上唇心披针形，下唇椭圆形，上花瓣长 1.5~2.5cm；雄蕊 6，每 3 枚成一束；柱头三角状长圆形，顶端具 3 乳突。蒴果椭圆形；长 8~10mm。花果期 6~8 月。

【分布与生境】分布于中国黑龙江、吉林，俄罗斯、朝鲜半岛。生于林下，沟边。

【价值】具观赏价值。

▲ 巨紫堇

紫堇属 *Corydalis*

全叶延胡索 *Corydalis repens* Mandl & Muehld.

【形态特征】多年生草本，高 8~20cm。块茎球形。茎细长，基部以上具 1 鳞片，枝条发自鳞片腋内。叶二回三出，长 6~40cm，常具浅白色的条纹或斑点。总状花序具 6~14 花；苞片披针形至卵圆形；花浅蓝至紫红色，外花瓣宽展，上花瓣长 1.5~1.9cm。蒴果宽椭圆形或卵圆形，具 4~6 种子，2 列；种子直径约 1.5mm，种阜鳞片状。花果期 4~6 月。

【分布与生境】分布于中国东北，朝鲜半岛、俄罗斯。生于林下、林缘。

【价值】具观赏价值。

▲ 全叶延胡索

紫堇属 *Corydalis*

齿瓣延胡索 *Corydalis turtschaninovii* Besser

【形态特征】多年生草本，高达 30cm。具球状块茎。地上茎单一或叶腋分出 2~3 枝。叶 2 回三出深裂或全裂。总状花序具花 6~30 朵，蓝色或蓝紫色；苞片半圆形，先端带栉齿半裂或深裂；花冠唇形，4 瓣，2 轮；雄蕊 6 枚，雌蕊 1 枚，子房扁圆柱形，柱头 2。蒴果线形或扁柱形；种子扁肾形。花果期 4~6 月。

【分布与生境】分布于中国东北、内蒙古、河北，朝鲜半岛、日本、俄罗斯。生于林下、林缘、沟边。

【价值】野生花卉。

▲ 齿瓣延胡索

紫堇属 *Corydalis*

珠果黄堇 *Corydalis speciosa* Maxim.

【形态特征】多年生草本，高 40~60cm，具主根。三年以上茎多分枝。叶片狭长圆形，二回羽状全裂。总状花序生于枝顶，密具多花，长约 5~10cm；苞片披针形至菱状披针形；花金黄色，近平展；萼片近圆形，中央着生；外花瓣较宽展，上花瓣长 2~2.2cm，下花瓣长约 1.5cm；雄蕊束披针形。蒴果线形念珠状，具 1 列种子；种子扁压，边缘具密集点状印痕；种阜杯状。

【分布与生境】分布于中国东北、华中、华南，俄罗斯、朝鲜半岛、日本。生于林缘、路边。

【价值】具观赏价值。

▲ 珠果黄堇

科 28 防己科 Menispermaceae

蝙蝠葛属 *Menispermum*

蝙蝠葛（山豆根）*Menispermum dauricum* DC.

【形态特征】多年生缠绕性草本，长达 10m。根状茎细长，黄棕色。叶长 5~16cm、宽 5~14cm，下面色淡。花序圆锥状，腋生，花梗基部具有 1 枚线状披针形膜质小苞片；花单性；雄蕊 12~24，花药球形；具退化雄蕊，常具 3 枚离生心皮，柱头弯曲。核果近球形，径 8~10mm，成熟时黑色，有光泽，外果皮肉质多汁，内果皮坚硬。花果期 6~9 月。

【分布与生境】分布于中国东北、华北，蒙古国、俄罗斯、日本。生于林缘、灌丛，田野。

【价值】根茎入药。

▲ 蝙蝠葛

科 29　小檗科 Berberidaceae

红毛七属 *Caulophyllum*

红毛七（类叶牡丹）*Caulophyllum robustum* Maxim.

【形态特征】多年生草本，高 80cm，全株无毛。叶二至三回三出羽状复叶，小叶长椭圆形或卵状椭圆形，全缘或 2~ 3 裂，两面无毛。聚伞状圆锥花序，花绿黄色，花 6 数，花无距。萼片 6，花瓣状，倒卵圆形。花瓣 6，远较萼片小，缩小成丝状，或成蜜腺状。胚珠 2。种子 1 或 2，圆球形，似浆果状，黑蓝色。花期 5 月，果期 7~ 8 月。

【分布与生境】分布于中国大部分地区，朝鲜半岛、日本、俄罗斯。生于山坡阴湿肥沃地或针阔叶混交林下。

【价值】具生态价值。

▲ 红毛七

小檗属 *Berberis*

黄芦木（三棵针）*Berberis amurensis* Rupr.

【形态特征】落叶灌木，高 2~3.5m。老枝淡黄色或灰色，稍具棱槽，无疣点。茎刺三分叉，稀单一。叶纸质，倒卵状椭圆形，叶缘有尖刺锯齿。花黄色，总状花序有多花，常在 10 朵以上，花瓣椭圆形，先端浅缺裂，具 2 枚分离腺体。萼片 2 轮，内外萼片倒卵形。胚珠 2。浆果长圆形，红色。花期 4~5 月，果期 8~9 月。

【分布与生境】分布于中国东北、华北，日本、朝鲜半岛、俄罗斯。生于山地灌丛中、沟谷、林缘、疏林中、溪旁或岩石旁。

【价值】具观赏价值。

▲ 黄芦木

小檗属 *Berberis*

细叶小檗 *Berberis poiretii* C. K. Schneid.

【形态特征】落叶灌木，高 1~2m，树皮灰褐色。枝基部有 3 叉针刺，中刺突出。叶簇生于短枝上，倒披针形，全缘或带疏齿。总状花序为 6~ 10 花，花淡黄色。萼片，花瓣，雄蕊各为 6，雄蕊较花瓣短，雌蕊圆柱形，无花柱，中央微凹。浆果红色，长圆形，具宿存柱头。花期 5~ 6 月，果期 8~ 9 月。

【分布与生境】分布于中国北部，俄罗斯、蒙古国、朝鲜。生于山地灌丛、砾质地、草原化荒漠、山沟河岸或林下。

【价值】具观赏价值。

▲ 细叶小檗

科 30 毛茛科 Ranunculaceae

侧金盏花属 *Adonis*

侧金盏花 *Adonis amurensis* Regel & Radde

【形态特征】多年生草本。茎下部叶具长柄，无毛。叶片三角形，长 4.5~9cm，二至三回羽状深裂。萼片约 9，淡灰紫色，长圆形至倒卵长圆形；花瓣约 10，黄色，倒卵长圆形至窄披针形。心皮多数，子房被柔毛，柱头小，球形。瘦果倒卵球形，被短柔毛。花期 3~4 月。

【分布与生境】分布于中国黑龙江、吉林、辽宁，日本、朝鲜半岛、俄罗斯。生于山坡草地或林下。

【价值】具观赏价值。

▲ 侧金盏花

▲ 短瓣金莲花

金莲花属 *Trollius*

短瓣金莲花 *Trollius ledebourii* Rchb.

【形态特征】多年生草本，茎40~100cm，茎上疏生3~4叶。基生叶具长柄，叶片掌状五角形。茎上部叶较小，近无柄。花顶生或2~3朵组成稀疏聚伞花序；苞片无柄，三裂；萼片5~8，黄色；花瓣10~22个，线形，顶端变狭；心皮20~28。花果期6~7月。

【分布与生境】分布于中国黑龙江、内蒙古、辽宁，蒙古国、俄罗斯。生于湿草地、河边及林下。

【价值】具观赏价值。

金莲花属 *Trollius*

宽瓣金莲花 *Trollius asiaticus* L.

【形态特征】多年生草本；茎高25~50cm；叶片五角形，长约4.5cm，宽8.5cm，茎生叶2~3；花单独生茎或分枝顶端，直径3.4~4.5cm；萼片黄色，宽椭圆形或倒卵形，长1.5~2.3cm，宽1.2~1.7cm；花瓣比雄蕊长，比萼片稍短，匙状线形，长1.6cm，从基部向上渐变宽，中上部最宽，宽2~3.5mm，顶部向上渐变狭；花期6月。

【分布与生境】分布于中国黑龙江、新疆，蒙古国和俄罗斯。生于湿草甸、林间草地或林下。

【价值】花可用于提取橙色染料。

▲ 宽瓣金莲花

金莲花属 *Trollius*

长瓣金莲花 *Trollius macropetalus* (Regel) F. Schmidt

【形态特征】多年生草本，全株无毛。茎高 70~100cm，基生叶 2~4 个，掌状五角形，小裂片三全裂；茎生叶 3~4 个，较小。花生茎及分枝顶端；萼片 5~7，金黄色，花瓣 14~22 个，较萼片长 1/3~1/2，基部狭窄，先端渐尖。种子卵状椭圆球形，黑色，具四棱角。花果期 6~9 月。

【分布与生境】分布于中国东北，朝鲜半岛、俄罗斯。生于草甸、湿草地、林缘及林间草地。

【价值】具观赏价值。

▲ 长瓣金莲花

唐松草属 *Thalictrum*

贝加尔唐松草 *Thalictrum baicalense* Turcz. ex Ledeb.

【形态特征】多年生草本，茎高 70~100cm，无毛。三回三出复叶，小叶宽菱形或近圆形，三浅裂。花序圆锥状；花白色，萼片 4，绿白色，广椭圆形至倒卵形；雄蕊多数；心皮 3~7，柱头生花柱顶端腹面。瘦果下垂，卵球形或宽椭圆球形，宿存花柱呈喙状。花期 6 月，果期 7 月。

【分布与生境】分布于中国北部，朝鲜半岛、俄罗斯。生于山地林下或湿润草坡。

【价值】具生态价值。

▲ 贝加尔唐松草

唐松草属 *Thalictrum*
东亚唐松草 *Thalictrum minus* var. *hypoleucum* (Siebold & Zucc.) Miq.

【形态特征】多年生草本，无毛。叶为四回三出羽状复叶；小叶较大，长和宽均为1.5~4cm，背面被白粉，脉隆起。花序圆锥状；萼片4，淡绿色，狭椭圆形；雄蕊多数，花丝丝形，花药狭长圆形；心皮3~5，柱头正三角形状箭头形，瘦果狭椭圆形，稍扁。花期6~7月。

【分布与生境】分布于中国大部分地区，朝鲜半岛、日本。生于山地草坡、田边、灌丛或林中。

【价值】具生态价值。

▲ 东亚唐松草

唐松草属 *Thalictrum*
箭头唐松草 *Thalictrum simplex* L.

【形态特征】多年生草本。茎高54~100cm。二回羽状复叶，小叶圆菱形、菱状宽卵形或倒卵形，三裂。花序圆锥状，花多数；萼片4，狭椭圆形，淡绿色；雄蕊多数，花丝丝状；心皮3~8，柱头箭头状，宿存。瘦果狭椭圆球形或狭卵形。花期7~8月，果期9月。

【分布与生境】分布于中国黑龙江、新疆、内蒙古，亚洲和欧洲。生于林下、林缘、山坡、草地。

【价值】具生态价值。

▲ 箭头唐松草

唐松草属 *Thalictrum*

散花唐松草 *Thalictrum sparsiflorum* Turcz. ex Fisch. & C. A. Mey.

【形态特征】多年生草本，无毛。茎高约 90cm，三至四回三出复叶，三浅裂，花序有少数花；雄蕊 10~15，花丝近丝状，上部稍宽。萼片白色，卵形；心皮 4~7，花柱与子房近等长，腹面顶部有柱头组织。瘦果下垂，斜倒卵形或半倒卵形。花期 6 月。

【分布与生境】分布于中国黑龙江、吉林，朝鲜半岛、俄罗斯、北美洲。生于山地草坡、林边或落叶松林中。

【价值】具观赏价值。

▲ 散花唐松草

唐松草属 *Thalictrum*

唐松草 *Thalictrum aquilegiifolium* var. *sibiricum* Regel & Tiling

【形态特征】多年生草本，株高 0.6~1.5m。茎生叶互生，三至四回三出复叶，小叶近圆形或倒卵形，圆锥状复聚伞花序，花多数。萼片 4，白色；雄蕊多数，花丝白色；心皮 5~10，花柱短，柱头侧生。瘦果倒卵状球形，果皮具 3~4 条宽纵翅。花期 6~8 月。

【分布与生境】分布于中国东北、华北、西北、浙江、山东，日本、朝鲜半岛、蒙古国、俄罗斯西伯利亚地区。生于林下、林缘、山坡、草地。

【价值】具生态价值。

▲ 唐松草

唐松草属 *Thalictrum*

展枝唐松草 *Thalictrum squarrosum* Stephan ex Willd.

【形态特征】多年生草本，株高 0.6~1.6m。茎直立，茎生叶为二至三回羽状复叶，小叶倒卵形至近圆形，三浅裂。圆锥状花序，近二歧状分枝。萼片 4，黄绿色。雄蕊 7~10，花丝细丝状；心皮 1~3，柱头箭头状。瘦果，呈弓形弯曲，狭倒卵球形或近纺锤形，有 8~12 条突起的弓形纵肋。花果期 7~9 月。

【分布与生境】分布于中国北部、四川，蒙古国、俄罗斯。生于干燥山坡，草地，田野边缘。

【价值】具药用价值；嫩苗可作野菜食用。

▲ 展枝唐松草

耧斗菜属 *Aquilegia*

白山耧斗菜 *Aquilegia japonica* Nakai & Hara

【形态特征】茎高 15~40cm，叶全部基生，少数，为二回三出复叶；花 1~3 朵，中等大；苞片线状披针形，萼片蓝紫色，椭圆状倒卵形；花瓣黄白色至白色，距紫色，末端弯曲呈钩状；雄蕊约与瓣片等长，花药宽椭圆形，灰色或黄色；退化雄蕊膜质，白色，长约 8mm；心皮无毛。花期 7 月。

【分布与生境】分布于中国黑龙江、吉林，朝鲜半岛、日本。生于山坡草地。

【价值】具观赏价值。

▲ 白山耧斗菜

耧斗菜属 *Aquilegia*
尖萼耧斗菜 *Aquilegia oxysepala* Trautv. & C. A. Mey.

【形态特征】多年生草本，茎高 40~80cm。基生叶为二回三出复叶，具长柄，与茎生叶相似。单歧聚伞花序，花数朵，苞片小，三全裂。萼片 5，紫红色；花瓣 5，淡黄色；雄蕊多数，花药黑色，心皮 5。种子多数，狭卵形，黑色，有光泽。花果期 5~8 月。

【分布与生境】分布于中国黑龙江、吉林、辽宁及内蒙古，朝鲜半岛、俄罗斯。生于林缘或草地。

【价值】全草药用；种子可榨油。

▲ 尖萼耧斗菜

耧斗菜属 *Aquilegia*
耧斗菜 *Aquilegia viridiflora* Pall.

【形态特征】草本，茎高 15~50cm。基生叶少数，二回三出复叶。花 3~7 朵；苞片三全裂；萼片黄绿色，长椭圆状卵形；花瓣瓣片与萼片同色；雄蕊伸出花外；心皮 5。种子黑色，狭倒卵形，长约 2mm，具微凸起的纵棱。花期 5~ 7 月。

【分布与生境】分布于中国河北、东北，俄罗斯。生于山地路旁、河边和潮湿草地。

【价值】具生态价值。

▲ 耧斗菜

耧斗菜属 *Aquilegia*

小花耧斗菜 *Aquilegia parviflora* Ledeb.

【形态特征】多年生草本。茎高 15~45cm。基生叶少数，为二回三出复叶，稍革质，叶三角形，中央小叶倒卵形或倒卵状楔形。单歧聚伞花序，花数朵至十余朵。萼片蓝紫色至紫红色，罕白色，卵形；花瓣片长为萼片之半；雄蕊多数；心皮 5；种子黑色，平滑，有光泽，花期 6 月，果期 7~8 月。

【分布与生境】分布于中国黑龙江，俄罗斯、蒙古国和日本。生于林缘、开阔的坡地或林下。

【价值】具生态价值。

▲ 小花耧斗菜

拟扁果草属 *Enemion*

拟扁果草 *Enemion raddeanum* Regel

【形态特征】多年生草本，植株高 20~40cm。基生叶 1~2 枚，一至二回三出复叶，小叶 3 全裂，茎生叶 1 枚。伞形花序顶生或腋生，有 1~8 花，总苞叶状，3 枚，花白色，萼片 5，花瓣状，椭圆形；雄花丝上部加宽；心皮 2~6 枚。蓇葖果斜卵状椭圆球形，斜脉，密生横的细皱。花果期 5~7 月。

【分布与生境】分布于中国东北，朝鲜半岛、俄罗斯、日本。生于山地林下。

【价值】具观赏价值。

▲ 拟扁果草

北扁果草属 *Isopyrum*

东北扁果草 *Isopyrum manshuricum* Kom.

【形态特征】植株高 10~18cm。根状茎长而横走，生多数须根和纺锤状的块根。茎直立无毛。叶基生，为二回三出复叶。花序稀疏，含花 2~3 朵；苞片叶状，下部的二回三出；萼片 5，白色；花瓣倒卵状椭圆形，长约 0.4mm 的短柄，基部浅囊状；雄蕊 20~30，心皮 2。

【分布与生境】分布于中国吉林、黑龙江，俄罗斯。生于针阔混交林下的湿地。

【价值】具生态价值。

▲ 东北扁果草

乌头属 *Aconitum*

北乌头 *Aconitum kusnezoffii* Rehder

【形态特征】多年生草本。茎高 80~150cm。叶五角形，三全裂，中央全裂片菱形，花序顶生；下部苞片三裂，其他苞片长圆形或线形；萼片紫蓝色，上萼片盔形或高盔形；花瓣无毛；雄蕊无毛；心皮 5 枚，无毛。蓇葖直，扁椭圆球形。花果期 7~9 月。

【分布与生境】分布于中国东北、内蒙古、山西，朝鲜、俄罗斯。生于山坡或草甸上。

【价值】被《中国药典》收录，叶、块根入药。

▲ 北乌头

乌头属 *Aconitum*
草地乌头 *Aconitum umbrosum* (Korsh.) Kom.

【形态特征】多年生草本。茎高 70~100cm，生 3~4 枚叶，基生叶约 3 枚，具长柄；叶片肾状五角形，三深裂；顶生总状花序，花黄色，7~20 朵；上萼片近圆筒形，花瓣无毛，距比唇长，拳卷；雄蕊无毛，花丝全缘；心皮 3，无毛。花果期 7~8 月。

【分布与生境】分布于中国河北、黑龙江、吉林，朝鲜半岛、俄罗斯。生于森林的潮湿地方。

【价值】具观赏价值。

▲ 草地乌头

乌头属 *Aconitum*
大苞乌头 *Aconitum raddeanum* Regel

【形态特征】多年生草本，块根；茎高约 1m，具近平展的长分枝；花序不等二叉状分枝稀疏，有少花；苞片叶状；下部花梗长达 12.5cm，上部花梗长 1~1.5cm；小苞片与花邻接或近邻接；萼片紫蓝色，上萼片高盔形，高 2~2.5cm，下缘稍向上斜展，喙短，侧萼片长约 1.4cm；花瓣的瓣片长约 1.1cm，距长约 3.5mm，向后弯曲；花期 7~8 月。

【分布与生境】分布于中国吉林、黑龙江，俄罗斯。生于山地路边。

【价值】具观赏价值。

▲ 大苞乌头

乌头属 *Aconitum*

吉林乌头 *Aconitum kirinense* Nakai

【形态特征】多年生草本。茎高 80~120cm。叶片肾状五角形，掌状三深裂，小裂片 3 浅裂。轴及花梗被反曲而紧贴的短毛；小苞片钻形；上萼片圆筒形，侧萼片宽倒卵形，下萼片狭椭圆形；花瓣具长爪，距先端膨大，唇先端微凹，雄蕊多数；心皮 3，无毛。种子三棱形，密生波状横狭翅。花果期 7~9 月。

【分布与生境】分布于中国东北，俄罗斯。生于山地草坡、林边或红松林中。

【价值】具观赏价值。

▲ 吉林乌头

乌头属 *Aconitum*

宽叶蔓乌头 *Aconitum sczukinii* Turcz.

【形态特征】多年生草本。叶片长 7~10cm，宽 8~11cm，近圆形，三全裂，总状花序顶生或腋生，有少数花；苞片小，线形。上萼片高盔形，侧萼片长向后弯曲或近拳卷；雄蕊多数；心皮 5 或 3，子房疏生短柔毛。种子三棱形，沿棱生狭翅，在两面密生横膜翅。花果期 8~9 月。

【分布与生境】分布于中国东北，俄罗斯。生于草坡、森林。

【价值】具观赏价值。

▲ 宽叶蔓乌头

乌头属 *Aconitum*

弯枝乌头 *Aconitum fischeri* var. *arcuatum* (Maxim.) Regel

【形态特征】多年生草本。茎高 1~1.6cm，茎无毛，生 12~18 枚叶；叶片近五角形，三深裂，背面疏被弯曲的短柔毛；花序总状，茎顶端花序有 4~6 花；萼片淡紫蓝色，高盔形；花瓣无毛，稍拳卷；雄蕊无毛；花丝全缘，有少数短柔毛；心皮 3。花期 8 月。

【分布与生境】分布于中国黑龙江、吉林，朝鲜半岛、俄罗斯。生于低山林下或草坡上。

【价值】具观赏价值。

▲ 弯枝乌头

乌头属 *Aconitum*

细叶乌头 *Aconitum macrorhynchum* Turcz. ex Ledeb.

【形态特征】多年生草本。叶片圆卵形，三全裂，全裂片细裂。总状花序；萼片紫蓝色，高盔形，侧萼片圆倒卵形；花瓣瓣片无毛；爪上疏被短毛；雄蕊多数，心皮 5，子房被短柔毛。果长圆形，长约 1.5cm，三棱状四面体。花果期 9 月。

【分布与生境】分布于中国黑龙江、吉林，俄罗斯。生于草地，山坡。

【价值】具生态价值。

▲ 细叶乌头

翠雀属 *Delphinium*

翠雀 *Delphinium grandiflorum* L.

【形态特征】多年生草本。茎高 35~65cm，茎被贴伏短绒毛。基生叶及茎下部叶具长柄；叶圆五角形，三全裂。总状花序，具 3~15 花，与序轴密被平伏白色柔毛；萼片紫蓝色或蓝色，萼距钻状或筒状钻形，被短柔毛；雄蕊无毛；退化雄蕊近圆形或宽倒卵形；心皮 3。种子沿棱具翅。花果期 6~7 月。

【分布与生境】分布于中国东北地区，蒙古国、俄罗斯。生于山地、草坡或丘陵沙地。

【价值】用于庭院绿化、盆栽观赏。

▲ 翠雀

翠雀属 *Delphinium*

宽苞翠雀花 *Delphinium maackianum* Regel

【形态特征】多年生草本。茎高 1.1~1.4m。叶五角形，三深裂。顶生总状花序窄长，具多花；苞片叶状，蓝紫色，长圆状倒卵形、倒卵形或船形。萼片紫蓝色，稀白色，卵形或长圆状倒卵形；退化雄蕊黑褐色，卵形，二浅裂；雄蕊无毛；心皮 3，无毛。种子金字塔状四面体形，密生鳞状横翅。花期 7~8 月。

【分布与生境】分布于中国东北，朝鲜半岛、俄罗斯。生于山地林边或草坡。

【价值】具观赏价值。

▲ 宽苞翠雀花

驴蹄草属 *Caltha*

白花驴蹄草 *Caltha natans* Pall.

【形态特征】草本沉水或在沼泽中匍匐。茎长20~50cm，茎细长，茎部生不定根。叶具长柄，浮于水面，叶片肾形。单歧聚伞花序；萼片5，白色，广椭圆形；心皮20~30，花柱短；狭椭圆球形；种子椭圆状球形，黑褐色，近光滑。花果期6~8月。

【分布与生境】分布于中国内蒙古、黑龙江，蒙古国、俄罗斯、北美洲。生于草甸、沼泽。

【价值】具观赏价值。

▲ 白花驴蹄草

驴蹄草属 *Caltha*

膜叶驴蹄草 *Caltha palustris* var. *membranacea* Turcz.

【形态特征】多年生草本。茎高20~48cm。叶较薄，近膜质；花梗常较长，长达14cm。基生叶多圆肾形，有时三角状肾形，边缘均有牙齿，有时上部边缘的齿浅而钝。花生茎端及分枝顶端；萼片5，黄色，倒卵状椭圆形，心皮4~12。种子多数，狭卵球形，黑色。花果期5~7月。

【分布与生境】分布于中国东北，朝鲜半岛、蒙古国、俄罗斯。生于山谷、森林潮湿的地方。

【价值】具观赏价值。

▲ 膜叶驴蹄草

驴蹄草属 *Caltha palustris*

三角叶驴蹄草 *Caltha palustris* var. *sibirica* Regel

【形态特征】多年生草本，无毛。茎高 20~48cm。叶多为宽三角状肾形，基部宽心形，边缘只在下部有牙齿，其他部分微波状或近全缘。基生叶丛生，具长柄，肾形；茎生叶与基生叶同形，较小，柄短。花生于茎顶或各分枝的顶端；萼片 5~6 枚，黄色，心皮 4~13。种子多数，卵状长圆状球形，褐色。花期 5~6 月，果期 7 月。

【分布与生境】分布于中国东北、内蒙古，朝鲜半岛。生于沼泽、山谷的潮湿地方。

【价值】具观赏价值。

▲ 三角叶驴蹄草

菟葵属 *Eranthis*

菟葵 *Eranthis stellata* Maxim.

【形态特征】多年生草本。根状茎球形。基生叶 1 枚或不存在，有长柄，叶片圆肾形，3 全裂，无毛。花梗长 4~10mm，果期增长达 2.5cm；花单朵顶生，花白色，萼片 5，狭卵形或椭圆形；花瓣 8~12 枚，近漏斗状；先端二裂，雄蕊多数；心皮 3~7 或更多。蓇葖果星状展开，有短柔毛，喙细。种子暗紫色，近球形。花果期 3~5 月。

【分布与生境】分布于中国东北，朝鲜半岛、俄罗斯。生于森林，草地。

【价值】具生态价值。

▲ 菟葵

类叶升麻属 *Actaea*
大三叶升麻 *Actaea heracleifolia* (Kom.) J. Compton

【形态特征】多年生草本。茎高 1m 或更高。根状茎粗壮，黑色，茎上无毛。上部茎生叶通常为一回三出复叶，与下部茎生叶近同形。叶片稍革质，三角状卵形，宽达 20cm。苞片钻形，先端尖锐。雄花多数，花丝狭线形。蓇葖果倒卵状椭圆球形，具短柄。种子椭圆状球形，周围具膜质鳞片，花果期 8~10 月。

【分布与生境】分布于中国东北，朝鲜半岛、俄罗斯。生于山坡草丛或灌木丛中。

【价值】收录入《中国药典》，根茎入药。

▲ 大三叶升麻

类叶升麻属 *Actaea*
单穗升麻 *Actaea simplex* (DC.) Wormsk. ex Fisch. & C. A. Mey.

【形态特征】多年生草本。根状茎粗大，横走，黑褐色；茎高 1~1.5m，无毛。下部茎生叶有长柄，二至三回三出或近羽状叶，叶片卵状三角形，顶生小叶有柄，菱形至广倒卵形，三裂，边缘有锯齿。总状花序不分枝或基部稍有短枝，苞片钻形，远较花梗为短；与轴均被灰色腺毛和柔毛。蓇葖果长椭圆状球形，被贴伏的短柔毛。花果期 8~10 月。

【分布与生境】分布于中国北部、四川，蒙古国、日本及俄罗斯。生于山地草坪、潮湿的灌丛、草丛或草甸的草墩中。

【价值】具生态价值。

▲ 单穗升麻

类叶升麻属 *Actaea*

兴安升麻 *Actaea dahurica* Turcz. ex Fisch. & C. A. Mey.

【形态特征】多年生草本。根状茎粗大，横走，黑褐色；茎高达 1m，无毛。下部茎生叶有长柄，叶片卵状三角形，顶生小叶有柄，菱形广倒卵形，三裂，边缘有锯齿。上部茎生叶较小。心皮 2~7，被灰色柔毛或近无毛，具短柄。蓇葖果长椭圆状球形，被贴伏的短柔毛。种子 4~8 粒，椭圆状球形，四周有膜质翼状鳞翅。花果期 8~10 月。

【分布与生境】分布于中国大部分地区，日本、朝鲜、蒙古国、俄罗斯。生于林缘、灌丛、草坡等开阔的土地上。

【价值】根茎入药。

▲ 兴安升麻

类叶升麻属 Actaea

红果类叶升麻 *Actaea erythrocarpa* Fisch.

【形态特征】多年生草本。茎高 60~70cm，茎下部无毛，中上部有短柔毛。叶为三回三出或近羽状复叶，具长柄。叶片三角形；顶生小叶卵形至宽卵形，三裂，边缘有锐齿，侧生小叶斜卵形，不规则地 2~3 深裂，上面近无毛。轴及花梗密被短柔毛；萼片 4，倒卵状，花瓣匙形。浆果红色。花果期 5~8 月。

【分布与生境】分布于中国北部，欧洲、俄罗斯远东地区、蒙古国及日本。生于山地林下或路旁。

【价值】植株有毒，可浸提杀虫剂。

▲ 红果类叶升麻

类叶升麻属 *Actaea*

类叶升麻 *Actaea asiatica* Hara

【形态特征】多年生草本。茎高30~80cm，下部无毛，中部以上被白色短柔毛，不分枝。叶为二至三回近羽状复叶，叶片三角形，顶生小叶卵形至宽卵形，表面近无毛，三裂，边缘有锐锯齿，侧生小叶斜卵形。花瓣匙形，共6枚；雄蕊多数；心皮1枚，与花瓣近等长。浆果紫黑色；种子约6粒，卵形，有3纵棱，深褐色。花果期5~9月。

【分布与生境】分布于中国大部分地区，日本、朝鲜半岛、俄罗斯。生于山地林下或沟边阴处、河边湿草地。

【价值】具生态价值。

▲ 类叶升麻

铁线莲属 *Clematis*

紫花铁线莲 *Clematis fusca* var. *violacea* Maxim.

【形态特征】多年生藤本或直立草本。一回羽状复叶，具7小叶；小叶片全缘而狭窄。花单生枝顶或聚散花序腋生，花梗外面无毛；萼片呈紫红色，无毛，卵圆形或长方椭圆形；雄蕊较萼片短，花丝线形；宿存花柱长3~4cm，褐色，羽毛状。花果期6~9月。

【分布与生境】分布于中国黑龙江、吉林，朝鲜半岛、俄罗斯。生于路旁灌丛中。

【价值】具观赏价值。

▲ 紫花铁线莲

铁线莲属 *Clematis*

褐毛铁线莲 *Clematis fusca* Turcz.

【形态特征】多年生藤本或直立草本。长 0.6~2m。一回羽状复叶，具 7 小叶；小叶阔至狭卵形，纸质，全缘；花单生枝顶或聚散花序腋生；萼片 4，紫色，卵圆形或长方椭圆形；雄蕊较萼片短，花丝线形；宿存花柱长 3~4cm，褐色，羽毛状。花果期 6~9 月。

【分布与生境】分布于中国东北地区，朝鲜半岛、俄罗斯、日本。生于林边及杂木林中或草坡上。

【价值】具生态价值。

▲ 褐毛铁线莲

铁线莲属 *Clematis*

短尾铁线莲 *Clematis brevicaudata* DC.

【形态特征】多年生草质藤本。小叶片长卵形、卵形至宽卵状披针形或披针形，长 1.5~6cm，宽 0.7~3.5cm。聚伞花序腋生，花梗基部具两枚叶状苞片；花钟形，下垂；萼片 4，卵形或长圆形；雄花多数，较萼片短；子房被短柔毛，花柱被绢毛。瘦果圆状菱形，两侧扁平，疏被短柔毛，弯曲，被开展的黄色柔毛。花果期 6~9 月。

【分布与生境】分布于中国大部分地区，朝鲜半岛、蒙古国、俄罗斯及日本。生于山地疏林、林缘、沙丘上。

【价值】具生态价值。

▲ 短尾铁线莲

铁线莲属 *Clematis*

齿叶铁线莲 *Clematis serratifolia* Rehder

【形态特征】藤本。二回三出复叶；小叶片宽披针形，卵状披针形或卵状长圆形，长 3~6cm，宽 1~2.5cm。聚伞花序腋生；萼片 4，黄色，斜上展，卵状长圆形或椭圆状披针形，顶端尖，常成钩状弯曲，外面边缘有绒毛，中间无毛，内面有柔毛，花丝扁平，边缘及内面生长柔毛。瘦果椭圆形，被柔毛。花果期 8~10 月。

【分布与生境】分布于中国东北，朝鲜半岛、日本、俄罗斯。生于山地林下、路旁干燥地以及河套卵石地。

【价值】种子可榨油。

▲ 齿叶铁线莲

铁线莲属 *Clematis*

宽芹叶铁线莲 *Clematis aethusifolia* var. *latisecta* Maxim.

【形态特征】多年生草质藤本。常为一回羽状复叶，有 2~3 对小叶，小叶片长 2~3.5cm，3 深裂，裂片宽倒卵形或近于圆形，边缘有圆锯齿或浅裂。聚伞花序腋生，常 1 花；苞片羽状细裂；萼片 4 枚，淡黄色；雄蕊长为萼片之半，花丝扁平，线形或披针形；子房扁平，卵形，被短柔毛。瘦果扁平，宽卵形或圆形。花果期 7~9 月。

【分布与生境】分布于中国北部，蒙古国、俄罗斯。生于山坡灌丛中。

【价值】具观赏价值。

▲ 宽芹叶铁线莲

铁线莲属 *Clematis*
辣蓼铁线莲 *Clematis terniflora* var. *mandshurica* (Rupr.) Ohwi

【形态特征】多年生木质藤本。叶为一至二回羽状复叶；小叶卵形或披针状卵形，全缘。圆锥花序，花序较长而挺直，长可达 25cm；萼片 4~5，白色，长圆形至倒卵状长圆形；雄蕊多数，比萼片短；心皮多数，被白色柔毛。瘦果卵形，扁平，先端有宿存花柱。花果期 6~9 月。

【分布与生境】分布于中国北部，朝鲜半岛、蒙古国、俄罗斯。生于山坡灌丛中、杂木林内或林边。

【价值】药用；种子可制肥皂。

▲ 辣蓼铁线莲

铁线莲属 *Clematis*
棉团铁线莲 *Clematis hexapetala* Pall.

【形态特征】多年生草本，直立，高 30~100cm。叶一至二回羽状深裂，裂片线状披针形、长回状披针形至狭椭圆形，全缘，先端渐尖。聚伞花序或复聚伞花序；萼片 6 枚，稀 4 或 8 枚，白色；雄蕊无毛，花丝细长。瘦果倒卵形，先端有宿存花柱。花果期 6~8 月。

【分布与生境】分布于中国北部，朝鲜半岛、蒙古国、俄罗斯。生于固定沙丘、干山坡或山坡草地。

【价值】药用；嫩茎叶可作野菜食用。

▲ 棉团铁线莲

铁线莲属 *Clematis*

西伯利亚铁线莲 *Clematis sibirica* (L.) Mill.

【形态特征】亚灌木，长达 3m。茎圆柱形，无毛，攀缘，二回三出复叶；小叶卵状椭圆形或窄卵形；单花生叶腋处，无苞片。花钟状下垂，白色；萼片 4；退化雄蕊数枚，长为萼片之半；雄蕊和心皮多数；子房被短柔毛，花柱被绢毛。瘦果倒卵状球形，有棕黄色柔毛。花果期 6~8 月。

【分布与生境】分布于中国新疆、黑龙江、吉林，蒙古国、俄罗斯。生于林边、路边及云杉林下。

【价值】具观赏价值。

▲ 西伯利亚铁线莲

铁线莲属 *Clematis*

半钟铁线莲 *Clematis sibirica* var. *ochotensis* (Pall.) S. H. Li & Y. Hui Huang

【形态特征】木质藤本。当年生枝基部及叶腋有宿存的芽鳞，鳞片披针形，长 5~7mm，宽 2~3mm，一至二回三出复叶；小叶片 3~9 枚，窄卵状披针形至卵状椭圆形，边缘有锯齿。花单生，萼片 4，淡蓝色，沿边缘密被白色绒毛；雄蕊多数，花丝线形；退化雄蕊匙状线形，长为萼片之半。瘦果倒卵球形，被短柔毛；花果期 5~8 月。

【分布与生境】分布于中国北部，日本、俄罗斯。生于山谷、林边及灌丛中。

【价值】具观赏价值。

▲ 半钟铁线莲

银莲花属 *Anemone*

大花银莲花 *Anemone sylvestris* L.

【形态特征】多年生草本，高 30~60cm。基生叶背面疏被毛，掌状 3 全裂，小裂片具缺刻状牙齿，叶柄被长柔毛。总苞片 3 枚，掌状 3 全裂，裂片上部具缺刻状牙齿，背面及边缘疏被毛，具被柔毛 1.5~4cm 长的柄。花梗被柔毛，长约 30cm；花径可达 6cm，花背面微带紫色被绒毛。聚合果密集呈棉团状。花果期 4~7 月。

【分布与生境】分布于中国北部，蒙古国、俄罗斯远东地区、欧洲。生于干山坡、林下、林缘、湿地边缘。

【价值】具观赏价值。

▲ 大花银莲花

银莲花属 *Anemone*

多被银莲花 *Anemone raddeana* Regel

【形态特征】多年生草本，植株高 10~30cm。根状茎横走，基生叶 1 枚，有长刺；叶为三出复叶，小叶有柄，叶广卵形，2~3 深裂，边缘有圆齿。花葶近无毛，苞片 3 枚，轮生，与基生叶相似；花单生。萼片 10~15，白色；雄花无毛；心皮约 30，子房密被毛，花柱短。花果期 4~6 月。

【分布与生境】分布于中国东北、山东、浙江，日本、朝鲜半岛、俄罗斯。生于森林、山谷、阴处长满草的地方。

【价值】具观赏价值。

▲ 多被银莲花

银莲花属 *Anemone*

二歧银莲花 *Anemone dichotoma* L.

【形态特征】多年生草本，株高 35~60cm。基生叶 1 枚；苞片 2，对生，扇形，三深裂至近基部，表面近无毛，叶背及边缘有短柔毛。二歧聚伞花序，2 分枝近等长；萼片 5，白色；心皮约 30 枚；子房长圆形。瘦果扁平，长 5~7mm。花果期 6~8 月。

【分布与生境】分布于中国黑龙江、吉林，蒙古国、俄罗斯远东地区、欧洲。生于森林，潮湿长满草的地方。

【价值】具观赏价值。

▲ 二歧银莲花

银莲花属 *Anemone*

黑水银莲花 *Anemone amurensis* (Korsh.) Kom.

【形态特征】植株高 20~25cm。基生叶 1~2；叶片三角形；三全裂，叶背无毛。花葶无毛；苞片 3，被短柔毛；花单生。萼片 6~7，白色；雄蕊多数；心皮约 12 枚，子房被柔毛。瘦果卵形，花柱宿存，柱头微弯。花果期 5~7 月。

【分布与生境】分布于中国东北，朝鲜半岛、俄罗斯。生于山地林下或灌丛下。

【价值】具观赏价值。

▲ 黑水银莲花

银莲花属 *Anemone*

毛果银莲花 *Anemone baicalensis* Turcz.

【形态特征】植株高 13~28cm。根状茎细长，节上生根。基生叶 1~2；叶片肾状五角形，三全裂；叶表面有稀疏或密的开展柔毛。花葶有毛；苞片 3，菱形或宽菱形，三深裂；花梗细长，有毛；萼片 5，白色；雄蕊长约为萼片之半，花丝丝形；心皮 10，无毛，子房密被柔毛，柱头近头形。花果期 5~8 月。

【分布与生境】分布于中国东北、四川、甘肃和陕西，朝鲜半岛、俄罗斯。生于山地林下、灌丛中或阴坡湿地。

【价值】早春绿化植被。

▲ 毛果银莲花

银莲花属 *Anemone*

乌德银莲花 *Anemone udensis* Trautv. & C. A. Mey.

【形态特征】植株高 19~27cm。根状茎横走，基生叶 1；三出复叶，基部广楔形。花葶有毛；苞片 3，轮生，叶片五角形，三全裂，中全裂片有短柄，不明显三浅裂，侧全裂片斜椭圆形；花梗 1，无毛；萼片 5，白色；花药椭圆形，心皮约 10，比雄蕊稍短，花柱无毛。花果期 5~7 月。

【分布与生境】分布于中国东北，朝鲜半岛、俄罗斯。生于阴坡上的森林或长满草的地方。

【价值】具观赏价值。

▲ 乌德银莲花

银莲花属 *Anemone*

阴地银莲花 *Anemone umbrosa* C. A. Mey. in Ledebour

【形态特征】多年生草本，株高 8~19cm。基生叶通常不存在，有长柄，叶片三角状卵形，三全裂，全裂片近无柄，卵形，有毛。花葶细，苞片 3，有柄（柄无翼）；萼片 5，白色，椭圆形，花药椭圆形，顶端圆形，花丝丝形；心皮 11，子房密被柔毛，花柱短。花期 5~6 月。

【分布与生境】分布于中国东北地区，朝鲜半岛、俄罗斯。生于阴坡上的森林或长满草的地方。

【价值】具生态价值。

▲ 阴地银莲花

白头翁属 *Pulsatilla*

朝鲜白头翁 *Pulsatilla cernua* (Thunb.) Bercht. & J. Presl

【形态特征】植株高 14~28cm。基生叶 4~6，在开花时还未完全发育，有长柄；叶片卵形，基部浅心形，三全裂，一回中全裂片有细长柄，五角状宽卵形，叶柄密被柔毛。总苞近钟形，裂片线形，全缘或上部有 3 小裂片，背面密被柔毛；花梗有绵毛，结果时增长。瘦果倒卵状长圆形，有短柔毛，宿存花柱有开展的长柔毛。花期 4~5 月。

【分布与生境】分布于中国东北，朝鲜半岛、日本、俄罗斯。生于山地草坡。

【价值】具生态价值。

▲ 朝鲜白头翁

白头翁属 *Pulsatilla*
细叶白头翁 ***Pulsatilla turczaninovii* Krylov. & Serg.**

【形态特征】植株高 15~25cm。基生叶 4~5，有长柄，为三回羽状复叶，在开花时开始发育；叶片狭椭圆形，有时卵形，羽片 3~4 对，下部的有柄，上部的无柄，卵形，二回羽状细裂，末回裂片线状披针形或线形，有时卵形，顶端常锐尖，边缘稍反卷，表面变无毛，背面疏被柔毛；花葶有柔毛。瘦果纺锤形，密被长柔毛。花期 5 月。

【分布与生境】分布于中国北部，蒙古国、俄罗斯。生于草原、山地草坡或林边。

【价值】具生态价值。

▲ 细叶白头翁

白头翁属 *Pulsatilla*
兴安白头翁 ***Pulsatilla dahurica* (Fisch. ex DC.) Spreng.**

【形态特征】多年生草本植物，植株高 25~40cm。基生叶多数；叶片三全裂或羽状裂，小裂全缘或上部有 2~3 个小裂片或齿，叶表面无毛，叶背疏被毛。总苞背面有密柔毛；花梗，密被柔毛。花近直立或下垂，蓝紫色，萼片椭圆状卵形，密被柔毛。聚合果球形；瘦果狭倒卵形，密被柔毛，有近平展的白色长柔毛。花果期 5~7 月。

【分布与生境】分布于中国黑龙江、吉林，朝鲜半岛、俄罗斯。生于山地草坡上。

【价值】具观赏价值。

▲ 兴安白头翁

碱毛茛属 *Halerpestes*

碱毛茛 *Halerpestes sarmentosa* (Adams) Kom.

【形态特征】多年生草本。匍匐茎细长，横走。叶片纸质，近圆形，长 0.5~2.5cm，宽稍大于长，边缘有 3~7 个圆齿；叶柄稍有毛。花葶 1~4 条；苞片线形；花小；萼片绿色，卵形；花瓣狭椭圆形，与萼片近等长，顶端圆形，基部有爪，爪上端有点状蜜槽；花托圆柱形，有短柔毛。聚合果椭圆球形；瘦果小而极多。花果期 5~9 月。

【分布与生境】分布于中国北部及西南等地，在亚洲和北美的温带广布。生于盐碱性沼泽地或湖边。

【价值】全草入药。

▲ 碱毛茛

毛茛属 *Ranunculus*

单叶毛茛 *Ranunculus monophyllus* Ovcz.

【形态特征】多年生草本。茎直立，单一或上部有 1~2 分枝，无毛，基生叶 1 枚，叶片圆肾形，不分裂；茎叶 1~2 枚，无柄，3~7 掌状全裂或深裂。花单生，萼片椭圆形；花瓣 5，鲜黄色；花托椭圆状球形。瘦果卵球形，较扁，有背肋和腹肋，先端呈钩状弯曲。花果期 5~7 月。

【分布与生境】分布于中国黑龙江、河北、内蒙古、山西、新疆，哈萨克斯坦、蒙古国、俄罗斯。生于林缘灌丛、溪边湿草地。

【价值】具生态价值。

▲ 单叶毛茛

毛茛属 *Ranunculus*

茴茴蒜 *Ranunculus chinensis* Bunge

【形态特征】一年生草本。高 20~70cm。三出复叶，基生叶与下部茎生叶有长柄；叶片宽卵形至三角形。稀疏聚伞花序，花梗贴生糙毛；萼片 5，黄绿色；花瓣 5，黄色，上面变白色。聚合果长圆状球形；瘦果卵状或椭圆状球形，扁平，无毛。花果期 5~9 月。

【分布与生境】分布于中国大部分地区，亚洲其他区域及欧洲。生于平原和丘陵地带水湿地、溪边及田旁。

【价值】水浸液可作农药。

▲ 茴茴蒜

毛茛属 *Ranunculus*

毛茛 *Ranunculus japonicus* Thunb.

【形态特征】多年生草本，茎高 30~70cm。基生叶多数，被柔毛；叶片圆心形或五角形，三深裂。茎生叶与基生叶相似，三深裂。聚伞花序有多数；萼片 5，椭圆形，边缘膜质，外面生白柔毛；花瓣 5，鲜黄色，倒卵状圆形。聚合果近球形，瘦果扁平，无毛，喙短。花果期 5~9 月。

【分布与生境】分布于中国大部分地区，日本、蒙古国、俄罗斯。生于林缘、沟边、道旁湿草地上。

【价值】具观赏价值。

▲ 毛茛

毛茛属 *Ranunculus*

匍枝毛茛 *Ranunculus repens* L.

【形态特征】多年生草本。茎高30~60cm，下部匍匐地面，上部直立。基生叶具长柄，三出复叶，叶片宽卵圆形，三深裂或全裂。聚伞花序，疏花；花黄色；萼片5，卵形；花瓣5~8，卵形至宽倒卵形；花托长圆形，生白柔毛。聚合果卵球形，瘦果扁平，无毛。花果期5~9月。

【分布与生境】分布于中国北部、新疆、云南，亚洲、欧洲、北美洲。生于湿地、沟边草地。

【价值】具观赏价值。

▲ 匍枝毛茛

毛茛属 *Ranunculus*

深山毛茛 *Ranunculus franchetii* H. Boissieu

【形态特征】多年生草本。茎高15~20cm，基生叶多数，具长柄；叶片肾形，三深裂。上部叶无柄，叶片3~5全裂至近基部。花单生各分枝末端；萼片狭卵形，有短毛；花瓣5~7，倒卵形，长约为萼的2倍。聚合果近球形；瘦果倒卵状球形或近球形；密生细毛，喙弯曲成钩状。花果期5~7月。

【分布与生境】分布于中国东北，日本、朝鲜半岛、俄罗斯。生于半湿草甸、潮湿草地。

【价值】具生态价值。

▲ 深山毛茛

毛茛属 *Ranunculus*

石龙芮 *Ranunculus sceleratus* L.

【形态特征】一年生草本。茎高 10~50cm。基生叶多数；叶片肾状圆形，三深裂；茎生叶多数，下部叶与基生叶相似。聚伞花序有多数花，无毛；萼片椭圆形；花瓣 5，倒卵形。聚合果长圆形；瘦果极多数，倒卵球形，稍扁，无毛，喙短至近无。花果期 5~8 月。

【分布与生境】世界广布。生于河岸湖边、水沟旁、平原湿地。

【价值】具生态价值。

▲ 石龙芮

毛茛属 *Ranunculus*

小掌叶毛茛 *Ranunculus gmelinii* DC.

【形态特征】多年生水生小草本。茎长 30cm 以上，茎细长，柔弱。叶茎生，叶片圆心形或肾形，3~5 深裂，2~3 再裂。花单生，萼片 4~5；花瓣 5，倒卵形，上萼片稍长，基部渐狭成蜜腺杯形，边缘稍分离。聚合果长圆状球形；瘦果卵球形，两面膨凸，背肋向内微凹，喙细尖，外弯。花果期 6~9 月。

【分布与生境】分布于中国黑龙江、吉林，蒙古国、俄罗斯远东地区、欧洲。生于水中沼泽地或水沟中。

【价值】具生态价值。

▲ 小掌叶毛茛

水毛茛属 *Batrachium*

长叶水毛茛 ***Batrachium kauffmanii*** **(Clerc) Krecz.**

【形态特征】较大的沉水草本，长达 50cm 以上，无毛。叶有柄；叶片轮廓扇形，四至五回三裂，深绿色。花梗长 3~6cm，无毛；萼片卵形，无毛，常反折；花瓣倒卵状椭圆形，有 5~9 脉；雄蕊约 10 余枚。聚合果球形，直径约 4mm；瘦果卵圆形，稍扁且无毛，有明显横皱纹，喙细。花果期 6~8 月。

【分布与生境】分布于中国黑龙江、吉林、新疆，蒙古国、俄罗斯远东地区及欧洲。生于沼泽化草甸和草甸中水面附近湿地。

【价值】具生态价值。

▲ 长叶水毛茛

科 31　芍药科 **Paeoniaceae**

芍药属 *Paeonia*

草芍药 ***Paeonia obovata*** **Maxim.**

【形态特征】多年生草本，高 40~60cm。茎基部被数枚大型膜质鳞片。二回三出复叶，小叶长 6~15cm、宽 3~9 cm。花单生茎顶，花瓣 6，长 4~6cm、宽 2~3cm，白色至淡紫红色；雄蕊多数；心皮 2~4。蓇葖果长 3~5cm，弯曲，成熟开裂时果皮反卷呈鲜绛红色。种子近球形，蓝黑色，有光泽。花期 5~6 月，果期 8~9 月。

【分布与生境】分布于中国各地，蒙古国、俄罗斯、日本。生于山坡草地及林缘。

【价值】具观赏价值。

▲ 草芍药

芍药属 *Paeonia*

芍药 *Paeonia lactiflora* Pall.

【形态特征】多年生草本，高 50~80cm。一至二回三出复叶，近革质；小叶长 7~13cm、宽 2~7cm。花 1 至数朵生于茎顶，径 8~12cm；萼片 3~5，卵圆形，绿色；花瓣 8~13，倒卵形；雄蕊多数，长 10~20mm，花药黄色；心皮 2~5；柱头暗紫色，花盘浅杯状。蓇葖果长 1.5~2.5cm、宽 1.2~1.5cm，先端钩状弯曲。花果期 6~8 月。

【分布与生境】分布于中国北部，蒙古国、俄罗斯、朝鲜半岛、日本。生于林下、林缘、灌丛、草甸。

【价值】具观赏价值。

▲ 芍药

科 32　茶藨子科 Grossulariaceae

茶藨子属 *Ribes*

矮茶藨子 *Ribes triste* Pall.

【形态特征】落叶矮小灌木，近匍匐，高 20~40cm，稀直立而高达 70~80cm；枝常横展，皮长片状剥落；叶肾形，长 3.5~6cm，宽 4~7cm，叶柄微具短柔毛并散生长腺毛。花两性；总状花序短而疏松，俯垂，具花 5~7 朵；花萼紫红色；萼片匙状圆形；花瓣先端平截，红色或紫红色；花丝红色或紫红色。果实卵球形，红色。花果期 5~8 月。

【分布与生境】分布于中国东北、内蒙古，日本、朝鲜半岛、俄罗斯和北美。生于云杉、冷杉林下或针、阔叶混交林下及杂木林内，适宜生长在腐殖质层深厚处。

【价值】果可食。

▲ 矮茶藨子

茶藨子属 *Ribes*

刺果茶藨子 *Ribes burejense* F. Schmidt.

【形态特征】落叶灌木，高 1~2m。老枝暗灰色，叶下部节上着生 3~7 枚长达 1cm 粗刺，节间密生细针刺；芽长圆形，具数枚干膜质鳞片。叶宽卵圆形，长 1.5~4cm，掌状 3~5 深裂，边缘有粗钝锯齿；叶柄具柔毛。花两性，单生于叶腋或 2~3 朵组成短总状花序；花萼褐色。果实圆球形，直径约 1cm，具黄褐色小刺。花果期 5~8 月。

【分布与生境】分布于中国东北、西北、河南等地，蒙古国、朝鲜半岛、俄罗斯。生于林下、林缘，灌丛。

【价值】果实可食。

▲ 刺果茶藨子

茶藨子属 *Ribes*

东北茶藨子 *Ribes mandshuricum* (Maxim.) Kom.

【形态特征】落叶灌木，高 1~3m。小枝灰色，皮纵向或长条状剥落，嫩枝褐色；芽卵圆或长圆形，具数枚棕褐色鳞片。叶长 5~10cm，宽几与长相似，叶两面被较密短柔毛，边缘具齿。花两性，直径 3~5mm；总状花序长 7~16cm，具 40~50 朵花；花萼浅绿色，萼筒盆形，萼片反折。果实球形，红色；种子较大，圆形。花果期 4~8 月。

【分布与生境】分布于中国东北、华北、华南、西北，朝鲜半岛、俄罗斯西伯利亚地区。生于山坡、林下。

【价值】果可食用。

▲ 东北茶藨子

茶藨子属 ***Ribes***

光叶东北茶藨子 ***Ribes mandshuricum* var. *subglabrum* Kom.**

【形态特征】落叶灌木，高 1~3m；小枝灰色或褐灰色，皮纵向或长条状剥落，嫩枝褐色。叶长 5~10cm，基部心脏形，叶片幼时上面无毛，下面灰绿色，沿叶脉稍有柔毛，仅在脉腋间毛较密；花序较短；萼片狭小。萼片倒卵状舌形；花瓣近匙形，浅黄绿色，下面有 5 个分离的突出体；雄蕊稍长于萼片。果实球形，红色。花期 5~6 月，果期 7~8 月。

【分布与生境】分布于中国东北、华北，朝鲜半岛。生于山坡林下或沟谷。

【价值】果可食。

▲ 光叶东北茶藨子

茶藨子属 ***Ribes***

高茶藨子 ***Ribes altissimum* Turcz. ex Pojark.**

【形态特征】落叶灌木，高 2~3m；小枝皮长条状剥裂。叶近圆形，长 3~6cm，掌状 3~5 浅裂，裂片卵状三角形，边缘具粗锐重锯齿并杂以单锯齿；叶柄长 3~5cm，稍带红色。花两性；总状花序，微下垂，具花 10~25 朵；花序轴和花梗被短柔毛和短腺毛；花瓣近扇形或倒卵圆形，先端平截或圆钝。果实近球形，紫红黑色。花期 6 月，果期 7~8 月。

【分布与生境】分布于中国黑龙江、新疆，俄罗斯和蒙古国北部。生于山坡针叶林或针阔混交林下或林缘。

【价值】果可食。

▲ 高茶藨子

茶藨子属 *Ribes*
黑茶藨子 *Ribes nigrum* L.

【形态特征】落叶直立灌木，高 1~2m。小枝深灰色；芽长卵圆形或椭圆形，具数枚鳞片，被短柔毛和黄色腺体。叶近圆形，掌状 3~5 浅裂，边缘具不规则粗锐锯齿；叶柄长 1~4cm，具短柔毛。花两性，直径 5~7mm；总状花序，具 4~12 朵花；萼筒近钟形；萼片舌形；花瓣卵圆形。果实近圆形，疏生腺体。花果期 5~8 月。

【分布与生境】分布于中国黑龙江、内蒙古、新疆，欧洲、蒙古国、朝鲜半岛。生于谷沟边、林下。

【价值】果实可食。

▲ 黑茶藨子

茶藨子属 *Ribes*
尖叶茶藨子 *Ribes maximowiczianum* Kom.

【形态特征】落叶小灌木，高约 1m。枝细瘦，皮纵向剥裂；芽长卵圆形或长圆形，具数枚棕褐色鳞片。叶宽卵圆形或近圆形，长 2.5~5cm，掌状 3 裂，边缘具粗钝锯齿。花单性，雌雄异株，组成短总状花序；雄花序长约 2~4cm，雌花序较短；苞片椭圆状披针形；萼筒碟形；萼片长卵圆形。果实近球形，直径 6~8mm，红色。花果期 5~9 月。

【分布与生境】分布于中国东北。生于山坡、林下及灌丛。

【价值】果可食。

▲ 尖叶茶藨子

茶藨子属 *Ribes*
阔叶茶藨子 ***Ribes latifolium*** **Jancz.**

【**形态特征**】落叶灌木，高 1~2m。芽长卵圆形，具数枚紫褐色鳞片。叶长 7~12cm，掌状 3~5 裂，边缘具粗锐锯齿。花两性，总状花序长 3~6cm，具花 6~20 朵；花序轴和花梗具短柔毛和稀疏短腺毛；苞片卵状圆形；花萼暗紫红色；萼筒近钟形，萼片匙形或倒卵状长圆形；花瓣近扇形或近匙形。果实圆形，直径 7~9mm，红色。花果期 5~8 月。

【**分布与生境**】分布于中国黑龙江、吉林，日本、俄罗斯。生于林下、林缘、路边。

【**价值**】果可食。

▲ 阔叶茶藨子

茶藨子属 *Ribes*
密刺茶藨子 ***Ribes horridum*** **Rupr. ex Maxim.**

【**形态特征**】落叶小灌木，高 0.8~1.5m；老枝深灰褐色，小枝棕色，皮稍呈条状剥落，密被棕黄色针状细刺，叶下部的节上集生多数轮状排列的粗针刺。叶宽卵形或近圆形，具稀疏平贴针状小刺。花两性；总状花序下垂；花序轴和花梗具柔毛和腺毛；苞片宽披针形或舌形，边缘具腺毛；花瓣与萼片同色。果实圆球形，具腺毛，成熟时黑色。花果期 5~8 月。

【**分布与生境**】分布于中国黑龙江、吉林，日本、朝鲜半岛和俄罗斯。生于岳桦林下或针叶林内及林缘。

【**价值**】果可食。

▲ 密刺茶藨子

茶藨子属 *Ribes*

英吉里茶藨子 *Ribes palczewskii* (Jancz.) Pojark.

【形态特征】落叶灌木，高 0.5~1.5m；小枝灰紫色或灰褐色。叶肾状圆形，掌状 3~5 浅裂，裂片短，边缘具粗锐锯齿；叶柄疏生短柔毛，近基部常混生少数长腺毛。花两性，总状花序具花 5~15 朵，花朵排列密集；花序轴和花梗具短柔毛；花瓣长 0.6~1.2mm，先端平截或圆钝，浅黄色；雄蕊与花瓣近等长。果实近球形，红色。花果期 5~8 月。

【分布与生境】分布于中国黑龙江、内蒙古，俄罗斯。生于山坡落叶松林下、水边杂木林及灌丛中，或以红松为主的针阔叶混交林下。

【价值】果可食。

▲ 英吉利茶藨子

科 33　虎耳草科 Saxifragaceae

亭阁草属 *Micranthes*

斑点亭阁草 *Micranthes nelsoniana* (D. Don) Small

【形态特征】多年生草本，高 20~50cm。叶片肾形，长 2~4cm、宽 3~6cm，叶缘具粗齿牙，表面疏被毛。聚伞花序舒展；花序分枝和花梗均被短腺毛；萼片卵形，在花期反曲；花瓣 5，白色或淡紫红色，卵形，先端微凹；花丝棒槌状，雄蕊 10。蒴果长 5mm。花果期 7~8 月。

【分布与生境】分布于中国东北、东亚及北美。生于高山溪流低湿地。

【价值】全草入药。

▲ 斑点亭阁草

虎耳草属 *Saxifraga*

零余虎耳草 *Saxifraga cernua* L.

【形态特征】多年生草本，高 6~25cm。茎被腺柔毛，基部具芽，叶腋部具珠芽。基生叶具长柄，叶片肾形，5~7 浅裂，裂片近阔卵形，两面和边缘均具腺毛，茎生叶具柄，中下部者肾形，5~9 浅裂，两面和边缘均具腺毛，叶柄被腺毛。单花生于茎顶或枝端，或聚伞花序具 2~5 花，苞腋具珠芽，花梗被腺柔毛，萼片在花期直立，椭圆形，背面和边缘具腺毛；花瓣白色，倒卵形，先端微凹或钝。花果期 6~9 月。

【分布与生境】分布于中国东北、华北、西北、西南，日本、朝鲜半岛、不丹、印度及北半球其他高山地区。生于峡谷山崖碎石隙。

【价值】具生态价值。

▲ 零余虎耳草

落新妇属 *Astilbe*

落新妇 *Astilbe chinensis* (Maxim.) Franch. & Sav.

【形态特征】多年生草本，高 50~100cm。基生叶为二至三回三出复叶，小叶长 2~8.5cm、宽 1.5~5cm，顶生小叶大，边缘有重牙齿。圆锥花序长 20~30cm；近轴分枝长 4~11.5mm，密具褐色长柔毛。花萼长约 1.5mm；花瓣 5，长约 5mm、宽约 0.4mm，淡紫色至紫红色；心皮 2，基部合生。花果期 7~9 月。

【分布与生境】分布于中国各地，俄罗斯、朝鲜半岛、日本。生于林缘、湿地。

【价值】根状茎入药。

▲ 落新妇

唢呐草属 *Mitella*

唢呐草 *Mitella nuda* L.

【形态特征】多年生草本，高 12~20cm。根状茎细长。基生叶 1~4 枚，肾状心形，径 1.5~3cm，两面被伏毛，边缘具圆齿；茎生叶与基生叶同型。总状花序，被短腺毛，疏生数花；花萼 5 深裂，裂片近卵形；花瓣羽状细深裂；雄蕊 10，较萼片短。蒴果。种子长卵形，长约 1mm，有光泽。花果期 6~8 月。

【分布与生境】分布于中国东北，俄罗斯、朝鲜半岛、北美。生于林下或水边。

【价值】具生态价值。

▲ 唢呐草

金腰属 *Chrysosplenium*

多枝金腰 *Chrysosplenium ramosum* Maxim.

【形态特征】多年生草本。花茎高 6~15cm，疏生软毛。不育枝生于花茎下部或基生叶的叶腋，花后伸长。叶对生，肾圆形，长 5~15mm。花茎顶端二叉状分枝，聚伞花序顶生及腋生；子房近下位，雄蕊 8，花盘凸起，8 浅裂，暗紫红色。蒴果有水平开展的喙。花果期 5~8 月。

【分布与生境】分布于中国东北，俄罗斯、朝鲜半岛、日本。生于林下湿润地。

【价值】具生态价值。

▲ 多枝金腰

金腰属 *Chrysosplenium*

林金腰 *Chrysosplenium lectus-cochleae* Kitag.

【形态特征】多年生草本。花茎高 3~15cm。不育枝由花序基部生出，有肉色弯曲的短毛，先端集生莲座状叶，叶长约 3cm，短柄密生毛。茎生叶对生，通常 1 对，近扇形，边缘具 5~9 圆齿。聚伞花序；花萼黄色，果期绿色；雄蕊 8，花药黄色；花盘黄绿色，子房半下位；有 2 直立叉开花柱。花果期 5~8 月。

【分布与生境】分布于中国东北。生于林中阴湿地。

【价值】具生态价值；早春花卉。

▲ 林金腰

金腰属 *Chrysosplenium*

蔓金腰 *Chrysosplenium flagelliferum* F. Schmidt

【形态特征】多年生草本，花茎高 10~15cm。匍匐枝出自花茎基生叶腋，叶互生，先端着地生根。基生叶肾形，长 1.5~2cm、宽 2~3cm，边缘具 12~18 圆齿，腹面被柔毛；茎生叶互生，边缘具 5~7 圆齿，无毛。聚伞花序疏松，花梗无毛；雄蕊 8，柱头左右开展。种子长约 0.5mm。花果期 5~7 月。

【分布与生境】分布于中国东北，蒙古国、俄罗斯、日本。生于林下阴湿处或溪边。

【价值】具生态价值。

▲ 蔓金腰

金腰属 *Chrysosplenium*

毛金腰 *Chrysosplenium pilosum* **Maxim.**

【形态特征】多年生草本，高 14~16cm。不育枝出自茎基部叶腋，密被褐色柔毛。叶对生，近扇形，长 0.7~1.6cm，宽 0.7~2cm，基部宽楔形，腹面疏生褐色柔毛。聚伞花序长约 2cm；苞叶近扇形，先端钝圆至近截形；萼片具褐色斑点，阔卵形至近阔椭圆形，先端钝；雄蕊 8。种子黑褐色，阔椭球形，具纵沟和纵肋。花期 4~6 月。

【分布与生境】分布于中国东北，朝鲜半岛、俄罗斯。生于林下阴湿处。

【价值】可观赏。

▲ 毛金腰

金腰属 *Chrysosplenium*

柔毛金腰 *Chrysosplenium pilosum* var. *valdepilosum* **Ohwi**

【形态特征】多年生草本，花茎高 5~15cm。全株有毛，不育枝通常 1 对，多比花茎短。花茎叶对生，叶长 3.5~10mm、宽 3.5~14mm。花萼钟状，黄绿色，果期绿色，具褐色斑点；雄蕊 8；花盘不凸出；子房下陷，有 2 个直立叉开的柱头。种子长约 0.7mm。花果期 4~7 月。

【分布与生境】分布于中国大部分地区，蒙古国、俄罗斯、朝鲜半岛。生于林下阴湿处。

【价值】具生态价值；可观赏。

▲ 柔毛金腰

金腰属 *Chrysosplenium*

五台金腰 *Chrysosplenium serreanum* Hand.-Mazz.

【形态特征】多年生草本，花茎高 6~12cm。具匍匐茎，无不孕枝。基生叶肾形至圆状肾形，腹面疏生柔毛，长 4~10mm，后期增大；茎生叶 1~2 枚，肾形，互生。聚伞花序，花梗无毛或疏生褐色柔毛；萼片 4，雄蕊 8，子房下位。种子光滑，有光泽，黑褐色。花果期 5~7 月。

【分布与生境】分布于中国东北、华北，东亚、欧洲、北美。生于林区湿润地。

【价值】全草入药；可观赏。

▲ 五台金腰

金腰属 *Chrysosplenium*

中华金腰 *Chrysosplenium sinicum* Maxim.

【形态特征】多年生草本，花茎高 5~14cm。不育枝花后增大，匍匐生根。茎叶对生，近圆形至阔卵形，先端钝圆，边缘具 12~16 钝齿，叶长 5~10mm、宽 5~9mm。聚伞花序具 4~10 花；雄蕊 8，短于萼片；子房下陷，柱头二叉状，明显不等大。种子暗褐色，一侧有肋棱，有光泽，长 0.6~0.8mm。花果期 4~8 月。

【分布与生境】分布于中国大部分地区，东亚。生于林下或山沟阴湿处。

【价值】具生态价值；可观赏。

▲ 中华金腰

科 34 景天科 Crassulaceae

瓦松属 *Orostachys*

黄花瓦松 *Orostachys spinosa* (L.) Sweet

【形态特征】二年生草本。莲座叶密集，长圆形。茎生叶宽线形至倒披针形，先端软骨质附属物全缘或稍呈波状，基部无柄，先端渐尖，有软骨质的刺。花序顶生，穗状，狭长；花黄绿色；萼片 5，卵形，锐渐尖，有红色斑点；花瓣 5，卵状披针形；花药黄色。心皮 5。蓇葖果椭圆状披针形，直立。花期 7~8 月，果期 9 月。

【分布与生境】分布于中国东北，蒙古国、俄罗斯、朝鲜半岛。生干山坡流石滩。

【价值】早春绿化。

▲ 黄花瓦松

瓦松属 *Orostachys*

晚红瓦松 *Orostachys japonica* A. Berger

【形态特征】多年生草本。莲座叶狭匙形，肉质，先端长渐尖，有软骨质的刺。花茎高 17~25cm，下部生叶。叶线状披针形，先端长渐尖，不具刺尖，有红斑点，花序总状，高 8~20cm，苞片与叶相似，较小；花密生，有梗；萼片 5，卵形，钝；花瓣 5，白色，披针形，先端有红色小圆斑点；雄蕊 10，较花瓣短。种子褐色。花期 9~10 月。

【分布与生境】分布于中国黑龙江、山东、浙江、江苏、安徽等省，日本、朝鲜半岛、俄罗斯。生于多石质山坡、石砬子、草地。

【价值】具生态价值。

▲ 晚红瓦松

八宝属 *Hylotelephium*

钝叶瓦松 ***Hylotelephium malacophyllum* (Pall.) J. M. H. Shaw**

【形态特征】二年生草本。花茎高 10~30cm。叶椭圆形、倒卵形至长圆形，不具刺。花序总状，花黄色或绿白色；花瓣 5，长圆形至卵状长圆形，边缘上部带啮齿状，合生；花常无梗；苞片宽，卵形；萼片 5，长圆形，急尖；心皮 5，卵形，两端渐尖。种子卵状长圆形，有纵条纹。花期 7 月，果期 8~9 月。

【分布与生境】分布于中国东北、华北，蒙古国、俄罗斯、朝鲜半岛。生于干山坡。

【价值】早春绿化。

▲ 钝叶瓦松

八宝属 *Hylotelephium*

八宝 ***Hylotelephium erythrostictum* (Miq.) H. Ohba**

【形态特征】多年生草本。块根胡萝卜状。茎直立，不分枝，高 30~70cm。叶对生，宽卵形至宽长圆状卵形，长 4.5~7cm，边缘有疏锯齿，无柄。聚伞花序，密生；花瓣 5，白色至浅红色，宽披针形；萼片 5，披针形；花药紫色；雄蕊与花瓣近等长。心皮 5，直立，基部几分离。花期 8~10 月。

【分布与生境】分布于中国大部分地区，俄罗斯、朝鲜半岛、日本。生于山坡草地或沟边。

【价值】全草药用；观赏植物。

▲ 八宝

八宝属 *Hylotelephium*

白八宝 *Hylotelephium pallescens* (Freyn) H. Ohba

【形态特征】多年生草本，高 30~60cm。叶互生，倒披针形或矩圆状披针形，长 3~7 cm，宽 0.7~2.5cm，全缘或有不整齐的钝齿，几无柄。聚伞花序顶生，分枝密；花瓣 5，白色，披针状椭圆；萼片 5，披针状三角形；花药黄色；心皮 5，披针状椭圆形，分离。花果期 7~9 月。

【分布与生境】分布于中国东北、华北，蒙古国、俄罗斯、朝鲜半岛、日本。生于山坡草地、林下及河沟石砾、湿草甸上。

【价值】具生态价值。

▲ 白八宝

八宝属 *Hylotelephium*

长药八宝 *Hylotelephium spectabile* (Boreau) H. Ohba

【形态特征】多年生草本，高 30~70cm。茎直立。叶对生或 3 叶轮生，长圆状卵形至宽卵形，先端急尖或钝，长 4~10cm，宽 2~5cm。伞房状聚伞花序密集；萼片 5，线状披针形至宽披针形；花瓣 5，粉红色，披针形；雄蕊超出花冠；花药紫色；心皮 5，狭椭圆形。蓇葖果直立。花期 8~9 月，果期 9~10 月。

【分布与生境】分布于中国北部、华东，朝鲜半岛、日本。生石质山坡。

【价值】具生态价值；可观赏。

▲ 长药八宝

八宝属 *Hylotelephium*

珠芽八宝 *Hylotelephium viviparum* (Maxim.) H. Ohba

【形态特征】多年生草本，高 15~60cm。3~4 叶轮生，叶比节间短，卵状披针形至卵状长圆形，长 2~4cm，宽 7~17mm，边缘有疏浅牙齿；叶腋有珠型芽。聚伞状伞房花序密生，呈半球形；苞片叶状；萼片 5，卵形长约 1mm；花药球形，黄色；花柱线形，基部窄。花期 8~9 月。

【分布与生境】分布于中国东北东部，朝鲜半岛、俄罗斯。生于山坡林下阴湿砂石地、苔藓层。

【价值】全草入药。

▲ 珠芽八宝

费菜属 *Phedimus*

费菜 *Phedimus aizoon* (L.) 't Hart

【形态特征】多年生草本，高 20~50cm。植株不分枝。叶近革质，互生，披针形，边缘具不整齐锯齿。聚伞花序，平展分枝，下托以苞叶；花瓣 5，黄色；萼片 5，线形，肉质，不等长；鳞片近正方形；心皮 5，卵状长圆形，腹面凸出；花柱长钻形。蓇葖果星芒状。花期 6~7 月，果期 8~9 月。

【分布与生境】分布于中国大部分地区。生于石质山坡、灌丛间、草甸及沙岗上。

【价值】全草入药；食用。

▲ 费菜

费菜属 *Phedimus*

灰毛费菜 *Phedimus selskianus* (Regel & Maack) 't Hart

【形态特征】多年生草本，高 25~40cm。植株密被浅灰色柔毛。叶互生，无距，线状披针形，长 3~6cm，宽 5~10mm。伞房状聚伞花序，多花，花近无梗；花瓣 5，金黄色，披针形；萼片 5，线状披针形；花药橙黄色；心皮基部合生，星芒状排列。蓇葖果狭长圆形，腹面潜囊状。花期 7~8 月，果期 9 月。

【分布与生境】分布于中国东北，朝鲜半岛、俄罗斯。生于石质干山坡上。

【价值】水土保持；观赏多肉。

▲ 灰毛费菜

科 35　扯根菜科 Penthoraceae

扯根菜属 *Penthorum*

扯根菜 *Penthorum chinense* Pursh

【形态特征】多年生草本，高 40~90cm。叶互生，披针形至狭披针形，长 4~10cm，先端渐尖，边缘具细重锯齿，无毛。聚伞花序具多花，被褐色腺毛；花黄白色，萼片 5；无花瓣；雄蕊 10；心皮 5，下部合生；胚珠多数；花柱较粗。蒴果红紫色。花期 7~8 月。

【分布与生境】分布于中国的大部分地区，东南亚、日本、蒙古国、朝鲜半岛。生于林下、灌丛草甸及水边。

【价值】湿润环境条件的指示植物，具生态价值。

▲ 扯根菜

科 36　小二仙草科 Haloragaceae

狐尾藻属 *Myriophyllum*

狐尾藻 *Myriophyllum verticillatum* L.

【形态特征】多年生粗壮沉水草本。根状茎发达，节部生根。茎圆柱形，长 20~40cm，多分枝。叶 4 片轮生；水中叶较长，长 4~5cm，丝状全裂，无柄；裂片 8~13 对，互生，长 0.7~1.5cm；水上叶互生，披针形，鲜绿色，长约 1.5cm。苞片篦齿状分裂；花单性，单生于水上叶腋内，花无柄，比叶片短；萼片与子房合生；花瓣 4，椭圆形，长 2~3mm，早落；雄蕊 8。花果期 8~9 月。

【分布与生境】世界广布。生于池塘、河沟、沼泽中。

【价值】可作饲料。

▲ 狐尾藻

狐尾藻属 *Myriophyllum*

穗状狐尾藻 *Myriophyllum spicatum* L.

【形态特征】多年生沉水草本。茎长达 1m，依水深不同变化。叶常 4 或 5 片轮生，长 2~2.5cm，篦梳状。穗状花序顶生，直立水面，长 3~8cm，花常 4 朵轮生；苞片全缘或有齿；花两性或单性；若单性花则雄上雌下；雄花花瓣 4，长约 2mm，雄蕊 8；雌花无花瓣，柱头 4 裂。果实球形，径 1.5~3mm。花果期 7~9 月。

【分布与生境】世界广布。生于静水中。

【价值】饲料和观赏。

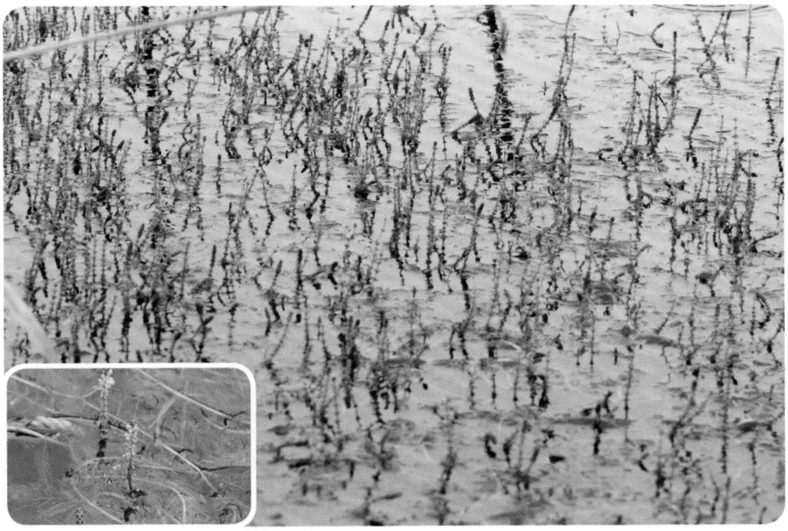

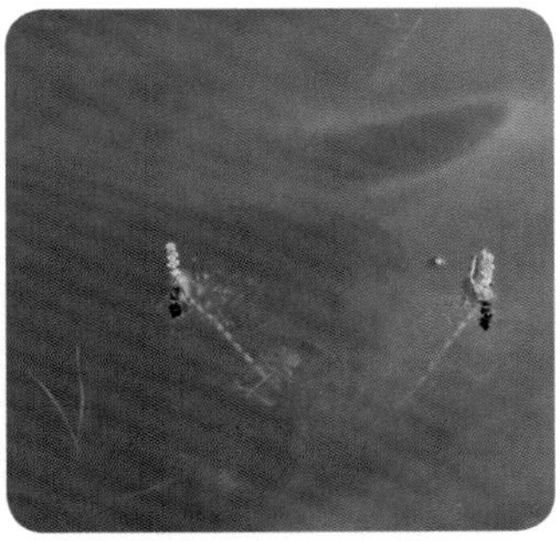

▲ 穗状狐尾藻

科 37　葡萄科 Vitaceae

蛇葡萄属 *Ampelopsis*

白蔹 *Ampelopsis japonica* (Thunb.) Makino

【形态特征】木质藤本。小枝圆柱形。叶为掌状3~5小叶；小叶片羽状深裂，边缘有深锯齿。聚伞花序集生于花序梗顶端，常与叶对生；花序梗呈卷须状卷曲；花蕾卵球形；萼碟形；花瓣5，卵圆形，高1.2~2.2mm；雄蕊5；花盘发达；花柱短棒状。果实球形，成熟后带白色，有1~3颗倒卵形种子。花果期5~9月。

【分布与生境】分布于中国东北、华北、华东、中南，日本。生于山坡、灌丛、草地。

【价值】药用。

▲ 白蔹

蛇葡萄属 *Ampelopsis*

东北蛇葡萄 *Ampelopsis glandulosa* var. *brevipedunculata* (Maxim.) Momiy.

【形态特征】木质藤本。小枝圆柱形。叶为单叶，心形或卵形，下面脉上被稀疏柔毛，边缘有粗钝或急尖锯齿。花序梗被锈色长柔毛；花梗疏生锈色短柔毛；花蕾卵圆形，顶端圆形；萼碟形，边缘波状浅齿，外面疏生锈色短柔毛；花瓣5，雄蕊5，花药长椭圆形；花盘明显。果实近球形，有种子2~4颗。花果期7~10月。

【分布与生境】分布于中国东北。生于山谷疏林、山坡灌丛。

【价值】根药用。

▲ 东北蛇葡萄

葡萄属 *Vitis*

山葡萄 *Vitis amurensis* Rupr.

【形态特征】木质藤本。枝条粗壮；幼枝有与叶对生的二歧卷须。叶互生，广卵形，长 6~24cm，边缘有粗齿，具长柄。花小，雌雄异株，多数，黄绿色；雌花序呈圆锥状而分歧，具稀疏的长毛；雄花序形状不等，具稀疏的绒毛。萼片轮状截形；花瓣 5。浆果球形，径 1~1.5cm，黑色，果小；种子 2~3 粒，呈卵圆形。花果期 5~9 月。

【分布与生境】分布于中国东北、山西、山东、安徽、浙江。生于林缘、林中。

【价值】果可食。

▲ 山葡萄

科 38 豆科 Fabaceae

草木樨属 *Melilotus*

白花草木樨 *Melilotus albus* Medik.

【形态特征】一或二年生草本，高 1~1.5m。有香气。羽状三出复叶，小叶长圆形或倒披针状长圆形，长 1.5~3cm、宽 6~11mm，边缘有疏锯齿，下面散生短柔毛。总状花序腋生；花梗下垂；花萼钟状，被白色柔毛；花冠长约 4mm；子房无柄；荚果长约 3.5mm，宽约 2.5mm，外面有网纹。花果期 7~9 月。

【分布与生境】分布于中国东北、华北、西北、西南，西亚。生于田边、路旁荒地及湿润的沙地。

【价值】优质饲料；蜜源植物；荚果入药。

▲ 白花草木樨

草木樨属 *Melilotus*

草木樨 *Melilotus officinalis* (L.) Pall.

【形态特征】一或二年生草本，高 1.2~1.6m。羽状三出复叶；小叶倒卵形、阔卵形、倒披针形至线形，长 1.5~2.7cm、宽 4~7mm，边缘具不整齐的疏锯齿，中脉突出成短尖头。总状花序腋生；花长 3.5~4.5mm；萼钟状，萼齿三角状披针形，近等长；子房卵状披针形，花柱长于子房。荚果卵球形，长约 3.5mm，外面有网纹。花果期 6~9 月。

【分布与生境】分布于中国北部、华东、西南，蒙古国、俄罗斯、日本、欧洲、北美。生于荒野。

【价值】优质饲料；蜜源植物；荚果入药。

▲ 草木樨

车轴草属 *Trifolium*

白车轴草 *Trifolium repens* L.

【形态特征】多年生匍匐状草本，高 20~40cm。掌状三出复叶，小叶倒卵形或近圆形，边缘有细锯齿；托叶基部抱茎成鞘状，离生部分锐尖。花多组成头状或球状花序；花冠白色或红色；旗瓣椭圆形，具香气；总花梗远长于复叶；无苞片膜，小苞片膜质；花萼钟状。荚果长圆形。花果期 5~9 月。

【分布与生境】原产欧洲和北非，世界各地均有栽培或归化。生于湿草地、河岸、路旁。

【价值】全草入药；饲料及蜜源植物；绿化。

▲ 白车轴草

车轴草属 *Trifolium*

红车轴草 *Trifolium pratense* L.

【形态特征】多年生草本，高 30~50cm。掌状三出复叶；托叶有刺芒；小叶椭圆状卵形至宽椭圆形，长 1.5~3.5cm，宽 1~2cm，边缘有细锯齿，两面被毛，叶面有白斑。球状或卵状花序密生；总花梗无或很短，包于顶生复叶的焰苞状托叶内；花冠紫红色，旗瓣匙形，比翼瓣和龙骨瓣长。荚果小，卵形，种子常 1 粒。花果期 5~9 月。

【分布与生境】原产欧洲中部，引种到世界各国，归化。生于林缘、路旁、草地。

【价值】药用；牧草；绿化。

▲ 红车轴草

车轴草属 *Trifolium*

野火球 *Trifolium lupinaster* L.

【形态特征】多年生直立草本，高 30~60cm。常数茎丛生。掌状复叶，有小叶 5~7 枚，披针形或狭椭圆形，长 2~4.5cm，边缘有细锯齿，两面均隆起，被微毛。花多个，头状花序，顶生或腋生，有小花 20~35 朵；旗瓣椭圆形，被柔毛；苞片膜质。荚果膜质，棕灰色，长圆形。花果期 6~9 月。

【分布与生境】分布于中国北方，俄罗斯、蒙古国、朝鲜半岛、日本。生于低湿草地、路边、山坡。

【价值】全草可入药；优质牧草；蜜源植物。

▲ 野火球

车轴草属 *Trifolium*

杂种车轴草 *Trifolium hybridum* L.

【形态特征】多年生草本，高 30~60cm。掌状三出复叶；小叶卵形或宽卵形，长 1.5~3cm，宽 1~ 2.3cm；边缘有细锯齿，两面无毛，叶面无白斑，无小叶柄。花序球形密生，冠淡红色或白色，长为花萼 2 倍；旗瓣椭圆形，比翼瓣和龙骨瓣长；总花梗长于复叶，长 5cm。荚果裸露，椭圆形，无毛。花果期 6~9 月。

【分布与生境】原产欧洲，世界各温带地区广泛栽培。逸生于杂木林缘湿润地。

【价值】优质牧草；蜜源植物。

▲ 杂种车轴草

大豆属 *Glycine*

野大豆 *Glycine soja* Siebold & Zucc.

【形态特征】一年生缠绕草本。茎长 0.5~2m，多分枝，全株密被毛。羽状三出复叶，小叶卵状披针形，长 3.5~6cm、宽 1.5~2.5cm。短总状花序腋生；花萼钟状；花冠长约 5mm；旗瓣近圆形，翼瓣斜倒卵形，龙骨瓣远小于旗瓣和翼瓣。荚果长 17~23mm，有 3 粒种子，种子间稍缢缩，种子长圆形。花果期 6~9 月。

【分布与生境】分布于中国东北、华北、华东、中南，俄罗斯、朝鲜半岛、日本。生于荒野。

【价值】优质饲料；全草入药。

* 国家二级重点保护野生植物。

▲ 野大豆

胡枝子属 *Lespedeza*

胡枝子 *Lespedeza bicolor* Turcz.

【形态特征】灌木，高 0.5~2m。常丛生，上部多分枝。羽状三出复叶，小叶卵形、倒卵形或卵状长圆形，长 2~5cm、宽 1~3.5cm。总状花序腋生，较复叶长；花萼被白毛，4 裂；花冠紫红色，旗瓣与龙骨瓣近等长。荚果斜倒卵形，扁平，长约 10mm、宽约 5mm，表面具网纹，密被柔毛。花期 7~9 月；果期 9~10 月。

【分布与生境】分布于中国北部，蒙古国、俄罗斯、日本。常生于干山坡，疏林下。

【价值】饲料；蜜源；入药；枝条编织；保持水土。

▲ 胡枝子

胡枝子属 *Lespedeza*

尖叶铁扫帚 *Lespedeza juncea* (L. f.) Pers.

【形态特征】灌木，高达 1m。全株被伏毛，上部多分枝。羽状复叶具 3 小叶；小叶卵形、倒卵形或卵状长圆形，长 1.5~3.5cm，先端有小刺尖，下面密被伏毛。总状花序腋生，稍长出复叶；无闭锁花；花萼狭钟状，5 齿裂先端锐尖；花冠白色或淡黄色，旗瓣基部带紫斑。荚果宽卵形，密被短柔毛。花果期 7~9 月。

【分布与生境】分布于中国东北、华北，蒙古国、俄罗斯、日本。生于河岸、山坡。

【价值】饲料；蜜源；保持水土。

▲ 尖叶铁扫帚

胡枝子属 *Lespedeza*

绒毛胡枝子 *Lespedeza tomentosa* (Thunb.) Siebold ex Maxim.

【形态特征】灌木，高 60~100cm。全株密被黄褐色绒毛。羽状复叶具 3 小叶；小叶椭圆形或卵状长圆形，长 3~6cm、宽 1.5~3cm，先端有刺尖。花冠黄色或黄白色，旗瓣椭圆形，龙骨瓣与旗瓣近等长；闭锁花生于茎上部叶腋，簇生成球状。荚果倒卵形，长 3~4mm、宽 2~3mm，先端有短尖，表面密被白毛。花果期 7~9 月。

【分布与生境】分布于除新疆外中国各地，俄罗斯、朝鲜半岛、日本。生于干山坡草地、灌丛。

【价值】根药用；饲料；保持水土。

▲ 绒毛胡枝子

胡枝子属 *Lespedeza*

兴安胡枝子 *Lespedeza davurica* (Laxm.) Schindl.

【形态特征】草本状半灌木，高 20~50cm。羽状三出复叶，小叶长 1.5~3cm、宽 4~10mm；顶生小叶大，先端圆或微凹，有短刺尖。总状花序腋生，密被短柔毛；花冠白色或黄白色，旗瓣长圆形，中央常稍带紫色；2 体雄蕊。荚果长 3~4mm、宽 2~3mm，先端有尖刺状宿存花柱，两面伏生白柔毛。花果期 7~9 月。

【分布与生境】分布于中国北部、华中至云南，蒙古国、俄罗斯、日本。生于山坡、草地。

【价值】优良饲料；水土保持树种；全株入药。

▲ 兴安胡枝子

黄芪属 *Astragalus*

蒙古黄芪 ***Astragalus membranaceus* var. *mongholicus* (Bunge) P. K. Hsiao**

【形态特征】多年生草本，高 60~110cm。根直而粗长。茎上部多分枝，被白色柔毛。奇数羽状复叶 17~27 枚，小叶长 7~30mm、宽 3~12mm，两面有毛。总状花序腋生；花下有条形苞片；花萼钟状，长约 5mm；旗瓣长圆状倒卵形，先端微凹；子房被柔毛。荚果薄膜质，长 20~30mm、宽 8~12mm。种子肾形。花果期 6~9 月。

【分布与生境】分布于中国东北、华北、甘肃、四川、西藏，蒙古国、俄罗斯。生于林缘、山坡、河岸。

【价值】以根入药；蜜源植物。

▲ 蒙古黄芪

▲ 湿地黄芪

黄芪属 *Astragalus*

湿地黄芪 ***Astragalus uliginosus* L.**

【形态特征】多年生草本，高 25~90cm。茎单一或数个丛生，被白色伏毛。奇数羽状复叶，小叶椭圆形至长圆形，长 20~30mm、宽 5~15mm，背面有白色伏贴毛。总状花序腋生，苞片膜质；花萼筒状，被黑色伏贴毛，有时混生少量白毛；花长 13~15mm；子房无毛。荚果革质，长 9~13mm，斜向上。花果期 6~9 月。

【分布与生境】分布于中国东北，朝鲜半岛、蒙古国、俄罗斯。生于林缘、湿草地、湿地边缘。

【价值】饲料；蜜源植物。

黄芪属 *Astragalus*

斜茎黄芪 *Astragalus laxmannii* Jacq.

【形态特征】多年生草本，高 20~80cm。根暗褐色。茎数个丛生，斜上；植株具丁字贴毛。奇数羽状复叶；小叶长圆形、近椭圆形或狭长圆形，长 10~25mm、宽 2~8mm。总状花序生于茎上部叶腋；花萼钟状筒形；花冠蓝紫色或红紫色，旗瓣倒卵状匙形，先端深凹；子房有毛。荚果长 9~18mm，具三棱。花果期 7~10 月。

【分布与生境】分布于中国北部，蒙古国、俄罗斯。生于向阳荒野。

【价值】种子入药；优质牧草；蜜源植物。

▲ 斜茎黄芪

鸡眼草属 *Kummerowia*

鸡眼草 *Kummerowia striata* (Thunb.) Schindl.

【形态特征】一年生草本，高 10~45cm。茎和枝上被倒生的白色细毛。三出羽状复叶；膜质托叶有缘毛；小叶长圆形或倒卵形，先端圆形。花小；花梗无毛；花冠粉红色或紫色，旗瓣椭圆形。荚果长 3.5~5mm，略长于萼或长达 1 倍，被小柔毛。花果期 7~10 月。

【分布与生境】分布于中国东北、华北、华东、中南、西南，朝鲜半岛、日本、俄罗斯。生于路旁、田边、溪旁、砂质地或缓山坡草地。

【价值】可作饲料和绿肥。

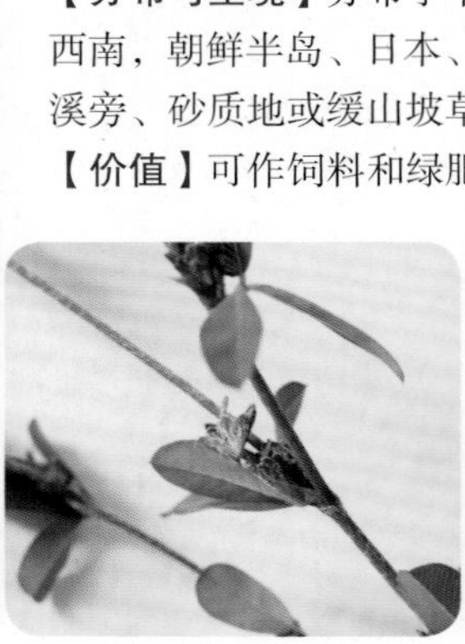

▲ 鸡眼草

鸡眼草属 *Kummerowia*

长萼鸡眼草 *Kummerowia stipulacea* (Maxim.) Makino

【形态特征】一年生草本，高 8~25cm。茎多分枝，茎和枝上被向上的白毛。三出羽状复叶；小叶倒卵形，先端微凹，长 5~18mm、宽 3~12mm；托叶被短缘毛。花 1~2 朵腋生；花梗有毛；苞片及小苞片具 1~3 脉；花冠上部暗紫色，旗瓣椭圆形。荚果长于花萼 1.5~3 倍，椭圆形或卵形，具微凸小刺尖。花果期 7~10 月。

【分布与生境】分布于中国北部、华东、中南，日本、朝鲜半岛、俄罗斯。生于荒野。

【价值】全草药用；饲料及绿肥；保持水土。

▲ 长萼鸡眼草

两型豆属 *Amphicarpaea*

两型豆 *Amphicarpaea edgeworthii* Benth.

【形态特征】一年生缠绕草本，长 70~150cm。茎密被淡褐色的倒生柔毛。羽状三出复叶，长 2.5~3.5cm、宽 1.5~4.5cm；侧生小叶片较小。花二型；花萼被长柔毛；花冠白至淡紫色，旗瓣倒卵状椭圆形。荚果矩形扁平，长 2~3cm。茎基部生闭锁花，伸入地下结实，地下荚果椭圆形。花果期 7~9 月。

【分布与生境】分布于中国北部、华东，俄罗斯、朝鲜半岛、日本。生于林缘、草地。

【价值】家畜饲料。

▲ 两型豆

马鞍树属 *Maackia*

朝鲜槐 *Maackia amurensis* **Rupr. & Maxim.**

【形态特征】落叶乔木，高 15m。树皮薄片剥裂。枝紫褐色，有褐色皮孔。奇数羽状复叶 7~11；小叶纸质，卵形、倒卵状椭圆形或长卵形，长 4~7cm、宽 2.5~4cm。总状花序密被锈褐色柔毛；花密集，花萼钟状；花冠白色，旗瓣倒卵形，长约 7mm；子房密被柔毛。荚果扁平，长 3~7cm、宽 1~1.5cm，腹缝无翅暗褐色；种子长椭圆形，长约 8mm。花果期 6~9 月。

【分布与生境】分布于中国东北、华北。生于山坡杂木林。

【价值】木材；蜜源植物。

▲ 朝鲜槐

苜蓿属 *Medicago*

花苜蓿 *Medicago ruthenica* **(L.) Trautv.**

【形态特征】多年生草本，高 20~100cm。茎直立，四棱形。羽状三出复叶，小叶长 10~15mm、宽 3~7mm；顶生小叶稍大，小叶柄侧生，被毛。总状花序腋生；花黄色，带紫色，长 5~6mm；萼钟形，被毛。荚果长 8~20mm、宽 3.5~7mm，扁平，具短弯喙。种子椭圆状卵形，棕色。花果期 7~9 月。

【分布与生境】分布于中国东北、华北，蒙古国、俄罗斯。生于草原、沙地、砂砾质土壤的山坡旷野。

【价值】优质牧草；蜜源植物；水土保持。

▲ 花苜蓿

苜蓿属 *Medicago*

天蓝苜蓿 *Medicago lupulina* L.

【形态特征】一或二年生草本，高 5~45cm。羽状三出复叶；小叶片长 7~17mm，宽 4~14mm，先端圆或截形，具小刺芒，两面被伏毛。总状花序腋生，花梗短于花萼，密被柔毛；花萼钟状，被密毛；花冠黄色，长 1.7~2mm。荚果近黑色，肾形，外面具网纹，混生腺毛和柔毛。花果期 7~9 月。

【分布与生境】分布于中国大部分地区，欧亚大陆，世界各地归化。生于路旁、田野及林缘。

【价值】优质牧草；全草药用。

▲ 天蓝苜蓿

苜蓿属 *Medicago*

苜蓿（紫苜蓿）*Medicago sativa* L.

【形态特征】多年生草本，高 30~100cm。羽状三出复叶，小叶长 10~25mm、宽约 5mm，有小刺芒；托叶披针形或卵状披针形，下部与叶柄合生。总状花序腋生，长于复叶。苞片线状锥形；花萼钟形，被毛；萼齿狭三角形，长于萼筒；花冠蓝紫色，长 7~12mm。荚果螺旋状卷曲，1~3 圈。花果期 6~9 月。

【分布与生境】原产欧洲，中国有栽培或呈半野生状态，世界各地栽培。生于荒野。

【价值】优质牧草；蜜源植物；全草入药；嫩茎叶可食。

▲ 苜蓿

山黧豆属 *Lathyrus*

大山黧豆 *Lathyrus davidii* Hance

【形态特征】多年生草本，高 80~150cm。茎圆柱状，有细沟，稍攀缘。偶数羽状复叶，小叶卵形，长 2~7cm、宽 8~30mm；叶轴先端有卷须。总状花序腋生，有花 10~20 朵；花萼钟状，上萼齿短；花冠黄色，长 14~20mm。荚果长 6~10cm、宽 5~6mm。种子褐色，近圆形。花果期 6~9 月。

【分布与生境】分布于中国北部、中原各省，俄罗斯、日本。生于林缘、疏林、灌丛。

【价值】优良饲料；嫩茎叶可食。

▲ 大山黧豆

山黧豆属 *Lathyrus*

矮山黧豆 *Lathyrus humilis* (Ser.) Spreng.

【形态特征】多年生草本，高 20~50cm。茎呈之字形弯曲。偶数羽状复叶，小叶卵形或椭圆形，长 15~35mm、宽 8~15mm；有小刺芒，上面绿色，下面带苍白色，有显著较密的网脉。总状花序腋生，有花 2~4 朵；花萼钟状，顶端稍斜；花冠粉色至紫红色，花长 18~20mm；子房无毛。荚果矩形，长 3~5cm、宽 5mm。花果期 6~8 月。

【分布与生境】分布于中国东北、华北，蒙古国、俄罗斯。生于林缘、疏林下、山坡草地。

【价值】优质牧草。

▲ 矮山黧豆

山黧豆属 *Lathyrus*
毛山黧豆 *Lathyrus palustris* var. *pilosus* (Cham.) Ledeb.

【形态特征】多年生攀缘草本。茎长 30~100cm，成之字形屈曲，质软，有狭翅，被短柔毛。偶数羽状复叶 4~8 枚；叶轴顶端卷须分枝；托叶半箭头形，长 6~19mm；小叶线形或线状披针形，有刺芒，被密毛。总状花序腋生；花长 12~18mm；花萼钟状，上萼齿较短。荚果长 4~6cm、宽 6~8mm，先端有短喙。花果期 6~9 月。

【分布与生境】分布于中国东北、华北、青海、浙江，蒙古国、俄罗斯、日本、北美。生于湿地、林缘。

【价值】优良牧草。

▲ 毛山黧豆

山黧豆属 *Lathyrus*
三脉山黧豆 *Lathyrus komarovii* Ohwi

【形态特征】多年生草本，高 40~70cm。茎有棱和狭翅。偶数羽状复叶 3~5 对；叶轴有狭翅，顶端为短刺芒；小叶狭卵形、狭椭圆形到披针形，长 3.5~4.5cm、宽 1~2cm；托叶半箭头形，长 15~25mm、宽 3~10mm。总状花序腋生；花梗短于花萼；苞片鳞片状，着生于花梗基部；花长 13~18mm。荚果长约 4cm、宽 5~6mm。花果期 5~8 月。

【分布与生境】分布于中国东北，俄罗斯、朝鲜半岛。生于林缘、林间草地。

【价值】优质牧草；全草可药用。

▲ 三脉山黧豆

山黧豆属 *Lathyrus*

山黧豆 ***Lathyrus quinquenervius*** **(Miq.) Litv.**

【形态特征】多年生草本，高 20~70cm。茎有棱和翅，稍上升。偶数羽状复叶；叶轴顶端卷须；托叶半箭头状；小叶椭圆状披针形或线状披针形，长 4~8cm、宽 3~10mm，具 5 条平行脉。总状花序腋生，具 3~10 朵花；花萼钟状，被短柔毛，最下一萼齿约与萼筒等长；花冠蓝紫色。荚果长 3~5cm。花果期 6~9 月。

【分布与生境】分布于中国东北、华北，俄罗斯、朝鲜半岛、日本。生于林缘、草甸及沙地。

【价值】优质牧草；蜜源植物。

▲ 山黧豆

野豌豆属 *Vicia*

北野豌豆 ***Vicia ramuliflora*** **(Maxim.) Ohwi**

【形态特征】多年生直立草本，高 50~100cm。茎分枝，常数茎丛生。偶数羽状复叶，小叶长卵圆形，长 3~8cm、宽 1.5~3cm，叶轴顶端刺芒状；托叶长 8~15mm。复总状圆锥花序腋生，苞片宿存；花萼钟状，萼齿三角状；花冠蓝色或蔷薇色，旗瓣长圆形或长倒卵形，翼瓣、龙骨瓣与旗瓣近等长。荚果扁，长 22~35mm。花果期 6~9 月。

【分布与生境】分布于中国东北，俄罗斯、朝鲜半岛。生于林下、林缘及林间草地。

【价值】优质牧草；蜜源植物。

▲ 北野豌豆

野豌豆属 *Vicia*

大叶野豌豆 *Vicia pseudo-orobus* Fisch. & C. A. Mey.

【形态特征】多年生攀缘草本，茎长 0.5~1.5m。偶数羽状复叶；叶轴顶端有卷须；托叶半箭头形，长 1~1.5cm；小叶片长 2~8cm、宽 1.2~3cm。总状花序腋生；花梗有毛，花长 10~14mm；花萼钟状；花冠紫色或紫蓝色；花柱上部周围被毛。荚果长约 30mm。花果期 7~9 月。

【分布与生境】分布于中国北部、华中、西南，蒙古国、俄罗斯、日本。生于林缘、灌丛、荒野。

【价值】优质饲料；蜜源植物；可药用。

▲ 大叶野豌豆

野豌豆属 *Vicia*

东方野豌豆 *Vicia japonica* A. Gray

【形态特征】多年生攀缘草本，茎长 60~120cm。茎有棱。偶数羽状复叶；叶轴具分枝卷须，托叶长 4~7mm，2 深裂；小叶长 10~25mm、宽 6~12mm。总状花序腋生，长于复叶；花长 10~13mm；萼齿三角形，远短于萼筒；花冠蓝紫色，旗瓣倒卵形，先端微凹。荚果近长圆形，长 18~25mm。花果期 6~9 月。

【分布与生境】分布于中国东北、华北，蒙古国、俄罗斯、日本。生于林缘、河岸、山坡、草甸。

【价值】可作饲料；蜜源植物。

▲ 东方野豌豆

野豌豆属 *Vicia*

广布野豌豆 *Vicia cracca* L.

【形态特征】多年生攀缘草本，茎长 30~120cm。偶数羽状复叶 10~24 枚；叶轴有卷须；小叶片长 1~3cm、宽 1.5~4mm，有小刺芒。总状花序腋生；花梗被毛，花长 8~11mm；花萼钟状；花冠淡蓝色至蓝紫色，旗瓣中部缢缩成提琴形；花柱上部周围被短柔毛。荚果长 17~25mm。花果期 6~9 月。

【分布与生境】分布于中国各地，蒙古国、俄罗斯、欧洲、北非、北美。生于荒野。

【价值】优质饲料；蜜源植物；嫩叶可入药。

▲ 广布野豌豆

野豌豆属 *Vicia*

柳叶野豌豆 *Vicia venosa* (Willd.) Maxim.

【形态特征】多年生草本，高 40~80cm。茎数个丛生，四棱形。偶数羽状复叶；叶轴顶端是刺芒；小叶线披针形，长 4.5~9cm、宽 4~11mm。总状花序腋生，花长 10~14mm；花梗短于花萼；花萼钟状；花冠蓝紫色至近白色，旗瓣稍长于翼瓣。荚果长 25~30mm、宽 5~6mm。花果期 7~9 月。

【分布与生境】分布于中国东北、华北，蒙古国、俄罗斯、朝鲜半岛。生于疏林及林缘草地。

【价值】可作饲料。

▲ 柳叶野豌豆

野豌豆属 *Vicia*

山野豌豆 *Vicia amoena* Fisch. ex DC.

【形态特征】多年生攀缘或直立草本，茎长 40~100cm。偶数羽状复叶；叶轴顶端有卷须；托叶长 8~25mm，有锯齿；小叶片近革质，长 13~40mm、宽 6~18mm。总状花序腋生；花梗有毛，花长 12~14mm；花萼短筒状；花冠红紫色或蓝紫色。荚果长 18~28mm、宽 4~6mm。花果期 6~8 月。

【分布与生境】分布于中国北部、华东、中南、西南，蒙古国、俄罗斯、日本。生于林缘、山坡、灌丛、草甸、草地。

【价值】优质饲料；蜜源植物；水土保持植物；全草入药。

▲ 山野豌豆

野豌豆属 *Vicia*

歪头菜 *Vicia unijuga* A. Br.

【形态特征】多年生草本，高 40~100cm。茎常数个丛生，有细棱。偶数羽状复叶仅 2 小叶；托叶半箭头状，长 8~20mm，有锯齿；小叶长 4~11cm、宽 2~5cm，叶脉明显隆起呈密网状。总状花序腋生；花长 11~14mm；花萼钟状或筒状钟形；花冠蓝紫色。荚果长圆形，长 25~35mm、宽 5~7mm。花果期 7~9 月。

【分布与生境】分布于中国东北、华北、华东、中南、西南，蒙古国、俄罗斯、日本。生于疏林、林缘、林间草地、草甸。

【价值】优质牧草；全草入药。

▲ 歪头菜

科 39 远志科 Polygalaceae

远志属 *Polygala*

西伯利亚远志 *Polygala sibirica* L.

【形态特征】多年生草本，高 10~30cm。根木质。茎直立丛生。叶互生，下部叶卵形；上部叶披针形或椭圆状披针形，长 1~2cm、宽 3~6mm，两面被柔毛。总状花序长 2~7cm；萼片 5，外 3 内 2；花瓣 3，下部合生，龙骨瓣背部呈流苏状，比侧瓣长；雄蕊 8。蒴果扁平，倒心形，长约 6mm。花果期 5~9 月。

【分布与生境】分布于中国大部分地区，蒙古国、俄罗斯、印度、东欧。生于石砬山坡、干草地。

【价值】根供药用；具生态价值。

▲ 西伯利亚远志

远志属 *Polygala*

远志 *Polygala tenuifolia* Willd.

【形态特征】多年生草本，高 15~55cm。茎丛生。单叶互生，线形至线状披针形，长 1~3cm、宽 1~3mm。总状花序侧扁状生于小枝先端；花瓣 3，淡蓝色至蓝紫色；侧瓣斜长圆形，基部与龙骨瓣合生，基部内侧具柔毛；龙骨瓣较侧瓣长，背部流苏状。蒴果扁圆形，顶端微凹，具狭翅。花果期 5~9 月。

【分布与生境】分布于中国北部、华中、四川，朝鲜半岛、蒙古国、俄罗斯。生于多石砬山坡。

【价值】以根叶入药；具生态价值。

▲ 远志

科 40　蔷薇科 Rosaceae

草莓属 *Fragaria*

东方草莓 *Fragaria orientalis* Losinsk.

【形态特征】多年生草本，高 5~30cm。茎被开展柔毛。三出复叶，小叶几无柄，长 1~5cm，倒卵形或菱状卵形；质地较薄，两面有毛，下面在脉上较密。花序聚伞状；基部苞片淡绿色，被开展柔毛；花两性，径 1~1.5cm；萼片卵圆披针形，在果期水平展开；花瓣白色，几圆形。聚合果半圆形；瘦果卵形。花期 5~7 月，果期 7~9 月。

【分布与生境】分布于中国北部部分省区，朝鲜半岛、蒙古国、俄罗斯。生于山坡草地或林下。

【价值】水果食用价值。

▲ 东方草莓

地榆属 *Sanguisorba*

地榆 *Sanguisorba officinalis* L.

【形态特征】多年生草本，高 30~120cm。根粗壮，纺锤形，有纵皱及横裂纹，横切面黄白或紫红色。茎直立。基生叶为羽状复叶，4~6 对，小叶卵形或长圆状卵形，基部心形至微心形。穗状花序直立；苞片膜质，披针形；萼片 4；雄蕊 4；花丝呈丝状，与萼片近等长；柱头顶端扩大。果实包藏在宿存萼筒内。花果期 7~10 月。

【分布与生境】分布于中国大部分地区，欧洲、亚洲。生于草原、草甸、山坡草地、灌丛、疏林。

【价值】食用；观赏；药用。

▲ 地榆

地榆属 *Sanguisorba*
细叶地榆 *Sanguisorba tenuifolia* Fisch. ex Link

【形态特征】多年生草本，高 80~120cm。根茎粗壮。茎光滑有棱。基生羽状复叶，小叶 7~9 对；带状披针形，基部圆形，微心形至斜宽楔形，边有缺刻状急尖锯齿。穗状花序长圆柱形，通常下垂，长 2~7cm；苞片披针形；萼片长椭圆形；雄蕊 4；柱头扩大呈盘状。果有 4 棱，无毛。花果期 8~9 月。

【分布与生境】分布于中国东北、内蒙古，俄罗斯、朝鲜半岛、日本。生于湿地边缘。

【价值】具生态价值。

▲ 细叶地榆

地榆属 *Sanguisorba*
小白花地榆 *Sanguisorba tenuifolia* var. *alba* Trautv. & C. A. Mey.

【形态特征】多年生草本。根茎粗壮。基生叶为羽状复叶；茎生叶与基生叶相似，向上小叶对数逐渐减少，且较狭窄；基生叶托叶膜质，茎生叶托叶草质，半月形。穗状花序长圆柱形，下垂；花白色，花丝比萼片长 1~2 倍；苞片披针形，比萼片短；萼片长椭圆形；雄蕊 4。果具 4 棱，无毛。花果期 8~9 月。

【分布与生境】分布于中国东北、内蒙古，蒙古国、朝鲜半岛、俄罗斯、日本。生于湿地、草甸、林缘及林下。

【价值】园林；药用。

▲ 小白花地榆

地榆属 *Sanguisorba*

长蕊地榆 *Sanguisorba officinalis* var. *longifila* (Kitag.) T. T. Yu & C. L. Li

【形态特征】多年生草本。基生小叶带状长圆形至带状披针形，基部微心形，圆形至宽楔形；茎生叶较多，与基生叶相似，但更长而狭窄；花穗长圆柱形；花丝长 4~5mm，比萼片长 0.5~1 倍。花果期 8~9 月。

【分布与生境】分布于中国黑龙江、内蒙古。生于沟边、草原湿地。

【价值】具生态价值。

▲ 长蕊地榆

蕨麻属 *Argentina*

蕨麻 *Argentina anserina* (L.) Rydb.

【形态特征】多年生草本。茎匍匐，节处生根。基生叶间断羽状复叶，有小叶 6~11 对；小叶长 1~2.5cm，椭圆形，倒卵椭圆形或长椭圆形；茎生叶与基生叶相似，小叶对数较少。单花腋生；萼片三角状卵形，副萼片椭圆形或椭圆状披针形；花瓣黄色，倒卵形、顶端圆形，比萼片长 1 倍。花期 6~8 月；果期 8~9 月。

【分布与生境】分布于中国大部分地区，世界广布。生于河岸、路边、山坡草地、草甸。

【价值】栲胶；食药用；饲料。

▲ 蕨麻

龙牙草属 *Agrimonia*

龙牙草 *Agrimonia pilosa* Ledeb.

【形态特征】多年生草本。根多呈块茎状，基部常有 1 至数个地下芽。茎被疏柔毛及短柔毛。叶为间断奇数羽状复叶，有小叶 3~4 对；托叶草质，镰形，稀卵形。花序穗状总状顶生；苞片深 3 裂，小苞片对生，卵形；萼片 5，三角卵形；花瓣黄色，长圆形；雄蕊 5~15 枚。果实倒卵圆锥形。花果期 5~12 月。

【分布与生境】分布于中国大部分地区，亚洲其他区域及欧洲中部。生于山坡、草甸、林下。

【价值】具药用价值。

▲ 龙牙草

路边青属 *Geum*

路边青 *Geum aleppicum* Jacq.

【形态特征】多年生草本。须根簇生。茎直立，高 30~100cm。基生叶为大头羽状复叶，有小叶 2~6 对；茎生叶为羽状复叶，顶生小叶披针形或倒卵披针形，渐尖。花序顶生，疏散排列；花瓣黄色，比萼片长；萼片卵状三角形，副萼片比萼片短 1 倍多；花柱顶生。聚合果倒卵球形，瘦果被长硬毛，果托具短硬毛，长约 1mm。花果期 7~10 月。

【分布与生境】分布于中国大部分地区，广布北半球温带及暖温带。生于荒野。

【价值】药用；食用；栲胶。

▲ 路边青

蔷薇属 *Rosa*

刺蔷薇 *Rosa acicularis* Lindl.

【形态特征】灌木，高 1~3m。小枝圆柱形，红褐色或紫褐色，有细直皮刺。小叶 3~7 枚，宽椭圆形或长圆形；叶柄和叶轴有柔毛、腺毛和稀疏皮刺；托叶大部贴生于叶柄。花单生或 2~3 朵集生；苞片卵形至卵状披针形；萼筒长椭圆形；萼片披针形；花瓣粉红色，芳香，倒卵形。果梨形、长椭圆形或倒卵球形。花果期 6~9 月。

【分布与生境】分布于中国北部省区，北欧、北亚、日本、朝鲜半岛、蒙古国至北美。生于山坡、灌丛、林下。

【价值】果实和茎皮可入药。

▲ 刺蔷薇

蔷薇属 *Rosa*

山刺玫 *Rosa davurica* Pall.

【形态特征】灌木，高约 1.5m。小枝圆柱形，紫褐色或灰褐色，带黄色皮刺。小叶 7~9 枚，长圆形或阔披针形；叶柄和叶轴有柔毛、腺毛和稀疏皮刺；托叶大部贴生于叶柄。花单生或 2~3 朵簇生；萼筒近圆形；萼片披针形；花瓣粉红色，倒卵形；花柱离生，比雄蕊短很多。果近球形或卵球形，萼片宿存。花期 6~7 月；果期 8~9 月。

【分布与生境】分布于中国东北、内蒙古、河北、山西，朝鲜半岛、蒙古、俄罗斯。生于疏林地或林缘。

【价值】具生态和药用价值。

▲ 山刺玫

蔷薇属 *Rosa*

长白蔷薇 *Rosa koreana* Kom.

【形态特征】灌木，高约1m。枝条密集，暗紫红色，密被针刺。小叶7~15枚，椭圆形、倒卵状椭圆形或长圆椭圆形，长6~15mm；沿叶轴有稀疏皮刺和腺；托叶大部贴生于叶柄。花单生于叶腋，无苞片，直径2~3cm；萼片披针形；花瓣白色或带粉色，倒卵形。果长圆球形，橘红色，萼片宿存，直立。花期6~7月；果期8~9月。

【分布与生境】分布于中国东北和朝鲜半岛。生于疏林地或林缘，沙滩河岸、荒野。

【价值】具生态和药用价值。

▲ 长白蔷薇

委陵菜属 *Potentilla*

朝天委陵菜 *Potentilla supina* L.

【形态特征】一年生或二年生草本，长20~50cm。基生叶羽状复叶，有小叶2~5对，边缘有锯齿或裂片；茎生叶与基生叶相似，向上小叶对数逐渐减少。伞房状聚伞花序；萼片三角卵形，副萼片比萼片稍长或近等长；花瓣黄色，倒卵形；花柱顶生，基部较粗，上部细长，子房无毛。瘦果长圆形。花果期5~9月。

【分布与生境】分布于中国大部分地区，广布于北半球温带及部分亚热带地区。生于荒地、路边、河岸。

【价值】具药用价值。

▲ 朝天委陵菜

委陵菜属 *Potentilla*
大萼委陵菜 *Potentilla conferta* Bunge in Ledeb.

【形态特征】多年生草本。根圆柱形，木质化。花茎被柔毛，高 20~45cm。基生羽状复叶，有小叶 3~6 对，边缘深裂成小裂片，下面密被白色绒毛；小叶披针形或长椭圆形。聚伞花序；萼片三角卵形或椭圆卵形；花瓣黄色，倒卵形，比萼片稍长；花柱圆锥形，基部膨大，柱头微扩大。瘦果卵形或半球形。花期 6~9 月。

【分布与生境】分布于中国北部、四川、云南、西藏，俄罗斯、蒙古国。生于山坡草地、沟谷、草甸及灌丛中。

【价值】根入药。

▲ 大萼委陵菜

委陵菜属 *Potentilla*
刚毛委陵菜 *Potentilla asperrima* Turcz.

【形态特征】多年生草本。花茎高 8~13cm，被长刚毛，有淡黄色腺体。基生叶为 3 出复叶；小叶片倒卵形，下面绿色，被长柔毛、疏柔毛或几无毛；茎生叶 1~2 枚。顶生伞房状聚伞花序；萼片三角卵形，副萼片披针形；花瓣黄色，倒心形，与萼片近等长或过之；花柱近顶生，基部膨大，柱头扩大。瘦果近肾形具脉纹。花果期 6~9 月。

【分布与生境】分布于中国黑龙江和俄罗斯。生于砂地、石塘，林缘及草甸。

【价值】具观赏价值。

▲ 刚毛委陵菜

委陵菜属 *Potentilla*

狼牙委陵菜 *Potentilla cryptotaeniae* Maxim.

【形态特征】一或二年生草本，高 50~100cm。3 出复叶；小叶长圆形至卵状披针形，下面绿色，被长柔毛、疏柔毛或几无毛；伞房状聚伞花序；花直径约 2cm；萼片长卵形，副萼片披针形；花瓣黄色，倒卵形，比萼片长或近等长；花柱近顶生，基部稍膨大，柱头稍微扩大。瘦果卵形，光滑。花果期 7~9 月。

【分布与生境】分布于中国东北、陕西、甘肃、四川，朝鲜半岛、日本、俄罗斯。生于河谷、草甸、草原、林缘。

【价值】可为鞣料及蜜源植物。

▲ 狼牙委陵菜

委陵菜属 *Potentilla*

莓叶委陵菜 *Potentilla fragarioides* L.

【形态特征】多年生草本，长 8~25cm。根簇生。花茎多数，丛生。基生叶羽状复叶，有小叶 2~3 对，小叶倒卵形、椭圆形或长椭圆形；茎生叶，常有 3 小叶。伞房状聚伞花序顶生；萼片三角卵形，副萼片长圆披针形；花瓣黄色；成熟瘦果近肾形，表面有脉纹。花果期 4~8 月。

【分布与生境】分布于中国大部分地区，日本、朝鲜半岛、蒙古国、俄罗斯。生于山坡、草地。

【价值】药用。

▲ 莓叶委陵菜

委陵菜属 *Potentilla*

匍枝委陵菜 *Potentilla flagellaris* D. F. K. Schltdl.

【形态特征】多年生匍匐草本，长 8~60cm。茎平卧或匍匐，常在节处生根。基生叶掌状 5 出复叶；小叶片披针形、卵状披针形或长椭圆形；匍匐枝上叶与基生叶相似。单花与叶对生；萼片卵状长圆形；花瓣黄色，比萼片稍长；花柱近顶生，柱头稍微扩大。成熟瘦果长圆状卵形，表面呈泡状突起。花果期 5~9 月。

【分布与生境】分布于中国北部，蒙古国、俄罗斯、朝鲜半岛。生于干山坡、林缘、路边。

【价值】食用；饲料。

▲ 匍枝委陵菜

委陵菜属 *Potentilla*

三叶委陵菜 *Potentilla freyniana* Bornm.

【形态特征】多年生草本，高 10~15cm。有纤匍枝或不明显。直立或上升。基生叶掌状 3 出复叶；小叶长圆形、卵形或椭圆形；茎生叶与基生叶相似。伞房状聚伞花序顶生；萼片三角卵形，副萼片披针形；花瓣淡黄色；花柱近顶生。成熟瘦果卵球形，表面有显著脉纹。花果期 5~8 月。

【分布与生境】分布于中国北方、西南、华南，朝鲜半岛、日本、俄罗斯。生于林缘草地、路边、河边。

【价值】具药用价值。

▲ 三叶委陵菜

委陵菜属 *Potentilla*

蛇莓委陵菜 *Potentilla centigrana* Maxim.

【形态特征】一或二年生草本，长 20~50cm。基生叶三出复叶，小叶椭圆形或倒卵形，具短柄或几无柄，长 0.5~1.5cm；两面绿色，无毛或被稀疏柔毛。单花、下部与叶对生，上部生于叶腋；花径 0.4~0.8cm；萼片卵形或卵状披针形，顶端急尖或渐尖；花瓣淡黄色，倒卵形，比萼片短。瘦果倒卵形。花果期 4~8 月。

【分布与生境】分布于中国东北、内蒙古、陕西、甘肃、四川、云南，俄罗斯、朝鲜半岛、日本。生于荒地、林缘及林下湿地。

【价值】具生态价值。

▲ 蛇莓委陵菜

委陵菜属 *Potentilla*

委陵菜 *Potentilla chinensis* Ser.

【形态特征】多年生草本，高 20~70cm。根粗壮，圆柱形。茎直立或上升。羽状复叶，有小叶 5~15 对；小叶长圆形、倒卵形或长圆披针形；边缘羽状中裂；上面绿色，下面被白色绒毛。伞房状聚伞花序；萼片三角卵形；花瓣黄色，宽倒卵形；花柱近顶生，柱头扩大。瘦果卵球形，深褐色。花果期 4~10 月。

【分布与生境】分布于中国大部分地区，俄罗斯、日本、朝鲜半岛。生于山坡草地、沟谷、林缘、灌丛或疏林下。

【价值】栲胶；药用；食用；饲料。

▲ 委陵菜

委陵菜属 ***Potentilla***

细裂委陵菜 ***Potentilla chinensis* var. *lineariloba* Franch.& Sav.**

【形态特征】多年生草本。茎直立，高 20~70cm，被稀疏短柔毛及白色绢毛。基生叶为羽状复叶，叶柄被毛；小叶片边缘深裂至中脉或几达中脉，裂片狭窄带形。伞房状聚伞花序，基部有披针形苞片，外面密被短柔毛；花径 0.8~1cm；萼片三角卵形，副萼片带形或披针形；花瓣黄色，宽倒卵形，顶端微凹，比萼片稍长。花果期 5~10 月。

【分布与生境】分布于中国东北、华北，朝鲜半岛和日本。生于向阳山坡、草地、草甸、荒山草丛中。

【价值】具生态价值。

▲ 细裂委陵菜

委陵菜属 ***Potentilla***

腺毛委陵菜 ***Potentilla longifolia* D. F. K. Schltdl.**

【形态特征】多年生草本。花茎直立或微上升，高 30~90cm。羽状复叶，有小叶 4~5 对，小叶对生；小叶片长圆披针形至倒披针形；茎生叶与基生叶相似。伞房花序集生于花茎顶端；萼片三角披针形，副萼片长圆披针形；花瓣宽倒卵形；花柱近顶生，圆锥形。瘦果近肾形或卵球形，光滑。花果期 7~9 月。

【分布与生境】分布于中国大部分地区，俄罗斯、蒙古国、朝鲜半岛。生于山坡草地、林缘及疏林下。

【价值】具药用价值。

▲ 腺毛委陵菜

委陵菜属 ***Potentilla***

皱叶委陵菜 ***Potentilla ancistrifolia*** **Bunge**

【形态特征】多年生草本，高 6~30cm。根茎木质。奇数羽状复叶，基生叶有长柄；小叶 5~7 枚；茎上部叶小，近无柄。聚伞花序顶生或腋生；花径约 1cm；萼片长卵形，副萼片线形，比萼片短，萼片与副萼片背面均被伏毛；花瓣倒卵形，广倒卵形或近圆形，先端圆形。瘦果长圆形或近肾形。花期 7~8 月；果期 8~9 月。

【分布与生境】分布于中国北方地区、河南、安徽，日本。生于山坡石质地、岩石缝间。

【价值】具生态价值。

▲ 皱叶委陵菜

委陵菜属 ***Potentilla***

掌叶多裂委陵菜 ***Potentilla multifida*** **var. *ornithopoda*** **(Tausch) Th. Wolf**

【形态特征】多年生草本。全株被白色长毛，茎直立或斜生，基部分枝。羽状复叶，小叶 5，紧密排列在叶柄顶端；小叶羽状深裂，裂片条形，边缘稍反卷；茎生叶 2~3，近似掌状。聚伞花序，花疏生；花梗长约 1.5cm；花萼密被白色伏毛，副萼片线形，与萼片近等长。花期 6~7 月。

【分布与生境】分布于中国北方，蒙古国和俄罗斯。生于山坡、草地、林缘。

【价值】具生态价值。

▲ 掌叶多裂委陵菜

毛莓草属 *Sibbaldianthe*

鸡冠茶（二裂委陵菜）*Sibbaldianthe bifurca* (L.) Kurtto & T. Erikss.

【形态特征】多年生草本。根茎木质，茎直立或斜升，下部伏生柔毛或脱落几无毛。羽状复叶；基生叶簇生，小叶长带形或长椭圆形，顶端圆钝或二裂；茎生叶与基生叶相似。聚伞花序；花大，径 1.2~1.5cm；萼片卵形，副萼片线状披针形；花瓣卵圆形或近圆形。瘦果卵圆形或半月形，褐色。花期 6~8 月；果期 8~9 月。

【分布与生境】分布于中国北方、华中，朝鲜半岛、蒙古国、俄罗斯。生于山坡草地、荒坡、疏林下。

【价值】具生态价值。

▲ 鸡冠茶

蚊子草属 *Filipendula*

蚊子草 *Filipendula palmata* (Pall.) Maxim.

【形态特征】多年生草本，高达 140cm。茎有棱。叶为羽状复叶，有小叶 2 对；顶生小叶特别大，掌状深裂，长 8~14cm，宽 12~15cm；侧生小叶较小，托叶大，半心形。顶生圆锥花序，花梗疏被短柔毛，以后脱落无毛；花小而多；萼片卵形；花瓣倒卵形，有长爪。瘦果半月形，有短柄，沿背腹两边有柔毛。花果期 7~9 月。

【分布与生境】分布于中国北部，俄罗斯、蒙古国和日本。生于河岸、林缘及林下。

【价值】栲胶；观赏价值。

▲ 蚊子草

蚊子草属 *Filipendula*

槭叶蚊子草 *Filipendula glaberrima* Nakai

【形态特征】多年生草本，高达80cm。茎光滑有棱。羽状复叶；顶生小叶大，长10~15cm，通常5裂，背面淡绿色无毛；托叶草质或半膜质，常淡褐绿色，卵状披针形，全缘。花顶生或腋生，圆锥花序；花瓣粉红色至白色，倒卵形，长约3mm。瘦果直立，基部有短柄，背腹两边有一行柔毛。花期6~7月。

【分布与生境】分布于中国东北，俄罗斯和日本。生于林缘、林下。

【价值】栲胶。

▲ 槭叶蚊子草

悬钩子属 *Rubus*

北悬钩子 *Rubus arcticus* L.

【形态特征】草本。根匍匐，根状茎横走。茎高30~50cm；茎被短柔毛，无刺针。复叶具3小叶，小叶菱形至菱状倒卵形，边缘有细锐锯齿或不规则重锯齿；托叶和叶柄离生，全缘。花单生，紫红色；花梗及花萼有腺毛和柔毛。聚合果有小果20枚，小核近光滑或稍具皱纹。花果期6~8月。

【分布与生境】分布于中国东北地区，朝鲜半岛、蒙古国、俄罗斯、北欧。生于林下及沟旁。

【价值】果可食；观赏绿化树种。

▲ 北悬钩子

悬钩子属 *Rubus*

库页悬钩子 *Rubus sachalinensis* H. Lév.

【形态特征】攀缘灌木，高 0.6~2m。植株密被刺毛、针刺和腺毛。羽状复叶，小叶 3~5 枚，叶面被白色或灰白色绒毛；叶长 3~7cm，宽 1.5~4cm；托叶和叶柄合生。伞房状花序顶生和腋生，5~9 朵；花瓣卵形至椭圆形，白色；轴、花梗、花萼有腺毛和针刺。聚合果红色，卵球状球形，直径约 1cm，被绒毛；果核具皱纹。花果期 6~9 月。

【分布与生境】分布于中国东北、西南，日本、朝鲜半岛、俄罗斯远东地区及欧洲。生于山坡阳处杂木疏林中湿润处。

【价值】果可食用。

▲ 库页悬钩子

悬钩子属 *Rubus*

绿叶悬钩子 *Rubus komarovii* Nakai

【形态特征】落叶灌木，高达 1m。植株密被毛刺和针刺，有腺毛。奇数羽状复叶，具 3 小叶；叶背面绿色，无绒毛，仅沿主脉被疏柔毛，叶长 3~6cm，宽 1.5~4.5cm。花数朵成短总状或短伞房状花序；花白色；雄蕊与花瓣等长；花柱比雄蕊短。聚合果近球形，红色，外面密被短柔毛。花果期 5~9 月。

【分布与生境】分布于中国东北，朝鲜半岛和俄罗斯。生于山坡林缘、石坡和林间采伐迹地。

【价值】果可食用。

▲ 绿叶悬钩子

悬钩子属 *Rubus*

牛叠肚 *Rubus crataegifolius* Bunge

【形态特征】落叶或半常绿灌木，高 1~2m。单叶，叶卵形或长卵形，长 5~12cm，宽达 8cm；茎细而圆，暗紫褐色。花两性，单生于短枝的顶端，花萼宿存；花径 1~1.5cm，花瓣 5，白色。果实球形，由多数小核果组成，无毛；成熟时由绿紫红色转变为黑紫色，味酸涩；核具明显皱纹。花期 5~6 月；果期 7~8 月。

【分布与生境】分布于中国东北、华北，朝鲜、日本、俄罗斯。生于向阳山坡灌木丛中、林缘、山沟、路边。

【价值】果实可食用。

▲ 牛叠肚

悬钩子属 *Rubus*

石生悬钩子 *Rubus saxatilis* L.

【形态特征】草本，高 20~60cm。小叶片卵状菱形至长圆状菱形，边缘有粗重锯齿；茎、叶被柔毛和小针刺。花小，白色，常 2~10 朵成伞房状花序；花梗与花萼有毛；花萼陀螺形或在果期为盆形，外面有柔毛。聚合果有 5~6 枚小核果，果实球形，红色；核长圆形，具蜂巢状孔穴。花果期 6~8 月。

【分布与生境】分布于中国东北、河北、山西、新疆，亚洲其他区域、欧洲、北美。生于石砾地、灌丛或针、阔叶混交林下。

【价值】果实食用。

▲ 石生悬钩子

沼委陵菜属 *Comarum*

沼委陵菜（东北沼委陵菜）*Comarum palustre* L.

【形态特征】多年生草本，高 20~30cm。根茎木质，茎中空。奇数羽状复叶，小叶片 5~7 个；茎生叶托叶基部耳状抱茎；上部叶具 3 小叶。聚伞花序顶生或腋生；苞片锥形；萼筒盘形，萼片深紫色，三角状卵形；花瓣卵状披针形；雄蕊 15~25；花柱线形。瘦果长 1mm，着生在膨大半球形的花托上。花期 5~8 月，果期 7~10 月。

【分布与生境】分布于中国东北，蒙古国、日本、俄罗斯远东地区、欧洲、北美洲。生于湿地。

【价值】可入药；提红色染料。

▲ 沼委陵菜

▲ 东北扁核木

扁核木属 *Prinsepia*

东北扁核木 *Prinsepia sinensis* (Oliv.) Oliv. ex Bean

【形态特征】灌木，高约 2m。树皮灰色，枝有刺；通常不生叶；冬芽小，卵圆形。叶互生，卵状披针形或披针形。花 1~4 朵，簇生于叶腋；萼筒钟状，萼片短三角状卵形；花瓣黄色，倒卵形，基部有短爪；雄蕊 10；心皮 1。果核坚硬有皱纹，扁形；萼片宿存；核坚硬，卵球形。花期 5 月，果期 8~9 月。

【分布与生境】分布于中国东北，朝鲜半岛、俄罗斯。生于林缘、树林下。

【价值】果可食；种仁入药；绿化、用材树种。

花楸属 *Sorbus*

花楸树 *Sorbus pohuashanensis* (Hance) Hedl.

【形态特征】小乔木，高达 8m。嫩枝具绒毛，老时无毛；冬芽长大，长圆卵形。奇数羽状复叶，小叶片 5~7 对，小叶卵状披针形；叶轴有白色绒毛；托叶草质，宽卵形。复伞房花序具多数密集花朵；萼筒钟状；萼片三角形；花瓣宽卵形或近圆形；雄蕊 20，几与花瓣等长；花柱 3。果实近球形，具宿存闭合萼片。花期 6 月；果期 9~10 月。

【分布与生境】分布于中国北部，朝鲜半岛、俄罗斯。生于山坡或山谷杂木林内。

【价值】具观赏价值；果可食。

▲ 花楸树

假升麻属 *Aruncus*

假升麻 *Aruncus sylvester* Kostel. ex Maxim.

【形态特征】多年生草本，高 1~3m。基部木质化，茎圆柱形，暗紫色。大型羽状复叶；小叶 3~9，菱状卵形、卵状披针形或长椭圆形；不具托叶。大型穗状圆锥花序；苞片线状披针形；萼筒杯状；萼片三角形；花瓣倒卵形；雄花具雄蕊 20，雄蕊短于花瓣；花盘盘状；心皮 3~4。蓇葖果并立，果梗下垂；萼片宿存。花期 6 月；果期 8~9 月。

【分布与生境】分布于中国东北，朝鲜半岛、日本、俄罗斯远东地区、欧洲。生于林缘，疏林下。

【价值】具药用价值。

▲ 假升麻

梨属 *Pyrus*

秋子梨 *Pyrus ussuriensis* Maxim.

【形态特征】乔木，高可达 10m。冬芽肥大，卵形。叶片卵形至宽卵形；叶柄嫩时有绒毛，不久脱落；托叶线状披针形。花序密集，有花 5~7 朵；苞片膜质，线状披针形；萼筒外面无毛或微具绒毛；萼片三角披针形；花瓣倒卵形或广卵形；雄蕊 20；花柱 5，离生。果实近球形，径 2~6cm。花期 5 月，果期 8~10 月。

【分布与生境】分布于中国北部，朝鲜半岛、俄罗斯。生于山坡和河边林缘中。

【价值】景观；药用；食用价值。

▲ 秋子梨

李属 *Prunus*

斑叶稠李 *Prunus maackii* Rupr.

【形态特征】落叶小乔木，高 4~10m。树皮黄褐色，有光泽。叶片椭圆形、菱状卵形，长 4~8cm；叶背面散生褐色腺点。总状花序，多花密集，花序基部通常不具叶；总花梗和花梗均被稀疏短柔毛；雄蕊上花瓣近等长；萼筒钟状。核果近球形，紫褐色，无毛；果梗无毛。花期 4~5 月，果期 6~10 月。

【分布与生境】分布于中国东北，朝鲜半岛、俄罗斯。生于阳坡疏林、林边或阳坡潮湿地。

【价值】美化环境；工业用途。

▲ 斑叶稠李

李属 *Prunus*

稠李 *Prunus padus* L.

【形态特征】落叶乔木，高可达15m。树皮灰黑粗糙而多斑纹。叶片椭圆形、长圆形或长圆倒卵形，叶背面无褐色腺点，无毛或沿中脉被短柔毛；幼叶于芽内对折。总状花序具10朵以上；花序基部有叶，稀无叶；花瓣白色；雄蕊长约为花瓣之半。核果卵球形，无纵沟，无白霜。花果期4~10月。

【分布与生境】分布于中国东北、华北，朝鲜半岛、日本、俄罗斯。生于山坡、山谷或灌丛。

【价值】美化环境；果实可食。

▲ 稠李

李属 *Prunus*

东北杏 *Prunus mandshurica* (Maxim.) Koehne

【形态特征】乔木，高5~15m。树皮木栓质发达，深裂。嫩枝无毛。叶宽卵形或宽椭圆形，长5~12cm，宽3~6cm。花单生，先叶开放；花瓣宽倒卵形或近圆形，粉红或白色。核果近球形，径1.5~2.6cm，熟时黄色，被柔毛；果肉稍肉质或干燥，味酸或稍苦涩，有香味。种仁味苦，稀甜。花期4月，果期5~7月。

【分布与生境】分布于中国黑龙江、吉林、辽宁，俄罗斯、朝鲜半岛。生于开阔的向阳山坡灌木林或杂木林下。

【价值】具观赏价值；果实可食；种子晒干入药。

▲ 东北杏

李属 *Prunus*

长梗郁李 *Prunus japonica* var. *nakaii* (H. Lév.) Rehder

【形态特征】灌木，高达 1.5m。冬芽无。叶片卵圆形，长 3~7cm，叶边锯齿较深，叶柄较长。花 1~3 朵，簇生，花叶同放或先叶开放；花梗较长，无毛或被疏柔毛；花瓣白或粉红色，倒卵状椭圆形。核果近球形，熟时深红色，径约 1cm；核光滑。花期 5 月，果期 6~7 月。

【分布与生境】分布于中国东北和朝鲜半岛。生于山地向阳山坡、路旁、林边。

【价值】果实可食。

▲ 长梗郁李

苹果属 *Malus*

山荆子 *Malus baccata* (L.) Borkh.

【形态特征】乔木，高可达 10m。冬芽卵形。叶片椭圆形或卵形；幼时有短柔毛及少数腺体；托叶膜质，披针形。伞形花序，具花 4~6 朵；花梗细长；苞片膜质，线状披针形，边缘具有腺齿；萼筒外面无毛；萼片披针形，长 5~7mm，长于萼筒；花瓣倒卵形；雄蕊 15~20；花柱 5 或 4，较雄蕊长。果球形，径约 10mm。花果期 4~10 月。

【分布与生境】分布于中国北部，朝鲜半岛、蒙古国、俄罗斯。生于杂木林、山谷阴处灌木丛。

【价值】经济林；园林绿化；具药用价值。

▲ 山荆子

山楂属 *Crataegus*

光叶山楂 *Crataegus dahurica* Koehne ex C. K. Schneid.

【形态特征】落叶灌木或小乔木，高 2~6m。枝条开展；小枝紫褐色，散生长圆形皮孔；多年枝暗灰色；冬芽近圆形或三角卵形。叶片菱状卵形；叶柄有窄叶翼；托叶草质，披针形或卵状披针形。复伞房花序，花梗长 8~10mm；花瓣近圆形或倒卵形；雄蕊 20；花柱 2~4。果实近球形或长圆形，橘红色或橘黄色，径约 8mm；萼片宿存，反折；小核 2~4，两面有凹痕。花果期 5~8 月。

【分布与生境】分布于中国大、小兴安岭，蒙古国、俄罗斯。生于河岸、草甸、疏林中。

【价值】可食用。

▲ 光叶山楂

山楂属 *Crataegus*

辽宁山楂 *Crataegus sanguinea* Pall.

【形态特征】落叶灌木，稀小乔木，高可达 4m。叶片宽卵形或菱状卵形，长 5~6cm；托叶草质，镰刀形或不规则心形。伞房花序；苞片膜质，线形；萼筒钟状；萼片三角卵形，长约 4mm；花瓣长圆形；雄蕊 20；花柱 3~5，柱头半球形；子房顶端被柔毛。果实近球形，径约 1cm，血红色；萼片宿存，反折；小核 3，稀 5，两侧有凹痕。花果期 5~8 月。

【分布与生境】分布于中国北部，蒙古国、俄罗斯。生于河岸、山坡、杂木林中。

【价值】可食用。

▲ 辽宁山楂

山楂属 *Crataegus*

毛山楂 *Crataegus maximowiczii* C. K. Schneid.

【形态特征】小乔木，高可达 7m。冬芽卵形。嫩枝有灰白色柔毛。叶片宽卵形或菱状卵形，长 4~6cm；复伞房花序，花梗上有灰白色柔毛；萼筒钟状；萼片三角卵形或三角状披针形，比萼筒稍短；花瓣近圆形；雄蕊 20，比花瓣短；花柱 2~5。果实球形，径 8~10mm；萼片宿存，反折；小核 3~5，两侧有凹痕。花果期 5~9 月。

【分布与生境】分布于中国东北，朝鲜半岛、俄罗斯。生于杂木林中。

【价值】果可食。

▲ 毛山楂

山楂属 *Crataegus*

山楂 *Crataegus pinnatifida* Bunge

【形态特征】乔木，高可达 8m。冬芽三角卵形。叶片宽卵形或三角状卵形，长 5~10cm，羽状深裂。伞房花序具多花；苞片膜质，线状披针形；萼筒钟状，外面密被灰白色柔毛；萼片三角卵形至披针形，约与萼筒等长；花瓣倒卵形或近圆形。果实近球形或梨形，径 0.8~1.5cm，深红色，有浅色斑点；小核 3~5，外面稍具棱，内面两侧平滑。花果期 5~10 月。

【分布与生境】分布于中国北部，朝鲜半岛、俄罗斯。生于山坡林边或灌木丛中。

【价值】具药用价值；食疗作用。

▲ 山楂

绣线菊属 *Spiraea*

绢毛绣线菊 *Spiraea sericea* Turcz.

【形态特征】灌木，高达2m。冬芽长卵形。小枝有密柔毛。叶片卵状椭圆形或椭圆形，长1.5~3cm，叶下面有密长绢毛。伞形总状花序，具花15~30朵；萼片卵形；花瓣近圆形，白色；雄蕊15~20；花盘圆环形，有10个明显的裂片；花柱短于雄蕊；子房外被短柔毛。蓇葖果直立开张，被短柔毛，具反折萼片。花果期6~8月。

【分布与生境】分布于中国北部、河南、四川，俄罗斯、蒙古国、日本。生于干燥山坡、杂木林内或林缘。

【价值】园林景观；切花。

▲ 绢毛绣线菊

绣线菊属 *Spiraea*

美丽绣线菊 *Spiraea elegans* Pojark.

【形态特征】灌木，高1~2m。枝幼红褐色，老时灰褐色或深褐色。冬芽卵形，有数枚鳞片。叶片长圆状椭圆形、长圆卵形或披针状椭圆形，长1.5~3.5cm，宽1~1.8cm；叶柄长4~6mm，无毛。伞形总状花序，具花6~16朵；花梗长7~12mm，无毛。蓇葖果被黄色短柔毛，花柱顶生，常具直立萼片。花期6月，果期8月。

【分布与生境】分布于中国东北、内蒙古，蒙古国、俄罗斯。生于干山坡、山顶。

【价值】具生态价值；绿化树种。

▲ 美丽绣线菊

绣线菊属 *Spiraea*
欧亚绣线菊 *Spiraea media* Schmidt

【形态特征】灌木，高 0.5~2m。小枝近圆柱形；冬芽卵形，有数枚覆瓦状鳞片。叶片椭圆形至披针形，长 1~2.5cm，有羽状脉；叶柄无毛。伞形总状花序无毛，具 9~15 朵花；苞片披针形；萼筒宽钟状，外无毛，内被短柔毛；萼片卵状三角形；花瓣近圆形；雄蕊约 45，长于花瓣。蓇葖果较直立开张，外被短柔毛，花柱顶生，具反折萼片。花果期 5~8 月。

【分布与生境】分布于中国东北、新疆，朝鲜半岛、蒙古国、俄罗斯、中亚、南欧。生于多石山地、草原或疏杂木林内。

【价值】具生态价值；绿化树种。

▲ 欧亚绣线菊

绣线菊属 *Spiraea*
土庄绣线菊 *Spiraea pubescens* Turcz.

【形态特征】灌木，高 1~2m。叶片菱状卵形至椭圆形，长 2~4.5cm。伞形花序有总梗；萼筒钟状，外无毛，内被灰白色短柔毛；萼片卵状三角形；花瓣卵形、宽倒卵形或近圆形，长与宽各 2~3mm；雄蕊多数，与花瓣近等长；花盘由 10 裂片组成环形；花柱短于雄蕊。蓇葖果张开，宿存花柱顶生，有直立的宿存萼片。花期 5~6 月，果期 7~8 月。

【分布与生境】分布于中国北方、湖北、安徽，朝鲜半岛、蒙古国、俄罗斯、日本。生于干山坡、疏林、林缘。

【价值】具生态价值；绿化树种。

▲ 土庄绣线菊

绣线菊属 *Spiraea*

绣线菊 *Spiraea salicifolia* L.

【形态特征】灌木，高 1~1.5m。小枝黄褐色。冬芽卵形或长圆卵形，有数个褐色外露鳞片，外被稀疏细短柔毛。叶片长圆披针形至披针形，长 4~8cm，边缘密生锐锯齿，两面无毛。花序为长圆形或金字塔形的圆锥花序；苞片披针形至线状披针形；萼筒钟状。蓇葖果直立，花柱顶生，倾斜开展，常具反折萼片。花期 6~8 月，果期 8~9 月。

【分布与生境】分布于中国东北、河北，朝鲜半岛、蒙古国、俄罗斯。生于河流沿岸、湿地、沟塘。

【价值】绿化树种。

▲ 绣线菊

珍珠梅属 *Sorbaria*

珍珠梅 *Sorbaria sorbifolia* (L.) A. Braun

【形态特征】灌木，高 1~1.5m。小枝无毛或微被短柔毛；冬芽卵形，先端圆钝，紫褐色，具数枚互生外露的鳞片。羽状复叶，小叶 11~17 枚，叶轴微被短柔毛；小叶披针形至卵状披针形，羽状网脉，具侧脉 12~16 对，下面明显。圆锥花序顶生，长 10~20cm；雄蕊 40~50，比花瓣长 1.5~2 倍。蓇葖果长圆形，果序冬季不落。花期 7~8 月，果期 9 月。

【分布与生境】分布于中国东北、内蒙古，朝鲜半岛、蒙古国、俄罗斯、日本。生于河岸、疏林、林缘、湿地边缘。

【价值】具观赏和药用价值。

▲ 珍珠梅

科 41 鼠李科 Rhamnaceae

鼠李属 *Rhamnus*

金刚鼠李 *Rhamnus diamantiaca* Nakai

【形态特征】落叶灌木，高 2~3m。树皮暗灰褐色。枝对生，紫褐色；小枝光滑有光泽，无顶芽，先端成刺。叶近圆形或菱状圆形，长 2.5~7cm，上面沿中脉有疏柔毛；叶柄长 1~2cm，无毛。花簇生状腋生，具 4 花；花梗长 3~4mm。核果近球形，黑紫色，具 2 或 1 分核。种子易与内果皮分离，背沟开口约为种子长的 1/4~1/3。花果期 5~9 月。

【分布与生境】分布于中国东北，朝鲜半岛、日本、俄罗斯。生于低山杂木林。

【价值】可供细工、雕刻等用。

▲ 金刚鼠李

鼠李属 *Rhamnus*

鼠李 *Rhamnus davurica* Pall.

【形态特征】落叶小乔木或灌木，高可达 10m。小枝对生或近对生，顶端有大型卵状披针形顶芽，无刺。叶对生或近对生，长 3~12cm，宽 2~5cm；边缘具细圆齿，两面无毛。花单性，雌雄异株，3~5 朵束生于叶腋；花黄绿色；花萼 4 裂。核果近球形，成熟时黑紫色。花果期 4~10 月。

【分布与生境】分布于中国东北、华北，俄罗斯、蒙古国、朝鲜半岛。生于低山地杂木林内阴湿处。

【价值】用材树种；皮、果药用；蜜源植物；防护树种。

▲ 鼠李

鼠李属 *Rhamnus*

乌苏里鼠李 *Rhamnus ussuriensis* J. J. Vassil.

【形态特征】灌木，高达 5m。枝对生或近对生；小枝褐色，枝端具刺，无顶芽，腋芽卵形。叶对生或近对生，长 2~10cm，宽 1.5~4cm；矩圆状椭圆形、披针形或倒卵形，边缘具钝腺锯齿。花单性，雌雄异株，具 4 花，簇生状腋生；萼片卵状披针形，长于萼筒的 3~4 倍。核果近球形，成熟时黑色，具 2 核。花果期 4~9 月。

【分布与生境】分布于中国东北、山东、河北，俄罗斯、朝鲜半岛、日本。生于河岸杂木林林缘、林内及灌丛中。

【价值】用材树种；皮、果药用。

▲ 乌苏里鼠李

科 42　榆科 Ulmaceae

榆属 *Ulmus*

春榆 *Ulmus davidiana* var. *japonica* (Rehder) Nakai

【形态特征】乔木，树冠广卵圆形。树皮灰色，不规则纵向沟裂，表层剥落；小枝褐色，密生灰白色短柔毛，小枝周围有时具膨大而不规则纵裂的木栓层；芽宽卵形。叶倒卵状椭圆形或广倒卵形。花簇生；花萼钟状；花柱 3 裂，柱头 2。翅果倒卵状；种子棕褐色，果翅黄白色。花果期 4~6 月。

【分布与生境】分布于中国大部分省区，朝鲜半岛、日本、俄罗斯。生于河岸、沟谷、山麓。

【价值】用材树种。

▲ 春榆

榆属 *Ulmus*

大果榆 *Ulmus macrocarpa* Hance

【形态特征】落叶乔木或灌木，高达 20m。树皮深灰色，纵裂；小枝具对生而扁平的木栓翅；幼枝淡黄褐色，具散生皮孔；冬芽卵圆或近球形。叶厚革质，长 3~14cm，边缘具重锯齿。花常在去年生枝上排成簇状聚伞花序，钟形。翅果宽倒卵状圆形、近圆形或宽椭圆形，长 1.5~4.7cm。花果期 4~6 月。

【分布与生境】分布于中国大部分省区，朝鲜半岛、俄罗斯。生于山地、沙丘。

【价值】用材树种；种子药用。

▲ 大果榆

榆属 *Ulmus*

裂叶榆 *Ulmus laciniata* (Trautv.) Mayr

【形态特征】落叶乔木，高达 27m。树皮灰色，浅纵裂，表面常呈薄片状剥落；一年生枝幼时被毛；冬芽卵圆形或椭圆形。叶形多变，边缘具重锯齿，长 7~18cm；叶面密生硬毛，叶背被柔毛，沿叶脉较密，脉腋常有簇生毛；叶柄长 2~5mm。簇状聚伞花序。翅果椭圆形或长圆状椭圆形，长 1.5~2cm。宿存花被钟状，常 5 浅裂。花果期 4~6 月。

【分布与生境】分布于中国大部分省区，朝鲜半岛、俄罗斯。生于山坡、沟谷。

【价值】用材树种。

▲ 裂叶榆

榆属 *Ulmus*

榆树 *Ulmus pumila* L.

【形态特征】落叶乔木，高达25m。幼树树皮光滑，成年树皮不规则深纵裂；小枝散生皮孔；冬芽近球形或卵圆形。叶形多变，边缘具重锯齿或单锯齿，长2~8cm。花先叶开放，簇生状生于叶腋。翅果近圆形，长1.2~2cm，淡绿色，后白黄色。宿存花被4浅裂。花果期4~6月。

【分布与生境】分布于中国东北、华北、西北、西南部分省区，朝鲜半岛、蒙古国、俄罗斯。生于山坡、谷地、丘陵。

【价值】绿化、造林、用材树种。

▲ 榆树

科43　大麻科 Cannabaceae

大麻属 *Cannabis*

大麻 *Cannabis sativa* L.

【形态特征】一年生草本，高1~3m。枝具纵沟槽，密生灰白色贴伏毛。叶掌状全裂，裂片披针形或线状披针形，长7~15cm；边缘具向内弯的粗锯齿，中脉及侧脉在表面微下陷，背面隆起；叶柄长3~15cm，密被灰白色贴伏毛；托叶线形。雄花序长达25cm；花黄绿色；花被5，膜质，外面被细伏贴毛；雄蕊5；子房近球形，有苞片。瘦果表面具细网纹。花果期5~7月。

【分布与生境】原产于不丹、印度和中亚细亚，世界各地有栽培、逸生。

【价值】具生态价值。

▲ 大麻

葎草属 *Humulus*

葎草 *Humulus scandens* (Lour.) Merr.

【形态特征】缠绕草本，径长达数米。茎、枝、叶柄均具倒钩刺。叶掌状深裂，裂片形或卵状披针形，背面具柔毛，边缘具锯齿。雄花小，圆锥花序；雌花序球果状，苞片纸质，三角形，具白色绒毛。子房为苞片包围，柱头 2，瘦果成熟时露出苞片外。花果期 7~9 月。

【分布与生境】分布于中国大部分地区，越南、朝鲜、日本、欧洲和北美洲东部。生于沟谷河岸、荒地。

【价值】具药用和生态价值。

▲ 葎草

科 44 荨麻科 Urticaceae

冷水花属 *Pilea*

透茎冷水花 *Pilea pumila* (L.) A. Gray

【形态特征】一年生草本，高达 50cm。茎肉质，有纵棱，半透明，基部稍膨大。叶对生，长 1~9cm，边缘具锐尖锯齿，两面密生排列不规则的短棒状钟乳体，基出脉 3 条，叶下面明显隆起。花雌雄同株，聚伞花序腋生；无总花梗；雄花被片 2，雄蕊 2；雌花被片 3。果卵形。花果期 7~9 月。

【分布与生境】分布于中国大部分省区，俄罗斯、蒙古国、朝鲜半岛、日本和北美温带地区。生于林内、林缘及沟谷。

【价值】根茎入药。

▲ 透茎冷水花

荨麻属 *Urtica*

乌苏里荨麻 *Urtica laetevirens* subsp. *cyanescens* (Kom.) C.J.Chen

【形态特征】多年生草本，高达 80cm。雌雄异株。根状茎匍匐。叶膜质，互生，边缘具锐尖锯齿，长 3~8cm；叶柄有螫毛；托叶全部分生。雄花序总状，密生；花被 4 深裂；雄蕊 4，退化子房杯状半透明；雌花序成对腋生，雌花簇生，花被片 4；子房长圆形，柱头画笔状。瘦果狭卵形，长约 1.5cm。花果期 7~9 月。

【分布与生境】分布于中国东北和俄罗斯。生于红松林或混交林下及溪谷。

【价值】可食用。

▲ 乌苏里荨麻

荨麻属 *Urtica*

狭叶荨麻 *Urtica angustifolia* Fisch. ex Hornem.

【形态特征】多年生草本，高达 1.5m。匍匐状根茎。全株密被短毛与疏生螫毛。叶对生，披针形，长 4~15cm，边缘具粗锯齿。雌雄异株，花序圆锥状；花密集成簇；雄花近无柄，花被 4，雄蕊 4，退化雌蕊杯状；雌花无柄，花被片 4；子房长圆形。瘦果宽椭圆形或长卵形，长 0.8~1mm。花果期 7~9 月。

【分布与生境】分布于中国东北、华北，俄罗斯、东亚。生于荒野。

【价值】可食；茎皮纤维可加工。

▲ 狭叶荨麻

科 45　壳斗科 Fagaceae

栎属 *Quercus*

槲树 *Quercus dentata* Thunb.

【形态特征】乔木，高达 20m。树皮暗灰褐色，深纵裂。小枝有沟槽，密被黄灰色星状绒毛。叶片倒卵形或长倒卵形，长 10~30cm，宽 6~20cm，叶缘波状裂片或粗锯齿，叶下被灰色柔毛和星状毛；托叶线状披针形，密被棕色绒毛。雌花序壳斗杯形；壳斗苞片狭披针形，先端反曲，长约 5~8mm。坚果卵形至宽卵形无毛。花果期 4~10 月。

【分布与生境】分布于中国大部分地区，朝鲜半岛、日本。生于向阳山坡。

【价值】用材树种；饲料。

▲ 槲树

栎属 *Quercus*

蒙古栎 *Quercus mongolica* Fisch. ex Ledeb.

【形态特征】乔木，高达 30m。幼枝紫褐色，具棱，无毛。叶片倒卵形至长倒卵形，叶缘通常 8~9 缺裂，侧脉 7~11 对，叶柄长 2~8mm。雄花序生于新枝下部，长 5~7cm，花序轴近无毛，花被 6~8 裂；雌花序生于新枝上端叶腋，花被 6 裂；壳斗苞片卵形或三角形，具瘤状突起，被灰白绒毛，长约 4mm。坚果卵形至长卵形，径 1.3~1.8cm，高 2~2.3cm。花果期 6~10 月。

【分布与生境】分布于中国北方，俄罗斯、朝鲜半岛、日本。生于杂木林中。

【价值】用材树种；饲料；食用菌原料林；水土保持树种。

▲ 蒙古栎

▲ 胡桃楸

科 46　胡桃科 Juglandaceae

胡桃属 *Juglans*

胡桃楸 *Juglans mandshurica* Maxim.

【形态特征】乔木，高达20m。树皮灰色，光滑，浅丝裂。小枝淡灰色，具腺状细柔毛，皮孔隆起。叶痕猴脸形；奇数羽状复叶15~23；小叶下面具短柔毛或无毛，边缘细锯齿。雄柔荑花序长10~20cm；雌花序总状有4~10花。果实球状、卵状或椭圆状，顶端尖，密被腺质短柔毛。花果期5~9月。

【分布与生境】分布于中国东北、华北，朝鲜半岛、俄罗斯、日本。生于沟谷或山坡林中。

【价值】珍贵树种；用材树种；种仁可食；绿化；入药；杀虫。

▲ 胡桃楸

科 47　桦木科 Betulaceae

桤木属 *Alnus*

东北桤木（矮桤木）*Alnus mandshurica* (Callier) Hand.-Mazz.

【形态特征】灌木或小乔木，高可达 6m。树皮暗灰色，光滑；幼枝红褐色，老枝灰色，具疏散的皮孔。叶阔卵圆形，长 4~10cm，宽 3~7cm，边缘有细尖齿，上面深绿色，下面略苍白；侧脉约 9 对，叶柄长 5~10mm。雄花与叶同时开放；果序卵圆形，长 10~15mm，宽 5~10mm；果苞木质；小坚果卵形。花果期 6~8 月。

【分布与生境】分布于中国北部，朝鲜半岛、蒙古国、俄罗斯。生于河岸，水湿地。

【价值】具水土保持价值。

▲ 东北桤木

桤木属 *Alnus*

辽东桤木 *Alnus hirsuta* Turcz. ex Rupr.

【形态特征】乔木，高可达 20m。树皮暗灰色，平滑。叶近圆形、宽卵形或椭圆状卵形，长 4~9cm；叶缘波状浅裂具钝齿或重锯齿；上面暗绿色，下面白绿色，常有锈色毛或无毛。果序 3~4 个集生，果序近球形，长 1.5~2cm；小坚果倒卵形，有窄而厚的果翅。花果期 5~9 月。

【分布与生境】分布于中国东北，俄罗斯、朝鲜半岛。生于水湿地。

【价值】可作护岸林。

▲ 辽东桤木

桦木属 *Betula*

白桦 *Betula platyphylla* Sukaczev

【形态特征】乔木，高 20m。树皮灰白色，成层剥裂，有白粉。叶三角形，长 3~9cm；边缘具重锯齿，下面无毛，密生腺点。果序单生，下垂。小坚果狭矩圆形、矩圆形或卵形，背面疏被短柔毛；果翅较宽，较小坚果宽。花期 6 月，果期 7~8 月。

【分布与生境】分布于中国北部、西南，俄罗斯、蒙古国、朝鲜半岛、日本。生于缓坡、湿地。

【价值】用材；绿化。

▲ 白桦

桦木属 *Betula*

黑桦 *Betula dahurica* Pall.

【形态特征】乔木，高 20m。树皮黑褐色，龟裂。枝条红褐色或暗褐色，光亮，无毛；小枝疏被长柔毛，密生树脂腺体。叶卵形或椭圆状卵形，稀菱状卵形，边缘具不规则的锐尖重锯，下面沿脉具长柔毛；叶柄有毛。果序矩圆状圆柱形，单生，直立或微下垂；果苞边缘具毛。果翅较窄，约为小坚果的 1/2。花果期 5~7 月。

【分布与生境】分布于中国东北、华北，俄罗斯、蒙古国、朝鲜半岛、日本。常生于山坡、山脊杂木林中。

【价值】用材树种；水土保持树种。

▲ 黑桦

桦木属 *Betula*

柴桦 *Betula fruticosa* Pall.

【形态特征】丛生灌木，高 0.5~2.5m。叶卵形或长卵形，长 1.5~4.5cm，宽 1~3.5cm，边缘具不规则单锯齿；上面暗绿色，下面白绿色，两面近无毛，下面密生小腺点，侧脉 5~8 对。果矩圆形或短圆柱形。果苞边缘具毛。小坚果椭圆形，果翅较小坚果稍宽。花果期 6~9 月。

【分布与生境】分布于中国黑龙江，朝鲜半岛、俄罗斯远东地区、欧洲。生于湿地。

【价值】绿化树种。

▲ 柴桦

▲ 硕桦

桦木属 *Betula*

硕桦（枫桦）*Betula costata* Trautv.

【形态特征】乔木，高达 30m。树皮淡黄色或黄褐色，片状剥裂。枝条红褐色，无毛。芽鳞无毛。叶椭圆状卵形至长卵形，先端长渐尖或尾尖；边缘具细尖重锯齿，下面沿脉具长柔毛，侧脉 9~16 对。果序单生，矩圆形。小坚果倒卵形，无毛，膜质翅宽为果的 1/2。花果期 5~9 月。

【分布与生境】分布于中国东北、华北，俄罗斯、朝鲜半岛。生于山缓坡针阔混交林中。

【价值】木材；春夏可产树汁；绿化树种。

桦木属 *Betula*

油桦 *Betula ovalifolia* Rupr.

【形态特征】灌木，高 1~2m。树皮灰褐色。枝条暗褐色，疏生树脂腺体；小枝褐色，密被黄色长柔毛、短柔毛、树脂腺体。叶长 3~5.5cm，宽 2~4cm，边缘具细而密的齿牙状单锯齿；上面绿色，下面粉绿色，幼时下面密被腺点，侧脉 5~7 对。果序直立，单生，矩圆形，径 7~12mm；果苞边缘具纤毛。小坚果椭圆形，顶端疏被毛；膜质翅宽为果的 1/3~1/2。花果期 6~8 月。

【分布与生境】分布于中国黑龙江、吉林，俄罗斯、朝鲜半岛。生于苔藓沼泽区、沿河湿地。

【价值】用材；水土保持树种。

▲ 油桦

桦木属 *Betula*

岳桦 *Betula ermanii* Cham.

【形态特征】乔木，高 8~20m。树皮灰白色，成层、大片剥裂。枝条红褐色，无毛；幼枝暗绿色，密被长柔毛。叶卵形或三角状卵形，先端锐尖或渐尖，边缘具锐尖重锯齿；下面几无毛，侧脉 8~12 对；叶柄有毛。果序单生，直立，矩圆形；果苞边缘具毛。小坚果倒卵形或长卵形，膜质翅宽为果的 1/2。花果期 6~9 月。

【分布与生境】分布于中国东北、内蒙古，俄罗斯、朝鲜半岛、日本。生于林下。

【价值】用材树种；水土保持树种。

▲ 岳桦

榛属 *Corylus*

毛榛 *Corylus mandshurica* Maxim. & Rupr.

【形态特征】灌木，高 1~4m。树皮或枝条灰褐色；小枝黄褐色，被长柔毛。叶近宽卵形，长 6~12cm，边缘具粗锯齿。雄花序 2~4 枚排成总状；苞鳞密被白色短柔毛。果单生或 2~6 枚簇生；果苞外面密被黄色刚毛兼有白色短柔毛；裂片披针形。坚果球形，长约 1.5cm，顶端具小突尖，外面密被白色绒毛。花果期 5~10 月。

【分布与生境】分布于中国东北、河北、山东、西北，朝鲜半岛、俄罗斯、日本。生于林下。

【价值】果仁食药用。

▲ 毛榛

榛属 *Corylus*

榛 *Corylus heterophylla* Fisch.ex Trautv.

【形态特征】小乔木或灌木，高达 7m。树皮灰色。枝条暗灰色；小枝黄褐色，密被短柔毛兼被疏生的长柔毛。叶长圆形或宽倒卵形，长 4~13cm，具不规则锯齿或浅裂。雄花序 2~5 簇生。果苞钟状，密生刺状腺体；裂片三角形。坚果卵球形，径 0.7~1.5cm，顶端被长柔毛。花果期 5~10 月。

【分布与生境】分布于中国大部分省区，朝鲜半岛、日本、蒙古国、俄罗斯。生于荒山坡。

【价值】果仁食药用。

▲ 榛

科 48　葫芦科 Cucurbitaceae

赤瓟属 *Thladiantha*

赤瓟　*Thladiantha dubia* Bunge

【形态特征】多年生攀缘草质藤本，长 2~4m。块根黄色。茎叶被长硬毛。叶长 5~10cm、宽 4~9cm。雄花单生或聚集呈假总状花序；雄蕊 5，其中 1 枚离生；子房长圆形，长 5~8mm。果橘黄至红棕色，卵长圆形，长 3~5cm、径约 2.8cm；具柔毛及 10 条纵纹。花果期 7~9 月。

【分布与生境】分布于中国东北、华北、西南，俄罗斯、日本、朝鲜半岛。生于林缘、沟谷、田园。

【价值】果实及块根入药；具观赏价值。

▲ 赤瓟

盒子草属 *Actinostemma*

盒子草 *Actinostemma tenerum* Griff.

【形态特征】一年生攀缘草本。茎柔弱，长 1~2m。叶形多变，戟形、长三角形或箭头状卵形，长 5~12cm、宽 2~8cm。雄花序总状，轴细弱；雄蕊 5，离生，花丝顶端稍膨大；雌花单生，梗长 1~6cm，子房卵状，有疣状凸起。果实卵球形或长圆状椭圆形，长 1.5~2cm。花果期 8~10 月。

【分布与生境】分布于中国大部分地区，俄罗斯、日本、印度。生于水边草丛中。

【价值】全草药用。

▲ 盒子草

裂瓜属 *Schizopepon*

裂瓜 *Schizopepon bryoniifolius* Maxim.

【形态特征】一年生攀缘草本，长达 2~3m。卷须 2 分叉。叶片长 5~10cm、宽 3~8cm，具 3~7 个角或浅裂。花两性，花萼裂片披针形；花冠长约 2mm；雄蕊 3，分生；子房卵形，柱头 3。果实长 10~15mm，成熟后自顶端向下部 3 瓣裂，有 1~3 枚种子。种子压扁状。花果期 7~9 月。

【分布与生境】分布于中国东北、河北，朝鲜半岛、日本、俄罗斯。生于山沟林下或水沟旁。

【价值】具药用和观赏价值。

▲ 裂瓜

科 49　卫矛科 Celastraceae

梅花草属 *Parnassia*

多枝梅花草 *Parnassia palustris* var. *multiseta* Ledeb.

【形态特征】多年生草本，高 30~40cm。根生叶丛生，有长柄，叶长 1.5~3cm、宽 1.5~3.5cm；茎生叶 1 枚。花单生于茎顶，直径 1.4~3.6cm；花瓣 5，长 4~14.5mm、宽 3.5~12mm。正常雄蕊 5，5 枚退化雄蕊丝裂，先端具球形腺体。子房 4 心，皮合生，上位；蒴果卵球形，花果期 8~10 月。

【分布与生境】分布于中国北部，北半球温带。生于湿地和草甸。

【价值】全草入药；可供观赏。

▲ 多枝梅花草

南蛇藤属 *Celastrus*

刺苞南蛇藤 *Celastrus flagellaris* Rupr.

【形态特征】攀缘灌木，长达 12m。幼枝常有随生根。小枝光滑灰褐色。叶长 4~8cm、宽 3~6cm；边缘具锯齿，背面淡绿色。雌雄异株；聚伞花序腋生；具 3~7 花，总花梗长 3~5mm。花 5 基数；雌花雄蕊不育，柱头 3 裂再 2 裂。蒴果球形，径 8~10mm；假种皮深红色。花期 6~7 月，果期 9 月。

【分布与生境】分布于中国北部、华东、华南，俄罗斯、朝鲜半岛、日本。生于林中。

【价值】全株入药；绿化树种。

▲ 刺苞南蛇藤

卫矛属 *Euonymus*

白杜 *Euonymus maackii* Rupr.

【形态特征】小乔木，高约4m。枝圆柱状，略4棱，一年生小枝绿色。叶对生，长4~10cm，宽2~5cm，革质，边缘有细锯齿；秋季变紫红色。聚伞花序有花10余朵，花径1~1.2cm；花4基数。花药暗紫红色。子房光滑，花柱圆筒状。蒴果倒圆心状，粉红色；假种皮橙红色。花期6月，果期9月。

【分布与生境】分布于中国华南以外大部分地区，俄罗斯、朝鲜半岛、日本。生于河岸疏林中。

【价值】细木工木材；绿化树种。

▲ 白杜

卫矛属 *Euonymus*

短柄卫矛 *Euonymus sieboldiana* Blume Bijdr.

【形态特征】灌木或小乔木，高2~5m。叶薄革质或厚纸质，边缘具细锯齿，表面粗糙，长3.5~7cm、宽2~3.5cm，叶柄长约5mm。聚伞花序有花10余朵；花瓣白色，花4基数。蒴果菱形，具4棱和深沟。假种皮橘红色。花期6月，果期9~10月。

【分布与生境】分布于中国东北、华中，俄罗斯远东地区、朝鲜半岛、日本。生于阔叶林中。

【价值】细木工用材；庭院绿化树种。

▲ 短柄卫矛

卫矛属 *Euonymus*

黄心卫矛 *Euonymus macropterus* Rupr.

【形态特征】落叶灌木，高达 5m。枝条粗硬紫红色，散生皮孔；冬芽长卵状。叶对生，卵状椭圆形，长 4~13cm、宽 2~6cm，下面淡绿色。聚伞花序 9~21 花。花 4 基数，花丝极短；子房埋于花盘中，柱头近无柄。蒴果近球状，具 4 个长而尖的翅，假种皮橘红色。花期 5~6 月，果期 8~9 月。

【分布与生境】分布于中国东北，俄罗斯、朝鲜半岛、日本。生于混交林中。

【价值】细木工用材；庭院绿化树种。

▲ 黄心卫矛

卫矛属 *Euonymus*

瘤枝卫矛 *Euonymus verrucosus* Scop.

【形态特征】灌木，高 1~3m。小枝暗绿色，被小黑瘤。叶长 3~10cm、宽 2~3cm，两面密被短柔毛，下面淡绿色。聚伞花序 1~3 花；花梗丝状，长 3~5cm，花瓣淡红棕色，略透明，花 4 基数。蒴果倒三角状卵形，直径约 8mm；假种皮橘红色；成熟种子黑紫色有光泽。花期 5~7 月，果期 9 月。

【分布与生境】分布于中国东北和西北，蒙古国、俄罗斯、朝鲜半岛。生于林中。

【价值】庭院绿化树种。

▲ 瘤枝卫矛

卫矛属 *Euonymus*

卫矛 *Euonymus alatus* (Thunb.) Siebold

【形态特征】灌木，高 1~2m。小枝绿色，常具 4 列宽阔木栓翅，稀仅具棱痕。叶薄革质至纸质，叶长 3~7cm、宽 1.5~3cm，边缘具细锯齿。聚伞花序 1~3 花腋生；花瓣绿色，4 基数；花盘四方形。蒴果长圆形，1~4 深裂。假种皮橙红色，包 1 粒种子。花期 5 月，果期 9 月。

【分布与生境】分布于中国东北、华北，俄罗斯、朝鲜半岛、日本。生于林缘。

【价值】细木工用材；根和栓枝入药；观赏植物。

▲ 卫矛

科 50　酢浆草科 Oxalidaceae

酢浆草属 *Oxalis*

白花酢浆草（山酢浆草）*Oxalis acetosella* L.

【形态特征】多年生草本，高 5~14cm。无地上茎。叶基生，近无毛。小叶，无柄，倒心形。花单生，花梗与叶等长或稍长。花瓣白色，有时带淡紫色，倒卵形，基部具淡紫色脉纹及黄色斑点。雄蕊 10 枚，花丝基部连合；子房卵形，花柱 5。蒴果近球形，5 瓣裂。种子卵形，具条棱，有光泽。花果期 5~8 月。

【分布与生境】分布于欧亚大陆。生林下及灌丛下阴湿地。

【价值】全草入药；嫩茎叶可食。

▲ 白花酢浆草

酢浆草属 *Oxalis*

酢浆草 *Oxalis corniculata* L.

【形态特征】多年生草本。常平卧，长 10~25cm，节上生根。复叶互生，被柔毛。小叶无柄，倒心形。花直径不超过 1cm，黄色，组成伞形花序，集生于花梗上。总花梗与叶柄等长，萼片 5，矩圆形，顶端急尖，被柔毛。花瓣 5，倒卵形。子房 5 室，花柱 5，细长，有毛。蒴果近圆柱形，具 5 棱，被短柔毛。花果期 6~9 月。

【分布与生境】分布于中国各地，欧亚大陆、北美。生于林下、山坡路旁。

【价值】全草入药。

▲ 酢浆草

科 51　金丝桃科 Hypericaceae

金丝桃属 *Hypericum*

短柱黄海棠（短柱金丝桃）*Hypericum ascyron* subsp. *gebleri* (Ledeb.) N. Robson

【形态特征】多年生草本，高 40~90cm。茎直立具 4 条棱。单叶对生，窄披针形或长圆状披针形，抱茎、全缘，两面无毛。单花或聚伞花序，花径 2.5~4cm。萼片 5，卵状披针形。雄蕊多数呈 5 束，花柱自基部分离，长为子房的一半。蒴果圆锥形，棕褐色，先端 5 裂。种子圆柱形。花果期 7~9 月。

【分布与生境】分布于中国东北，朝鲜半岛、俄罗斯、日本。生于山坡灌丛、林缘。

【价值】全草入药；观赏植物。

▲ 短柱黄海棠

金丝桃属 *Hypericum*

赶山鞭（乌腺金丝桃）*Hypericum attenuatum* Fisch. ex Choisy

【形态特征】多年生草本，高30~70cm。茎、叶、萼片、花瓣及花药均散生黑色腺点。茎具2棱。叶卵状长圆形至长圆状倒卵形，长1.5~3.5cm，宽0.5~1cm，略包茎。近伞房状或圆锥状花序，花径1~1.5cm。花瓣5，宿存，淡黄色。蒴果卵球形，长约1cm，具条状腺斑。种子圆柱形，表面具小蜂窝状的纹。花果期7~9月。

【分布与生境】分布于中国大部分地区，蒙古国、朝鲜半岛、俄罗斯。生于田野、林内及林缘。

【价值】全草代茶，并可入药。

▲ 赶山鞭

金丝桃属 *Hypericum*

黄海棠（长柱金丝桃）*Hypericum ascyron* L.

【形态特征】多年生草本，高50~100cm。茎直立，具4条棱线。叶对生，近革质，长圆状卵形至长圆状披针形，抱茎，全缘，两面无毛。花瓣偏斜而扭转，花径4~8cm。萼片5，卵形，先端钝圆。花柱与子房略等长，自中部5裂。种子多数，圆柱形，棕色，表面具网纹。花果期7~9月。

【分布与生境】分布于中国大部分地区，俄罗斯、朝鲜半岛、日本、北美。生于山坡林缘、草丛、向阳山坡。

【价值】全草入药。

▲ 黄海棠

三腺金丝桃属 *Triadenum*

红花金丝桃 *Triadenum japonicum* (Blume) Makino

【形态特征】多年生草本，高 15~50cm。茎直立红色。叶无柄，叶长 2~5cm，宽 1~1.7cm，抱茎，边缘内卷，散布透明腺点。聚伞花序 1~3 花；苞片小，线状披针形。花径约 1cm；萼片卵状披针形，全面有透明腺点。花瓣粉红色，狭倒卵形。花药丁字着生，顶端有一个囊状透明腺体。子房卵珠形。蒴果长圆锥形。花果期 7~9 月。

【分布与生境】分布于中国黑龙江、吉林，朝鲜半岛、日本及俄罗斯远东地区常见。生于丘陵、草甸湿地及沼泽地。

【价值】具观赏价值。

▲ 红花金丝桃

科 52 堇菜科 Violaceae

堇菜属 *Viola*

白花地丁 *Viola patrinii* DC. ex Ging.in DC.

【形态特征】多年生草本，无地上茎，高 7~20cm。根状茎深褐色或带黑色。根长带黑色或深褐色。叶均基生；叶片长 1.5~6cm，宽 0.6~2cm，先端圆钝，下延于叶柄，边缘两侧近平行；叶柄细长，通常比叶片长 2~3 倍，上部具明显的翅；托叶绿色。花中等大，白色，带淡紫色脉纹；花梗细弱，通常高出叶；萼片基部具短而钝的附属物；侧方花瓣有细须毛。蒴果无毛。花果期 5~9 月。

【分布与生境】分布于中国东北、华北，朝鲜半岛、日本、俄罗斯。生于沼泽化草甸、草甸、河岸湿地、灌丛及林缘较阴湿地带。

【价值】具观赏价值。

▲ 白花地丁

堇菜属 *Viola*

斑叶堇菜 *Viola variegata* Fischer ex Link

【形态特征】多年生草本，高 2~10cm。根状茎具数条淡褐色或近白色长根。叶片圆形或圆卵形，长 1~5.5cm，宽 1~5cm，边缘具平而圆的钝齿，沿叶脉有明显的白色斑纹，花期尤为显著。花瓣倒卵形，侧方花瓣里面基部有须毛，下方花瓣基部白色并有堇色条纹，距筒状，末端钝，子房无毛。蒴果椭圆形，无毛。花果期 4~9 月。

【分布与生境】分布于中国北部地区，亚洲东部、欧洲。生于山坡草地、林下、灌丛中或阴处岩石缝隙中。

【价值】具观赏价值。

▲ 斑叶堇菜

堇菜属 *Viola*

大黄花堇菜 *Viola muehldorfii* Kiss

【形态特征】多年生草本，高 12~25cm。根状茎细长，横走。基生叶 1~3，叶心形或肾形，叶柄长达 10cm。花较大，金黄色，花瓣倒卵形，有紫色脉纹，侧瓣内面基部有须毛，下瓣近匙形，连距长 2~2.5cm，距较粗；萼片长卵形或披针形；子房无毛，柱头头状。蒴果椭圆体形。花果期 5~7 月。

【分布与生境】分布于中国黑龙江省，朝鲜半岛及俄罗斯。生于腐殖质丰富的林下、林缘及溪边。

【价值】具观赏价值。

▲ 大黄花堇菜

堇菜属 *Viola*

东北堇菜 *Viola mandshurica* W. Becker

【形态特征】多年生草本，高 7~15cm。根状茎短。叶片基生，具长柄，顶端圆或钝，边缘有波状浅圆齿，两面有疏柔毛，长 2~6cm，宽 0.7~2cm。花较大，下瓣连距长 14~23mm，花梗超出叶，萼片 5，基部附器短，通常无齿；花瓣 5，紫堇色，距粗管状，稍上弯。荚果长圆形，顶端锐尖，无毛。花果期 4~9 月。

【分布与生境】分布于中国北部，俄罗斯、亚洲东部其他区域。生于荒野。

【价值】嫩茎叶可食。

▲ 东北堇菜

堇菜属 *Viola*

鸡腿堇菜 *Viola acuminata* Ledeb.

【形态特征】多年生草本，高 15~40cm。茎通常丛生，叶片心状卵形或卵形，长 3.5~5.5cm，宽 3.2~4cm，托叶草质，叶状，通常羽状深裂呈流苏状。花梗纤细，苞生于花梗的中上部或中部；萼片线状披针形。花瓣白色、近白色或淡紫色，花瓣具点状褐色腺点，侧瓣里面有须毛，下瓣连距。蒴果椭圆形。花果期 5~9 月。

【分布与生境】分布于中国北部和华中，俄罗斯、亚洲东部其他区域。生于阔叶林下、山坡、草地、灌丛、林缘或河谷较湿草地。

【价值】嫩茎叶可食。

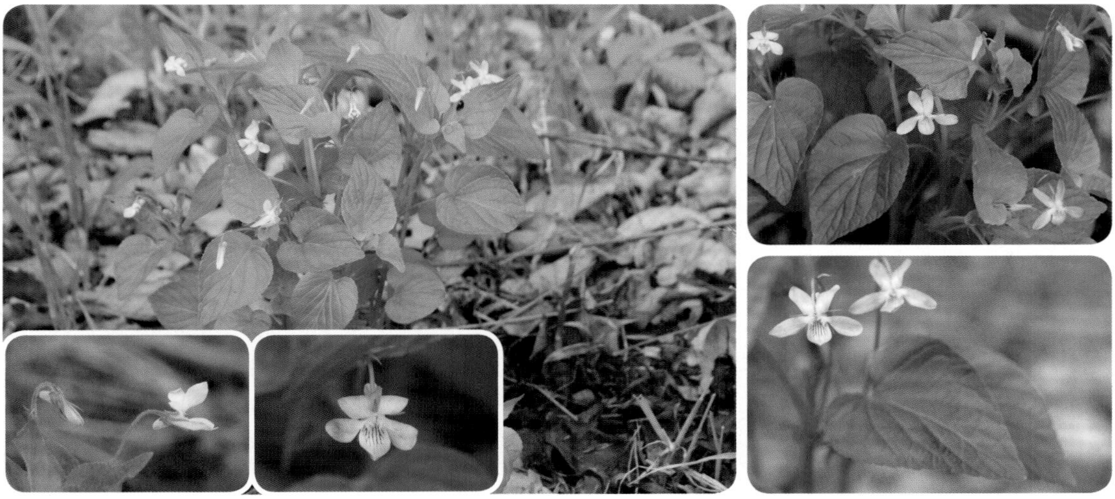

▲ 鸡腿堇菜

堇菜属 *Viola*

库页堇菜 *Viola sacchalinensis* H. Boissieu

【形态特征】多年生草本，有地上茎，高可达20cm。叶片心形，长与宽均为1~2.5cm，先端钝圆，基部心形或宽心形，边缘具钝锯齿；托叶卵状披针形，基部内侧与叶柄合生，边缘密生流苏状细齿。花淡紫色，生于叶腋，具长梗；花梗超出叶5.5cm，中部以上靠近花处有2枚线形苞片；萼片披针形，长约5mm，先端渐尖，基部具附属物，末端具齿裂；侧瓣长圆状，下瓣连距长1.3~1.6cm；蒴果椭圆形。花期4~6月。

【分布与生境】分布于中国黑龙江、吉林，日本、朝鲜半岛及俄罗斯。生于山地林下或林缘。

【价值】具观赏价值。

▲ 库页堇菜

堇菜属 *Viola*

紫花地丁 *Viola philippica* Cav.

【形态特征】多年生草本，高4~22cm，无地上茎。主根较粗，白色至黄色。叶狭披针形或卵状披针形，长2.5~4cm，宽0.5~1cm，基部稍下延于叶柄，果期叶大，基部常呈微心形。萼片披针形或卵状披针形；花瓣紫堇色或紫色，通常具紫色条纹，上瓣倒卵形，距细管状，侧瓣无须毛或稍有须毛。蒴果椭圆形。花果期4~9月。

【分布与生境】分布于中国多数地区，朝鲜半岛、日本、俄罗斯。生于向阳草地、灌丛、林缘、草原草甸、沙地。

【价值】全草入药。

▲ 紫花地丁

堇菜属 *Viola*
溪堇菜 *Viola epispiloides* **A. Löve & D. Löve**

【形态特征】多年生草本，无地上茎，高 7~20cm。根状茎细长，匍匐，于节处生叶或残存有褐色托叶，节间长。叶基生；叶片基部深心形，边缘具浅圆齿，叶长 2~3.5cm，宽 2~3.8cm。花紫色或淡紫色；花瓣长圆状倒卵形，侧方花瓣里面疏生微毛，下方花瓣有紫色条纹。蒴果椭圆形，无毛，先端稍尖。花果期 5~8 月。

【分布与生境】分布于中国黑龙江、吉林。生于针叶林下、林缘，灌丛，草地或溪谷湿地苔藓群落中。

【价值】具观赏价值。

▲ 溪堇菜

堇菜属 *Viola*
蒙古堇菜 *Viola mongolica* **Franch.**

【形态特征】多年生草本，高 5~9cm。无地上茎，根茎长 1~4cm 或更长。托叶通常 1/2 以上与叶柄合生，边缘有疏齿或睫毛。叶片卵状心形，心形或椭圆状心形，先端钝或尖，基部心形，通常具有去年残叶。花两侧对称，具长梗；萼片 5，披针形；花瓣白色，侧瓣里面有须毛。果近球形。花果期 4~9 月。

【分布与生境】分布于中国东北、华北等地区，朝鲜半岛、日本。生于林下、林缘、山坡、向阳草地及石砾地等。

【价值】具观赏价值。

▲ 蒙古堇菜

堇菜属 *Viola*

奇异堇菜（伊吹堇菜）*Viola mirabilis* L.

【形态特征】多年生草本，高 9~23cm。有地上茎。根茎较长，密被暗褐色鳞片。托叶全缘；叶片肾状广椭圆形、肾形或圆状心形，花期叶缘两侧常向内卷，长 2~3.5cm，宽 3~4.5cm，叶片果期增大。花瓣紫堇色或淡紫色，侧瓣里面有须毛，下瓣的距较粗；子房无毛。蒴果椭圆形。花果期 5~8 月。

【分布与生境】分布于中国东北、甘肃，朝鲜半岛、日本、俄罗斯远东地区、欧洲。生于林缘、山坡草地、阔叶林内。

【价值】具观赏价值。

▲ 奇异堇菜

堇菜属 *Viola*

茜堇菜 *Viola phalacrocarpa* Maxim.

【形态特征】多年生草本，高 5~15cm。无地上茎，花期较低矮，果期显著增高。根状茎短粗，长 2~10mm，粗 2~8mm，有密节；叶均基生，叶片最下方者常呈圆形，其余叶片呈卵形或卵圆形，边缘具低而平的圆齿，长 1.5~4cm，宽 1~2.5cm；托叶 1/2 以上与叶柄合生；花堇色，有深紫色条纹，子房有毛。蒴果椭圆形，稍有毛或无毛。花果期 4~9 月。

【分布与生境】分布于中国黑龙江、吉林等地。生于向阳山坡草地、灌丛及林缘等处。

【价值】具观赏价值。

▲ 茜堇菜

堇菜属 *Viola*

球果堇菜（毛果堇菜）*Viola collina* Besser

【形态特征】多年生有毛草本，花期高 3~8cm，果期可达 20cm。地下茎较粗，无地上茎。叶心形或近圆形，果期明显增大；托叶披针形，膜质，基部与叶柄合生，边缘有流苏。花瓣淡紫色，具长梗，花瓣基部白色，前方花瓣距白色。蒴果近球形，密生柔毛，果梗向下弯曲，常使果实与地面接触。花果期 4~8 月。

【分布与生境】分布于中国大部分地区。生于林缘、灌丛、山坡、路旁较阴湿的地方。

【价值】嫩叶可食。

▲ 球果堇菜

堇菜属 *Viola*

如意草（额穆尔堇菜）*Viola arcuata* Blume

【形态特征】多年生草本，高 5~25cm。开花前无地上茎，花梗自基生叶腋抽出后渐生地上茎；根状茎短，具较密的结节，不被鳞片；托叶广卵圆形或半圆形，全缘或近全缘，基生叶心状圆形或肾状近圆形，茎生叶心状圆形，有时近肾形，长 0.5~1.5cm，宽 0.4~1cm。花苍白色或淡黄色，较小。花期始于 6 月，花果期较长。

【分布与生境】分布于中国黑龙江、吉林、内蒙古等地。生于湿草地、沼泽地、溪谷或林内。

【价值】具观赏价值。

▲ 如意草

堇菜属 *Viola*

深山堇菜 *Viola selkirkii* Pursh ex Gold

【形态特征】多年生草本，高 5~16cm。无地上茎，根茎细，常具稀疏结节。叶近圆形或广卵形，基部深心形，被细伏毛，叶长 1.4~2.9cm，宽 1.2~2.5cm。托生 1/2 与叶柄合生，两面和叶柄有白色短毛。萼片卵形或卵状披针形，基部附器矩形；花淡紫色，侧瓣无须毛，花柱上部明显增粗。果实椭圆形。花果期 5~9 月。

【分布与生境】分布于中国黑龙江、吉林等地。生于林下、林缘，山坡及山沟草地。

【价值】具观赏价值。

▲ 深山堇菜

堇菜属 *Viola*

双花堇菜 *Viola biflora* L.

【形态特征】多年生草本。根状茎具结节，有多数细根。地上茎细弱，高 10~25cm。叶片先端钝圆，基部深心形或心形，边缘具钝齿；茎生叶具短柄，叶柄无毛至被短毛，叶片较小；托叶与叶柄离生，卵形或卵状披针形，先端尖。花黄色或淡黄色，在开花末期有时变淡白色；花梗长 1~6cm；萼片披针形，先端急尖，基部附属物极短，具膜质边；花瓣长圆状倒卵形，具紫色脉纹，侧方花瓣里面无须毛；距短筒状。蒴果长圆状卵形，长 4~7mm。花果期 5~9 月。

【分布与生境】分布于中国大部分地区，东亚、东南亚、俄罗斯远东地区、欧洲、北美洲。生于草甸、灌丛或林缘、岩石缝隙间。

【价值】具生态和观赏价值。

▲ 双花堇菜

堇菜属 *Viola*

毛萼堇菜 *Viola tenuicornis* subsp. *trichosepala* W. Becker

【形态特征】多年生细弱草本，高 2~13cm。根状茎短，节密生，长 2~10mm。叶均基生，叶片卵形或宽卵形，长 1~3cm，宽 1~2cm，叶片被短柔毛及颗粒状凸起，果期增大，长可达 6cm，宽约 4.5cm，先端钝，基部微心形或近圆形；叶柄具向下短毛，萼片边缘被白色柔毛，侧方花瓣基部具较多须毛；子房被短毛，花柱棍棒状，前方具稍粗的短喙，喙端具向上开口的柱头孔。蒴果椭圆形，长 4~6mm。花果期 4~9 月。

【分布与生境】分布于中国黑龙江、吉林、辽宁、河北、山西、陕西、甘肃。生于山地阳坡或旷野较干旱的环境。

【价值】具观赏价值。

▲ 毛萼堇菜

堇菜属 *Viola*

细距堇菜 *Viola tenuicornis* W. Becker

【形态特征】多年生草本，高 4~10cm。无地上茎，地下茎细短。叶片较宽，卵形，边缘有圆齿，基部心形，叶柄近无翼或上端微具狭翼。托叶 1/2~2/3 与叶柄合生。花瓣紫堇色，距圆柱形，长 5~9mm，子房无毛，花柱棍棒状，上端粗，柱头两侧及后方有薄边，前方具短喙。果实椭圆形，无毛。花果期 4~9 月。

【分布与生境】分布于中国东北地区。生于较湿的草地、山坡、灌丛、林缘及杂木林间。

【价值】具观赏价值。

▲ 细距堇菜

堇菜属 *Viola*

兴安圆叶堇菜 *Viola brachyceras* Turcz.

【形态特征】多年生草本，高 6~15cm。无地上茎。叶基生；花期叶较小，叶片心状圆形，果期叶 2~5 枚，较大，径 3~5 cm；叶先端钝或稍尖，基部深心形，边缘具圆齿，上面绿色，下面苍绿色或带灰紫色。花小，淡紫色或白色，花瓣长圆状倒卵形；下瓣连距长 8mm；蒴果长 5~10mm。花果期 5~8 月。

【分布与生境】分布于中国黑龙江、吉林、内蒙古，俄罗斯。生于落叶松林下及林区河岸石砾地上。

【价值】具观赏价值。

▲ 兴安圆叶堇菜

堇菜属 *Viola*

野生堇菜 *Viola arvensis* Murray

【形态特征】一年或二年生草本；叶长 0.5~6.5cm、宽 0.2~2.2cm，叶缘圆锯齿状或锯齿状；花梗长 2.5~11cm，无毛，具 2 枚小苞片，小苞片披针形；花梗上小苞片不为萼片覆盖，显露；花瓣黄色或乳白色，显著短于萼片或与萼片近等长，长度不超过附属物，直形不弯曲。蒴果长 6 ~ 10mm。花果期 4~9 月。

【分布与生境】分布于中国黑龙江、台湾，非洲北部、亚洲西南部和欧洲。生于路旁及绿化带。

【价值】具观赏价值。

▲ 野生堇菜

堇菜属 *Viola*
早开堇菜 *Viola prionantha* Bunge

【形态特征】多年生草本，高 4~15cm。叶长圆状卵形或卵形，基部通常钝圆，叶长 1~4cm，宽 0.7~2cm，叶柄具明显的稍宽翼，叶脉不具白斑，果期叶片显著增大；托叶苍白色或淡绿色，干后呈膜质。花大，紫堇色或淡紫色，喉部色淡并有紫色条纹；蒴果狭椭圆形。花果期 4~9 月。

【分布与生境】分布于中国北部地区，朝鲜半岛、俄罗斯。生于山坡草地、沟边、宅旁等向阳处。

【价值】嫩苗可食。

▲ 早开堇菜

堇菜属 *Viola*
掌叶堇菜 *Viola dactyloides* Roem. & Schult.

【形态特征】多年生草本，无地上茎，高 5~20cm。叶掌状 5 全裂，裂片卵状披针形或长圆状卵形，边缘具 4~6 钝锯齿或略呈波状。花大，淡紫色。花梗不高于叶，中部以下有 2 小苞片；萼片长圆形或披针形；上方花瓣宽倒卵形，长约 1.6cm，具爪；蒴果椭圆形。花果期 5~8 月。

【分布与生境】分布于中国黑龙江、吉林、内蒙古、河北，俄罗斯。生于林下、林缘、灌丛间。

【价值】具观赏价值。

▲ 掌叶堇菜

堇菜属 *Viola*

裂叶堇菜 *Viola dissecta* Ledeb.

【**形态特征**】多年生草本，高 5~20cm，无地上茎。根状茎短，节密。叶片掌状 3~5 全裂或深裂并再裂，或近羽状深裂，裂片通常线形，叶长 1~7cm，宽 1.5~8cm；托叶披针形，近膜质，苍白色至淡绿色。花淡紫堇色，具紫色条纹，花梗比叶长，子房无毛。蒴果矩圆形或椭圆形，无毛。花果期 4~10 月。

【**分布与生境**】分布于中国东北，朝鲜半岛、蒙古国、俄罗斯。生于山坡草地、杂木林缘、灌丛下及田边、路旁等。

【**价值**】具观赏价值。

▲ 裂叶堇菜

堇菜属 *Viola*

总裂叶堇菜 *Viola dissecta* var. *incisa* (Turcz.) Y. S. Chen

【**形态特征**】多年生草本，高 6~15cm，无地上茎。根状茎短粗，常纵裂。叶片卵形，叶缘为不整齐的缺刻状浅裂至中裂，叶基部广楔形，果期增大，长可达 5cm，先端稍尖，基部宽楔形，两面密被白色短柔毛；叶柄上部具极狭的翅，密被白色短柔毛；花大，紫堇色，具长梗；花瓣长圆形；末端尖。花期始于 4 月。

【**分布与生境**】分布于中国东北、华北，蒙古国、俄罗斯。生于山地林缘、采伐迹地的草地、山间荒坡草地。

【**价值**】具观赏价值。

▲ 总裂叶堇菜

科 53 杨柳科 Salicaceae

杨属 *Populus*

大青杨 *Populus ussuriensis* Kom.

【形态特征】乔木，高达 30m，胸径可达 2m。树皮幼时灰绿色，光滑，老时暗灰色，纵沟裂。嫩枝灰绿色，短柔毛，断面近方形。芽色暗，有黏质，圆锥形。叶椭圆形，长 5~12cm、宽 3~10cm，先端突短尖，扭曲，边缘具圆齿，密生缘毛。花序轴密生短毛。蒴果无毛，3~4 瓣裂。花果期 4~6 月。

【分布与生境】分布于中国东北，朝鲜半岛、俄罗斯。生于混交林中。

【价值】速生用材树种。

▲ 大青杨

杨属 *Populus*

山杨 *Populus davidiana* Dode

【形态特征】乔木，高达 25m。树皮、小枝、叶柄和叶片光滑无毛。叶三角状卵形至近圆形，长宽近等，约 3~6cm，幼时呈红色，下面具毛，基部圆形、截形或浅心形，边缘有波状齿，顶端锐尖或短渐尖；叶柄侧扁。蒴果卵状圆锥形，2 瓣裂。花果期 4~5 月。

【分布与生境】分布于中国北部、华中、西南，俄罗斯、蒙古国和朝鲜半岛。生于山坡。

【价值】用材树种；绿化。

▲ 山杨

杨属 *Populus*

香杨 *Populus koreana* Rehder

【形态特征】乔木，高达 30m，胸径可达 1.5m。树皮幼时灰绿色，光滑，老时暗灰色，具深沟裂。小枝圆柱形，初时有黏性树脂，具香气。短枝叶椭圆形至长圆形，长 4~12cm，先端钝尖，上面暗绿色，有明显皱纹，下面白色；叶柄先端有短毛。蒴果卵圆形，无毛，2~4 瓣裂。花期 4~5 月，果期 6 月。

【分布与生境】分布于中国东北、河北，蒙古国、俄罗斯、朝鲜半岛。生于山地中下腹，林内散生。

【价值】速生用材树种。

▲ 香杨

柳属 *Salix*

朝鲜柳 *Salix koreensis* Andersson in A. DC.

【形态特征】乔木，高 10~20m。小枝灰褐色或褐绿色。叶披针形，长 6~9cm、宽 1~2cm，先端渐尖，基部楔形，有短柔毛，沿中脉有柔毛，边缘有腺锯齿。花序先叶或与叶近同时开放；雄花序狭圆柱形；雄蕊 2, 花丝有时基部合生；花药红色；雌花序椭圆形至短圆柱形，子房卵圆形，花柱较长，柱头红色。花期 5 月，果期 6 月。

【分布与生境】分布于中国东北、西北、华北，朝鲜半岛、日本、俄罗斯。生于岸边、林缘。

【价值】建筑；薪炭；造纸；编筐；蜜源植物；绿化树种。

▲ 朝鲜柳

柳属 *Salix*

大白柳 *Salix maximowiczii* Kom.

【形态特征】乔木，高可达 20m。树皮暗褐灰色；枝细长，小枝无毛。芽卵形，有光泽。叶卵状长圆形。花序与叶同时开放；雄花序长 2.5~4.5cm，有花序梗，轴无毛；雄蕊 5，花丝基部有短柔毛，花药黄色；苞片倒卵形，膜质，边缘有长毛；雌花序长 4~6cm，下垂，有梗，轴无毛；苞片长圆形，先端急尖，边缘和背部有疏长毛；果序长达 5~15cm。花果期 5~7 月。

【分布与生境】分布于中国东北，朝鲜半岛、俄罗斯。生于河边。

【价值】用材树种；蜜源植物；具观赏价值。

▲ 大白柳

柳属 *Salix*

大黄柳 *Salix raddeana* Laksch. ex Nasarow in Kom.

【形态特征】灌木或乔木，高可达 8m。枝暗红色或红褐色，嫩枝具灰色长柔毛，后无毛。叶革质，倒卵圆形，长 6~9cm、宽 4~5cm，先端短渐尖，上面暗绿色，有皱纹，下面具灰色绒毛。雄花序多椭圆形，长约 2.5cm、粗 1.6~2cm；雄蕊 2，花药长圆形，黄色；子房长圆锥形，有灰色绢质绒毛，有长梗。花期 4 月中旬，果期 5 月。

【分布与生境】分布于中国东北，俄罗斯、朝鲜半岛。生于林区山坡或林中。

【价值】薪炭；栲胶；蜜源植物。

▲ 大黄柳

柳属 *Salix*

粉枝柳 *Salix rorida* Laksch.

【形态特征】乔木，高可达 15m。二年生小枝常具白粉。叶披针形或倒披针形，长 8~12cm，宽 1~2cm，无毛，边缘有腺锯齿。花序先叶开放，雄花序圆柱形，长 1.5~3.5cm、宽 1.8~2cm，无梗；苞片先端黑色。雌花序圆柱形，长 3~4cm、宽 1~1.5cm；子房无毛，柄长 1~1.5mm；花柱长 1~2mm。花期 5 月，果期 6 月。

【分布与生境】分布于中国东北、河北，日本、蒙古国、俄罗斯。生于林中、河岸。

【价值】建筑；器具；编筐；蜜源植物；固岸树种。

▲ 粉枝柳

柳属 *Salix*

旱柳 *Salix matsudana* Koidz.

【形态特征】乔木，高达 18m，胸径可达 80cm。叶披针形，长 5~10cm、宽 1~1.5cm，上面绿色，下面带白色，幼时有长柔毛，边缘具腺锯齿，先端长渐尖。花序有短柄；苞片卵形，基部有毛；雄花；腺体 2；雄蕊 2；花药黄色；子房长椭圆形，无柄，无毛。花期 4 月，果期 5 月。

【分布与生境】分布于中国北部、华东，日本、俄罗斯。生于平原或河岸。

【价值】建筑器具；造纸；人造棉；火药；编筐；饲料；蜜源植物；绿化树种。

▲ 旱柳

柳属 *Salix*

蒿柳 *Salix schwerinii* E. L. Wolf

【形态特征】灌木或小乔木，高可达 10m。叶条状披针形，长 15~20cm、宽 0.5~2cm，最宽处在中部以下，下面具密丝状长毛，有银色光泽，全缘或稍波状。花序先叶开放或同时开放；雄花序长圆状卵形，长 2~3cm、径 1.2~1.5cm；雌花序圆柱形，长 3~4cm，子房有密丝状毛。花果期 4~6 月。

【分布与生境】分布于中国东北、河北，日本、俄罗斯远东地区、欧洲。多生于河边。

【价值】编织；饲柞蚕；蜜源植物；绿化树种。

▲ 蒿柳

柳属 *Salix*

卷边柳 *Salix siuzevii* Seemen

【形态特征】灌木或乔木，高达 6m，小枝细长。叶披针形，上面暗绿色，有光泽，无毛，下面有白霜，微内卷，边缘波状，近全缘。花序先叶开放，无梗；雄花序圆柱形，直立；苞片披针形或舌形，淡褐色，先端黑色，有毛；雌花序圆柱形，长 2cm；子房卵状圆锥形，有短柄，有柔毛，柱头长形。花期 5 月，果期 6 月。

【分布与生境】分布于中国东北、内蒙古，朝鲜半岛、俄罗斯。生于河边或山坡。

【价值】编织；蜜源植物；护岸树种。

▲ 卷边柳

柳属 *Salix*
筐柳（蒙古柳）*Salix linearistipularis* K. S. Hao

【形态特征】灌木或小乔木，高2~4m。叶狭披针形，长5~15cm、宽5~9mm，下面苍白色，有腺齿并内卷。花序无梗与叶同时开放，基部具2~3长圆形鳞片；雄花序长约4cm、径约3mm，苞片先端黑色，雄蕊2，花丝合生；雌花序圆柱形，长约4cm、宽约4mm，有白色长柔毛，子房无柄，柱头2裂；花果期5月。

【分布与生境】分布于中国东北和俄罗斯。生于河边、草甸。

【价值】编织材料；薪炭；优良树种。

▲ 筐柳

柳属 *Salix*
杞柳 *Salix integra* Thunb. in Murray

【形态特征】灌木，高1~3m。小枝淡黄色或淡红色，有光泽。叶近对生或对生，椭圆状长圆形，长2~6cm、宽1~2cm，先端短渐尖，幼叶红褐色，成叶上面暗绿色，下面苍白色。花序对生，先叶开放，花序轴密被长柔毛；苞片倒卵形，褐色至黑色；雄蕊2，花丝合生；子房长卵圆形，有柔毛。花期5月，果期6月。

【分布与生境】分布于中国东北、河北，俄罗斯、朝鲜半岛、日本。生于山地河边、湿草地。

【价值】编织材料；护岸；观赏。

▲ 杞柳

柳属 *Salix*

三蕊柳 *Salix nipponica* Franch. & Sav.

【形态特征】灌木或乔木，高 6~10m。幼小枝叶有密短柔毛，叶披针形，长 7~12cm、宽 1.5~3cm，先端常为渐尖，上面绿色有光泽，下面苍白色，边缘锯齿有腺点；叶柄常在其上部有 2 腺点。花序与叶同时开放；雄花序轴有长毛，长 3~5cm、径 4~7mm；雄蕊 3，花丝基部有短柔毛；雌花序有梗；子房卵状圆锥形，无毛。花期 4 月，果期 5 月。

【分布与生境】分布于中国东北、华东，朝鲜半岛、日本、俄罗斯。生于河岸。

【价值】薪炭；栲胶；饲料；蜜源植物；护岸；绿化树种。

▲ 三蕊柳

柳属 *Salix*

司氏柳 *Salix skvortzovii* Y. L. Chang et Y. L. Chou & al.

【形态特征】灌木，高 3~4m。小枝绿色至黄绿色。叶披针形，长 5~10cm、宽 0.8~1cm，先端渐尖，边缘具腺锯齿；托叶披针形，边缘有齿牙。花序先叶开放；雄蕊 2，花丝离生或下部合生；雌花序圆柱形，长 4~5cm、径 0.6~1cm，子房卵状圆锥形，有柄，苞片倒卵形，两面有密长毛。花期 5 月，果期 6 月。

【分布与生境】分布于中国东北。生于林缘较湿处或河边。

【价值】编织；蜜源植物；护岸。

▲ 司氏柳

柳属 *Salix*

五蕊柳 *Salix pentandra* L.

【形态特征】灌木或乔木，高 1~5m。叶宽披针形、卵状长圆形或椭圆状披针形，长 3~13cm、宽 2~4cm，革质，幼时具黏液，边缘有腺齿，基部钝或楔形。花叶同开，雄花序长 2~7cm、径 1~1.2cm，雄蕊花丝不等长，基部有粗曲毛；子房卵状圆锥形，近无柄。蒴果光亮有短柄。花期 6 月，果期 8~9 月。

【分布与生境】分布于中国北部，朝鲜半岛、蒙古国、俄罗斯、欧洲。生于水边林缘、湿地或山谷。

【价值】蜜源植物；饲料。

▲ 五蕊柳

柳属 *Salix*

细叶沼柳 *Salix rosmarinifolia* L.

【形态特征】灌木，高达 0.5~1m。小枝纤细，褐色或带黄色；幼枝有毛。叶狭线状披针形或披针形，长 2~6cm，宽 0.3~1cm，下面苍白色或有白柔毛，全缘。花序近无梗卵圆形，长 1.5~2cm；雄蕊 2，花药黄至暗红，苞片先端暗褐色；子房卵状短圆锥形有长柔毛，柄较长，花柱短。花期 5 月，果期 6 月。

【分布与生境】分布于中国东北、华北、西北，俄罗斯远东地区、欧洲。生于林区沼泽化草甸内。

【价值】编织；提取栲胶；蜜源植物；护岸绿化树种。

▲ 细叶沼柳

柳属 *Salix*

细柱柳 *Salix gracilistyla* Miq.

【形态特征】灌木，高 2~3m。叶椭圆状长圆形或倒卵状长圆形，长 5~12cm，宽 1.5~3.5cm，下面有绢质柔毛，边缘有锯齿。花序先叶开放，长 2.5~3.5cm、径 1~1.5cm；苞片上部黑色；雄蕊 2，花丝合生，长达 6mm；花药红色或红黄色；子房椭圆形，被绒毛，花柱细长，柱头 2 裂。花期 4 月，果期 5 月。

【分布与生境】分布于中国东北，俄罗斯、朝鲜半岛、日本。生于山区溪流旁。

【价值】护岸树种；薪炭；编织材料。

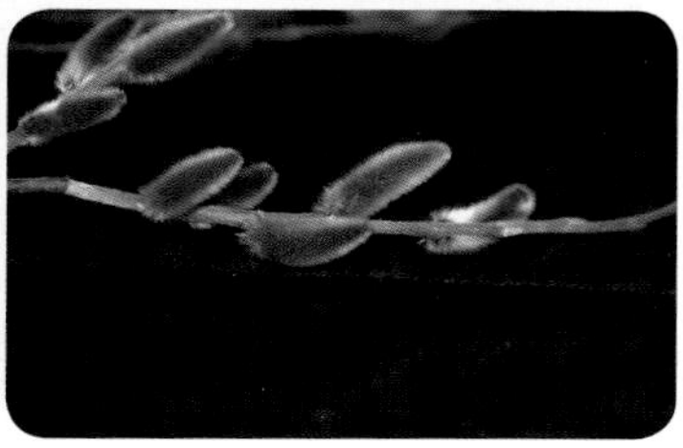

▲ 细柱柳

柳属 *Salix*

崖柳（山柳）*Salix floderusii* Nakai

【形态特征】灌木，稀小乔木，高 4~6m。幼枝有白绒毛。叶片形状变化很大，长 2.5~7cm、宽 1.5~2.5cm，先端锐尖；叶上暗绿色，下淡绿色，被绢质白绒毛。花序轴有毛；雄蕊 2；花丝离生，花药黄色。雌花长 3.5~6cm，子房狭卵状圆锥形，有密绢毛，花柱短而明显，柱头 2 深裂。花果期 5~7 月。

【分布与生境】分布于中国东北、华北，朝鲜半岛、俄罗斯、北欧。生于沼泽地或较湿润山坡。

【价值】饲料；编织材料；薪炭；蜜源植物。

▲ 崖柳

柳属 *Salix*

越橘柳 *Salix myrtilloides* L.

【形态特征】灌木，高 0.3~0.8m、地径 2~3cm。叶椭圆形或长椭圆形，长 1~3.5cm、宽 0.7~1.5cm，两面无毛，上面暗绿色，下面带白色。花序与叶同时开放，雄花序圆柱形，生于枝端；雄蕊 2，花丝离生；雌花序卵形，基部有小叶；子房长圆形，柄长约为子房 1/3，无毛；柱头 2 裂。花期 5 月，果期 6 月。

【分布与生境】分布于中国东北，朝鲜半岛、蒙古国、俄罗斯、欧洲。生于林区沼泽化草甸中。

【价值】嫩叶为家畜饲料。

▲ 越橘柳

柳属 *Salix*

东北越橘柳 *Salix myrtilloides* var. *mandshurica* Nakai

【形态特征】与原变种的主要区别为幼叶有白色或黄色绢毛。

【分布与生境】分布于中国黑龙江和朝鲜半岛。其他同原种。

【价值】嫩叶为家畜饲料。

▲ 东北越橘柳

柳属 *Salix*

钻天柳 *Salix arbutifolia* Pall.

【形态特征】乔木，高 20~30m，胸径 0.5~1m。树皮褐灰色剥落状。小枝黄色至紫红色，有白粉，有光泽。叶披针形长 5~8cm、宽 1.5~2.3cm；上面灰绿色下面苍白色。花序先叶开放；雄花序下垂，长 1~3cm；雄蕊 5，花药黄色球形。雌花序向上，长 1~2.5cm；子房卵状长圆形；花柱 2，2 裂。花期 5 月，果期 6~7 月。

【分布与生境】分布于中国东北，蒙古国、俄罗斯、日本。生于林区河岸。

【价值】建筑用材；家具；造纸；观赏树种。

▲ 钻天柳

科 54　大戟科 Euphorbiaceae

铁苋菜属 *Acalypha*

铁苋菜 *Acalypha australis* L.

【形态特征】一年生草本，高 30~50cm。全株被短毛。叶长 3~9cm、宽 1~5cm，叶柄被柔毛。花腋生，雌雄同序，单性，无花瓣；雄花多生于花序上端，花萼 4 裂，裂片镊合状；雄蕊 8。雌花萼片 3；子房 3 室，花柱长约 2mm。蒴果三棱球形，直径 3~4mm，生有基部突出的粗毛。种子卵形，长约 2mm。花果期 8~9 月。

【分布与生境】分布于中国大部分地区，东亚、美洲。生于田边、荒野。

【价值】全草药用；饲用植物；嫩茎叶可食。

▲ 铁苋菜

大戟属 *Euphorbia*

斑地锦草 *Euphorbia maculata* L.

【形态特征】一年生草本。茎匍匐，被白色疏柔毛。叶对生，长圆形，长 6~12mm、宽 2~4mm，先端钝，中部以上常具细小疏锯齿；叶面绿色，中部常具有一个长圆形的紫色斑点，叶背淡绿色或灰绿色，新鲜时可见紫色斑，两面无毛。花序单生于叶腋，黄绿色，横椭圆形，边缘具白色附属物；雄花微伸出总苞外；子房被疏柔毛。蒴果三角状卵形，被稀疏柔毛，成熟时分裂为 3 个分果。花果期 4~9 月。

【分布与生境】分布于北美，归化于欧亚大陆。生于平原或低山坡的路旁。

【价值】全草入药。

▲ 斑地锦草

大戟属 *Euphorbia*

地锦草 *Euphorbia humifusa* Willd. ex Schltdl.

【形态特征】一年生草本。茎长 10~30cm。叶对生，长 5~12mm、宽 3~7mm，基部偏斜，中上部常具细齿，两面被疏柔毛。花序单生叶腋；杯状总苞倒圆锥形，长约 1mm；子房具 3 纵槽，花柱 3，各 2 裂。蒴果三棱卵球形，径约 2mm。花果期 6~10 月。

【分布与生境】分布于中国大部分地区，蒙古国、俄罗斯远东地区、欧洲。生于田野、干山坡。

【价值】全草入药。

▲ 地锦草

大戟属 *Euphorbia*

狼毒大戟 *Euphorbia fischeriana* Steud.

【形态特征】多年生草本，高 45cm。根肉质，径 3~6cm。茎下部叶鳞片状，茎中上部叶长圆形，长 3~8cm、宽 1~3cm；无叶柄。苞叶轮生；多歧聚伞花序顶生；总苞钟状，具白色长柔毛；花柱 3，各 2 裂；蒴果扁球状，径 7~8mm，花柱宿存。花果期 5~7 月。

【分布与生境】分布于中国东北、华北，蒙古国、俄罗斯。生于干燥丘陵坡地、多石砾干山坡疏林下。

【价值】根入药。

▲ 狼毒大戟

大戟属 *Euphorbia*

林大戟 *Euphorbia lucorum* Rupr.

【形态特征】多年生草本，高 20~70cm。根较肥厚，纺锤形。茎基部淡紫色。叶互生，长 2~6cm、宽 0.6~1.8cm，叶片边缘具微锯齿，表面绿色，背面灰绿色。总花序顶生，有时单生于茎中上部叶腋；子房球形，具不均匀的长瘤状突起。蒴果近球形，3 分瓣，径 3~4mm，表面具不整齐的长瘤。种子卵圆形，褐色。花果期 5~7 月。

【分布与生境】分布于中国东北，朝鲜半岛、俄罗斯。生于林下、草地。

【价值】全草入药。

▲ 林大戟

大戟属 *Euphorbia*

乳浆大戟 *Euphorbia esula* L.

【形态特征】多年生草本，高 20~60cm。茎单生或丛生，单生时自基部多分枝。叶长 2~7cm、宽 1~7mm；不育枝叶常为松针状。总苞叶 3~5 枚；花序单生于二歧分枝的顶端，总苞钟状 5 裂，高约 3mm；子房柄伸出总苞；花柱分离。蒴果三棱球形，长 5~6mm；花柱宿存。花果期 4~10 月。

【分布与生境】分布于中国大部分地区，欧亚大陆广布。生于荒野。

【价值】全草入药。

▲ 乳浆大戟

科 55　亚麻科 Linaceae

亚麻属 *Linum*

野亚麻 *Linum stelleroides* Planch.

【形态特征】一至二年生草本，高 30~70cm。叶互生，长 1~4cm、宽 1~4mm，具 1~3 脉。单花或多花组成聚伞花序，小花梗细，长 0.5~1.5cm；花径 1~1.5cm，花瓣 5，淡红至蓝紫色；萼片 5，有黑色头状腺点，宿存；雄蕊 5，与花柱等长，花丝基部合生。蒴果球形，径 3.5~4mm，有 5 纵沟。花果期 6~10 月。

【分布与生境】分布于中国东北、华北、西北、华中，俄罗斯、日本。生于干山坡、草原。

【价值】茎皮纤维可造纸；种子药用；保持水土。

▲ 野亚麻

科 56 叶下珠科 Phyllanthaceae

白饭树属 *Flueggea*

一叶萩（叶底珠）

***Flueggea suffruticosa* (Pall.) Baill.**

【形态特征】灌木。小枝有棱槽。叶互生，有短柄；叶片椭圆形，叶边缘稍有波状齿或全缘。花单性，雌雄异株；萼片 5，无花瓣；雄花多朵簇生于叶腋，短梗；雌花单生或 2~3 朵簇生，花梗较长，达 1cm。蒴果三棱状扁球形，红褐色。花期 6~7 月，果期 8~9 月。

【分布与生境】分布于中国东北、华北、华东各省区。生于山坡灌丛中及向阳处。

【价值】纺织；药用；蜜源植物。

▲ 一叶萩（叶底珠）

▲ 粗根老鹳草

科 57 牻牛儿苗科 Geraniaceae

老鹳草属 *Geranium*

粗根老鹳草（长白老鹳草）

***Geranium dahuricum* DC.**

【形态特征】多年生草本，高 30~60cm。根多数，纺锤形。茎直立，具棱槽，假二叉状分枝。叶对生，具长柄，七角状肾圆形，叶掌状5~7 深裂，两面被毛。花序长于叶，总花梗具2花，花梗长约为花的2倍；萼片卵状椭圆形；花瓣紫红色，倒长卵形，长约为萼片的1.5倍，密被白柔毛；花药棕色。花果期7~9月。

【分布与生境】分布于中国北部，俄罗斯、蒙古国、朝鲜半岛。生于山地草甸或亚高山草甸。

【价值】根状茎可提取栲胶。

老鹳草属 *Geranium*

灰背老鹳草 *Geranium wlassowianum* Fisch. ex Link

【形态特征】多年生草本，高 30~70cm。根状茎短而直立，有白色长毛。叶对生，肾状圆形，长 3~5cm，宽 6~10cm，5 深裂，裂片菱形，边缘具牙齿状缺刻，顶端近 3 裂。花序腋生，具 2 花；花瓣紫红色，长约为萼片的 1.5 倍；花丝基部扩大部分及背部被白色长毛。蒴果长 3cm。花果期 7~9 月。

【分布与生境】分布于中国东北和华北，俄罗斯、朝鲜、蒙古国。生于草甸、林下、草丛中。

【价值】全草入药；茎、叶可提取栲胶。

▲ 灰背老鹳草

老鹳草属 *Geranium*

毛蕊老鹳草 *Geranium platyanthum* Duthie

【形态特征】多年生草本，高 30~80cm。茎直立，向上分枝，有倒生白毛。叶互生，肾状五角形，直径 5~10cm，掌状中裂或略深裂，裂片宽，不分裂，两面被毛。聚伞花序顶生，花梗、萼片、蒴果均被腺毛或混生腺毛；花径 2~3cm，花瓣紫蓝色；花柱长 4~7mm。蒴果长 3cm，有微毛。花期 6~7 月，果期 8~9 月。

【分布与生境】分布于中国东北、西南、华北、华西，俄罗斯东部、朝鲜半岛、蒙古国。生于湿润林缘、灌丛中。

【价值】全草入药；茎、叶可提取栲胶；蜜源植物。

▲ 毛蕊老鹳草

老鹳草属 *Geranium*

鼠掌老鹳草 *Geranium sibiricum* L.

【形态特征】多年生草本，高 30~70cm。具 1 主根。茎倒伏，多分枝，略有倒生毛。叶对生，宽肾状五角形，长 3~6cm，宽 4~8cm，掌状 5 深裂。花单个腋生；花瓣淡紫色或白色，长近于萼片，倒卵形，基部微具毛；花柱不明显。萼片矩圆状披针形，边缘膜质。花果期 6~9 月。

【分布与生境】分布于中国东北、华北、西北、西南，欧亚大陆北部。生于杂草地、路旁、河岸及林缘。

【价值】全草入药；茎、叶可提取栲胶。

▲ 鼠掌老鹳草

老鹳草属 *Geranium*

线裂老鹳草 *Geranium soboliferum* Kom.

【形态特征】多年生草本，高 30~60cm。茎上部具疏毛，下部无毛，茎节不明显。叶 7 深裂达基部，裂片羽状分裂，小裂片线形，具缺刻或大的牙齿。花序具多数花，每花序柄长 4~8cm，具 2 花；花径 2~3cm；花梗果期直立，花紫红色；花柱短，为花柱分枝长的 1/3；花柄、萼片、蒴果具单毛，无腺毛。花果期 7~9 月。

【分布与生境】分布于中国东北，俄罗斯、朝鲜半岛。生于湿地、阔叶林下。

【价值】全草入药；茎、叶可提取栲胶。

▲ 线裂老鹳草

科 58　千屈菜科 Lythraceae

千屈菜属 *Lythrum*

千屈菜 *Lythrum salicaria* L.

【形态特征】多年生草本，高约 1m。宿根木质状。茎直立，多分枝，四棱形或六棱形。叶对生或 3 枚轮生，狭披针形，长 3.5~6.5cm，宽 1~1.5cm。总状花序顶生；花两性，数朵簇生于叶状苞片腋内；苞片线状披针形至卵形；花萼筒状，萼筒具 12 条细棱，被毛，裂片 6，三角形；花瓣 6，粉红色，雄蕊 12，6 长 6 短。花果期 7~9 月。

【分布与生境】分布于中国大部分地区，朝鲜半岛、蒙古国、俄罗斯、中亚、北美、大洋洲、非洲。生于湿地。

【价值】全草药用；绿化；蜜源植物。

▲ 千屈菜

菱属 *Trapa*

欧菱 *Trapa natans* L.

【形态特征】多年生水生草本。根生于水底泥中。茎多分枝，长 1~2m。叶 2 型，沉水叶羽状细裂，浮水叶集生于茎顶形成菱盘，叶片长 2.5~5cm，宽 3.5~6cm。萼片 4，全部演变成刺；花瓣 4，白色；雄蕊 4。果实高 1.5~2.0cm，有 4 个刺状角，肩角平伸或稍向上，先端急收缩为短尖；腰角稍向下倾或近平伸，先端渐尖，都有倒刺。花果期 7~9 月。

【分布与生境】分布于中国东北和俄罗斯。多生于湖泊静水中。

【价值】果可食；净化水体。

▲ 欧菱

菱属 *Trapa*

细果野菱（四角刻叶菱）*Trapa incisa* Sieb. et Zucc.

【形态特征】一年生水生草本。茎长 80~150cm。叶 2 型，沉水叶对生，羽状细裂，裂片丝状；浮水叶集生于茎顶形成菱盘；叶片长 1.5~2.5cm，宽 2~3cm，常有疏柔毛。花两性；花瓣 4，白色；雄蕊 4，花盘全缘，不裂。果实坚果状，三角形；肩角向上，纤细呈刺状；果喙圆锥状，无果冠，腰角较短，刺状，向下，无倒刺。花果期 7~9 月。

【分布】分布于中国东北至长江流域，朝鲜半岛、俄罗斯。多生于池塘中。

【价值】果实供食用或酿酒；净化水体。

* 国家二级重点保护野生植物。

▲ 细果野菱

科 59　柳叶菜科 Onagraceae

露珠草属 *Circaea*

高山露珠草 *Circaea alpina* L.

【形态特征】多年生草本，高 5~15cm。叶长 1~3.5cm，宽 1~2.5cm，边缘疏生粗锯齿及缘毛；上面疏被短柔毛，下面常带紫色。萼裂片 2，长 1~1.5mm，紫红色；花瓣白色。雄蕊 2，子房下位。果实棍棒状至倒卵球形，长 2~2.5mm。花果期 7~8 月。

【分布与生境】分布于中国大部分地区，北半球温带。生于高山林下潮湿地。

【价值】全草入药。

▲ 高山露珠草

露珠草属 *Circaea*

露珠草 *Circaea cordata* Royle

【形态特征】 多年生草本，高 40~60cm。植株密被柔毛和腺毛。叶狭至宽卵形，长 4~8cm、宽 2~6cm。总状花序不分枝或基部具分枝；萼裂片 2，绿色；花期反卷；花瓣白色，短于萼片；雄蕊 2；子房下位。果实倒卵状球形，长 2.5~3mm、宽 2.5mm。花果期 6~8 月。

【分布与生境】 分布于中国大部分地区，东南亚、俄罗斯、朝鲜半岛、日本。生于林下阴湿地。

【价值】 全草入药。

▲ 露珠草

露珠草属 *Circaea*

深山露珠草 *Circaea alpina* subsp. *caulescens* (Kom.)Tatew.

【形态特征】 多年生草本，高 10~30cm。具倒向弯曲短毛。叶狭至宽卵形，被短柔毛。总状花序；萼片白色，开花时反曲，花瓣红色或粉红色，倒卵形至阔倒卵形；蜜腺藏于花管之内。果实斜倒卵形至透镜形，2 室，具 2 种子。花果期 6~9 月。

【分布与生境】 分布于中国东北、华北、华东，俄罗斯、朝鲜半岛、日本。生在混交林下。

【价值】 全草入药。

▲ 深山露珠草

露珠草属 *Circaea*

水珠草 *Circaea canadensis* subsp. *quadrisulcata* (Maxim.) Boufford

【形态特征】多年生草本，高 40~80cm。茎无毛或稀疏生镰状毛。叶长 6~11cm、宽 2.5~8cm，边缘具稀疏的小锯齿。总状花序；花萼裂片 2，紫红色，花期反卷；花瓣白或粉红色，顶端缺刻，长为花瓣的 1/3。果实梨形至近球形，长 3.5mm、径约 3mm。花果期 7~9 月。

【分布与生境】分布于中国北部，蒙古国、俄罗斯、日本。生于河岸，山坡草地林下阴湿处。

【价值】全草入药；含鞣质。

▲ 水珠草

柳兰属 *Chamerion*

柳兰 *Chamerion angustifolium* (L.) Holub

【形态特征】多年生直立草本，高 0.5~1.5m。叶片披针形，长 8~23cm、宽 1~3.5cm，背面灰绿色，叶脉明显。两性花直径 1.5~2cm；萼片 4，花瓣 4；雄蕊 8；花柱弓状弯曲，柱头 4 裂；花柱下部具长柔毛。蒴果长 6~8cm；果熟后开裂，种子顶端有一簇白毛。花果期 6~9 月。

【分布与生境】分布于中国北部、西南、华西，北温带。生于山坡、湿地。

【价值】蜜源植物；饲料；药用。

▲ 柳兰

柳叶菜属 *Epilobium*

多枝柳叶菜 *Epilobium fastigiatoramosum* Nakai

【形态特征】多年生草本，高 20~70cm。茎多分枝，被较密弯曲短毛。叶狭椭圆形至椭圆状披针形，长 3~6cm、宽 5~10mm；全缘，具疏生曲柔毛。花单生于上部叶腋，花长 3.5~4mm；花瓣白色，有时略带红；子房密生白色弯曲短毛。蒴果长 4~7cm，沿棱线有毛。花果期 7~9 月。

【分布与生境】分布于中国东北和华北，东亚、印度。生于水湿地。

【价值】饲料；全草入药。

▲ 多枝柳叶菜

柳叶菜属 *Epilobium*

毛脉柳叶菜 *Epilobium amurense* Hausskn.

【形态特征】多年生草本，高 20~55cm。茎沿棱线密生糙毛。叶长 2~4cm、宽 1~2cm，边缘具前曲不整齐小牙齿，脉上与边缘有曲柔毛。花幼时下垂，长约 5mm；萼筒上部裂片间有簇生白色皱曲毛；花瓣呈淡玫瑰色。蒴果长 4~6cm。花果期 7~9 月。

【分布与生境】分布于中国东北、华北，朝鲜半岛、日本。生于水湿地。

【价值】饲料；全草入药。

▲ 毛脉柳叶菜

柳叶菜属 *Epilobium*

东北柳叶菜 *Epilobium ciliatum* Raf.

【形态特征】多年生草本，高 50~60cm。茎常具棱线；茎上部及分枝具较密的短柔毛。叶长 4~6cm、宽 1.5~2cm，边缘有绿色牙齿。花序被曲柔毛与腺毛；花瓣淡粉紫色。蒴果长 5~7cm，伏生稀疏短柔毛。花果期 7~10 月。

【分布与生境】分布于中国东北，俄罗斯、朝鲜半岛、美洲。生于水湿地。

【价值】蜜源植物。

▲ 东北柳叶菜

月见草属 *Oenothera*

月见草 *Oenothera biennis* L.

【形态特征】二年生草本，高 50~100cm。第一年基生莲座状叶，下一年开花。茎生叶，长 5~10cm、宽 1~2cm，两面疏生细毛。花单生于上部叶腋；萼筒长达 3cm，花期反卷；花瓣 4，长约 2cm；雄蕊 8；子房下位，柱头 4 裂。蒴果略 4 棱圆形，长 2~4cm，熟后 4 瓣裂。花果期 6~9 月。

【分布与生境】分布于中国大部分地区，北美洲、欧洲。生于向阳荒野。

【价值】药用；酿酒；制油；纤维；蜜源植物。

▲ 月见草

科 60　无患子科 Sapindaceae

槭属 *Acer*

花楷槭 *Acer ukurunduense* Trautv. & C. A. Mey.

【形态特征】落叶乔木。树皮粗糙，片状剥裂；幼枝紫色，被黄色柔毛。芽扁，长卵形，深紫色。叶圆形，5（7）深裂，边缘具粗锯齿，下面密生淡黄色绒毛，脉上更密。总状圆锥花序顶生；花杂性，雌雄异株；萼片 5；花瓣 5；子房密被绒毛。翅果幼时淡红色，熟时黄褐色；两翅成直角。花期 5 月，果期 9 月。

【分布与生境】分布于中国东北等地，俄罗斯、朝鲜半岛、日本。生于疏林中。

【价值】小器具用材；种子含油；绿化树种。

▲ 花楷槭

槭属 *Acer*

青楷槭 *Acer tegmentosum* Maxim.

【形态特征】落叶乔木。树皮平滑，灰绿色，有黑色条纹；当年幼枝紫色。芽椭圆形，紫褐色。单叶对生；叶片近圆形或卵形，5 裂，裂片三角形，边缘具钝尖重锯齿，脉腋具淡黄色簇生毛。总状花序顶生；花杂性；萼片 5；花瓣 5，淡绿色；雄蕊 8；子房无毛。翅果卵圆形，翅开展角度约 140° 。花期 5 月，果期 9 月。

【分布与生境】分布于中国东北，俄罗斯、朝鲜半岛。生于疏林中。

【价值】小型器具用材；人造纤维和造纸；种子含油；绿化树种。

▲ 青楷槭

槭属 *Acer*

茶条槭 *Acer tataricum* subsp. *ginnala* (Maxim.) Wesmael

【形态特征】落叶灌木或小乔木，树皮浅纵裂；小枝紫红色。单叶对生，卵状三角形，边缘具不规则的重锯齿。伞房花序顶生，花杂性，黄白色；萼片5，边缘具柔毛；花瓣5；雄蕊8，较花瓣长；子房密被长柔毛。翅果长圆形，具细脉纹，果翅常带红色，翅果开展成锐角或近直角。花期5~6月，果期9月。

【分布与生境】分布于中国东北、华北、西北等地，俄罗斯、日本、朝鲜半岛、蒙古国。生于山坡、路旁，喜生于向阳地。

【价值】优质木材；人造纤维；造纸；绿化树种；蜜源植物。

▲ 茶条槭

槭属 *Acer*

色木槭 *Acer pictum* Thunb.

【形态特征】落叶大乔木。小枝无毛。冬芽近球形。单叶对生；掌状 5 裂，稀 3（7）裂，裂片三角状卵形，先端长渐尖，基部心形或近心形，平滑无毛，脉腋具簇生毛，基脉 5。伞房花序顶生，花杂性；萼片 5；花瓣 5，白色；雄蕊 8；子房无毛。翅果淡黄褐色，卵圆形，翅较果核长 1.5~2 倍。花期 5 月，果期 9 月。

【分布与生境】分布于中国东北、华北、华东、西北，俄罗斯、日本、朝鲜半岛、蒙古国。生于杂木林中、林缘及河岸两旁。

【价值】供制高级家具、车辆、胶合板、乐器等；树皮造纸；种子榨油供工业或食用；绿化树种。

▲ 色木槭

科 61　芸香科 Rutaceae

白鲜属 *Dictamnus*

白鲜（八股牛）*Dictamnus dasycarpus* Turcz.

【形态特征】多年生草本。全株有强烈香气。根肉质粗长，淡黄白色，幼嫩部分被柔毛及凸起油腺点。茎直立，基部木质。奇数羽状复叶互生，椭圆形，基部楔形，无柄，具细锯齿，上面密被油腺点，沿脉被毛。总状花序顶生；花大，白色或淡紫色。蒴果 5 室，成熟时 5 裂，裂瓣顶端具尖喙，密被黑色腺点及白色柔毛。种子近球形，黑色。花期 5 月，果期 8~9 月。

【分布与生境】分布于中国东北至西北、华东，朝鲜半岛、蒙古国、俄罗斯。生于山坡、林下、林缘或草甸。

【价值】根皮入药。

▲ 白鲜

▲ 黄檗

黄檗属 *Phellodendron*

黄檗 *Phellodendron amurense* Rupr.

【形态特征】落叶乔木，高 10~20m。老树树皮木栓层较厚，浅灰或灰褐色，内皮鲜黄色，味苦，小枝棕褐色。奇数羽状复叶对生；下面基部中脉两侧密被长柔毛，后脱落。花小，雌雄异株，排成顶生聚伞状圆锥花序。果为浆果状核果，黑色，有特殊香气与苦味。种子半卵形，黑色。花期 5~6 月，果期 9~10 月。

【分布与生境】分布于中国东北、华北。生于针阔叶混交林中或河谷沿岸。

【价值】上等家具、造船、胶合板及航空工业用材；木栓层可做软木塞；树皮入药；种子含油；叶和果实可制农药；蜜源植物。

*** 国家二级重点保护野生植物。**

▲ 黄檗

科 62　锦葵科 Malvaceae

椴树属 *Tilia*

紫椴 *Tilia amurensis* Rupr.

【形态特征】乔木，高 25m。小枝初具白色或浅红色星状毛，渐无毛。叶阔卵形或卵圆形。聚伞花序纤细，长 3~5cm，具 3~20 花；萼片阔披针形；子房有毛。果实卵圆形，具 5 棱或不明显的棱。外果皮厚革质，脆弱，不开裂。花期 7 月。

【分布与生境】分布于中国东北，俄罗斯、朝鲜半岛。生于山坡、阔叶红松林中。

【价值】树皮纤维可制麻袋；木材可制胶合板、家具、火柴杆等；花可入药；果实可榨油；树冠大而优美，绿化树种；蜜源植物。

*** 国家二级重点保护野生植物。**

▲ 紫椴

椴树属 *Tilia*

辽椴（糠椴）*Tilia mandshurica* Rupr. et Maxim.

【形态特征】乔木，高 20m。小枝幼时被灰白色星状茸毛。叶卵圆形，侧脉 5~7 对，边缘齿芒状，下面密被星状毛。聚伞花序，有花 6~12 朵，长 6~9cm；退化雄蕊花瓣状；子房被星状茸毛。果实球形，有时具瘤，具 5 棱。花期 7 月，果期 9 月。

【分布与生境】分布于中国东北、华北、华东地区，东亚、俄罗斯。生于山间沟谷及杂木林中。

【价值】树皮纤维可制麻袋；木材可制胶合板、家具、火柴杆等；花可入药；果实可榨油。

▲ 辽椴

木槿属 *Hibiscus*

野西瓜苗 *Hibiscus trionum* L.

【形态特征】一年生直立或平卧草本。茎细弱，具白色星状毛。叶二型，下部叶圆形，不分裂，上部叶掌状 3~5 深裂。花单生于叶腋；小苞片 12，线形，基部合生；花萼钟形，膨大，膜质；花淡黄色，中央紫色。蒴果长圆状球形。花期 7~10 月。

【分布与生境】世界广布。生于田间。

【价值】全草入药；种子可榨油。

▲ 野西瓜苗

锦葵属 *Malva*

锦葵 *Malva cathayensis* M. G. Gilbert, Y. Tang & Dorr

【形态特征】二年或多年生草本，具硬毛。叶圆心形或肾形。花 3~11 朵腋部簇生；小苞片 3，长圆形；花萼杯形，宽三角形；花紫红色或白色，直径 3~5cm。蒴果扁圆形，分果爿 9~11。花期 5~10 月。

【分布与生境】分布于中国各地，印度、蒙古国、俄罗斯远东地区及欧洲。生于田间、路旁、地边和住宅附近。

【价值】观赏花卉。

▲ 锦葵

锦葵属 *Malva*

野葵 *Malva verticillata* L.

【形态特征】二年生草本，高达 1m。茎疏具星状长柔毛。叶肾形或圆形，5~7 浅裂。花 3 至多朵簇生于叶腋；小苞片裂片线状披针形；萼杯状；花冠淡白色至淡红色。裂果扁球形，分果爿 10~12。花期 3~11 月。

【分布与生境】分布于中国各地，东南亚及欧洲。生于丘陵和平原。

【价值】嫩叶可食；种子入药。

▲ 野葵

苘麻属 *Abutilon*

苘麻 *Abutilon theophrasti* Medikus

【形态特征】一年生亚灌木状草本。叶圆心形，边缘具微圆齿。花单生于叶腋；花萼杯状，裂片 5，卵形；花黄色。蒴果半球形，分果爿 15~20，顶端具长芒 2，芒开展，长 3 ~5mm。花期 7~8 月。

【分布与生境】世界广布。生于路旁、荒地和田野间。

【价值】纤维、工业原料；全草药用。

▲ 苘麻

科 63 十字花科 Brassicaceae

花旗杆属 *Dontostemon*

花旗杆（齿叶花旗杆）*Dontostemon dentatus* (Bunge) Ledeb.

【形态特征】二年生草本，高 10~60cm。植株散生白色曲毛，叶边缘有数个疏牙齿。总状花序顶生或腋生；萼片具白色膜质边缘；花瓣淡紫色，倒卵形，基部具爪。长角果长圆柱形或狭线形，无毛，直伸，直立或稍斜展。种子棕色，长椭圆形。花果期 5~8 月。

【分布与生境】分布于中国北部，俄罗斯、朝鲜半岛、日本。生于石砾质山地、路旁。

【价值】具生态价值。

▲ 花旗杆

南芥属 *Arabis*

硬毛南芥 *Arabis hirsuta* (L.) Scop.

【形态特征】一年生或二年生草本，高 30~90cm。全株被有硬单毛、2~3 叉毛、星状毛及分枝毛。茎生叶多数，常贴茎，叶片长 2~5cm，宽 7~13mm，顶端钝圆，边缘具浅疏齿。萼片长椭圆形，顶端锐尖，背面无毛；花瓣顶端钝圆，基部呈爪状；柱头头状不分裂或稍分裂，宿存于长角果顶端，长雄蕊基部有蜜腺。花果期 5~7 月。

【分布与生境】分布于中国东北、华北。生于草原、山坡。

【价值】具生态价值。

▲ 硬毛南芥

葶苈属 *Draba*

葶苈 *Draba nemorosa* L.

【形态特征】一年或二年生草本，高 5~45cm。茎下部密生单毛。茎生叶边缘有细齿。总状花序有花 25~90 朵，密集成伞房状，花后显著伸长、疏松，小花梗细，花瓣黄色后期成白色。短角果长圆形或长椭圆形，被单毛，长 4~10mm，宽 1.1~2.5mm，每室有多粒种子。花期 3~4 月，果期 5~6 月。

【分布与生境】分布于北温带地区。生于山坡草地及湿地。

【价值】种子含油可供制皂工业用；幼苗可食。

▲ 葶苈

播娘蒿属 *Descurainia*

播娘蒿 *Descurainia sophia* (L.) Webb ex Prantl

【形态特征】一年生草本，高 20~80cm。茎下部毛多，向上毛渐少或无毛。叶长 6~19cm，宽 4~8cm，3 回羽状深裂，小裂片线形或长圆形。萼片淡黄色，长圆状线形；花瓣黄色，长圆状倒卵形，基部具爪，雄蕊比花瓣长。长角果圆筒状，长 2.5~3cm，种子浸润后带黏性。花果期 4~6 月。

【分布与生境】分布于亚洲、欧洲、非洲及北美洲。生于山坡、田野。

【价值】晒干种子入药；幼苗和嫩茎叶可食。

▲ 播娘蒿

独行菜属 *Lepidium*

独行菜（腺独行菜）*Lepidium apetalum* Willd.

【形态特征】一年或二年生草本，高 5~30cm。茎、分枝、花轴上有棍棒状短柔毛。基生叶一回羽状分裂，长 3~5cm，宽 1~1.5cm；茎生叶一般基部较宽，无柄。萼片卵形，早落；花瓣不存或退化成丝状，比萼片短。短角果近圆形或宽椭圆形，上部有短翅，每室有 1 粒种子，种子无透明边缘。花果期 5~7 月。

【分布与生境】分布于中国各地，俄罗斯、亚洲其他区域。生于山沟、路旁及村庄附近。

【价值】嫩叶食用；种子可榨油；全草及种子药用。

▲ 独行菜

独行菜属 *Lepidium*

密花独行菜（独行菜）*Lepidium densiflorum* Schrad.

【形态特征】一年生草本，高 10~30cm。茎、分枝、花轴上有棍棒状短柔毛。基生叶长 1.5~3.5cm，宽 5~10cm，基部渐狭，羽状分裂，边缘有不规则深锯齿；茎生叶基部多渐狭为柄。总状花序有多数密生花，果期伸长；短角果圆状倒卵形，微缺，有翅。种子有极狭的透明白边。花果期 5~7 月。

【分布与生境】分布于中国东北，北美、欧洲、亚洲东部。生于砂地、路旁及海滨。

【价值】归化植物。

▲ 密花独行菜

山芥属 *Barbarea*

山芥（山芥菜）*Barbarea orthoceras* Ledeb.

【形态特征】二年生草本，高 25~60cm。基生叶及茎下部叶大头羽状分裂，叶长 4~11cm；茎上部叶较小，宽披针形或长卵形，边缘具疏齿。总状花序顶生，初密集，花后延长；萼片椭圆状披针形。种子在长角果中排列成 1 行，长角果线状四棱形，长 2~3.5cm，宽 1~1.2mm，幼果明显四棱形。花果期 5~8 月。

【分布与生境】分布于中国东北、内蒙古及新疆，俄罗斯、亚洲东部其他区域。生于草甸、河岸、溪谷河滩湿草地及山地潮湿处。

【价值】具生态价值。

▲ 山芥

碎米荠属 *Cardamine*

白花碎米荠 *Cardamine leucantha* (Tausch) O. E. Schulz

【形态特征】多年生草本，高达 80cm。全株密被短毛。茎表面有细棱。小叶 5 枚，稀为 7 枚，长 3.5~10cm，侧生小叶与顶生小叶近等大。无地上匍枝而有地下白色匍枝。总状花序花后伸长；花梗细弱，花轴及花梗有毛，萼片边缘膜质；花瓣白色，长圆状倒卵形，基部渐狭；果线型，果瓣散生柔毛，毛易脱落。花果期 4~7 月。

【分布与生境】分布于中国东北、华北、华东、西北，日本、朝鲜半岛、俄罗斯。生于山坡、水湿地。

【价值】全草晒干代茶叶；嫩苗可食。

▲ 白花碎米荠

碎米荠属 *Cardamine*

草甸碎米荠 *Cardamine pratensis* L.

【形态特征】多年生草本，高 15~40cm。根状茎短，密生短的纤维状须根。茎表面有沟棱。基生叶有细长的叶柄，疏生短柔毛，叶具小叶 9~19；茎生小叶长 3~13mm，宽 0.5~1.5mm。总状花序顶生，着生花 10 余朵，花梗细；花瓣倒卵状楔形，顶端圆，基部楔形渐狭，长 7~9mm。长角果线形，果梗斜升开展。花果期 6~8 月。

【分布与生境】分布于中国黑龙江、内蒙古、西藏，亚洲、欧洲、美洲。生于草原、林区、水湿地。

【价值】具观赏价值；嫩叶可食。

▲ 草甸碎米荠

碎米荠属 *Cardamine*

浮水碎米荠 *Cardamine prorepens* Fisch. ex DC.

【形态特征】多年生草本，高 10~30cm。根状茎匍匐状延伸。叶羽状全裂或奇数羽状复叶；叶形多变化，小叶 5~9，顶小叶通常稍大于侧小叶，长 1~4cm、宽 0.7~2.5cm。花序总状或复总状，具 8~20 朵；萼片广卵形或卵形，边缘膜质。长角果线形，长 2~4cm、宽 1.3~2mm；果梗直立开展。花果期 6~8 月。

【分布与生境】分布于中国黑龙江、内蒙古、吉林，朝鲜半岛、俄罗斯。生于林内及水湿地。

【价值】嫩叶可食。

▲ 浮水碎米荠

碎米荠属 *Cardamine*

水田碎米荠 *Cardamine lyrata* Bunge

【形态特征】多年生草本，高 20~50cm，全株无毛。茎直立上升，生于匍匐茎上的叶为单叶，小叶 5~9 枚，顶生小叶长 8~25mm，侧小叶显著小于顶小叶。总状花序具花 10~20 朵；花瓣白色，倒卵形，无爪，先端截平或微凹，基部楔形渐狭。长角果线形；果梗水平开展。花果期 4~7 月。

【分布与生境】分布于中国东北、华北、华东、华中，俄罗斯、亚洲东部。生于水湿地、水田。

【价值】幼嫩茎叶可食。

▲ 水田碎米荠

碎米荠属 *Cardamine*

细叶碎米荠 *Cardamine trifida* (Lam. ex Poir.) B. M. G. Jones

【形态特征】多年生草本，高 10~30cm。植株具短根茎及地下小球茎，根状茎短。茎生叶着生于茎中部以上，全部小叶均成线状披针形，顶端短尖，长 9~45mm、宽 1~6mm。总状花序顶生，花较密集，果时花序轴伸长；花瓣蔷薇色，倒卵状楔形，基部渐窄成爪。长角果线形。花果期 5~7 月。

【分布与生境】分布于中国黑龙江、吉林、内蒙古，朝鲜半岛、俄罗斯。生于林下、林间及湿地。

【价值】早春花卉。

▲ 细叶碎米荠

蔊菜属 *Rorippa*

风花菜 *Rorippa globosa* (Turcz. ex Fisch. & C. A. Mey.) Hayek

【形态特征】一年或二年生草本，高 20~80cm。茎下部被白色长毛。下部叶具柄，上部叶无柄，叶长 5~15cm，两面被疏毛。总状花序多数，顶生或腋生，圆锥状排列，无苞片；花具长梗；萼片长卵形；花瓣黄色，倒卵形。短角果球形，径 1~2mm，成熟时 2 瓣裂；果梗长 7~9mm；子房 2 室。花期 4~6 月，果期 7~9 月。

【分布与生境】中国广布，俄罗斯也有分布。生于荒野。

【价值】嫩叶可食。

▲ 风花菜

蔊菜属 *Rorippa*

沼生蔊菜 *Rorippa palustris* (L.) Besser

【形态特征】一年或二年生草本，高 20~50cm。茎下部常带紫色，具棱。基生叶丛生多数，具柄；叶片大头羽状深裂，长圆形至狭长圆形顶端裂片较大；茎生叶向上渐小。总状花序顶生或侧生，果期伸长，花小多数，花瓣黄色，与萼片近相等，具纤细花梗。短角果椭圆形或近圆柱形，果梗长 5~10mm。花果期 4~8 月。

【分布与生境】分布于中国大部分地区，北半球温暖地区。生于荒野。

【价值】嫩叶可食。

▲ 沼生蔊菜

蔊菜属 *Rorippa*

山芥叶蔊菜 *Rorippa barbareaefolia* (DC.) Kitag.

【形态特征】一或二年生草本，高 15~80cm。植株下部具白色长柔毛，上部毛渐少。单叶互生，羽状分裂，边缘具不整齐锯齿，具叶柄；茎上部叶裂片边缘裂齿稍浅。总状花序生于枝顶，密集成圆锥状，花小，黄色；花瓣倒卵形；果为广椭圆形，长 4~5mm，果梗长 8~12mm，子房 4 室。花果期 6~8 月。

【分布与生境】分布于中国东北地区，俄罗斯。生于林边路旁、河岸及潮湿地。

【价值】具生态价值。

▲ 山芥叶蔊菜

糖芥属 *Erysimum*

小花糖芥（桂竹糖芥）*Erysimum cheiranthoides* L.

【形态特征】一年生草本。高 15~50cm。茎通常上部分枝。基生叶莲座状，茎生叶线形或披针形，先端急尖，基部楔形，边缘具深波状疏齿或全缘，两面具 3 叉状毛。总状花序顶生，花小，浅黄色，花瓣长达 5mm，倒卵圆形；花梗长于萼片。长角果小，长 1.3~1.5cm。花果期 5~6 月。

【分布与生境】分布于中国大部分地区，蒙古国、朝鲜半岛、欧洲、非洲及北美洲。生于荒野。

【价值】具生态价值。

▲ 小花糖芥

▲波齿糖芥

糖芥属 *Erysimum*

波齿糖芥 *Erysimum macilentum* Bunge

【形态特征】二年或多年生草本，高 30~60cm。茎直立，稍有棱角。基生叶莲座状，叶片椭圆状长圆形，长 4~6cm、宽 3~10mm，顶端圆钝有小凸尖，基部渐狭；叶柄长 1~1.5cm；茎生叶略似基生叶。总状花序，下部花有线形苞片；萼片长圆形；花瓣鲜黄色，倒卵形，顶端圆形，具长爪。花柱长 0.5~1.5mm。果梗粗，长约 1cm；种子长圆形，褐色。花果期 6~8 月。

【分布与生境】分布于中国黑龙江、新疆、西藏，欧洲及亚洲温带。生于高山草地。

【价值】具生态价值。

拟南芥属 *Arabidopsis*

叶芽拟南芥 *Arabidopsis hulleri* subsp. gemmifera (Matsum.) O'Kane & Al-Shehbaz

【形态特征】多年生草本，高 10~30cm。主根圆锥状，具须根。基生叶卵形或倒披针形，基部两侧具小裂片 2~4 对，顶端裂片最大，边缘全缘或有不规则的羽状分裂；茎生叶长圆形或披针形，边缘全缘或具钝齿，表面近光滑，背面沿叶脉被单毛。总状花序顶生或腋生；萼片长椭圆形，背面近无毛；花瓣白色，倒卵形，下部呈短爪；花柱短，柱头头状。花果期 6~8 月。

【分布与生境】分布于中国黑龙江、吉林等地，朝鲜半岛、日本、 俄罗斯及北美洲北部。生于高山干燥砂砾质山坡。

【价值】具生态价值。

▲叶芽拟南芥

荠属 *Capsella*

荠 *Capsella bursa-pastoris* (L.) Medik.

【形态特征】一年或二年生草本，高 10~40cm。基生叶丛生呈莲座状，顶裂片卵形至长圆形，茎生叶长圆形或披针形，长 1~3cm、宽约 0.5mm。总状花序初期伞形，后显著伸长，花白色，稀粉红色。短角果倒卵形或倒心状三角形，每室有多数种子。种子长约 1mm。花果期 4~6 月。

【分布与生境】遍布中国，温带地区广布。生于山坡、田边及路旁。

【价值】茎叶作蔬菜食用。

▲荠

垂果南芥属 *Catolobus*

垂果南芥 *Catolobus pendula* (L.) Al-Shehbaz

【形态特征】多年生草本，高 15~120cm。主根圆锥状，黄白色。全株被硬单毛，杂有 2~3 分叉星状毛。茎生叶长椭圆形或披针形，长 4~16cm、宽 1.5~6.5cm，基生叶非羽状深裂。萼片短于花瓣，有分歧毛；总状花序花多数，无苞片；花瓣 4，白色，稀粉色，匙形。长角果下垂。花果期 6~10 月。

【分布与生境】分布于中国大部分地区，亚洲。生于林缘、灌丛、河岸及路边杂草地。

【价值】幼株可食。

▲ 垂果南芥

▲ 菥蓂

菥蓂属 *Thlaspi*

菥蓂（遏蓝菜）*Thlaspi arvense* L.

【形态特征】一年生草本，高 9~60cm。全株无毛。茎具棱。茎生叶倒卵状长圆形，先端圆钝或急尖，基部抱茎，两侧箭形；基生叶长 3~5cm，宽 1~1.5cm，长圆形或长圆状披针形，先端钝。总状花序顶生，花白色。短角果倒卵形或近圆形，每室有 2 至多数种子。花期 3~4 月，果期 5~6 月。

【分布与生境】分布于中国各地，亚洲其他区域、欧洲、非洲北部。生于荒野。

【价值】全草入药；嫩苗可食；种子可榨油。

芝麻菜属 *Eruca*

芝麻菜（臭菜）*Eruca vesicaria* subsp. *sativa* (Mill.) Thell.

【形态特征】一年生草本，高 20~50cm。叶肉质，基生叶及下部叶大头羽状，全缘；上部叶顶裂片卵形，侧裂片长圆形。总状花序有多数疏生花，花瓣黄色，后变白色，有明显紫色脉纹，短倒卵形。柱头小，二浅裂，裂片靠合，中间只有一条缝痕。长角果喙剑形。种子成 2 行排列。花期 5~6 月，果期 7~8 月。

【分布与生境】分布于中国北部、西南，欧洲、亚洲、非洲、北美洲。生于荒地及湿地。

【价值】茎叶作蔬菜食用；可作饲料；种子可榨油。

▲ 芝麻菜

大蒜芥属 *Sisymbrium*

钻果大蒜芥 *Sisymbrium officinale* (L.) Scop.

【形态特征】一年生或二年生草本，高 30~60cm。茎上部分枝，枝开展。茎下部叶大头深羽裂，长 3~9cm，顶生裂片宽长圆形；茎上部的叶柄渐短，叶渐小；下面均被长硬单毛，脉上毛多。萼片直立；花瓣黄色，倒卵状楔形。长角果钻形，长 1~1.5cm，紧贴果序轴；角果与果柄均被短柔毛。花果期 5~6 月。

【分布与生境】分布于中国东北、内蒙古、西藏，俄罗斯远东地区、欧洲、非洲、北美。生于杂草或耕地。

【价值】具生态价值。

▲钻果大蒜芥

▲ 百蕊草

科 64　檀香科 Santalaccac

百蕊草属 *Thesium*

百蕊草（百乳草）*Thesium chinense* Turcz.

【形态特征】多年生草本，高 15~45cm。根具主轴。下部分枝，上部多头；叶条形，长 1.5~4.5cm、宽 1~2mm，具一条叶脉。圆锥花序，花单朵腋生。苞片 3，1 大 2 小；花被绿白色，长 2~3mm，下部合生成筒状钟形，顶端具 5 浅裂；雄蕊 5；子房下位，花柱短。坚果近球形，径约 2mm。花果期 5~7 月。

【分布与生境】分布于中国大部分地区，俄罗斯、朝鲜半岛、日本。生于稍干燥的林缘、草坡。

【价值】全草入药。

槲寄生属 *Viscum*

槲寄生（冬青）*Viscum coloratum* (Kom.) Nakai

【形态特征】半寄生常绿小灌木，高约 30~100cm。枝圆柱形，叉状分枝，节间长 7~12cm。叶对生，长 3~8cm、宽 7~15mm，生于枝顶，无柄，革质略肉质，雌雄异株，花簇生，苞杯状；浆果球形，径 5~7mm，淡黄色或橙红色，果皮内富有黏液。种子扁平、绿色，有胚乳。花期 4~5 月，果期 9~10 月。

【分布与生境】分布于中国大部分地区，俄罗斯、朝鲜半岛、日本。寄生于多种阔叶树上。

【价值】全株入药。

▲ 槲寄生

科 65　蓼科 Polygonaceae

萹蓄属 *Polygonum*

萹蓄（扁竹蓼）*Polygonum aviculare* L.

【形态特征】一年生草本。茎自基部分枝，分枝平卧、上升，具纵沟纹，浅绿色。叶具短柄，狭椭圆形，先端急尖，基部渐狭，全缘，无毛，通常灰绿色；托叶鞘膜质，先端呈撕裂状细裂，茎下部淡褐色，茎上部常白色透明。花 1~7 簇生于叶腋。花被淡绿色，5 中至深裂，裂片边缘白色。雄蕊 8，内藏，花丝基部扩大；花柱 3，柱头头状。小坚果卵形，具 3 棱，黑色，密生小点，无光泽顶端露出宿存花被外。花果期 5~9 月。

【分布与生境】分布于中国各地，北温带。生于田边，沟边路边及湿地。

【价值】全草药用。

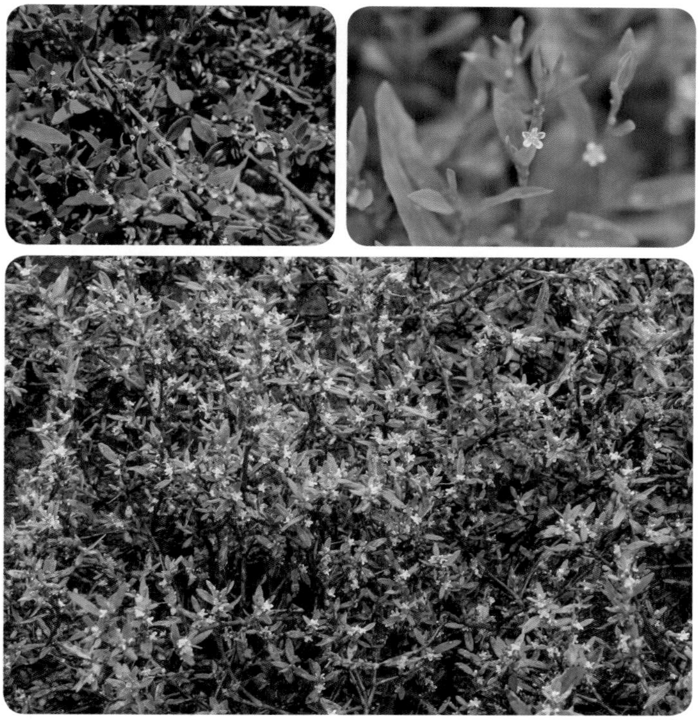

▲萹蓄

萹蓄属 *Polygonum*

习见萹蓄 *Polygonum plebeium* R. Br.

【形态特征】一年生草本。茎平卧，自基部分枝，长 10~40cm，具纵棱。叶狭椭圆形或倒披针形，长 0.5~1.5cm，宽 2~4cm，顶端钝或急尖，基部狭楔形，两面无毛，侧脉不明显；叶柄极短或近无柄；托叶鞘膜质，白色透明，花 3~6 朵，簇生于叶腋；苞片膜质；花梗中部具关节，比苞片短；花被 5 深裂；花被片长椭圆形，绿色，背部稍隆起，边缘白色或淡红色，长 1~1.5mm；雄蕊 5；花柱 3，极短，柱头头状。花果期 5~9 月。

【分布与生境】分布于除西藏外的中国各地，日本、印度、大洋洲、欧洲及非洲。生于田边、路旁、水边湿地。

【价值】具生态价值。

▲习见萹蓄

拳参属 *Bistorta*

耳叶蓼（拳参）

***Bistorta manshuriensis* Kom.**

【形态特征】多年生草本，高 50~120cm。茎不分枝，有细条纹，具 8~9 节。基生叶长达 15cm、宽 2~3cm，有长柄；茎中上部叶无柄抱茎，具明显叶耳。穗状花序顶生，长 4~9cm、径 1~1.6cm；苞椭圆形，膜质，先端渐尖，具短尖头，背脊淡褐色，边缘半透明。花被粉红色，5 深裂；雄蕊 8；花柱 3，柱头头状。小坚果卵形，具 3 棱，长约 3mm。花果期 6~8 月。

【分布与生境】分布于中国东北，蒙古国、俄罗斯。生于沟塘草甸。

【价值】根茎入药。

▲耳叶蓼

▲刺蓼

蓼属 *Persicaria*

刺蓼 *Persicaria senticosa* (Meisn.) H. Gross ex Nakai

【形态特征】一年生草本，长 1~1.5m。茎蔓延或上升，有倒生钩刺。叶片长 4~8cm、宽 3~7cm，下面沿脉具倒生钩刺。头状花序，生枝顶和上部叶腋，花序梗密被短腺毛和柔毛。花被 5 深裂，淡红色，长 3~4mm；雄蕊 8，与花被近等长；花柱 3，下部合生。瘦果近球形，长 2.5~3mm，包于宿存花被内。花果期 6~9 月。

【分布与生境】分布于中国东北、华北、华东、中南、西南，日本、朝鲜半岛。生于山谷、沟边及林下。

【价值】全草入药。

蓼属 *Persicaria*

扛板归 *Persicaria perfoliata* (L.) H.Gross

【形态特征】一年生蔓性草本。茎沿棱具倒生钩刺。叶三角形，长 2~8cm、宽 2~5cm，托叶鞘平展成贯穿叶状，圆形。花苞宽卵形，内具 2~4 花。花被白色或粉红色，长约 2.5mm，5 深裂，果期增大；雄蕊 8，内藏；花柱 3，中部以下合生，柱头头状。小坚果球形，径 3~4mm。黑色，有光泽，包藏于蓝色肉质的宿存花被中。花果期 7~9 月。

【分布与生境】分布于中国大部分地区，东亚、南亚、东南亚广布。生于荒野。

【价值】全草入药。

▲扛板归

蓼属 *Persicaria*

红蓼（东方蓼）*Persicaria orientalis* (L.) Spach

【形态特征】 一年生草本，高 0.5~2m。全株被长毛。叶长 3~20cm、宽 1~12cm。托叶鞘杯状，先端绿色。穗状花序顶生和腋生，组成疏松的圆锥花序；苞鞘状，宽卵形，内含 1~5 花；花被紫红色，雄蕊 7，花柱 2，柱头头状。小坚果近圆形，两面扁平而中部微凹，先端具短尖头，长约 3mm。花果期 6~9 月。

【分布与生境】 分布于中国各地，蒙古国、俄罗斯、日本、南亚、东南亚、大洋洲。生于荒野。

【价值】 具药用价值。

▲红蓼

蓼属 *Persicaria*

箭叶蓼 *Persicaria sagittata* var. *sieboldii* (Meisn.) Nakai

【形态特征】一年生蔓生或半直立草本，长 20~100cm。茎四棱形，沿棱具倒生钩刺。叶长 1.5~9cm、宽 0.5~2.5cm，下面沿中脉具小钩刺；托叶鞘筒状或漏斗状，顶端渐尖。聚伞状圆锥花序，分枝顶端着生由 2~7 花组成的头状花序；苞长卵形，先端急尖，背脊绿色。花梗无毛，花被 5 深裂；雄蕊 8，内藏；花柱 3，基部合生。小坚果卵形，长 1.8~3mm。花果期 7~9 月。

【分布与生境】分布于中国大部分地区，朝鲜半岛、日本。生于荒野。

【价值】全草入药。

▲ 箭叶蓼

蓼属 *Persicaria*

两栖蓼 *Persicaria amphibia* (L.) Gray

【形态特征】多年生草本，具水陆两种生态型。生于水中者，茎叶漂浮，节部生不定根。叶长 5~12cm、宽 2.5~4cm，具长柄。陆生者茎直立或斜升，被长硬毛；叶长 5~14cm、宽 1~2cm，叶柄短或近无，总状花序呈穗状，长 2~4cm、径 1~1.5cm，挺出水面。苞片宽漏斗状，内含 3~4 花；花被 5 深裂，淡红色，长约 4mm。雄蕊通常 5；花柱 2，比花被长。瘦果长约 2.5mm。花果期 7~9 月。

【分布与生境】分布于中国大部分地区，北半球温带。生于水边、湿地。

【价值】全草入药；饲料。

▲ 两栖蓼

蓼属 *Persicaria*

尼泊尔蓼 *Persicaria nepalensis* (Meisn.) H. Gross

【形态特征】一年生草本，高 15~60cm。茎直立，自基部多分枝。茎下部叶卵形，长 3~5cm，宽 2~4cm。托叶鞘筒状。花序头状，苞片卵状椭圆形，每苞内具 1 花；雄蕊 5~6，花药暗紫色；花柱 2，下部合生，柱头头状。瘦果宽卵形，双凸镜状，黑色，密生洼点。花果期 7~9 月。

【分布与生境】分布于除新疆外的中国各地，亚洲温带和热带、非洲。生于水湿地，田野。

【价值】全草入药；优质饲料。

▲ 尼泊尔蓼

蓼属 *Persicaria*

水蓼（水蓼吊子） *Persicaria hydropiper* (L.) Spach

【形态特征】一年生草本，高 30~60cm。茎直立或斜升。叶具短柄，长 3~7cm、宽 5~15mm，两面具腺点，边缘具缘毛；托叶鞘筒状，先端截形，具短睫毛。花序穗状，长 4~7cm，略下垂，花簇疏离，下部间断。花被淡绿色或粉红色，具腺点，花柱 2~3，柱头头状。小坚果卵形，长 2~3mm，通常双凸镜状。花果期 7~9 月。

【分布与生境】分布于中国各地，北半球温带和亚热带。生于山谷，湿地。

【价值】全草入药。

▲ 水蓼

蓼属 *Persicaria*

酸模叶蓼 *Persicaria lapathifolia* (L.) Delarbre

【形态特征】一年生草本，高 20~170cm。茎常具紫红色斑点。叶长 4.5~15cm、宽 0.5~3cm，下面具腺点，沿主脉贴生粗硬刺毛，边缘全缘，具刺毛；叶柄短，散生粗硬刺毛，托叶鞘筒状无毛。圆锥花序由数个花穗组成；苞漏斗状。花被粉红色，4~5 深裂；雄蕊通常 6，内藏；花柱 2，柱头头状。小坚果宽椭圆形，长 2~3mm，两面扁平。花果期 6~10 月。

【分布与生境】分布于中国各地，欧亚大陆、北非、大洋洲。生于荒野。

【价值】果实入药。

▲ 酸模叶蓼

蓼属 *Persicaria*
春蓼 *Persicaria maculosa* Gray

【形态特征】一年生草本，高 20~60cm。叶长 2~11cm、宽 0.2~2cm，主脉、叶缘和叶柄被硬刺毛；托叶鞘先端截形，具长缘毛。穗状花序组成圆锥状；苞漏斗状，长约 1.5mm，紫红色；花被粉红色或白色；雄蕊 6，内藏；花柱 2~3，向外弯曲，基部合生，柱头头状。花果期 7~9 月。

【分布与生境】分布于中国东北和华北，蒙古国、俄罗斯远东地区、欧洲、北美。生于田野。

【价值】牧草。

▲ 春蓼

蓼属 *Persicaria*
香蓼（粘毛蓼）*Persicaria viscosa* (Buch.-Ham. ex D. Don) H. Gross ex Nakai

【形态特征】一年生草本，高 50~120cm。全株密被开展的长毛，兼有短腺毛。叶长 2.5~15cm、宽 1~4cm。叶柄长 1~2cm，具狭翅。托叶鞘膜质，淡褐色。穗状花序 1~3 个聚生枝端。苞散生柔毛和腺毛，花被粉红色至紫红色，5 深裂；雄蕊 8，内藏；花柱 3，柱头头状。小坚果卵形，长约 2.5mm，具 3 棱，黑褐色，具光泽，包于宿存花被内。花果期 7~9 月。

【分布与生境】分布于中国东北、华北、华中、华南、西南，俄罗斯、日本、南亚。生于水边，田野。

【价值】茎、叶入药。

▲ 香蓼

▲ 长戟叶蓼

蓼属 *Persicaria*

长戟叶蓼 *Persicaria maackiana* (Regel) Nakai ex Mori

【形态特征】一年生草本，茎长 60~120cm。全株密被星状毛。具纵棱，疏生倒生皮刺；叶戟形，长 2~6cm、宽 2~4cm；托叶鞘筒状牙齿缘。头状花序 2~5 花，数个花序排成疏散圆锥花序。花序梗具腺毛和小刺毛；花被 5 深裂，白色至淡红色；雄蕊 8 内藏；花柱 3，中下部合生，柱头头状。小坚果卵形黑褐色，具 3 棱，长 2.5~3mm。花果期 7~9 月。

【分布与生境】分布于中国中东部地区，俄罗斯、日本。生于水湿地、沟谷。

【价值】全草入药。

蓼属 *Persicaria*

长鬃蓼 *Persicaria longiseta* (Bruijn) Moldenke

【形态特征】一年生草本。茎直立、上升或基部近平卧，高 30~60cm，节部稍膨大。叶披针形，长 5~13cm，宽 1~2cm，基部楔形，上面近无毛，下面沿叶脉具短伏毛，边缘具缘毛；托叶鞘筒状，长 7~8mm，疏生柔毛，顶端截形具缘毛。总状花序呈穗状，细弱，下部间断，直立，长 2~4cm；苞片漏斗状，边缘具长缘毛，每苞内具 5~6 花；花梗与苞片近等长；花被 5 深裂，淡红色或紫红色，花被片椭圆形；雄蕊 6~8；花柱 3。瘦果宽卵形，具 3 棱，黑色有光泽，包于宿存花被内。花果期 6~9 月。

【分布与生境】分布于中国大部分地区，亚洲广布。生山谷水边、河边草地。

【价值】具生态价值。

▲ 长鬃蓼

冰岛蓼属 *Koenigia*

叉分蓼（分叉蓼）*Koenigia divaricata* (L.) T. M. Schust & Reveal

【形态特征】多年生草本，高 70~150cm。茎二叉状分枝，植株呈球形。叶长 2~12cm、宽 0.5~2cm。托叶鞘褐色，膜质，易破裂脱落。圆锥花序顶生，疏松而开展；苞卵形，膜质，褐色，内含 2~3 花；花梗顶端具关节。花被白色，5 深裂，雄蕊 7~8，内藏；花柱 3，柱头头状。小坚果卵形，具 3 锐棱，黄褐色。花果期 6~9 月。

【分布与生境】分布于中国东北、华北，蒙古国、俄罗斯。生于田野。

【价值】全草药用；嫩荫芽可食。

▲ 叉分蓼

荞麦属 *Fagopyrum*

苦荞麦 *Fagopyrum tataricum* (L.) Gaertn.

【形态特征】一年生草本，高 30~70cm。叶长 2~7cm、宽 2.5~8cm，两面沿叶脉具乳头状突起；托叶鞘偏斜，长约 5mm。花序顶生或腋生；每苞内具 2~4 花，花梗中部具关节；花被 5 深裂，白色或淡红色，长约 2mm；雄蕊 8，比花被短；花柱 3，柱头头状。瘦果长卵形，长 5~6mm，上部棱角锐利。花果期 6~9 月。

【分布与生境】分布于中国北部、华中、西南，亚洲、欧洲及美洲。有栽培，有时逸为野生。生于田野。

【价值】根供药用；种子可食。

▲ 苦荞麦

▲ 荞麦

荞麦属 *Fagopyrum*

荞麦 *Fagopyrum esculentum* Moench

【形态特征】一年生草本，高 30~90cm。茎具纵棱。叶长 2.5~7cm，宽 2~5cm，两面沿叶脉具乳头状突起；托叶鞘膜质，长约 5mm。花序总状，花序梗一侧具小突起；每苞内具 3~5 花；花被粉红至白色，长 3~4mm，5 深裂；雄蕊 8；花柱 3，柱头头状。瘦果卵形，具 3 锐棱，长 5~6mm。花果期 7~9 月。

【分布与生境】原产中亚。生于荒野。

【价值】全草入药；蜜源植物；牧草；种子为杂粮。

藤蓼属 *Fallopia*

齿翅蓼（齿翅首乌）*Fallopia dentatoalata* (Schmidt) Holub

【形态特征】 一年生草本，长 1~2m。叶长 3~6cm、宽 2~5cm。托叶鞘膜质，顶端偏斜。花序顶生和腋生；苞长约 1.5mm，内含 2~5 花；花梗于果时延长，中部以下具关节。花被紫红色，5 深裂，外面 3 片较大，背部具翅，下延至花梗，翅缘具牙齿，宿存；雄蕊 8，内藏；柱头 3，头状。小坚果长 4~5mm，密生小点。花果期 7~9 月。

【分布与生境】 分布于中国东北、华北，朝鲜半岛、俄罗斯、日本。生于荒野。

【价值】 牧草饲料；具生态价值。

▲ 齿翅蓼

藤蓼属 *Fallopia*

卷茎蓼（蔓首乌）*Fallopia convolvulus* (L.) Á. Löve

【形态特征】 一年生草本，长 1~2.5m。叶长 1.5~7cm、宽 1~5cm。托叶鞘具乳头状小突起。穗状总状花序顶生；苞具绿色的脊，被乳头状小突起，内含 2~4 花；花梗中部上方具关节。花被绿白色，5 深裂，果时稍增大，外面 3 个背部具脊；雄蕊 8，内藏；柱头 3，头状。小坚果卵形，长 2.8~3.5mm。花果期 6~8 月。

【分布与生境】 分布于中国北部，亚洲其他区域、欧洲、北美的温带地区。生于田野。

【价值】 牧草饲料。

▲ 卷茎蓼

酸模属 *Rumex*

巴天酸模 *Rumex patientia* L.

【形态特征】多年生草本，高 0.7~1.5m。基生叶与茎下部长圆状披针形，长 15~20cm、宽 5~7cm；茎上部叶渐狭小。托叶鞘筒状，淡褐色。圆锥花序顶生和腋生，花被片 6，外花被片长圆状卵形，内花被宽心形，长约 6mm、宽 5~7mm，有凸起的网纹。小坚果卵形，具 3 棱，长 3~4mm。花果期 6~9 月。

【分布与生境】分布于中国北部，欧亚大陆温带地区。生于荒野。

【价值】根入药；嫩叶可食。

▲ 巴天酸模

酸模属 *Rumex*

毛脉酸模 *Rumex gmelinii* Turcz. ex Ledeb.

【形态特征】多年生草本，高 30~120cm。茎具棱及纵沟，淡红褐色。基生叶与茎下部叶长 8~15.5cm、宽 4.5~13cm，下面脉上被糙硬短毛，叶柄具沟，长达 30cm；茎上部叶渐小。托叶鞘筒状，圆锥花序顶生。花被片长约 2mm，内花被片果时增大；雄蕊 6；花柱 3，柱头画笔状。小坚果椭圆形，具 3 棱，长 3~4mm、宽约 2mm。花果期 6~9 月。

【分布与生境】分布于中国东北、华北，俄罗斯、朝鲜半岛。生于山地林缘及河谷草甸。

【价值】根入药。

▲ 毛脉酸模

▲ 酸模

酸模属 ***Rumex***

酸模（酸浆）***Rumex acetosa*** **L.**

【形态特征】多年生草本，高 30~80cm。须根。下部叶长 2.5~12cm、宽 1.5~3cm。茎上部叶较狭小；雌雄异株。花被片 6，2 轮，红色；雄花花被片直立，外花被片较小，内花被片长约 2mm、宽约 1mm；雄蕊 6；雌花外花被片反折，内花被片直立，果时增大；柱头画笔状，紫红色；瘦果椭圆形，长约 2mm、宽约 1mm，具 3 锐棱。花果期 6~8 月。

【分布与生境】分布于中国各地，亚洲其他区域、欧洲、北美温带地区。生于山坡、林缘、路旁。

【价值】全草入药；嫩茎叶可食。

▲ 小酸模

酸模属 ***Rumex***

小酸模 ***Rumex acetosella*** **L.**

【形态特征】多年生草本，高 15~50cm。茎下部叶长 1.5~6.5cm、宽 1.5~6.5mm；茎上部叶较小；托叶鞘膜质，白色。顶生圆锥花序，疏松。雌雄异株。花梗长 2~2.5mm；雄蕊 6，花药长约 1mm；雌花内花被片长 1~2mm、宽 1~1.8mm，果时不增大；外花被片披针形，果时不反折。瘦果具 3 棱，长不超 1mm。花果期 6~8 月。

【分布与生境】分布于中国东北、西北、华北、华中、华东、西南等地，蒙古国、俄罗斯远东地区、欧洲、北美洲。生于荒野。

【价值】具生态价值；可作牧草。

▲羊蹄

酸模属 ***Rumex***

羊蹄 ***Rumex japonicus* Houtt.**

【形态特征】多年生草本，高 50~100cm。基生叶有长柄，长 10~25cm、宽 4~10cm，下面沿叶脉具小突起。托叶鞘膜质筒状。圆锥花序，花被片 6，淡绿色，外花被片椭圆形，内花被片果时增大，宽心形，长 4~5mm，网脉明显，边缘具不整齐的小齿；雄蕊 6；花柱 3，柱头画笔状。瘦果宽卵形，具 3 锐棱，长约 2.5mm。花果期 6~9 月。

【分布与生境】分布于中国大部分地区，朝鲜半岛、日本、俄罗斯。生于田野。

【价值】根入药；可作牧草。

▲长叶酸模

酸模属 ***Rumex***

长叶酸模（直穗酸模）***Rumex longifolius* DC.**

【形态特征】多年生草本，高 60~120cm。基生叶长 20~35cm，宽 5~10cm，下面沿叶脉具乳头状小突起；茎生叶渐狭小。托叶鞘膜质，脱落，圆锥花序，花梗中下部具关节；花被片 6；内花被片比外花被长 1 倍，果时长 4~6mm、宽 6~8mm；子房卵形，具 3 棱，柱头画笔状。瘦果狭卵形，长 2~3mm，具 2 锐棱。花果期 6~8 月。

【分布与生境】分布于中国北部、中南地区，日本、俄罗斯远东地区、欧洲、北美洲。生于田野、林缘。

【价值】具生态价值；可作牧草。

酸模属 *Rumex*

皱叶酸模 *Rumex crispus* L.

【形态特征】多年生草本，高 50~80cm。根粗大，断面黄褐色，味苦。基生叶长 9~25cm、宽 1.5~4cm；茎上部叶渐狭小；托叶鞘筒状，常破裂脱落。总状花序；花多是轮状簇生；花梗中部以下具关节。外花被片椭圆形，长约 1mm，内花被片果时增大，网纹明显，背面具 1 小瘤；雄蕊 6；花柱 3，柱头画笔状。瘦果椭圆形，长约 3mm。花果期 6~8 月。

【分布与生境】分布于中国北部、华中。亚洲、欧洲、北美温带。生于田野湿润处。

【价值】根入药。

▲ 皱叶酸模

酸模属 *Rumex*

刺酸模（长刺酸模）*Rumex maritimus* L.

【形态特征】一年生草本，高 25~100cm。叶长 1.5~9cm、宽 0.3~1.5cm。花被淡绿色；花时内外花被片几等长，外花被片长约 1mm，果时外展；内花被片果时增大，长 2.5~3mm、宽 1~1.3mm，边缘具 2~4 个针刺状齿。雄蕊 9，稍外伸；子房卵形，具 3 棱，花柱 3，柱头画笔状。瘦果宽卵形，长 1.3~1.5mm，具 3 棱。花果期 6~9 月。

【分布与生境】分布于中国北部。欧亚大陆温带、北非。生于潮湿地。

【价值】全草入药；全株作饲料。

▲ 刺酸模

科 66　茅膏菜科 Droseraceae

茅膏菜属 *Drosera*

圆叶茅膏菜 *Drosera rotundifolia* L.

【形态特征】多年生草本。叶基生，密集，具长柄；叶片圆形或扁圆形，叶缘具长头状黏腺毛，上面腺毛较短；叶柄扁平；托叶膜质。螺状聚伞花序 1~2 条，腋生，纤细直立，具花 3~8 朵，花序梗和花轴被柔毛状腺毛或近无毛，苞片小，钻形；花萼下部合生，上部 5 裂；花瓣 5，白色，匙形。蒴果；种子多数。花期夏秋季，果期秋季。

【分布与生境】分布于中国东北、华东、华中，欧洲中部和北部、亚洲和美洲北部等寒冷地带。生于山地湿草丛中。

【价值】全草入药。

▲圆叶茅膏菜

科 67　石竹科 Caryophyllaceae

繁缕属 *Stellaria*

鹅肠菜 *Stellaria aquatica* (L.) Scop.

【形态特征】多年生草本，高 10~50cm。茎下部俯卧，茎上部被腺毛。叶对生，卵形，边缘波状，中上部茎生叶无柄。1 歧聚伞花序顶生或腋生；萼片 5，卵状披针形；苞片叶状，边缘具腺毛；花梗密被腺毛；花瓣 2 深裂至基部；雄蕊 10；子房 1 室，花柱 5，线形。蒴果卵圆形，比萼片稍长。种子扁肾圆形，径约 1mm，具小疣。花果期 5~9 月。

【分布与生境】北半球广布。生于低湿处、灌丛林缘和水沟旁。

【价值】全草入药；幼苗可食。

▲鹅肠菜

繁缕属 Stellaria

林繁缕 *Stellaria bungeana* var. *stubendorfii* (Regel) Y.C.Chu

【形态特征】多年生草本，高 30~50cm。茎被一列多细胞柔毛。叶片长 2~5cm、宽 1~2cm，两面近无毛，边缘具多细胞缘毛；茎下部叶有长柄，中上部叶渐无柄。聚伞花序顶生；萼片卵形；花瓣比萼片稍长，2 深裂几达基部；雄蕊 10；花柱 3。蒴果卵圆形，6 瓣裂；种子扁肾脏形，密生疣状小凸起。花果期 6~8 月。

【分布与生境】分布于中国黑龙江、吉林，朝鲜、日本、俄罗斯远东地区、欧洲。生于杂木林下或山坡草丛中。

【价值】嫩苗可食；具生态价值。

▲ 林繁缕

繁缕属 *Stellaria*

繸瓣繁缕（垂梗繁缕）*Stellaria radians* L.

【形态特征】多年生草本，高 40~80cm；全株伏生绢毛。叶片长圆状披针形至卵状披针形，长 4~8cm、宽 1~2.5cm，先端渐尖或长渐尖。二歧聚伞花序顶生；花梗长 1.5~4cm，花后下垂；花瓣广倒卵状楔形，掌状 5~7 中裂。蒴果卵形，带光泽。种子肾形，蜂窝状。花果期 6~9 月。

【分布与生境】分布于中国东北和华北，朝鲜远东地区、日本、俄罗斯、蒙古国。生于灌丛或林缘草地。

【价值】幼苗可食；具生态价值。

▲ 繸瓣繁缕

繁缕属 *Stellaria*

兴安繁缕 *Stellaria cherleriae* (Fisch. ex Ser.) F. N. Williams

【形态特征】多年生草本，高 5~20cm。茎数个丛生或形成密丛，基部木质化，被卷曲的短柔毛。叶片线形或线状倒披针形，长 7~25mm、宽 1~2mm，两面均无毛。聚伞花序着生少数花，顶生；萼片 5，长圆状披针形；花瓣 5，2 深裂，白色；雄蕊 10。种子具钝疣状凸起。花果期 6~8 月。

【分布与生境】分布于中国东北和华北，俄罗斯、蒙古国、朝鲜半岛。生于砾石质山坡、草原。

【价值】具生态价值。

▲ 兴安繁缕

繁缕属 *Stellaria*

细叶繁缕 *Stellaria filicaulis* Makino

【形态特征】多年生草本，高 20~30cm，密丛生。根茎直立，四棱，茎平滑无毛。叶条形，比节间短很多，长 1.5~2.5cm、宽 1~2mm，基部楔形，微抱茎，疏被缘毛。花单生枝顶或聚伞花序腋生；萼片披针形，长 4~5mm；花瓣比萼片长 1.5 倍。蒴果黄色 6 齿裂；种子皱纹凸起。花果期 5~8 月。

【分布与生境】分布于中国华北和东北，俄罗斯、日本、朝鲜半岛。生于湿润草地。

【价值】具生态价值。

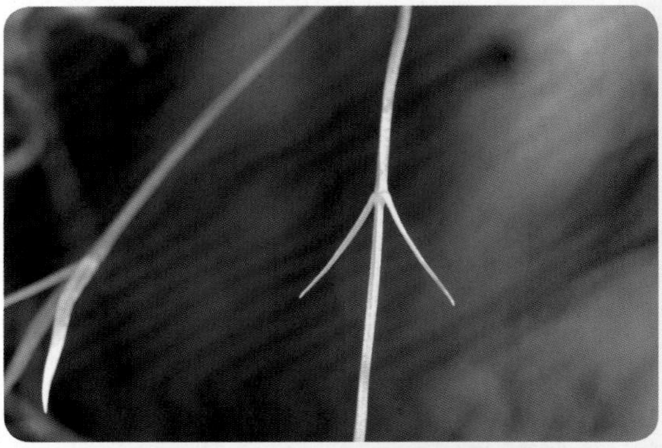

▲细叶繁缕

▲ 长叶繁缕

繁缕属 *Stellaria*

长叶繁缕（伞繁缕）*Stellaria longifolia* Muhl. ex Willd.

【形态特征】多年生草本，高 20~40cm，丛生。茎四棱形，柔弱上升，茎棱上带细齿状小凸起而粗糙。叶条形，长 1.5~3.5cm、宽 1~2.5mm，基部渐狭；叶脉一条，上陷下隆。二歧聚伞花序；萼片具 3 条不明显的脉；花瓣达基部，裂片近线形。蒴果渐变褐色乃至黑褐色；种子近平滑。花果期 6~8 月。

【分布与生境】分布于北半球温带地区。生于湿润草甸、林缘或林下。

【价值】具生态价值。

▲ 沼生繁缕

繁缕属 *Stellaria*

沼生繁缕 *Stellaria palustris* Ehrh. ex Retz.

【形态特征】多年生草本，高 20~35cm，灰绿色，沿茎棱、叶缘和中脉背面粗糙，均具小乳凸。茎丛生，具四棱。叶片线状披针形，长 2~4.5cm，宽 2~4mm，边缘具短缘毛，带粉绿色，中脉明显。二歧聚伞花序；苞片披针形，膜质；花瓣白色；蒴果卵状长圆形；种子细小，近圆形，表面具明显的皱纹状凸起。花果期 6~8 月。

【分布与生境】分布于中国北部和西南，俄罗斯远东地区、哈萨克斯坦、日本、伊朗、蒙古国以及欧洲。生于山坡草地或山谷疏林地。

【价值】具药用价值。

▶繁缕

繁缕属 *Stellaria*

繁缕 *Stellaria media* (L.) Vill.

【形态特征】一或二年生草本，高 10~15cm。全株鲜绿色。茎柔弱，下部俯卧，多分枝。叶片广卵形或卵形，长 1~2cm、宽 0.8~1.5cm；下部叶具柄，上部叶柄短或近无柄。二歧聚伞花序顶生；花瓣 2 深裂近基部；雄蕊通常 3~5 枚；花柱 3 枚。蒴果卵圆形，比萼稍长，6 瓣裂；种子多数，红褐色 。花果期 7~9 月。

【分布与生境】世界广布。生于田间。

【价值】全草入药。

▲ 鸡肠繁缕

繁缕属 *Stellaria*

鸡肠繁缕（赛繁缕）*Stellaria neglecta* Weihe ex Bluff & Fingerh.

【形态特征】一或二年生草本，高 30~60cm，被柔毛。茎下部伏卧；叶卵形或窄卵形，长 2~6cm、宽 1~2cm，稍抱茎，叶基边缘被长柔毛。二歧聚伞花序顶生；萼片 5，卵状椭圆形；花瓣 5，2 深裂近基部，雄蕊 8~10。蒴果 6 齿裂，裂齿反卷。种子具圆锥状凸起。花果期 4~8 月。

【分布与生境】分布于中国东北、华北、西北，北半球温带和亚热带。生于杂木林、田边、草地。

【价值】嫩苗可食；全草药用。

孩儿参属 *Pseudostellaria*

细叶孩儿参（森林假繁缕）*Pseudostellaria sylvatica* (Maxim.) Pax

【形态特征】多年生草本，高 20~35cm。块根长卵形或短纺锤形，数个串生。茎近四棱，被二列毛。叶片狭细，长 3~7cm、宽 2~7mm。开花受精花单生茎顶或成二歧聚伞花序；萼片披针形；花瓣倒卵形，先端 2 裂；花柱 2~3 枚。闭花受精花着生下部叶腋或短枝顶端；萼片狭披针形。蒴果卵圆形，3 瓣裂；种子长 1.5mm，具棘状凸起。花果期 5~7 月。

【分布与生境】分布于中国大部分地区，俄罗斯、日本和朝鲜半岛。生于林下。

【价值】具生态价值。

▲细叶孩儿参

孩儿参属 *Pseudostellaria*

蔓孩儿参 *Pseudostellaria davidii* (Franch.) Pax

【形态特征】多年生草本，茎长 8~20cm。块根纺锤形长约 1cm。茎细弱，被一列毛，叉状分枝；叶片卵形或卵状披针形，具极短柄，边缘具缘毛。开花受精花单生于茎中部以上叶腋；萼片 5；花瓣 5，白色，全缘；雄蕊 10；花柱 3，稀 2；闭花受精的花生于茎基部附近。蒴果宽卵圆形。种子表面被圆锥状小突起。花果期 4~6 月。

【分布与生境】分布于中国大部分地区，俄罗斯、蒙古国及朝鲜半岛。生于林下、林缘。

【价值】具生态价值。

▲蔓孩儿参

孩儿参属 *Pseudostellaria*

毛脉孩儿参 *Pseudostellaria japonica* (Korsh.) Pax

【形态特征】多年生草本，高 15~20cm。块根长 1~2cm。茎基部上升，直立，茎顶常呈叉状分枝，被一列毛。叶表面疏生毛，边缘及背部中脉上被开展的长毛，几无柄。花瓣先端微缺；雄蕊 10 枚；子房椭圆状卵形，花柱 3 枚。蒴果广椭圆状卵形，比萼片长，3 瓣裂；种子表面被乳头状尖突起，小突起先端具长刚毛。花果期 4~7 月。

【分布与生境】分布于中国东北，俄罗斯、日本。生于林下、林缘。

【价值】具生态价值。

▲ 毛脉孩儿参

蝇子草属 *Silene*
浅裂剪秋罗（毛缘剪秋罗）*Silene cognata* (Maxim.) H. Ohashi & H. Nakai

【形态特征】多年生草本，高 35~90cm，全株被稀疏长柔毛。茎基部圆形，上部具棱；叶片长圆状披针形或长圆形，基部宽楔形。二歧聚伞花序具数花；花萼筒状棒形，长 1.5~2.5cm，具 10 条脉，沿脉疏生长柔毛，后期微膨大；花瓣橙红色或淡红色，叉状浅 2 裂或深凹缺；花柱 5；蒴果 5 齿裂。花果期 6~8 月。

【分布与生境】分布于中国东北、华北，朝鲜半岛及俄罗斯。生于林下或灌丛草地。

【价值】可供观赏；切花材料。

▲浅裂剪秋罗

蝇子草属 *Silene*
剪秋罗（大花剪秋萝）*Silene fulgens* (Fisch.) E. H. L. Krause

【形态特征】多年生草本，高 50~80cm，全株被较长的柔毛。较密集的头状伞房花序顶生；花萼筒状棍棒形，共 10 条脉，萼齿三角状，尖锐，花后萼的上部膨大呈筒状钟形；花瓣鲜深红色，爪不露出花萼，狭披针形，2 叉状深裂；雌雄蕊柄长约 5mm；花柱 5 枚；蒴果 5 齿裂。花果期 6~9 月。

【分布与生境】分布于中国东北、华北、西南，日本、朝鲜半岛及俄罗斯。生于低山疏林下、灌丛、草甸。

【价值】可供观赏；切花材料。

▲剪秋罗

卷耳属 *Cerastium*

毛蕊卷耳 *Cerastium pauciflorum* var. *oxalidiflorum* (Makino) Ohwi

【形态特征】多年生草本，高 30~60cm，全株有毛。叶无柄；中部茎生叶渐大，长 3~8cm、宽 1~2.4cm；上叶较小，多为卵状披针形。常 7~10 朵花于茎顶成二歧聚伞花序；花瓣比花萼长 1.5~2 倍；雄蕊 10；花柱 5。蒴果圆筒形，齿片先端反卷。种子卵形，表面被疣状突起。花果期 5~8 月。

【分布与生境】分布于中国东北，俄罗斯、日本、朝鲜半岛。生于林下、林缘、河边。

【价值】具生态和观赏价值。

▲ 毛蕊卷耳

卷耳属 *Cerastium*

缘毛卷耳（高山卷耳）

Cerastium furcatum cham. & Schltdl.

【形态特征】多年生草本，高 30~55cm，近顶部被长柔毛和腺毛。茎生叶卵状披针形至椭圆形，长 2~4cm、宽 5~12mm，叶无柄。聚伞花序具 5~11 朵花；苞片叶状；萼片 5；花瓣 5，长于花萼 0.5~1 倍，顶端 2 浅裂，基部被缘毛；雄蕊 10，花丝中下部被疏长柔毛；花柱 5。蒴果长圆形；种子扁圆形，具细条形疣状凸起。花果期 7~8 月。

【分布与生境】分布于中国东北、西北、西南等地，俄罗斯、朝鲜半岛、蒙古国。生于高山林缘及草甸。

【价值】具生态价值。

▲ 缘毛卷耳

卷耳属 *Cerastium*
簇生泉卷耳（簇生卷耳）*Cerastium fontanum* subsp. *vulgare* (Hartman) Greuter & Burdet

【形态特征】一年生或多年生草本，高 10~30cm。茎上升，丛生。基生叶叶片近匙形或倒卵状披针形，两面被短柔毛；茎生叶叶片卵形，狭卵状长圆形或披针形，两面均被短柔毛，边缘具缘毛。二歧聚伞花序顶生；花瓣 5，倒卵状长圆形，顶端 2 浅裂；雄蕊短于花瓣，花丝扁线形；蒴果顶端 10 齿裂；种子褐色，具瘤状凸起。花果期 5~8 月。

【分布与生境】分布于中国大部分地区，北半球广布。生于山地林缘、多石质山坡、河滩沙地。

【价值】具生态价值。

▲簇生泉卷耳

卷耳属 *Cerastium*
卷耳 *Cerastium arvense* subsp. *strictum* Gaudin

【形态特征】多年生疏丛草本，高 10~35cm。茎基部匍匐，上部直立，绿色并带淡紫红色。叶片线状披针形，长 1~2.5cm，宽 1.5~4mm，抱茎，被疏长柔毛，叶腋具不育短枝。聚伞花序顶生；苞片披针形，草质，被柔毛，边缘膜质。蒴果长圆形，长于宿存萼 1/3，顶端倾斜；种子肾形，褐色，略扁，具瘤状凸起。花果期 5~9 月。

【分布与生境】分布于中国东北、华北、西北、西南，俄罗斯远东地区、朝鲜半岛、日本、蒙古国、欧洲、北美。生于高山草地、林缘或丘陵区。

【价值】具药用价值。

▲卷耳

石漆姑属 *Pseudocherleria*

石漆姑 *Pseudocherleria laricina* (L.) Dillenb. & Kadereit

【形态特征】多年生草本，丛生，高 10~30cm。主茎伏卧，多分枝；叶锥形，无柄，具 1 条脉，两面无毛，基部边缘疏生多细胞的长睫毛。聚伞花序；苞披针形，尖锐；花梗被短毛；萼片长圆状披针形或狭卵形，背面无毛，具 3 条脉；花瓣长 6.5~10mm、宽 3~3.5mm，雄蕊 10 枚，花柱 3；种子具流苏状齿。花果期 7~9 月初。

【分布与生境】分布于中国东北，蒙古国、俄罗斯、朝鲜半岛。生于山顶、石质山坡、林缘。

【价值】具生态价值。

▲ 石漆姑

漆姑草属 *Sagina*

漆姑草 *Sagina japonica* (Sw.) Ohwi

【形态特征】一年生草本，高 10~15cm。茎丛生，稍铺散。叶片线形，长 7~20mm、宽约 1mm。花单生枝端；花梗和萼片外面被腺柔毛；萼片 5，卵状椭圆形；花瓣 5，白色，狭卵形，稍短于萼片；花柱 5。蒴果卵圆形，5 瓣裂；种子圆肾形，褐色，表面具尖瘤状凸起。花果期 5~8 月。

【分布与生境】分布于中国北部、长江流域、西南地区，俄罗斯、日本、印度、尼泊尔。生于河岸沙质地、路旁草地。

【价值】药用；饲料。

▲ 漆姑草

石头花属 *Gypsophila*

大叶石头花（细梗丝石竹）***Gypsophila pacifica* Kom.**

【形态特征】多年生草本，高 60~80cm。根茎分歧，木质化。叶卵形，长 2.5~6cm、宽 1~3cm，基部稍抱茎，叶脉 3 或 5 条。聚伞花序顶生；苞卵状披针形；萼漏斗状钟形；花瓣淡粉紫色，倒卵状披针形；花柱不超出花瓣。蒴果卵状球形；种子圆肾形，表面密被条状突起，背部被钝的疣状突起。花果期 7~10 月。

【分布与生境】分布于中国东北，朝鲜半岛、俄罗斯。生于石砾质干山坡、林缘草地。

【价值】药用；嫩苗可食。

▲ 大叶石头花

老牛筋属 *Eremogone*

老牛筋（灯心草蚤缀）***Eremogone juncea* (M. Bieb.) Fenzl**

【形态特征】多年生草本，高 20~60cm。根肉质。基生叶长 12~30cm、宽 0.5~1mm，边缘具疏齿。聚伞花序顶生；花梗密被腺毛；萼片卵状披针形；花瓣长圆状倒卵形；雄蕊短于花瓣，花药黄色。蒴果卵圆形，顶端 6 裂；种子近歪卵形，黑褐色，稍扁，被小瘤状突起。花果期 7~9 月。

【分布与生境】分布于中国北部，朝鲜半岛、蒙古国、俄罗斯。生于荒漠化草原、石质山坡。

【价值】根作“山银柴胡”入药。

▲ 老牛筋

石竹属 *Dianthus*

石竹 *Dianthus chinensis* L.

【形态特征】多年生草本，高 30~60cm。茎常由基部开始分枝，平滑无毛，节部膨大。叶基部渐狭成短鞘围抱节上，叶脉 3 或 5 条，中脉明显。花顶生单一或集成聚伞状花序；花萼圆柱状，萼齿披针形，具细睫毛，先端凸尖；花瓣片上缘具不规则牙齿，基部表面具暗色彩圈并簇生软毛。花果期 6~10 月。

【分布与生境】分布于中国各地，俄罗斯、朝鲜半岛。生于草原和山坡草地。

【价值】药用，名“瞿麦”。

▲石竹

蝇子草属 *Silene*

坚硬女娄菜（光萼女娄菜）*Silene firma* Siebold & Zucc.

【形态特征】一至二年生草本，高 50~100cm，无毛。茎节常呈暗紫色；叶椭圆状披针形，长 4~11cm、宽 1~3cm，具缘毛。假轮伞状间断总状花序；花梗长 0.5~1.8cm；花萼卵状钟形；花瓣先端 2 裂；雄蕊及花柱内藏；花柱 3。蒴果长卵圆形；种子圆肾形，长约 1mm，具棘凸。花果期 7~9 月。

【分布与生境】分布于中国北部和长江流域，朝鲜半岛、日本和俄罗斯。生于草坡、灌丛或林缘。

【价值】全草入药。

▲坚硬女娄菜

蝇子草属 *Silene*

蔓茎蝇子草 ***Silene repens* Patrin**

【形态特征】多年生草本，高 15~50cm；全株被柔毛。由根茎生数个直立茎。叶线状披针形、披针形或倒披针形，长 3~8cm、宽 5~15mm。花萼筒状，后期常膨大成囊泡状；雌雄蕊柄被短柔毛，花瓣浅 2 裂或深达中部；雄蕊微伸出；花柱 3，伸出。蒴果卵形，比宿存萼短；种子肾形，黑褐色。花果期 6~9 月。

【分布与生境】分布于中国北部、西南，日本、蒙古国、俄罗斯半岛、欧洲。生于林下、草地、石质草坡。

【价值】药用；具生态价值。

▲蔓茎蝇子草

蝇子草属 *Silene*

女娄菜 ***Silene aprica* Turcx. ex Fisch. & C. A. Mey.**

【形态特征】一或二年生草本，高 25~50cm；全株密被灰色柔毛。基生叶倒披针形或窄匙形；茎生叶披针形或线状披针形，长 4~7cm、宽 4~8mm。聚伞花序；花梗直立；花萼密被柔毛；花瓣白或淡红色，爪倒披针形，具缘毛；子房长圆状圆筒形，花柱 3 枚。蒴果卵圆形。种子圆肾形，长 0.6~0.7mm，具小瘤。花果期 5~8 月。

【分布与生境】分布于中国大部分省区，朝鲜半岛、日本、蒙古国、俄罗斯。生于石砾质坡地、固定沙地、疏林地及草原。

【价值】全草入药。

▲女娄菜

蝇子草属 *Silene*

山蚂蚱草（旱麦瓶草）*Silene jenisseensis* Willd.

【形态特征】多年生草本，高 30~60cm。基生叶多数，簇生，倒披针状线形；茎生叶对生，少数。假轮伞状圆锥花序；花萼钟形，后期微膨大；花瓣白或淡绿色，爪倒披针形，瓣片叉状 2 裂达中部；雄蕊伸出；花柱 3，伸出。蒴果卵形，6 齿裂，齿片外弯。种子肾形，成熟时带灰黄褐色，背面具槽。花果期 7~9 月。

【分布与生境】分布于中国东北、华北，俄罗斯、蒙古国、朝鲜半岛。生于多石质干山坡、草原、草坡、林缘或固定沙丘。

【价值】根可作“银柴胡”入药。

▲ 山蚂蚱草

蝇子草属 *Silene*

石缝蝇子草(叶麦瓶草)*Silene foliosa* Maxim.

【形态特征】多年生草本，高 25~40cm，丛生。茎生叶线状倒披针形，长 2~4cm、宽 2~6mm。花序圆锥状；花梗细，具黏液；花萼卵状钟形，萼齿宽三角状卵形；花瓣白色，露出花萼长约 1 倍，爪倒披针形，深 2 裂达瓣片的 1/2 或更深；雄蕊外露，花丝无毛；花柱外露。蒴果长圆状卵形，长 5~7mm。花果期 7~9 月。

【分布与生境】分布于中国东北，日本、朝鲜半岛、俄罗斯。生于河岸砾石缝中或林下。

【价值】具生态价值。

▲ 石缝蝇子草

蝇子草属 *Silene*

长柱蝇子草（长柱麦瓶草）

***Silene macrostyla* Maxim.**

【形态特征】多年生草本，高 50~100cm。茎基部被倒向的疏短毛，节部膨大。叶披针形，长 4~9cm、宽 5~13mm，中脉明显。假轮伞状圆锥花序；花萼宽钟形，基部较狭；花瓣白色，约比萼长出 1 倍，楔形，瓣片顶端 2 裂至 1/3 左右；雄蕊及花柱伸出。蒴果卵形，6 齿裂。种子肾形。花果期 7~9 月。

【分布与生境】分布于中国东北，朝鲜半岛、俄罗斯。生于干山坡、干草原或林下。

【价值】具生态价值。

▲ 长柱蝇子草

蝇子草属 *Silene*

白花蝇子草（异株女娄菜）*Silene latifolia* subsp. *alba* (Mill.) Greuter & Burdet

【形态特征】一或二年生草本，高 40~80cm。茎直立，分枝。下部茎生叶椭圆形，基部渐狭成柄状，上部茎生叶披针形，无柄。花雌雄异株，成二歧聚伞花序；雌花萼筒状卵形，果期中部膨大，具 20 条纵脉；雌雄蕊柄极短；花瓣白色；副花冠片小或不明显；蒴果卵形，10 齿裂；种子肾形，灰褐色。花果期 6~8 月。

【分布与生境】分布于亚洲、欧洲。生于农田旁或沟渠边，有逸生。

【价值】可药用。

▲ 白花蝇子草

蝇子草属 *Silene*

白玉草（狗筋麦瓶草）
Silene vulgaris Garcke

【形态特征】多年生草本，高 40~90cm。根多数，略呈细纺锤形。全株无毛，呈灰绿色。叶片披针形至卵状披针形，基部渐狭，长 5~8cm、宽 1~2.5cm。二歧聚伞花序大型；花微俯垂；花萼筒囊泡状膨大，具 20 条脉；雄蕊超出花冠，花柱 3 枚。蒴果近圆球形，径约 8mm；种子圆肾形，长约 1.5mm，褐色，脊平。花果期 6~9 月。

【分布与生境】分布于北半球温带多数地区。生于草甸、林缘、农田。

【价值】药用；嫩苗可食。

▲ 白玉草

种阜草属 *Moehringia*

种阜草（莫石竹）*Moehringia lateriflora* (L.) Fenzl

【形态特征】多年生草本，高 10~25cm；根茎细长匍匐。叶近无柄，具缘毛。花 1~3 朵成聚伞状；花梗被短毛，中部具 2 枚披针形膜质小苞；苞卵形或椭圆形；花瓣长圆状倒卵形；雄蕊 10 枚；花柱 3。蒴果卵形，3 瓣裂，裂瓣再次 2 裂。种子肾状椭圆形，成熟时褐黑色，种脐旁具种阜。花果期 5~8 月。

【分布与生境】分布于北半球温带。生于林下、溪流边。

【价值】具生态价值。

▲ 种阜草

科 68　苋科 Amaranthaceae

轴藜属 *Axyris*

轴藜 *Axyris amaranthoides* L.

【形态特征】一年生草本植物。茎分枝多集中于茎中部以上，纤细。叶具短柄，顶部渐，背部密被星状毛；基生叶大，披针形；枝生叶和苞叶较小，狭披针形。雄花序穗状，花被裂片 3，雄蕊 3，与裂片对生，伸出花被外；雌花花被片 3，白膜质，宽卵形或近圆形。果实具浅色斑纹，顶端具附属物。花果期 8~9 月。

【分布与生境】分布于中国各地，亚洲其他地区及欧洲。生于山坡、草地、荒地、河边、田间或路旁。

【价值】具生态价值。

▲ 轴藜

刺藜属 *Teloxys*

刺藜 *Teloxys aristata* (L.) Moq.

【形态特征】一年生草本，高 20~50cm。茎常带紫红色条纹，无毛或稍具腺毛，多分枝。叶线形至狭披针形，长可达 7cm，宽约 1cm，中脉黄白色。复二歧聚伞花序顶生或腋生；花两性，无梗；花被裂片 5，果期开展。胞果圆形，果皮透明，与种子贴生。花果期 8~10 月。

【分布与生境】分布于北半球温带。生于山坡草地。

【价值】全草入药。

▲ 刺藜

藜属 *Chenopodium*

菱叶藜 *Chenopodium bryoniifolium* Bunge

【形态特征】一年生草本，高 30~80cm。茎上部稍有钝条棱及绿色条纹。茎中下部的叶片卵状、长三角状菱形，长 2~4cm、宽 1.5~3cm，无粉，边缘明显三裂。花簇生于枝上部排列成稀疏细瘦的穗状圆锥状花序；花被裂片 5，卵形，有粉。果皮暗褐色，与种子贴生；种子双凸圆饼状，径 1.3~1.5mm，黑色。花果期 7~9 月。

【分布与生境】分布于中国东北、华北，蒙古国、俄罗斯、朝鲜半岛、日本。生于林缘、草地。

【价值】饲料；嫩茎叶可食。

▲ 菱叶藜

藜属 *Chenopodium*

小藜 *Chenopodium ficifolium* Sm.

【形态特征】一年生草本，高 20~55cm。茎具条棱和绿色条纹。叶片长 2~5cm、宽 1~3.5cm，通常 3 浅裂。花两性，每个团伞花序具数花，在上部排成顶生的开展的圆锥花序；花被近球形，5 深裂；雄蕊 5，开花时伸出；柱头 2，丝状。胞果包在花被内，果皮与种子贴生。种子双凸圆饼状，黑色，有光泽。花期 4~5 月，果期 7~9 月。

【分布与生境】分布于世界各地。生于荒地、路边。

【价值】嫩枝叶可食；饲料。

▲ 小藜

藜属 *Chenopodium*

藜 *Chenopodium album* L.

【形态特征】一年生草本，高 0.5~2.0m。茎具条棱和绿色或紫红色条纹。叶菱状卵形至宽披针形，长 3~6cm、宽 2.5~5cm，叶背有粉，边缘具不整齐锯齿。团伞花序生于上部枝端和叶腋，排成圆锥状或穗状花序，花两性；花被裂片 5；雄蕊 5，花药伸出；柱头 2；种子铁饼状，径 1.2~1.5mm，黑色，有光泽。花果期 5~10 月。

【分布与生境】分布于全球温带及热带。生于路旁、荒地及田间。

【价值】幼苗可食，茎叶可作饲料；全草入药。

▲ 藜

麻叶藜属 *Chenopodiastrum*

杂配藜 *Chenopodiastrum hybridum* (L.) S. Fuentes, Uotila & Borsch

【形态特征】一年生草本，高 30~120cm。茎具淡黄色或紫色条纹。叶宽卵形或卵状三角形，长 6~15cm、宽 5~13cm，两面绿色，边缘掌状浅裂至不规则齿裂。花两性兼有雌性，通常数个团集，在上部排成开展的圆锥状花序。花被裂片 5，边缘膜质；胞果双凸镜形，果皮膜质，有白色斑点；种子径 2~3mm。花果期 7~9 月。

【分布与生境】分布于中国各地，东北亚、欧洲。生于林缘、山坡。

【价值】嫩茎叶可食；入药；饲料。

▲ 杂配藜

市藜属 *Oxybasis*

灰绿藜 *Oxybasis glaucum* (L.) S. Fuentes, Uotila & Borsch

【形态特征】一年生草本，高 10~40cm。茎有绿色或紫红色条纹。叶长 2~4cm、宽 6~20mm ，下面具灰白色粉末，有时带紫红色，中脉明显，黄绿色。花被裂片 3~4，浅绿色；雄蕊 1~2，花丝不伸出花被，花药球形；柱头 2，极短。胞果顶端露出于花被外，黄白色。种子扁球形，径 0.75mm。花果期 5~10 月。

【分布与生境】世界广布。生于农田、水边。

【价值】家畜饲料。

▲ 灰绿藜

沙冰藜属 *Bassia*

地肤 *Bassia scoparia* (L.) A. J. Scott

【形态特征】一年生草本，高 50~100cm。根纺锤形。茎淡绿色或带紫色，有条棱。叶长 2~5cm、宽 3~7mm，通常有 3 条明显的主脉。花两性或雌性，每个团伞花序 1~3 个生于上部叶腋，构成疏穗状圆锥花序；花被近球形，淡绿色；花被裂片近三角形。花丝线状，花药淡黄色；柱头 2，丝状。胞果扁球形。花果期 6~10 月。

【分布与生境】分布于亚洲及欧洲。生于田边、路旁、荒地。

【价值】幼苗可食；果实入药。

▲ 地肤

苋属 *Amaranthus*

凹头苋（野苋）*Amaranthus blitum* L.

【形态特征】一年生草本，高 10~30cm。全株无毛。叶卵形或菱状卵形，长 1.5~4.5cm、宽 1~3cm，顶端有凹缺，有一芒尖。穗状或圆锥花序；花被片 3，长圆形或披针形，长 1.2~1.5mm，浅绿色，背部有一隆起中脉；雄蕊比花被片稍短。胞果超出花被，扁卵球形，近平滑，不开裂。花果期 7~9 月。

【分布与生境】世界广布。生于田野、草地。

【价值】嫩茎叶可食；饲料；药用。

▲ 凹头苋

苋属 *Amaranthus*

反枝苋 *Amaranthus retroflexus* L.

【形态特征】一年生草本，高 20~80cm。茎有时具紫色条纹，上部密被柔毛。叶片长 5~12cm、宽 2~5cm，两面具柔毛。圆锥花序顶生或腋生；花被片 5，膜质，白色，有一条淡绿色细中脉。花柱 3，内侧有小齿。胞果扁卵形，淡绿色，短于花被，周裂。花果期 7~9 月。

【分布与生境】世界广布。生于田野。

【价值】野菜、饲料、药用。

▲ 反枝苋

科 69 马齿苋科 Portulacaceae

马齿苋属 *Portulaca*

马齿苋 *Portulaca oleracea* L.

【形态特征】一年生草本。全株光滑，肉质多汁。茎铺散，多分枝。叶片倒卵状匙形，肥厚柔软，长1~3cm。花两性，3~5 朵簇生枝顶端；总苞片 4~5；萼片 2，盔形，绿色；花瓣 5，黄色，倒卵状长圆形，雄蕊 8，雌蕊 1，子房卵形；花柱顶端 4~6 裂，形成线形柱头。蒴果盖裂，内藏多数种子。种子肾状卵圆形，表面密布小疣状突起。花果期 6~9 月。

【分布与生境】分布于中国各地，全世界温带和热带地区广布。生于田园、荒地。

【价值】可食用；药用。

▲ 马齿苋

科 70 绣球科 Hydrangeaceae

溲疏属 *Deutzia*

东北溲疏 *Deutzia parviflora* var. *amurensis* Regel

【形态特征】灌木，高约 2m。叶纸质，卵形，长3~6cm、宽 2~4.5cm。叶脉上的星状毛无中央长辐线，花较大，花冠直径 10~15mm，花丝钻形或具齿。花果期 6~9 月。

【分布与生境】分布于中国东北、内蒙古，俄罗斯、朝鲜半岛。生于杂木林下或灌丛中。

【价值】树皮可入药。

▲ 东北溲疏

溲疏属 *Deutzia*

光萼溲疏（千层皮）*Deutzia glabrata* Kom.

【形态特征】灌木，高 2~3m。叶卵状椭圆形或长圆形，对生，长 4~12cm，宽 2~5cm；叶缘具不规则细锯齿，上面散生星状毛，下面无毛。花多数，聚成伞房花序，无毛。花萼裂片 5，卵形，较萼筒短，灰褐色。花瓣 5，白色。花柱常 3 裂，比雄蕊短。蒴果近球形，无毛。花果期 6~9 月。

【分布与生境】分布于中国东北、华中、华北、华西，俄罗斯、朝鲜半岛。生于针阔叶混交林内的山坡上或采伐迹地。

【价值】庭园观赏。

▲ 光萼溲疏

山梅花属 *Philadelphus*

薄叶山梅花（堇叶山梅花）*Philadelphus tenuifolius* Rupr. ex Maxim.

【形态特征】灌木，高 2m。树皮栗褐色，剥裂状。小枝近无毛。叶长卵形至卵状披针形，长 4~10cm，宽 2~5cm，叶缘具乳头状小锯齿。总状花序，常 5 花，白色。萼筒钟状。裂片 4，卵状三角形，外面具脉纹，无毛，内沿边缘有白短毛。花瓣 4，倒卵圆形。雄蕊比花瓣短，花柱无毛。蒴果倒圆锥形。花期 6 月，果期 7~9 月。

【分布与生境】分布于中国东北，朝鲜半岛、日本、俄罗斯。生于针阔混交林或次生阔叶林下。

【价值】根、花可入药；观赏灌木。

▲ 薄叶山梅花

山梅花属 *Philadelphus*

东北山梅花 *Philadelphus schrenkii* Rupr.

【形态特征】灌木，高 2m。枝条对生，小枝褐色，皮剥落。叶对生，广卵形或椭圆状卵形，长 4~12cm，宽 2~6cm；叶缘疏生乳头状锯齿。总状花序 5~7 花，花轴与花柄密生短柔毛。萼裂片 4，三角状卵形。花瓣倒卵状圆形。花盘无毛，花柱下部被毛。蒴果球状倒圆锥形。花果期 6~9 月。

【分布与生境】分布于中国东北、河北、陕西，俄罗斯、朝鲜半岛。生于针阔混交林或阔叶林下。

【价值】观赏灌木。

▲ 东北山梅花

科 71　山茱萸科 Cornaceae

山茱萸属 *Cornus*

红瑞木 *Cornus alba* L.

【形态特征】落叶灌木，高 3m。枝血红色，常被白粉，髓部白色。叶长 4~10cm、宽 2~5.5cm，叶脉 5~6 对。圆锥状聚伞花序顶生，萼筒卵状球形，被白毛；花瓣 4，雄蕊 4，花药长圆形，花盘垫状；子房疏被贴伏的短柔毛。核果斜卵圆形，长 5~8mm，成熟时白色。花果期 5~8 月。

【分布与生境】分布于中国北部，俄罗斯远东地区、朝鲜半岛、欧洲。生于沟塘杂木林中。

【价值】观赏树种；种子含油，可供工业用途。

▲红瑞木

山茱萸属 *Cornus*

草茱萸 *Cornus canadensis* L.

【形态特征】多年生草本，高 10~17cm，叶对生或3对叶于茎顶呈轮生状，长 4~4.8cm、宽 1.7~2.2cm，下面淡绿色疏被白色细伏毛。头状聚伞花序，基部常具4枚白色花瓣状苞片，长 0.8~1.2cm、宽 0.2~1.1cm；花瓣4，淡绿白色；雄蕊4，子房下位，密被伏毛。果实圆球形，径约 5mm。花果期 6~9 月。

【分布与生境】分布于中国黑龙江、吉林，朝鲜半岛、日本、俄罗斯、北美。生于林下。

【价值】药用。

▲草茱萸

科 72　凤仙花科 Balsaminaceae

凤仙花属 *Impatiens*

水金凤（辉菜花）*Impatiens noli-tangere* L.

【形态特征】一年生草本，高 40~80cm。茎直立，多分枝，节部有时紫色。叶互生，叶片卵形或长椭圆形，长 3~10cm，宽 1.5~5cm；总状花序腋生，具2~4朵花，花大，黄色或淡黄色；花梗中部具披针形小苞片；萼片3，侧生2枚，卵形，中部萼片花瓣状，宽漏斗形，具细而内卷的距，长 1~1.4cm，有时具红紫色斑点；旗瓣圆形，背面中肋具龙骨状突起，翼瓣宽大，2裂。花期 6~9 月。

【分布与生境】分布于中国北部、华东、华中等地。生于山谷溪流旁、林下及林缘湿草地上。

【价值】全草入药。

▲水金凤

科 73　花荵科 Polemoniaceae

花荵属 *Polemonium*

柔毛花荵 *Polemonium villosum* Rudolph ex Georgi

【形态特征】多年生草本，高 0.5~1m。茎单一，中部以下无毛。羽状复叶长达 25cm，小叶长卵形至披针形，长 10~35mm，宽 2~12mm。聚伞圆锥花序顶生或上部叶腋生，具短柔毛稀短腺毛，花萼钟状，被短的或疏长腺毛，裂片长卵形至卵状披针形，顶端锐尖或钝头；花冠钟状，裂片倒卵形。蒴果广卵球形。

【分布与生境】分布于中国东北，俄罗斯、蒙古国、朝鲜半岛、日本。生于湿地、草甸。

【价值】全草入药。

▲柔毛花荵

花荵属 *Polemonium*

中华花荵 *Polemonium chinense* (Brand) Brand

【形态特征】多年生草本。高 50~90cm。奇数羽状复叶互生，小叶长卵形至披针形，长 5~35mm，宽 2~10mm；圆锥状聚伞花序顶生或上部腋生密被短腺毛或短柔毛；花萼钟状，5 裂，裂片三角形至下三角形，花冠长 12~17mm，喉部有毛。雄蕊 5，花药卵球形；子房卵球形，花柱伸出花冠之外，柱头 3 裂。蒴果卵球形长约 5mm。花果期 6~8 月。

【分布与生境】分布于中国东北，蒙古国、俄罗斯、朝鲜半岛、日本。生于山地林下、林缘、河谷、湿草甸子。

【价值】全草入药；观赏植物。

▲中华花荵

科 74 报春花科 Primulaceae

点地梅属 *Androsace*

点地梅 *Androsace umbellate*(Lour.) Merr.

【形态特征】一年生或二年生草本。叶全部基生，直径 5~20mm，叶片近圆形，边缘具三角状钝牙齿，两面均被贴伏的短柔毛。花葶数枚自叶丛中抽出，高 4~15cm。伞形花序 4~15 花；花萼杯状，裂片菱状卵圆形，果期增大，呈星状展开；花冠白色，喉部黄色。蒴果近球形，果皮白色，近膜质。花果期 5~6 月。

【分布与生境】分布于中国东北、华北和秦岭以南各地区，亚洲广布。生于林缘、草地和疏林下。

【价值】具药用价值。

▲ 点地梅

点地梅属 *Androsace*

东北点地梅 *Androsace filiformis* Retz.

【形态特征】一年生草本，高 15~30cm。叶长圆形至长圆状卵形，长（连柄）2~8cm，宽 5~12mm，基部楔形下延成柄，顶端钝尖，边缘具浅的缺刻状牙齿。花葶 1 至多数，伞形花序多花，花梗丝状，不等长；花冠白色，花冠筒比萼稍短，喉部稍紧缩，裂片椭圆形；雄蕊着生花冠筒内，花药长圆状三角形。花果期 5~7 月。

【分布与生境】分布于中国东北，蒙古国、俄罗斯、朝鲜半岛。生于林下潮湿地，荒地湿处。

【价值】全草入药。

▲ 东北点地梅

报春花属 *Primula*

箭报春 *Primula fistulosa* Turkev.

【形态特征】多年生草本，高 15~30cm。基生叶密集丛生，长圆状倒披针形至长圆形，长 2~13cm、宽 0.5~2.5cm，边缘具不整齐的浅齿，两面疏被短毛。花葶粗壮，径可达 6mm，花序呈球状伞形，有花数十朵；苞片多数，基部通常膨胀呈浅囊状；萼筒杯状或钟状；花粉红色，2 深裂，裂片倒卵形；蒴果球形，与花萼近等长。花果期 5~7 月。

【分布与生境】分布于中国北部，蒙古国、俄罗斯。生于低湿地草甸及富含腐殖质的沙质草地。

【价值】具观赏价值。

▲箭报春

报春花属 *Primula*

樱草 *Primula sieboldii* E. Morren

【形态特征】多年生草本，高 15~30cm。叶全部基生，卵状长圆形至长圆形，长 4~10cm，宽 2~6cm，边缘具不整齐的圆缺刻和钝牙齿，叶两面沿脉及边缘疏被毡毛。花葶疏被毡毛，伞形花序一轮，花 5~15 朵；苞片线状披针形；萼钟形，裂片 5，花冠紫红色至淡红色，稀白色，呈高脚碟状，裂片 5，倒心形，平展。蒴果近球形。花果期 5~6 月。

【分布与生境】分布于中国东北，俄罗斯、朝鲜半岛、日本。生于山地林下、草甸、草甸化沼泽。

【价值】具观赏价值。

▲ 樱草

七瓣莲属 *Trientalis*

七瓣莲 *Trientalis europaea* L.

【形态特征】多年生草本，高 8~12cm。根状茎细长、横走；茎直立，不分枝。叶 5~10 聚生茎端成轮生状；叶披针形或倒卵状椭圆形，长 1.2~5.5cm，宽 0.6~2.3cm。花梗丝状；花萼裂片线状披针形；花冠长于花萼约 1 倍，裂片椭圆形或椭圆状披针形；雄蕊稍短于花冠；子房卵球形，花柱与雄蕊近等长。花果期 5~7 月。

【分布与生境】分布于中国东北，日本、朝鲜半岛、蒙古国、俄罗斯，欧亚大陆和北美洲的亚寒带。生于阴湿的针叶林或针阔混交林及次生阔叶林下。

【价值】具观赏价值。

▲ 七瓣莲

珍珠菜属 *Lysimachia*

黄连花 *Lysimachia davurica* Ledeb.

【形态特征】多年生草本，高 30~100cm。具横走根茎。茎上部被腺毛。叶对生或 3~4 枚轮生；叶椭圆状披针形或线状披针形，长 4~10cm，宽 4~30mm，两面散生黑色腺点，下面沿 中脉被腺毛。花萼裂片窄卵状三角形，沿边缘有一圈黑色线条；花冠黄色，深裂，裂片长圆形；花丝基部合生成高约 1.5mm 的筒。蒴果球形，径约 3mm。花果期 6~9 月。

【分布与生境】分布于中国东北、华北、华中和西南地区，蒙古国、俄罗斯、朝鲜半岛、日本。生于草甸、林缘和灌丛中。

【价值】全草入药。

▲ 黄连花

珍珠菜属 *Lysimachia*
球尾花 *Lysimachia thyrsiflora* L.

【形态特征】多年生草本，高 30~50cm。茎上部被褐色柔毛。叶对生，披针形或长圆状披针形，长 5~10cm，宽 6~20mm。两面均有黑色腺点。苞片线状钻形。花萼裂片 6~7，线状披针形；花冠和花萼，有黑色腺点；雄蕊伸出花冠，花丝基部合生成极浅的环，贴生花冠基部。蒴果广椭圆形，长约 2.5mm、宽约 1.8mm。花果期 5~8 月。

【分布与生境】北半球温带广布。生于湿地。

【价值】观赏花卉。

▲球尾花

珍珠菜属 *Lysimachia*
狼尾花 *Lysimachia barystachys* Bunge

【形态特征】多年生草本，高 35~70cm。全株被黄褐色卷曲柔毛。茎圆柱形，基部带红色，不分枝。叶互生近无柄，长椭圆状披针形至线状披针形，两面散生黑色粒状腺点。总状花序顶生，花密集，常转向一侧；花萼裂片卵状椭圆形，有腺状缘毛；花冠白色 5~7 深裂，裂片狭长圆形；雄蕊内藏。蒴果近球形，径约 2.5mm。花果期 5~10 月。

【分布与生境】分布于中国北部、华东、华中、西南，朝鲜半岛、日本、俄罗斯。生于草甸、沙地、路旁或灌丛。

【价值】全草入药。

▲狼尾花

科 75　猕猴桃科 Actinidiaceae

猕猴桃属 *Actinidia*

狗枣猕猴桃（狗枣子）*Actinidia kolomikta* (Maxim. & Rupr.) Maxim.

【形态特征】大型落叶藤本；雌雄异株，分枝细而多，二年生枝褐色有光泽，枝上具卵形黄色皮孔。叶薄纸质，阔卵形至长方倒卵形，边缘具锯齿。聚伞花序，雄花大多 3 朵腋生，雌花常单生。花白色或粉红色，长方倒卵形。浆果长圆状椭圆形，果肉软而多汁。种子多数，暗褐色，花果期 6~10 月。

【分布与生境】分布于中国东北、西南、河北，俄罗斯、朝鲜、日本。生于阔叶林或红松针阔混交林中。

【价值】果实可食、酿酒及入药；树皮可纺绳及织麻布。

▲ 狗枣猕猴桃

猕猴桃属 *Actinidia*

软枣猕猴桃 *Actinidia arguta* (Siebold & Zucc.) Planch. ex Miq.

【形态特征】落叶藤本。幼枝疏被毛。叶膜质，宽椭圆形或宽倒卵形，先端骤短尖，基部圆或心形，具锐锯齿，上面无毛，下面脉腋具白色髯毛。腋生聚伞花序，被淡褐色短绒毛。花绿白或黄绿色，萼片 4~6，卵圆形或长圆形；花瓣 4~6，楔状倒卵形或瓢状倒卵形；花药暗紫色。果黄绿色，球形、椭圆形或长圆形，具钝喙及宿存花柱，基部无宿萼。

【分布与生境】分布于中国东北地区、山东、山西、河北、河南、安徽、浙江、云南。生于阔叶林或红松针阔混交林中。

【价值】 果实可食、酿酒及入药；树皮可纺绳及织麻布。

*** 国家二级重点保护野生植物。**

▲ 软枣猕猴桃

科 76　杜鹃花科 Ericaceae

单侧花属 *Orthilia*

钝叶单侧花 *Orthilia obtusata* (Turcz.)H. Hara

【形态特征】多年生常绿草本，高 8~15cm。根茎长，有分枝，生不定根及地上茎。茎叶 3~8 枚，阔卵形，长 1.3~2.4cm、宽 0.8~1.8cm，先端钝或近圆头；常 1~3 枚近轮生。总状花序有花 2~11 朵，偏向一侧，花葶上部有疏细小疣，萼片 5 裂，花瓣 5，长圆形，绿白色；雄蕊 10；花柱细长，柱头肥大。蒴果近球形，直径 4~4.5mm。花果期 7~8 月。

【分布与生境】分布于中国北部、蒙古国、俄罗斯、北欧、阿拉斯加。生于林下、林缘。

【价值】具观赏和生态价值。

▲ 钝叶单侧花

单侧花属 Orthilia

单侧花 *Orthilia secunda* (L.) House

【形态特征】多年生常绿草本，高 1~20cm。根茎细长，有分枝，生不定根及地上茎。叶 1~2 轮 3~4 片轮生，叶长 1.5~3.5cm、宽 1~1.9cm，先端急尖。花序有细小疣，有花 8~16 朵，偏向一侧；花梗腋间有膜质苞片，阔披针形。花径约 5mm；雄蕊 10，花丝长于或等于花瓣；花柱细长，柱头肥大。蒴果近球形，直径 4.5~6mm。花果期 7~8 月。

【分布与生境】分布于中国北部和西藏，朝鲜半岛、蒙古国、日本、俄罗斯远东地区、欧洲、北美洲。生于林下，林缘。

【价值】具观赏和生态价值。

▲ 单侧花

鹿蹄草属 *Pyrola*

肾叶鹿蹄草 *Pyrola renifolia* Maxim.

【形态特征】多年生常绿草本，高 10~25cm；根茎细长，有分枝。叶基生 2~4 枚，长 1.5~3.5cm，宽 2~4cm；叶柄长 2~7cm。总状花序，有花 3~9 朵；花冠宽碗状，径约 10mm，白色微带淡绿色；雄蕊 10；花柱长，端部稍向上弯曲，柱头 5 圆裂。蒴果扁球形，径约 5mm。花果期 6~8 月。

【分布与生境】分布于中国东北、华北，朝鲜半岛、日本、俄罗斯。生于林下。

【价值】全草入药。

▲ 肾叶鹿蹄草

鹿蹄草属 *Pyrola*

兴安鹿蹄草 *Pyrola dahurica* (Andres) Kom.

【形态特征】常绿草本状小半灌木，高 15~23cm。叶基生，长 3~4.7cm，宽 2.5~4.3cm，革质，边缘近全缘；花葶有 1~2 枚鳞片状叶，卵状披针形。总状花序长 4~10cm，花冠展开，碗状，直径约 1cm，白色；花梗较短；萼片舌形较宽；花瓣广倒卵形，质地较厚；花柱顶端无环状突起或不明显，近果期才有明显的环状突起。蒴果扁球形。花果期 7~8 月。

【分布与生境】分布于中国东北、内蒙古，朝鲜半岛、俄罗斯。生于林下。

【价值】具药用价值。

▲ 兴安鹿蹄草

鹿蹄草属 *Pyrola*

红花鹿蹄草 *Pyrola asarifolia* subsp. *incarnata* (DC.) E. Haber & H. Takahashi

【形态特征】多年生常绿草本，根茎细长，有分枝。叶基生 3~7 枚，薄革质，长宽皆 2~5cm。花葶常带紫色，总状花序长 5~16cm，腋间有膜质苞片；花瓣倒圆卵形，粉红至紫红色，长约 7mm；雄蕊 10，花药孔裂；花柱长 6~10mm，子房扁球形；柱头 5 圆裂。蒴果扁球形，径 7~8mm，带紫红色。花果期 6~8 月。

【分布与生境】分布于中国北部，朝鲜半岛、蒙古国、俄罗斯、日本。生于林下。

【价值】全草入药。

▲ 红花鹿蹄草

鹿蹄草属 *Pyrola*

圆叶鹿蹄草 *Pyrola rotundifolia* L.

【形态特征】多年生常绿草本，高 15~25cm，根茎细长，有分枝。基生叶 3~6 枚，长 3~5cm，宽 2~4cm，近革质；叶柄有狭翼，长 3~6cm。花葶有 1~2 枚膜状鳞片状叶。总状花序 3~18 花，半下垂，花冠碗形，径约 10mm，腋间有苞片，线状披针形；雄蕊 10，花药孔裂；花柱端部向上弯曲，顶端增粗。蒴果扁球形，直径约 7mm。花果期 7~8 月。

【分布与生境】分布于中国东北、华北，朝鲜半岛、俄罗斯、日本。生于林下。

【价值】全草入药。

▲ 圆叶鹿蹄草

喜冬草属 *Chimaphila*

喜冬草 *Chimaphila japonica* Miq.

【形态特征】常绿半灌木，高 10~15cm。叶对生或近轮生，革质，长 2~3cm，宽 0.6~1.2cm，上面绿色，下面苍白色。花 1~2 朵顶生；花葶有细小疣，花瓣倒卵圆形，长 7~8mm；雄蕊 10，花丝短，中下部加宽，花药淡黄色有小角，顶孔开裂；花柱倒圆锥形，柱头 5 浅裂。蒴果扁球形，直径 5~5.5mm。花果期 6~8 月。

【分布与生境】分布于中国北部、西南、台湾省，俄罗斯、日本。生于山坡林下。

【价值】全草入药。

▲ 喜冬草

松下兰属 *Hypopitys*

松下兰 *Hypopitys monotropa* Crantz.

【形态特征】多年生草本，腐生，高 8~27cm，全株无叶绿素，白色或淡黄色，肉质，干后变黑褐色。根细而分枝密。叶鳞片状，长 1~1.5cm，宽 0.5~0.7cm，互生。总状花序有 3~8 花；花冠筒状钟形；苞片卵状长圆形；花瓣 4~5；雄蕊 8~10，短于花冠，花药橙黄色，花丝无毛；花柱直立，柱头膨大成漏斗状。蒴果椭圆状球形。花果期 6~9 月。

【分布与生境】分布于中国北部以及湖北、四川，朝鲜半岛、俄罗斯远东地区、日本、欧洲、北美洲。生于林下。

【价值】可入药。

▲ 松下兰

▲ 兴安杜鹃

杜鹃花属 *Rhododendron*

兴安杜鹃 *Rhododendron dauricum* L.

【形态特征】半常绿灌木，高 0.5~2m，幼枝被柔毛和鳞片。叶片近革质，长 1~5cm，宽 1~1.5cm，下面淡绿，密被褐色鳞片。花 1~4 朵生于枝端，多先叶开放；花冠宽漏斗状，外面稍有柔毛，长 1.3~2.3cm，径 2~3cm，雄蕊 10，花药紫红色，花丝下部有柔毛；子房 5 室，密被鳞片，花柱长于花冠。蒴果长 1~1.2cm，先端 5 瓣开裂。花果期 5~7 月。

【分布与生境】分布于中国东北，蒙古国、日本、朝鲜半岛、俄罗斯。生于石砬子、干山坡、疏林下、石塘。

【价值】叶入药；园林花卉。

* 国家二级重点保护野生植物。

▲ 兴安杜鹃

杜鹃花属 *Rhododendron*

杜香 *Rhododendron tomentosum* Harmaja

【形态特征】灌木，直立，高 50~70cm。幼枝密被锈色或白色绵毛，有香味。叶长 1.5~4cm、宽 1~3mm，边缘强烈反卷，上面暗绿，下面密被锈色茸毛，中脉隆起。伞房花序，生枝端；花梗密生锈色茸毛；萼片 5，卵圆形，尖头；雄蕊 10，花丝基部有毛；花柱宿存。蒴果卵形，长 3.5~4mm，花果期 6~8 月。

【分布与生境】分布于中国东北，朝鲜半岛、俄罗斯远东地区、欧洲、北美洲。生于针叶林下、泥炭藓沼泽地或高山草甸沼泽内。

【价值】可药用，芳香植物。

▲杜香

越橘属 *Vaccinium*

越橘 *Vaccinium vitis-idaea* L.

【形态特征】常绿灌木，高 7~15cm。枝被灰白色短柔毛。叶片革质，长 1~2cm、宽 8~10mm，总状花序；苞片红色，宽卵形，萼片 4，宽三角形，长约 1mm；花冠白色或带红色，径约 5mm，钟状 4 裂，裂片三角状卵形；雄蕊 8，有微毛，花柱稍超出花冠。浆果球形，直径 5~8mm，紫红色。花果期 6~9 月。

【分布与生境】分布于中国黑龙江、吉林、内蒙古、陕西、新疆，蒙古国、朝鲜半岛、日本、俄罗斯、环北极地区。生于林缘、高山沼地、石南灌丛、苔原。

【价值】浆果可食；叶可药用。

▲越橘

越橘属 *Vaccinium*

红莓苔子（大果毛蒿豆）*Vaccinium oxycoccus* L.

【形态特征】常绿半灌木，高 10~15cm；茎纤细，有横走茎。茎分枝，直立上升，茎皮成条状剥离。叶散生，革质，长 0.5~1.1cm，宽 0.2~0.5cm，边缘反卷，全缘，表面深绿色，背面带灰白色；叶柄长约 1mm。花 2~4 朵生于枝顶，花梗细长，长 1~2mm，被短柔毛，顶端下弯；苞片着生花梗基部，卵形，小苞片 2 枚，着生花梗中部，线形；萼裂片 4，半圆形；花冠淡红色，4 深裂，裂片长圆形，反折；雄蕊 8，花丝扁平，两侧被微柔毛；子房 4 室，花柱细长，超出雄蕊。浆果球形，直径约 1cm，红色。花果期 6~8 月。

【分布与生境】分布于中国黑龙江、吉林，亚洲其他区域、欧洲、北美洲。生于寒冷沼泽地。植株下部埋在苔藓中，仅上部露出。

【价值】果可食；具观赏价值。

▲红莓苔子

▲笃斯越橘

越橘属 *Vaccinium*

笃斯越橘 *Vaccinium* uliginosum L.

【形态特征】落叶灌木，高 20~80cm，叶长 1~3cm、宽 8~15mm，下面灰绿色。花 1~3 朵着生于上年生枝顶叶腋；花梗 0.5~1cm，下部有 2 小苞片；萼筒三角状卵形；花冠宽坛状，长约 5mm，4~5 浅裂；雄蕊 10，比花冠略短，药室背部有 2 距；子房下位，花柱宿存。浆果近球形，直径约 1cm。花果期 6~8 月。

【分布与生境】分布于中国东北，朝鲜半岛、日本、俄罗斯远东地区、欧洲、北美洲。生于落叶松林下、林缘、亚高山苔原、沼泽湿地。

【价值】优质野生浆果。

▲笃斯越橘

地桂属 *Chamaedaphne*

地桂（甸杜）*Chamaedaphne calyculata* (L.) Moench

【形态特征】常绿直立灌木，高 30~150cm；小枝黄褐色，密生小鳞片和短柔毛。叶近革质，长椭圆形，长 3~4cm，宽 1~1.2cm，两面均有鳞片；总状花序顶生，长达 12cm；花梗短，密生短柔毛；萼片披针形，背面有淡褐色柔毛和鳞片，花冠坛状，白色。蒴果扁球形；种子细小，无翅，在室中排成 2 列。花果期 6~7 月。

【分布与生境】分布于中国东北，北美洲、欧洲、俄罗斯远东地区及日本。生于针叶林下及水藓沼泽中。

【价值】具生态价值。

▲地桂

科 77　茜草科 Rubiaceae

茜草属 *Rubia*

中国茜草 *Rubia chinensis* Regel & Maack in Regel

【形态特征】多年生草本，高 40~70cm。茎常数条丛生，茎 4 棱。叶 4 片轮生，长 4~11cm、宽 1.5~6cm，边缘和脉被短毛。花序梗和分枝无毛或被柔毛；苞片披针形。萼筒近球形；花冠白色，径 4~5mm，裂片 5~6，卵形或近披针形；雄蕊 5。浆果近球形，径 5mm，黑色。花果期 6~9 月。

【分布与生境】分布于中国东北、华北，俄罗斯、朝鲜半岛和日本。常生于林下、林缘和草甸。

【价值】具生态价值。

▲中国茜草

茜草属 *Rubia*

林生茜草 *Rubia sylvatica* (Maxim.) Nakai

【形态特征】多年生攀缘草本。茎长 1.5~3m，有 4 棱，棱上有倒生皮刺。中部叶 4~10 片轮生；长 2~11cm、宽 1~6cm，背面叶脉和边缘有微小皮刺；聚伞花序腋生和顶生，黄白色小花直径 3~4mm，花冠钟形 5 裂；雄蕊 5，花药黄色；花柱 2 裂至中部。浆果球形，径 4~5mm，成熟时黑色。花果期 7~9 月。

【分布与生境】分布于中国北部、华东、华南、西南，朝鲜半岛、俄罗斯。生于林下或林缘。

【价值】具生态价值。

▲林生茜草

茜草属 *Rubia*

茜草 *Rubia cordifolia* L.

【形态特征】多年生攀缘草本，茎长 1~2m。茎有 4 棱，棱有倒生皮刺，多分枝。上部叶 2~4 片轮生，长 2~9cm、宽 1~6cm，边缘有皮刺，两面粗糙，脉有小皮刺；聚伞花序腋生和顶生，花序梗和分枝有小皮刺；花冠淡黄色，裂片近卵形。果球形，径 4~5mm；成熟时红色。花果期 6~9 月。

【分布与生境】分布于中国北部、四川及西藏，朝鲜半岛、日本及俄罗斯。生于疏林、林缘、灌丛或草地上。

【价值】干燥的根和茎可入药。

▲茜草

拉拉藤属 *Galium*

林猪殃殃 *Galium paradoxum* Maxim.

【形态特征】多年生草本，高 10~25cm。根状茎横走生根。茎直立单一，下部叶对生，上部 4 叶轮生，2 大 2 小；叶长 10~40mm、宽 10~20mm；两面有倒伏刺状硬毛，叶缘有小刺毛；聚伞花序顶生，具 1~3 分枝，每枝具 1~3 花。花冠白色，4 裂。果实近球形，径约 1mm。花果期 6~8 月。

【分布与生境】分布于中国大部分地区，日本、朝鲜半岛、俄罗斯、印度、尼泊尔。生于林下。

【价值】具生态价值。

▲ 林猪殃殃

拉拉藤属 *Galium*

钝叶猪殃殃 *Galium tokyoense* Makino

【形态特征】多年生草本，高 30~60cm。沿茎棱有倒生小刺。叶 4~6 枚轮生，长 2~3cm、宽 4~7mm，叶先端圆，略凹和具小刺尖；边缘和背面中脉有倒生小刺。聚伞花序多花生于茎上部。花冠 4 裂，径约 2mm；雄蕊 4，花药黄色；花柱 2 裂。双生果无毛近球形，径 1.5~2mm。花果期 6~8 月。

【分布与生境】分布于中国东北、华北，俄罗斯、日本、朝鲜半岛。生于林下，湿草地。

【价值】具生态价值。

▲ 钝叶猪殃殃

拉拉藤属 *Galium*

卵叶轮草 *Galium platygalium* (Maxim.) Pobed.

【形态特征】多年生草本，高 30~45cm。茎具 4 角棱。叶 4 片轮生，长 1.5~3cm、宽 0.8~1.5cm，革质，具 3~5 脉。圆锥状的聚伞花序顶生，总花梗与花梗均无毛；苞片在花序轴分枝处成对着生，卵形；花冠白色，钟状，花冠裂片 4，雄蕊 4；花柱 2 深裂。果双生，或仅 1 个发育，近球形，径约 3.2mm。花果期 7~9 月。

【分布与生境】分布于中国东北，俄罗斯、朝鲜半岛。生于山坡林下。

【价值】具生态价值。

▲ 卵叶轮草

▲ 蓬子菜

拉拉藤属 *Galium*

蓬子菜 *Galium verum* L.

【形态特征】多年生草本，高 40~120cm。茎 4 棱，被柔毛或秕糠状毛。叶 6~10 片轮生，长 1.5~4cm、宽 0.5~2mm。边缘反卷表面暗绿色。聚伞花序顶生和腋生，花序梗密被柔毛。萼筒无毛；辐状，无毛，裂片卵形或长圆形。果双生，近球状，径约 2mm。花果期 6~9 月。

【分布与生境】分布于中国各省区，北温带常布。生于荒野。

【价值】具生态和药用价值。

拉拉藤属 *Galium*

小猪殃殃 *Galium innocuum* Miq.

【形态特征】多年生草本，高 15~40cm。茎纤细，具 4 棱，多分枝。叶纸质，4(5~6) 片轮生，长 5~18mm、宽 1.5~4mm。聚伞花序腋生和顶生，少分枝，常 3~4 花，有时 1~2 花，花序梗纤细。花冠辐状，径 2~3mm，裂片 3(4)；雄蕊 3~4，花柱 2 裂。果近球状，径 1~2mm，双生或单生。花果期 3~8 月。

【分布与生境】分布于中国各省区，日本、俄罗斯远东地区、欧洲、北美洲。生于林下湿地、草丛。

【价值】具生态价值。

▲ 小猪殃殃

拉拉藤属 *Galium*

异叶轮草 *Galium maximowiczii* (Kom.) Pobed.

【形态特征】多年生草本，高 0.3~1m。茎具 4 角棱，无毛，分枝。叶纸质，每轮 4~8 片，长 1.5~5.3cm，宽 0.7~2cm，顶端钝圆，稀稍尖，基部短尖或渐狭成短柄，在边缘和下面脉上具向上的粗毛，通常 3 脉；叶柄长 2~6mm，有粗毛。聚伞花序顶生和生于上部叶腋，疏散，再组成大而开展的顶生圆锥花序，长约 20cm，宽约 15cm；花序轴长；花多而稍疏；花梗纤细；花冠白色，钟状，花冠裂片 4，长圆形，顶端钝。果直径 2~2.5mm，双生或单生。花果期 6~8 月。

【分布与生境】分布于中国东北、华北、西北，俄罗斯、朝鲜半岛。生于山地、旷野、沟边的林下、灌丛或草地。

【价值】具生态和观赏价值。

▲ 异叶轮草

拉拉藤属 *Galium*

拉拉藤 ***Galium spurium* L.**

【形态特征】一、二年生草本，茎上升或攀缘，高达 1m。茎 4 棱，沿棱倒生小刺。叶 6~8 枚轮生，长 1~2.5cm、宽 1.5~3mm，先端稍钝具刺尖。边缘和背面中脉倒生小刺。聚伞花序顶生和腋生；花序常单花，花径约 1mm，淡黄绿色，4 裂。果实近球形，有钩状毛，径 2~3mm。花果期 5~8 月。

【分布与生境】分布于中国各省，俄罗斯、日本、朝鲜半岛、巴基斯坦。生于荒野。

【价值】全草药用。

▲ 拉拉藤

拉拉藤属 *Galium*

大叶猪殃殃 ***Galium dahuricum* Turcz. ex Ledeb.**

【形态特征】多年生草本，高 35~55cm。茎 4 棱，沿棱疏生倒向小刺。叶 5~6 枚轮生，长 2~4cm，宽 4~7mm，先端锐尖具白色刺尖，叶脉和边缘倒生小刺。聚伞花序 2~3 花，小花梗长 4~15mm；花冠径 3~4mm，4 裂，裂片卵形；雄蕊 4；花柱 2 裂。果实近球形，径 1.5~2mm。花果期 6~8 月。

【分布与生境】分布于中国东北、华北，俄罗斯、朝鲜半岛、日本。生于林下、湿草地。

【价值】全草药用；具生态价值。

▲ 大叶猪殃殃

拉拉藤属 ***Galium***

东北猪殃殃 ***Galium dahuricum* var. *lasiocarpum* (Makino) Nakai**

【形态特征】多年生草本，高 30~60cm。茎 4 棱，沿棱倒生小刺。叶 5~6 枚轮生，叶片长 2~4cm、宽 4~8mm，先端具白刺尖，脉和边缘具倒生小刺。聚伞花序 2~3 花，顶生和上部腋生；花冠长约 1.5mm；雄蕊 4，着生于花冠筒上部，花药黄色；花柱 2 裂。果实近球形，径 1.5~2mm。花果期 6~9 月。

【分布与生境】分布于中国东北、华北，俄罗斯、朝鲜半岛、日本。生于林缘、灌丛、草甸。

【价值】具生态价值。

▲东北猪殃殃

科 78　龙胆科 Gentianaceae

龙胆属 ***Gentiana***

鳞叶龙胆 ***Gentiana squarrosa* Ledeb.**

【形态特征】一年生草本，高 2~8cm。茎密被乳突；叶先端具短小尖头，叶柄白色膜质，边缘具短睫毛，连合成长 0.5~1mm 的短筒；基生叶大，茎生叶小。花单生小枝顶；花萼倒锥状筒形；花冠蓝色，裂片卵状三角形。蒴果倒卵状矩圆形；种子黑褐色，椭圆形或矩圆形，表面有白色光亮的细网纹。花果期 4~9 月。

【分布与生境】分布于中国大部分地区，俄罗斯、蒙古国、朝鲜半岛、日本。生于山坡、山谷、山顶、干草原、河滩、荒地、路边、灌丛中及高山草甸。

【价值】具观赏价值。

▲鳞叶龙胆

龙胆属 *Gentiana*

笔龙胆 *Gentiana zollingeri* Fawc.

【形态特征】一年生草本，高约 6cm。茎直立，基部分枝。叶宽卵形或宽卵状匙形，边缘软骨质；花单生枝顶，花枝密集呈伞房状。花萼漏斗形，裂片窄三角形或卵状椭圆形，边缘膜质；花冠淡蓝色，具黄绿色宽条纹，漏斗形，长 1.4~1.8cm，裂片卵形、褶卵形或宽长圆形，先端 2 浅裂或具不整齐细齿。蒴果具长柄，倒卵状长圆形。种子具细网纹。花果期 4~6 月。

【分布与生境】分布于中国北部、华东、华中，朝鲜半岛、俄罗斯、日本。生于山坡、林下、灌丛或林缘草地。

【价值】具观赏价值。

▲ 笔龙胆

龙胆属 *Gentiana*

三花龙胆 *Gentiana triflora* Pall.

【形态特征】多年生草本，高 30~70cm，全株无毛。根细长成绳索状，黄白色多数。叶对生，基部连合抱茎；茎下部叶小，长 1~1.5cm，中上部叶披针形，长 3~10cm，宽 4~20mm。花簇生于茎顶和叶腋；花蓝紫色长 3.5~5.5cm；花萼桶状钟形，是花冠长的一半；花冠钟形，花冠桶里无斑点，裂片圆形，钝头。蒴果长圆形，具柄。花果期 8~9 月。

【分布与生境】分布于中国东北，俄罗斯、朝鲜半岛、日本。生于草地、湿草地、林下。

【价值】根入药；具观赏价值。

▲ 三花龙胆

龙胆属 *Gentiana*

龙胆 *Gentiana scabra* Bunge

【形态特征】多年生草本，高 30~65cm。根状茎簇生多数细长绳状的根，棱被乳突。茎下部叶淡紫红色，鳞形；中上部叶卵形或卵状披针形，上面密被细乳突。花簇生枝顶及叶腋。每花具 2 苞片；萼筒倒锥状筒形或宽筒形，裂片常外反或开展；花冠蓝紫色，筒状钟形，长 4~5cm，裂片卵形或卵圆形。种子具粗网纹，两端具翅。花果期 9~10 月。

【分布与生境】分布于中国东北和华北，俄罗斯、朝鲜半岛、日本。生于草甸、山坡、林缘及灌丛。

【价值】根入药。

▲ 龙胆

龙胆属 *Gentiana*

秦艽 (大叶龙胆)*Gentiana macrophylla* Pall.

【形态特征】多年生草本，高达 60cm；枝少数丛生；莲座叶卵状椭圆形，长 6~28cm，叶柄宽，长 3~5cm；茎生叶椭圆状披针形，长 4.5~15cm；花簇生枝顶或轮状腋生；花无梗，萼筒黄绿或带紫色，一侧开裂，先端平截或圆；花冠筒黄绿色，冠檐蓝紫色，壶形，长 1.8~2cm，裂片卵形；蒴果卵状椭圆形；种子具细网纹。花果期 7~10 月。

【分布与生境】分布于中国西北、华北及东北地区，俄罗斯、蒙古国。生于河滩、路旁、水沟边、山坡草地、草甸、林下及林缘。

【价值】根入药。

▲ 秦艽

獐牙菜属 *Swertia*

瘤毛獐牙菜 *Swertia pseudochinensis* H. Hara

【形态特征】一年生草本，高 15~50cm。茎四棱形，棱上有窄翅。叶线状披针形至披针形，长 2~5cm、宽 2~8mm。圆锥状复聚伞花序，开展；花 5 数；花萼绿色，裂片线形；花冠蓝紫色，具深色脉纹，裂片披针形，基部具 2 个腺窝，腺窝矩圆形，沟状，基部浅囊状，边缘具长柔毛状流苏，流苏表面有瘤状突起。蒴果狭卵形或长圆形；种子近圆形。花期 8~9 月。

【分布与生境】分布于中国东北、华北，朝鲜半岛、俄罗斯、日本。生于山坡灌丛、杂木林下。

【价值】全草入药。

▲瘤毛獐牙菜

扁蕾属 *Gentianopsis*

扁蕾 *Gentianopsis barbata* (Froel.) Ma

【形态特征】一或二年生草本。茎单生，近圆柱形，上部有分枝，条棱明显。基生叶多对，匙形或线状倒披针形，长 0.7~4cm，茎生叶 3~10 对，无柄，长 1.5~8cm，边缘具乳突，中脉在下面明显；花单生茎枝顶端；花梗有明显条棱，长达 15cm；花萼筒状，裂片 2 对，萼筒长 10~18mm；花冠筒状漏斗形，裂片椭圆形；腺体近球形，下垂；花丝线形，花药狭长圆形；子房具柄，狭椭圆形。种子褐色，矩圆形，长约 1mm，表面有指状突起。花果期 7~9 月。

【分布与生境】分布于中国西南、西北、华北、东北等地区，东亚、西亚、欧洲。生于沟边、山坡、林下、灌丛。

【价值】具观赏价值。

▲扁蕾

花锚属 *Halenia*

花锚 *Halenia corniculata* (L.) Cornaz

【形态特征】一年生草本，高 20~50cm。茎近四棱形。基生叶倒卵形或椭圆形；茎生叶椭圆状披针形或卵形，长 1.5~6cm，宽 3~18mm，叶脉 3 条，下面沿脉疏生短硬毛。聚伞花序顶生和腋生；花 4 数，直径 1.1~1.4cm；花萼裂片狭三角状披针形，具 1 脉，被短硬毛；花冠淡黄色，钟形，裂片卵形或椭圆形。蒴果长圆形，2 裂。花果期 7~9 月。

【分布与生境】分布于中国北部，朝鲜半岛、俄罗斯。生于山坡、草地、林缘。

【价值】全草入药。

▲ 花锚

科 79　夹竹桃科 Apocynaceae

白前属 *Vincetoxicum*

徐长卿 *Vincetoxicum pycnostelma* Kitag.

【形态特征】多年生草本，高 50~65cm。须根系。叶对生，长 5~13cm、宽 0.5~1.5cm，具缘毛。聚伞花序圆锥状，上部腋生；花萼裂片披针形；花冠黄绿色，裂片 5，三角状卵形；花药顶端附属物半圆形，花粉块长圆形；柱头五角形。蓇葖果长 5~7cm、径约 6mm；种子具白色绢毛。花果期 6~9 月。

【分布与生境】分布于中国大部分省区，蒙古国、俄罗斯、朝鲜半岛、日本。生于向阳山坡。

【价值】干燥的根和根茎入药。

▲ 徐长卿

白前属 *Vincetoxicum*

白薇 *Vincetoxicum atratum* (Bunge) Morren & Decne.

【形态特征】多年生草本，高 40~60cm。全株密被毛，有乳汁。叶长 9~13cm、宽 6~7cm；聚伞花序腋生，具 8~10 花。花萼 5 齿裂，裂片披针形，内面基部具 5 腺体；副花冠 5 深裂，裂片与合蕊柱等长。花药顶端具圆形膜片；子房柱头扁平。蓇葖果披针形，长 7~9cm、径 1~1.5cm。花果期 6 月。

【分布与生境】分布于国内各省区，俄罗斯、朝鲜半岛和日本亦有。生于山坡、草地。

【价值】干燥的根和根茎入药。

▲ 白薇

鹅绒藤属 *Cynanchum*

萝藦 *Cynanchum rostellatum* (Turcz.) Liede & Khanum

【形态特征】多年生草质缠绕藤本，茎长 3~6m。具乳汁；茎幼时密被白柔毛。叶片长 8~11cm、宽 5~8cm。总状聚伞花序腋生或腋外生，花萼裂片披针形，长 5mm；花冠先端反卷，内面有毛。雄蕊连生成圆锥状，并包围雌蕊在其中，花药顶端具白色膜片；柱头丝状 2 裂。种子扁平，卵圆形，长 6~7mm、宽 3~5mm。花果期 7~9 月。

【分布与生境】分布于中国北部、华东、华中，日本、朝鲜半岛、俄罗斯。生于林缘、荒野。

【价值】全株可药用。

▲ 萝藦

科 80　紫草科 Boraginaceae

聚合草属 *Symphytum*

聚合草 *Symphytum officinale* L.

【形态特征】多年生草本，高 50~120cm。全株密被长短不等开展或下弯的白色短刚毛。主根发达，紫褐色。基生叶长达 55cm、宽 19cm，具长柄。聚伞花序；花冠白色至紫红色，喉部有 5 个披针形附属物，雄蕊 5；子房 4 裂，柱头小球形。花期 7~9 月。

【分布与生境】我国各地有栽培和逸生，原产俄罗斯高加索。生于林缘、荒野。

【价值】饲料；园艺品种。

▲聚合草

鹤虱属 *Lappula*

鹤虱 *Lappula myosotis* Moench

【形态特征】一年生草本。茎直立，多分枝，高 30~60cm，密被白色短糙毛。叶长 1.5~5cm、宽 3~6mm。花序果期长达 17cm；花萼长约 3.5mm，5 深裂；花冠喉部附属物 5。雄蕊 5，子房 4 裂；小坚果卵状，长约 3mm，背面边缘具 2 行锚状刺。花果期 7~9 月。

【分布与生境】分布于中国北部、华东，北半球温带。生于山坡草地。

【价值】果实入药；种子榨油。

▲鹤虱

鹤虱属 *Lappula*

蒙古鹤虱（东北鹤虱）*Lappula intermedia* (Ledeb.) Popov in Schischk

【形态特征】一年生草本，高 20~50cm。叶狭披针形或倒披针形，长 1.5~5cm、宽 3~5mm，有贴伏的细糙毛。花序长达 30cm，果期伸长；花萼长约 3.5mm，花冠喉部附属物 5；雄蕊 5，子房 4 裂，花柱内藏。小坚果 4，背面边缘具一行锚状刺，长可达 2mm。花果期 5~8 月。

【分布与生境】分布于中国北部、西藏及四川西北部，蒙古国、俄罗斯。生于荒地、田间。

【价值】具生态价值。

▲ 蒙古鹤虱

附地菜属 *Trigonotis*

水甸附地菜 *Trigonotis myosotidea* (Maxim.) Maxim.

【形态特征】多年生草本，高 15~35cm。茎下部有棱，上部疏生短糙伏毛。茎生叶有短柄，长 1.5~3.5cm、宽 1~1.5cm。总状花序生于枝端，小花梗纤细，长 1~1.5cm；花淡蓝色，喉部附属物 5，花冠直径 5~8mm。小坚果 4，四面体形，长约 1.5mm，有光泽。花果期 7~8 月。

【分布与生境】分布于中国东北、河北，蒙古国、俄罗斯。生于湿地边。

【价值】具生态价值。

▲ 水甸附地菜

附地菜属 *Trigonotis*

北附地菜 *Trigonotis radicans* subsp. *sericea* (Maxim.) Riedl

【形态特征】多年生草本，高 10~70cm。花后枝茎伸长，着地生根。叶柄由下至上渐短，茎上部叶长 1.5~3.5cm、宽 0.5~1.3cm，两面疏生开展的白色糙硬毛。花单生，花萼长约 3mm，5 深裂。花冠檐部直径 6~8mm。雄蕊 5；子房 4 裂。小坚果斜三棱锥状四面体形。花果期 6~9 月。

【分布与生境】分布于中国东北，俄罗斯、朝鲜半岛。生于林缘湿地边。

【价值】具生态价值。

▲ 北附地菜

附地菜属 *Trigonotis*

附地菜 *Trigonotis peduncularis* (Trevis.) Benth. ex Baker & S. Moore

【形态特征】一年生或二年生草本，高 5~20cm。茎叶有糙伏毛。基生叶有长柄；叶片长 1~2cm、宽 0.5~1cm。总状花序，果期伸长。花冠淡蓝色或粉色，喉部附属物 5，白色或带黄色；花冠直径 1.5~2.5mm；雄蕊 5，内藏；子房 4 裂。小坚果四面体形，长约 0.8mm。花果期 5~8 月。

【分布与生境】分布于中国大部分地区，东北亚、欧洲。生于山坡草地、林缘。

【价值】全草入药；嫩叶可食；园艺植物。

▲ 附地菜

山茄子属 *Brachybotrys*

山茄子 *Brachybotrys paridiformis* Maxim. ex Oliv.

【形态特征】多年生草本，高 30~50cm。根状茎横走。茎下部叶鳞片状；上部叶近轮生，长 7~17cm、宽 2.5~8cm，背面有稀疏而较长的糙伏毛。花序无苞片；花萼长约 8mm，萼裂片钻状披针形，密生伏毛。雄蕊 5；小坚果 4，四面体型，长约 3mm，有光泽。花果期 6~9 月。

【分布与生境】分布于中国东北，俄罗斯、朝鲜半岛。生于林下、林缘。

【价值】嫩茎叶可食。

▲ 山茄子

勿忘草属 *Myosotis*

湿地勿忘草 *Myosotis caespitosa* Schultz

【形态特征】多年生草本；高达 60cm；茎常 1 条，分枝疏，被向上平伏糙毛；基生叶及下部茎生叶长圆形或倒披针形，长 2~3cm，两面疏被糙伏毛，具柄；中部及上部茎生叶倒披针形或线状披针形，长 3~7cm，无柄；花萼钟状，长约 3mm，裂片三角状卵形，疏被白色糙伏毛；花冠淡蓝色，长 2~3mm，冠筒较花萼短，冠檐径约 3.5mm，裂片近圆形；花药长约 0.5mm；花柱长约 0.8mm；果序长 10~20cm；花果期 6~8 月。

【分布与生境】分布于中国东北、云南、四川、甘肃、新疆、河北，世界广布。生于溪边、水湿地及山坡湿润地。

【价值】具生态价值。

▲ 湿地勿忘草

科 81 旋花科 Convolvulaceae

菟丝子属 *Cuscuta*

啤酒花菟丝子 *Cuscuta lupuliformis* Krock

【形态特征】一年生草本，茎粗壮，细绳状，直径达 3mm，红褐色，具瘤，多分枝。花淡红色，聚集成断续的穗状总状花序；花萼半球形，带绿色，裂片宽卵形或卵形；花冠圆筒状，裂片长圆状卵形，直立或多少反折；花柱 1，柱头广椭圆形，2 裂。蒴果卵形或卵状圆锥形，通常在顶端具凋存的干枯花冠；花果期 7~8 月。

【分布与生境】分布于中国东北、华北、西北，俄罗斯、蒙古国。寄生于乔灌木或多年生草本植物上。

【价值】具生态价值。

▲ 啤酒花菟丝子

菟丝子属 *Cuscuta*

菟丝子 *Cuscuta chinensis* Lam.

【形态特征】一年生寄生草本。茎黄色，直径约 1mm，无叶。花序侧生，少花或多花簇生成小伞形或小团伞花序；花萼杯状，裂片三角状；花冠白色，壶形，裂片三角状卵形，向外反折；子房近球形，花柱 2，柱头球形，不伸长。蒴果球形，几乎全为宿存的花冠所包围，成熟时整齐地周裂。种子 2~49，淡褐色，卵形，长约 1mm，表面粗糙。

【分布与生境】广布于亚洲、大洋洲等。生于田边、山坡阳处、路边灌丛或海边沙丘等，寄生于豆科、菊科、蒺藜科等植物上。

【价值】种子入药。

▲ 菟丝子

菟丝子属 *Cuscuta*
原野菟丝子 *Cuscuta campestris* Yunck.

【形态特征】一年生寄生草本，茎缠绕，表面光滑，初黄绿色，后转黄色至橙色，直径不足 1mm，与寄主茎接触膨大，表面密生小瘤状突起，粗糙，吸器棒状，顶端细胞膨大，无叶。花序侧生，每一花序有花 6~13 朵，密集成球形花簇；花序梗长约 2mm，苞片鳞片状，花萼杯状，长约 1.5mm，裂片 5，花冠白色，短钟状，通常 5 裂，裂片宽三角形。子房扁球形，花柱 2，蒴果扁球形，下半部为宿存花冠包围，成熟时不规则开裂，种子 1~4，褐色，卵形。

【分布与生境】分布于亚洲、美洲、欧洲、非洲、大洋洲和太平洋诸岛。寄生于田边、路旁的豆科、苋属、旋花属等植物。

【价值】检疫性杂草，具入侵性，暂无价值。

▲ 原野菟丝子

菟丝子属 *Cuscuta*
南方菟丝子 *Cuscuta australis* R. Br.

【形态特征】一年生寄生草本。茎缠绕，金黄色，直径约 1mm，无叶。花序侧生，少花或多花簇生成小伞形或小团伞花序；花萼杯状，基部连合，裂片 3~5，长圆形或近圆形；花冠乳白色或淡黄色，杯状，裂片卵形或长圆形；子房扁球形，花柱 2，柱头球形。蒴果扁球形，下半部为宿存花冠所包，成熟时不规则开裂，不为周裂。

【分布与生境】分布于中国大部分地区，亚洲、大洋洲。寄生于田边、路旁的豆科、菊科蒿属等草本或小灌木上。

【价值】种子可药用。

▲ 南方菟丝子

菟丝子属 *Cuscuta*

欧洲菟丝子 *Cuscuta europaea* L.

【形态特征】一年生寄生草本。茎缠绕，带黄或红色，纤细，毛发状，无叶。花序侧生，少花或多花密集成团伞花序；花萼杯状，中部以下连合，裂片4~5，三角状卵形；花冠淡红色，壶形，长2.5~3mm，裂片4~5，三角状卵形；雄蕊着生花冠凹缺微下处，花药卵圆形；鳞片薄，倒卵形，着生花冠基部之上花丝之下；子房近球形，花柱2，柱头棒状。蒴果近球形。种子4枚，淡褐色，椭圆形，表面粗糙。

【分布与生境】分布于中国东北、西北、西南等地，欧洲、北部非洲和西亚。生于路边草丛阳处，河边，山地，寄生于菊科、豆科、藜科等草本植物上。

【价值】种子药用。

▲欧洲菟丝子

旋花属 *Convolvulus*

田旋花 *Convolvulus arvensis* L.

【形态特征】多年生草本，长达1m；具木质根状茎；叶卵形、卵状长圆形或披针形，长1.5~5cm，先端钝，基部戟形、箭形或心形；聚伞花序腋生，具1~3花；苞片2，线形；萼片外2片长圆状椭圆形，内萼片近圆形；花冠白或淡红色，宽漏斗形，长1.5~2.6cm，冠檐5浅裂；雄蕊稍不等长，花丝被小鳞毛；柱头线形；蒴果无毛。

【分布与生境】分布于中国东北、华北、西北、华东、西南等地，广布全球温带。生于耕地及荒坡草地上。

【价值】全草入药。

▲田旋花

打碗花属 *Calystegia*

藤长苗 *Calystegia pellita* (Ledeb.) G. Don

【形态特征】多年生草本。茎缠绕或下部直立，圆柱形，有细棱，密被灰白色或黄褐色长柔毛。叶长圆形或长圆状条形，长 4~10cm，宽 0.5~2.5cm，基部圆形、截形或微呈戟形，全缘，两面被柔毛，通常背面沿中脉密被长柔毛，叶脉在背面稍突起。花腋生，单一；苞片卵形，顶端钝，具小短尖头；花冠淡红色，漏斗状，长 4~5cm。蒴果近球形，径约 6mm。种子卵圆形，无毛。

【分布与生境】分布于中国东北、华北、华东、华中，俄罗斯、朝鲜半岛。生于山地草地、耕地。

【价值】具生态价值。

▲藤长苗

打碗花属 *Calystegia*

打碗花 *Calystegia hederacea* Wall.in Roxb.

【形态特征】一年生缠绕草本，长 40~90cm，全株不被毛，常自基部分枝。茎细，平卧，有细棱。基部叶片长圆形，上部叶片 3 裂，侧裂片近三角形，全缘或 2~3 裂，叶片基部心形或戟形；花腋生，1 朵；苞片宽卵形，顶端钝或锐尖至渐尖；萼片长圆形，具小短尖头；花冠淡紫色或淡红色，钟状，冠檐近截形或微裂。花果期 5~9 月。

【分布与生境】分布于亚洲、非洲。生于田间、路旁、荒地等处。

【价值】根药用。

▲打碗花

打碗花属 *Calystegia*

柔毛打碗花 *Calystegia pubescens* Lindl.

【形态特征】多年生草本。茎蔓生或缠绕，无毛或疏具柔毛。叶长狭三角形至卵状长圆形，基部戟形，侧裂片全缘或2裂，有时圆形。花梗不超出叶，无毛或近基部具柔毛；苞片卵形，先端钝；花冠粉红色或稀白色，漏斗状，花期8月。

【分布与生境】分布于中国东北、河北、浙江等地，日本、朝鲜半岛。生于路旁、溪边草丛、农田边或山坡林缘。

【价值】绿化花卉。

▲柔毛打碗花

鱼黄草属 *Merremia*

北鱼黄草 *Merremia sibirica* (L.) Hallier f.

【形态特征】一年生缠绕草本，全株近于无毛。茎圆柱状，具细棱。叶卵状心形，全缘或稍波状，先端长渐尖，侧脉7~9对，近边缘弧曲向上；基部具小耳状假托叶。聚伞花序腋生，有1~7朵花，花序梗明显具棱或狭翅；苞片小，线形；萼片椭圆形，顶端明显具钻状短尖头；花冠淡红色，钟状，冠檐具三角形裂片。花期6~8月。

【分布与生境】分布于中国大部分地区，俄罗斯、蒙古国、印度。生于路边、田边、山地草丛或山坡灌丛。

【价值】全草入药。

▲北鱼黄草

番薯属 *Ipomoea*

圆叶牵牛 *Ipomoea purpurea* (L.) Roth

【形态特征】一年生缠绕草本，茎上被倒向的短柔毛杂有倒向或开展的长硬毛。叶圆心形或宽卵状心形，通常全缘，两面疏或密被刚伏毛；花腋生，1~5 朵着生于花序梗顶端成伞形聚伞花序；苞片线形；外面 3 片萼片长椭圆形，内面 2 片线状披针形；花冠漏斗状，紫红色、红色或白色，花冠管通常白色；雄蕊与花柱内藏。蒴果近球形。花果期 7~9 月。

【分布与生境】原产美洲，世界各地归化。生于田边、路旁、平地及山谷、林内，多有栽培。

【价值】具观赏价值。

▲ 圆叶牵牛

科 82　茄科 Solanaceae

茄属 *Solanum*

龙葵 *Solanum nigrum* L.

【形态特征】一年生草本，高 30~60cm。叶互生，叶片卵形或近菱形，边缘常波状，长 2.5~10cm、宽 1.5~6cm。蝎尾状花序腋外生，由 3~10 花组成；花萼绿色，直径 1~2mm，浅杯状，5 浅裂；花冠白色，5 深裂，裂片三角状卵形，反折；花丝短，花药黄色，长约 1.2mm，约为花丝长度的 4 倍；子房卵形，柱头头状。浆果球形，约 8mm，熟时黑色。花果期 7~10 月。

【分布与生境】分布于中国各地，欧洲、亚洲、美洲的温带至热带地区。生于田边、荒地及村庄附近。

【价值】全株入药。

▲ 龙葵

灯笼果属 *Physalis*

灰绿酸浆 *Physalis grisea* (Waterf.) M. Martinez

【形态特征】一年生草本，高 30~60cm。全株被柔毛，茎多分枝。叶长 3~9cm、宽 2~7cm；花萼钟状，裂片披针形，具缘毛；花冠淡黄色，直径约 8mm，喉部具紫色斑纹；花药淡紫色。宿萼卵圆形，顶端萼齿闭合，长成囊泡状；浆果球形，径 1.2~1.8cm，黄或带紫色。种子近盘状。花果期 6~10 月。

【分布与生境】原产美洲，中国东北栽培或逸为野生。多生于草地或田边路旁。

【价值】果可食。

▲ 灰绿酸浆

酸浆属 *Alkekengi*

挂金灯（红姑娘）*Alkekengi officinarum* var. *francheti* (Mast.) R. J. Wang

【形态特征】多年生草本，高 40~80cm。茎不分枝。叶片长 4~15cm、宽 2~7cm，边缘波状或略有角。花单生于叶腋；花萼钟状，长约 6mm；花冠辐状，白色，5 浅裂；花药黄色。果梗无毛；果萼膨胀成灯笼状，橙红色至火红色，具 10 纵肋。浆果球形，10~15mm，熟时橙红色。种子多数，肾形。花果期 6~10 月。

【分布与生境】分布于中国各地，朝鲜半岛、日本。常生于田野、沟边、山坡草地、林下或路旁水边，亦普遍栽培。

【价值】全草入药；果可食。

▲ 挂金灯

曼陀罗属 *Datura*

曼陀罗 *Datura stramonium* L.

【形态特征】草本或亚灌木状；高达 1.5m；叶宽卵形，长 8~17cm，先端渐尖，基部不对称楔形，具不规则波状浅裂，侧脉 3~5 对；花直立，淡绿色，上部白或淡紫色，花梗长 0.5~1.2cm；萼筒长 3~5cm，具 5 棱，基部稍肿大，裂片三角形，宿存部分增大并反折；花冠漏斗状，长 6~10cm，下部淡绿色，上部白或淡紫色，裂片具短尖头；雄蕊内藏；子房密被柔针毛；蒴果直立，卵圆形，淡黄色，规则 4 瓣裂；种子卵圆形，稍扁，黑色。花果期 6~11 月。

【分布与生境】分布于中国各省区，世界广布。生于住宅旁、路边或草地。

【价值】药用；观赏。

▲曼陀罗

科 83　木樨科 Oleaceae

丁香属 *Syringa*

暴马丁香 *Syringa reticulata* subsp. *amurensis* (Rupr.) P. S. Green & M. C. Chang

【形态特征】落叶小乔木，高 5~15m。枝灰褐色，当年生枝绿色，新鲜木材有清香气。叶片长 2.5~13cm，宽 3~8cm。圆锥花序，长 10~27cm，宽 8~20cm。花萼长 1.5~2mm，花冠管稍长于花萼，花冠 4 裂，裂片长 4~5mm、宽 3~4mm，雄蕊 2，伸出花冠之外；子房卵球形，柱头 2 裂。蒴果长椭圆形，长 1.5~2cm、宽 5~8mm。花果期 6~9 月。

【分布与生境】分布于中国北部、华中，朝鲜半岛、俄罗斯、日本。生于森林谷地。

【价值】树皮入药；木材具香气；优质蜜源植物；绿化树种。

▲暴马丁香

▲水曲柳

梣属 *Fraxinus*

水曲柳 *Fraxinus mandshurica* Rupr.

【形态特征】落叶乔木，高达 35m，胸径可达 1m。小枝粗壮，黄褐色至灰褐色。奇数羽状复叶 7~13；小叶长 7~15cm、宽 2~5cm，着生处具关节。紫红色圆锥花序生于去年生枝上，先叶开放；雌雄异株，无花冠；雄花具 2 雄蕊；雌花具 2 不发育雄蕊，柱头 2 裂。翅果长 3~4cm、宽约 7mm；种子扁平。花果期 5~9 月。

【分布与生境】分布于中国东北、华北、陕西、甘肃、湖北，朝鲜半岛、俄罗斯、日本。生于山地缓坡、河岸。

【价值】优质木材。

* 国家二级重点保护野生植物。

▲ 水曲柳

科 84　车前科 Plantaginaceae

茶菱属 *Trapella*

茶菱 *Trapella sinensis* Oliv.

【形态特征】多年生水草，茎长 40~60cm。茎绿色。沉水叶披针形；浮水叶三角状圆形至肾圆形，长 1.5~3cm，宽 2~3.5cm，背面淡紫色。花单生于叶腋内；花梗长 1~3cm，花后增长。花冠漏斗状，淡红色，长 2.5cm。雄蕊 2；子房下位。蒴果长 1.5~2cm，径 3~4mm。花果期 7~9 月。

【分布与生境】分布于中国东北、华北、华东、华中，俄罗斯、朝鲜半岛、日本。群生于池塘或湖泊中。

【价值】景观；绿化；具观赏价值。

▲茶菱

柳穿鱼属 *Linaria*

柳穿鱼 *Linaria vulgaris* subsp. *chinensis* (Bunge ex Debeaux) D. Y. Hong

【形态特征】多年生草本，高 30~60cm。叶片长 2~7cm、宽 2~10mm。总状花序长 3~11cm；苞片线形至狭披针形；花梗长 3~10mm；花萼裂片披针形，长约 4mm；花冠连距长 2.5~3.3cm，下唇在喉部向上隆起，喉部密被毛；雄蕊 2 对。蒴果卵圆形，长 8~10mm，顶端 6 瓣裂。花果期 6~10 月。

【分布与生境】分布于中国北部、华东，欧亚大陆温带地区。生于荒野。

【价值】全草入药；观赏花卉。

▲柳穿鱼

杉叶藻属 *Hippuris*

杉叶藻 *Hippuris vulgaris* L.

【形态特征】多年生水草，茎高 8~150cm。植株上部常露出水面。叶 4~12 片轮生，长 1~2.5cm、宽 1~2mm。花两性，稀单性；单生于叶腋，无柄；萼与子房大部分合生，长约 1.5mm；雄蕊 1，生于子房上，花柱稍长于花丝。核果椭圆形，长约 1.5mm。花果期 6~10 月。

【分布与生境】分布于中国北部，世界广布。生于沼泽、池塘或溪流中。

【价值】全草入药；优质青饲料。

▲杉叶藻

水马齿属 *Callitriche*

水马齿 *Callitriche palustris* L.

【形态特征】一年生草本，茎长 30~40cm，茎纤细，多分枝；茎生叶匙形或线形，沉水；茎顶叶长 4~6mm、宽约 3mm，密集簇生呈莲座状，浮于水面。花单性，同株；单生叶腋；雄蕊 1，花丝长 2~4mm，花药心形；子房倒卵形，长约 0.5mm。果倒卵状椭圆形，长 1~1.5mm。花果期 7~10 月。

【分布与生境】分布于中国东北、华北、西南，俄罗斯远东地区、欧洲、北美。生于林中湿地、沼泽。

【价值】全草入药。

▲水马齿

水马齿属 *Callitriche*

线叶水马齿 *Callitriche hermaphroditica* L.

【形态特征】一年生草本，高达30cm；叶对生，在茎上部稍接近，但无莲座状叶，线形，半透明，基部稍宽，顶端具2齿，具1条隆起中脉；花无花被；果圆形，径约1.5mm，具宽翅，柱头早落，近无果梗。

【分布与生境】分布于中国东北，俄罗斯及其他欧洲国家、日本以及北美和拉丁美洲。生于湖泊或溪流缓水中。

【价值】具生态价值。

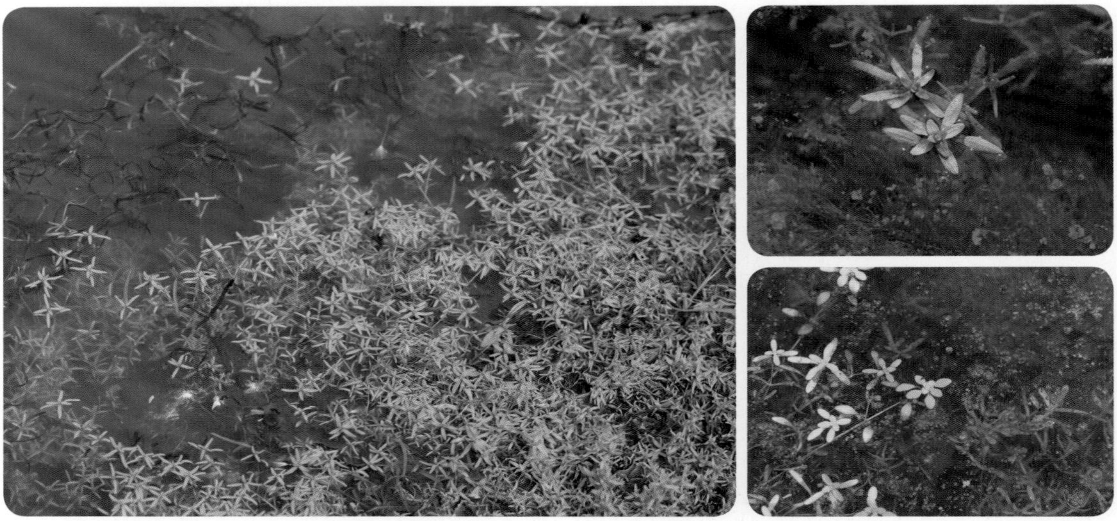

▲线叶水马齿

腹水草属 *Veronicastrum*

草本威灵仙（轮叶腹水草、轮叶婆婆纳）*Veronicastrum sibiricum* (L.) Pennell

【形态特征】多年生草本，高1m。茎圆柱形，不分枝。叶4~6枚轮生，长8~15cm、宽1.5~4.5cm。花序长尾状，长10~40cm，无毛；花萼5深裂，裂片不超过花冠半长，钻形；花冠白至蓝紫色，长6~7mm；雄蕊2，长7~10mm，花丝下部多毛。蒴果卵状，长约3.5mm。花期7~9月。

【分布与生境】分布于中国北部，俄罗斯、日本。生于林缘草地、湿地边缘。

【价值】全草入药。

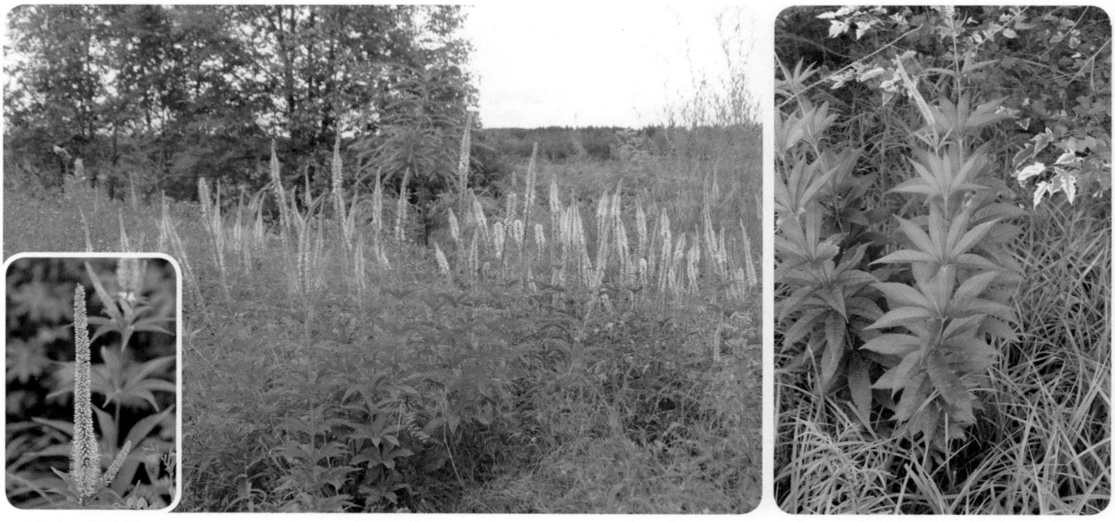

▲草本威灵仙

兔尾苗属 ***Pseudolysimachion***

东北穗花（东北婆婆纳）***Pseudolysimachion rotundum*** **subsp.** ***subintegrum*** **(Nakai) D. Y. Hong**

【形态特征】多年生草本，高 30~70cm。茎单生，中下部叶无柄。叶片长 5~14cm、宽 1.5~3cm。总状花序长 8~30cm，花序轴密被白色短曲毛和多细胞腺毛；花冠蓝色或蓝紫色，内生长毛；花丝伸出花冠；花柱长 7~9mm。蒴果近椭圆形，长 3~5mm。花果期 6~9 月。

【分布与生境】分布于中国东北，朝鲜半岛、日本、俄罗斯。生于草甸、林缘草地及林中。

【价值】野生花卉。

▲东北穗花

兔尾苗属 ***Pseudolysimachion***

兔儿尾苗 ***Pseudolysimachion longifolium*** **(L.) Opiz**

【形态特征】多年生草本，高 60~100cm。单生或数支丛生，不分枝或上部分枝。叶对生，偶 3~4 枚轮生，叶片长 3~15cm、宽 0.7~3cm。总状花序常单生，密被白色短曲毛；花萼 4 深裂，长 2~3mm；花冠长 5~7mm；雄蕊伸出；花柱长 7mm。蒴果近圆形，径约 3mm。花果期 6~9 月。

【分布与生境】分布于中国东北、新疆，俄罗斯远东地区、欧洲。生于草甸、林缘草地。

【价值】嫩苗可食。

▲兔儿尾苗

兔尾苗属 *Pseudolysimachion*

大穗花 *Pseudolysimachion dauricum* (Steven) Holub

【形态特征】多年生草本，高 40~80cm。全株密被柔毛。茎单生或数支丛生。叶对生，长 2~7cm、宽 1.5~4cm；叶柄长 1~1.5cm。总状花序长 10~20cm，被腺毛；花梗长 2~3mm。花冠白色至淡紫色，长 6~8mm，4 裂片卵圆形；雄蕊略伸出；花柱长近 1cm。蒴果近圆形，长 3~4mm。花果期 7~9 月。

【分布与生境】分布于中国东北、华北，蒙古国、日本、朝鲜、俄罗斯。生于草地、沙丘及疏林下。

【价值】具观赏价值。

▲ 大穗花

兔尾苗属 *Pseudolysimachion*

细叶水蔓菁 *Pseudolysimachion linariifolium* (Pall. ex Link) Holub

【形态特征】多年生草本，高 30~80cm。根状茎短。茎通常有白色而多卷曲的柔毛。叶条形至条状长椭圆形，长 2~6.5cm、宽 2~10mm。总状花序。花梗长 2~4mm，被柔毛；花萼长 3~4mm，4 深裂；花丝伸出花冠；花柱长约 7mm。蒴果近圆状肾形长约 3mm。花果期 7~9 月。

【分布与生境】分布于中国东北、华北、西北、西南、华中、华南，蒙古国、朝鲜半岛、俄罗斯、日本。生于草甸、林缘草地。

【价值】全草可入药。

▲ 细叶水蔓菁

婆婆纳属 *Veronica*

阿拉伯婆婆纳 *Veronica persica* Poir.

【形态特征】一年生草本，高 15~30cm。茎基部多分枝，密生两列多细胞柔毛。叶长 6~20mm、宽 5~18mm。总状花序；苞片互生；花梗比苞片长；花萼长 3~5mm，果期增大达 8mm；花冠蓝色、蓝紫色，裂片卵形至圆形，喉部疏被毛；雄蕊短于花冠。蒴果肾形，被腺毛，熟后无毛，长约 5mm、宽约 7mm。花果期 5~9 月。

【分布与生境】原产于亚洲西部及欧洲，渐入侵中国大部地区。生于路边、荒野。

【价值】具药用价值。

* 外来入侵植物。

▲阿拉伯婆婆纳

车前属 *Plantago*

平车前 *Plantago depressa* Willd.

【形态特征】一或二年生草本，高 10~40cm。圆柱状直根。叶基生直立或平铺，长 4~14cm、宽 1~5.5cm。穗状花序长 2~18cm，萼裂片椭圆形或矩圆形，长 2~2.5mm；花冠裂片卵形，长 1~1.5mm，先端向下反折，雄蕊超出花冠；花柱长 3~4mm。蒴果圆锥形，长 3~4mm。花果期 6~10 月。

【分布与生境】分布于中国大部分省区，蒙古国、俄罗斯、日本、印度。生于草地、草甸、河滩、沟边、沼泽地、山坡路旁、田边或荒地。

【价值】种子及全草入药。

▲平车前

车前属 *Plantago*

车前 *Plantago asiatica* L.

【形态特征】多年生草本，高 20~60cm。须根系。叶基生长 3~11cm、宽 2~8cm。花葶数个；穗状花序长 5~20cm，花序梗有纵条纹。花具短梗；花萼长 2~3mm；花冠裂片披针形或长三角形，长约 1mm，顶端尖，向下反折；雄蕊 4，着生于冠筒内面近基部；雌蕊 1，柱头密生短毛。蒴果顶端尖，长 3~4mm。花果期 6~9 月。

【分布与生境】分布于中国各省区，亚洲、欧洲广布。生于路旁、荒野。

【价值】种子及全草入药。

▲ 车前

车前属 *Plantago*

大车前 *Plantago major* L.

【形态特征】多年生草本。根茎粗短。叶基生呈莲座状；叶片宽卵形至宽椭圆形，边缘波状。花序长 2~45cm，有纵条纹，被柔毛；穗状花序细圆柱状；苞片宽卵状三角形，龙骨突宽厚；萼片先端圆形，边缘膜质。花冠白色，裂片披针形至狭卵形，于花后反折。雄蕊与花柱明显外伸，花药椭圆形。胚珠 12~40 余个。蒴果长 2~3mm，于中部或稍低处周裂。种子具角，黄褐色；花果期 6~9 月。

【分布与生境】分布于中国东北、内蒙古、河北，欧亚大陆温带及寒温带广布。生于草地、草甸、河滩、沟边、沼泽地、山坡路旁、田边或荒地。

【价值】嫩苗幼茎可食；全草和种子可入药。

▲ 大车前

科 85　玄参科 Scrophulariaceae

水茫草属 *Limosella*

水茫草 *Limosella aquatica* L.

【形态特征】一年水生或湿生草本；匍匐茎短；叶簇生或成莲座状，宽线形或窄匙形，长 0.3~1.5cm，稍肉质；花 3~10 朵生于叶丛中；花梗长 0.7~1.3cm；花萼长 1.5~2.5mm，萼齿卵状三角形；花冠白或带红色，长 2~3.5mm，裂片椭圆形；花丝大部贴生。蒴果卵圆形；种子纺锤形，有格状纹。花果期 4~9 月。

【分布与生境】分布于中国东北、青海、西藏、云南、四川，温带广布。生于河岸、溪旁及林缘湿草地。

【价值】具生态价值。

▲ 水茫草

玄参属 *Scrophularia*

岩玄参 *Scrophularia amgumensis* F. Schmidt

【形态特征】多年生草本，高 30~45cm。茎单一或上部分枝，全株被腺毛和白毛。叶柄长 1.5~2.8cm；叶片长 3~5.5cm、宽 1.2~2.5cm。聚伞状圆锥花序，长 17~25cm，径 2.5~3.5cm；花萼裂片近圆形，长约 3mm，具白色宽膜质边；花冠壶形，长约 5mm。蒴果卵形，长 6~8mm。花果期 6~7 月。

【分布与生境】分布于中国黑龙江省及俄罗斯。生于石质山坡。

【价值】具药用价值。

▲ 岩玄参

科 86　狸藻科 Lentibulariaceae

狸藻属 *Utricularia*

弯距狸藻 *Utricularia vulgaris* subsp. *macrorhiza* (Leconte) R. T. Clausen

【形态特征】多年生食虫草本。茎多分枝，长达60cm，横生于水中。叶长2~5cm、宽1~2.5cm，二至三回羽状分裂，末回裂片丝状；捕虫囊生于小羽片下，卵形。花茎直立于水面，高15~25cm；苞片和鳞片卵形，透明，膜质，长3~5mm；花萼2裂；雄蕊2；柱头圆形。蒴果球形，径5mm。花果期6~9月。

【分布与生境】分布于中国北部、华东，东亚和北美。生于湿地、湖泊。

【价值】饲料和园艺品种。

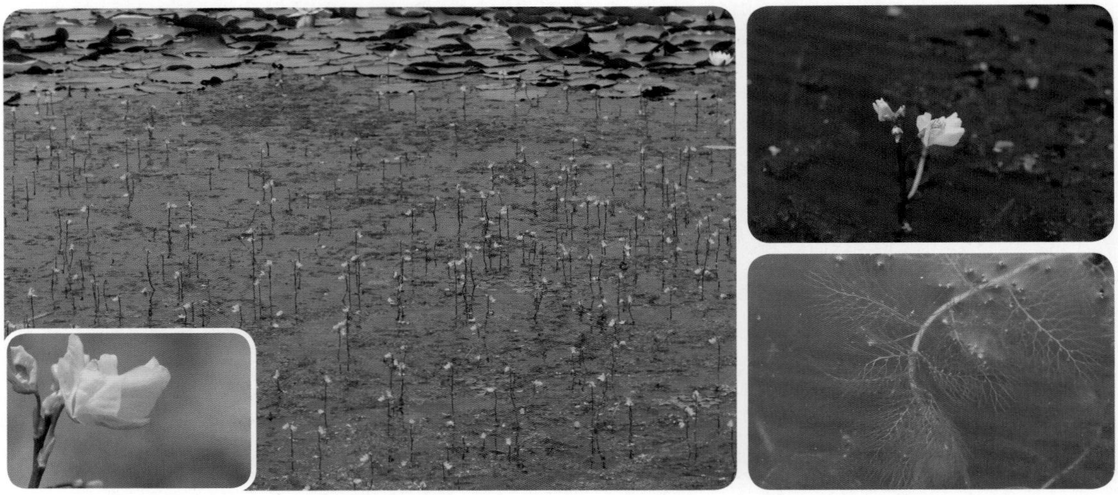

▲ 弯距狸藻

科 87　唇形科 Lamiaceae

百里香属 *Thymus*

显脉百里香 *Thymus nervulosus* Klokov

【形态特征】半灌木。茎匍匐上升丛生，长达30cm。花枝少数，长5~10mm。叶长0.5~1.6cm、宽1.5~5mm，边缘全缘或具1~2对小锯齿，侧脉2~3对，在下面突起，花序头状，有时具有不发育远离的轮伞花序；花萼管状钟形，长4~5mm，下部被疏柔毛，具有明显脉，上萼齿披针形，渐尖，边缘具缘毛；冠筒较长，伸出花萼。花期7月。

【分布与生境】分布于中国黑龙江，俄罗斯。生于草原、山坡。

【价值】可作食用香料。

▲ 显脉百里香

百里香属 *Thymus*

百里香 *Thymus mongolicus* (Ronniger) Ronniger

【形态特征】半灌木，高 5~15cm。花序茎密被柔毛。叶卵形，长 4~10mm，有腺点。花序头状。花萼管状钟形或窄钟形，长 4~4.5mm，上萼齿长不及唇片 1/3，三角形，下萼齿较上唇长或近等长，钻形；花冠紫红至粉红色。小坚果卵球形，稍扁。花期 7~8 月。

【分布与生境】分布于中国北部，蒙古国、俄罗斯。生于多石山地。

【价值】嫩茎叶可作饮食香料。

▲百里香

百里香属 *Thymus*

地椒 *Thymus quinquecostatus* Čelak.

【形态特征】半灌木。茎斜升至平展，疏被倒向柔毛。花枝多数，花枝高 2~8cm，节间多达 15 个。叶长 4~10mm，外卷，有腺点，两面有密长柔毛，侧脉 2~3 对。花序头状；花梗长 1~2mm，密被微柔毛；花萼管状钟形，10~11 脉，开花时长 3~4mm；花冠白色至紫红色，长 4.5~5.1mm。花果期 7~9 月。

【分布与生境】分布于中国东北、华北，蒙古国、俄罗斯、朝鲜半岛、日本。生于山坡石砾地、海边低丘上。

【价值】可作饮食香料。

▲ 地椒

薄荷属 *Mentha*

东北薄荷 *Mentha sachalinensis* (Briq.) Kudô

【形态特征】多年生草本，高 30~100cm。叶片长 3~7cm、宽 1.5~3cm，侧脉 5~6 对。轮伞花序生于茎上部轮廓呈球形；花萼钟形，萼齿锐尖；花冠淡紫色，长 4mm，冠檐 4 裂，裂片卵状长圆形，上裂片微凹；雄蕊 4，花药卵球形；柱头等 2 裂。小坚果长圆形。花果期 7~9 月。

【分布与生境】分布于中国东北，蒙古国、俄罗斯、日本。生于潮湿草地。

【价值】地上部分入药。

▲ 东北薄荷

薄荷属 *Mentha*

兴安薄荷 *Mentha dahurica* Fisch. ex Benth.

【形态特征】多年生草本，高 30~60cm。叶片长 3~7cm、宽 1~2cm。茎顶 2 轮轮伞花序常聚成头状，其下 1~2 节轮伞花序稍远离且略小，萼齿宽三角形；花冠钟形，上唇片 2 浅裂；雄蕊 4；子房褐色，花柱丝状，伸出花冠，相等 2 裂，稍带紫色。小坚果卵圆形。花果期 7~9 月。

【分布与生境】分布于中国东北，俄罗斯、日本。生于沟塘、草甸。

【价值】地上部分入药。

▲ 兴安薄荷

橙花糙苏属 *Phlomoides*

块根糙苏 *Phlomoider tuberosa* (L.) Moench

【形态特征】多年生草本，高 40~150cm。根块根状增粗。茎下部被柔毛，有时带紫红色。下部叶三角形，长 5.5~19cm，具粗圆齿，中部的茎生叶三角状披针形，长 5~9.5cm，具粗牙。轮伞花序多数；花萼管状钟形；花冠紫红色，长 1.8~2cm，冠檐二唇形，上唇边缘牙齿状，下唇卵形。小坚果顶端被星状短毛。花果期 7~9 月。

【分布与生境】分布于中国黑龙江、内蒙古、新疆，中欧各国、巴尔干半岛至伊朗、俄罗斯、蒙古国。生于湿草原、山沟。

【价值】块根及全草入药。

▲ 块根糙苏

地笋属 *Lycopus*

地笋（地瓜苗）*Lycopus lucidus* Turcz. ex Benth.

【形态特征】多年生草本，高 30~120cm。根茎先端肥大呈圆柱形。节上常带紫红色。叶长 4.5~15cm，背面具凹陷的腺点。轮伞花序无柄；花萼钟形，萼齿 5，上唇近圆形，下唇 3 裂；雄蕊 4，前雄蕊超出花冠，后雄蕊退化；花柱先端等 2 裂。小坚果倒卵状四边棱形。花果期 7~9 月。

【分布与生境】分布于中国东北、华北、西南地区，俄罗斯、日本。生于湿地。

【价值】干燥地上部分入药；嫩茎叶和根状茎可食。

▲地笋

地笋属 *Lycopus*

异叶地笋 *Lycopus lucidus* var. *maackianus* Maxim. ex Herd.

【形态特征】多年生草本，高 20~50cm。比原变种茎细弱；茎下部叶椭圆形或披针形，近羽状深裂，中部叶有疏锯齿，上部叶线状披针形，近于全缘。

【分布与生境】分布于中国东北，俄罗斯、日本。生于湿草地。

【价值】同原变种。

▲异叶地笋

风轮菜属 *Clinopodium*

麻叶风轮菜 *Clinopodium urticifolium* (Hance) C. Y. Wu & S. J. Hsuan ex H. W. Li

【形态特征】多年生草本，高 30~80cm。茎疏被倒向细糙硬毛，基部常紫红色。叶长 3~5.5cm、宽 1~3cm。轮伞花序具多花，半球形；苞片线形，带紫红色；花萼上唇 3 齿长三角形，反折，下唇 2 齿稍长；花冠紫红色，长约 10mm；雄蕊 4；花柱先端异 2 浅裂。小坚果倒卵球形。花果期 6~10 月。

【分布与生境】分布于中国北部、华中、华东，朝鲜半岛、俄罗斯。生于山坡、草地、林下。

【价值】全草入药。

▲ 麻叶风轮菜

黄芩属 *Scutellaria*

并头黄芩 *Scutellaria scordifolia* Fisch. ex Schrank

【形态特征】多年生草本，高达 36cm。叶片长 1.5~5.5cm、宽 2~20mm，圆形至线状长圆形或近披针形。花单生于茎上部叶腋内，偏向一侧；花冠紫蓝色或蓝紫色，长 17~25mm，外面被腺毛；雄蕊 4；子房 4 裂，花柱细长。小坚果椭圆形。花果期 6~9 月。

【分布与生境】分布于中国北部，俄罗斯、蒙古国、日本。生于草地或湿草甸。

【价值】全草入药。

▲并头黄芩

黄芩属 *Scutellaria*

狭叶黄芩 *Scutellaria regeliana* Nakai

【形态特征】多年生草本，高 25~60cm。叶对生；叶片狭长圆形或狭三角状披针形，长 1.7~5cm、宽 4~7mm。萼长约 4mm，密被短柔毛；花冠紫蓝色，长 19~24mm，冠筒基部狭而膝曲；雄蕊 4，前雄蕊较长，花丝扁平；子房 4 裂，花柱细长而扁平，先端锐尖有微裂。小坚果黄褐色，长约 1.3mm，径约 1mm。花果期 6~9 月。

【分布与生境】分布于中国东北、华北，俄罗斯、朝鲜半岛。生于河岸水湿地。

【价值】具生态价值。

▲狭叶黄芩

黄芩属 *Scutellaria*

黑龙江黄芩 *Scutellaria pekinensis* var. *ussuriensis* (Regel) Hand. -Mazz.

【形态特征】多年生草本，高 15~25cm。植物体被毛稀少，植株一般多分枝。叶长 2~4.5cm、宽 1~3cm，多为三角状广卵形，背面无毛或沿脉有毛或微有伏毛。花序轴与花萼无腺毛或有时稍有腺毛；花序略短，长 2~4cm，花常稍小，长约 13~17mm。花果期 6~8 月。

【分布与生境】分布于中国黑龙江、内蒙古，俄罗斯、朝鲜半岛、日本。生于林间、阴湿草地、山坡。

【价值】具生态价值。

▲黑龙江黄芩

黄芩属 *Scutellaria*

纤弱黄芩 *Scutellaria dependens* Maxim.

【形态特征】一年生草本，高 10~40cm。茎四棱形，具浅槽。叶卵状三角形或三角形，长 5~22mm、宽 2~13mm，具短缘毛。花单生叶腋；小苞片针状；花萼长 1.7~2mm，有微隆起的脉；花冠白色或下唇带淡紫色，长 5~6.5mm，上唇比下唇短；雄蕊 4；花柱先端 2 裂。小坚果卵球形，长 0.7~1mm。花果期 7~9 月。

【分布与生境】分布于中国东北、内蒙古、山东等地，俄罗斯、朝鲜半岛、日本。生于溪畔或林中湿地上。

【价值】具生态价值。

▲纤弱黄芩

活血丹属 *Glechoma*

活血丹（连钱草）*Glechoma longituba* (Nakai) Kupr.

【形态特征】多年生草本，高 6~20cm。具匍匐茎，逐节生根，基部通常淡紫红色。茎下部叶较小，叶柄被长柔毛，叶片长 0.8~3.2cm、宽 1~3cm，下面常带紫色。轮伞花序通常 2 花；花萼筒状，长 8~10mm，外面被长柔毛；雄蕊 4，花药 2 室；子房 4 裂，柱头 2 裂。小坚果长圆状卵形。花果期 4~7 月。

【分布与生境】分布于中国大部分地区，蒙古国、俄罗斯。生于荒野。

【价值】干燥地上部分入药。

▲活血丹

藿香属 *Agastache*

藿香 *Agastache rugosa* (Fisch. & C. A. Mey.) Kuntze

【形态特征】多年生草本，有香味，高 50~150cm。茎上部被微柔毛。叶心状卵形至长圆状披针形，长 4~14cm。轮伞花序，穗状花序长 2.5~12cm，苞叶、苞片披针状线形；花萼管状倒圆锥形，萼齿三角状披针形。花冠淡紫蓝色，长约 8mm，冠檐二唇形，上唇直伸，下唇 3 裂；花柱丝状。成熟小坚果卵状长圆形，腹面具棱，先端具短硬毛。花果期 7~10 月。

【分布与生境】分布于中国各地，俄罗斯、日本及北美洲。生于山坡、林间、山沟溪流旁。

【价值】全草入药；植株可用作饮食香料。

▲藿香

筋骨草属 *Ajuga*

多花筋骨草 *Ajuga multiflora* Bunge

【形态特征】多年生草本，高 6~20cm。茎四棱形，密被灰白色绵毛状长柔毛。叶片纸质，椭圆状，长 1.5~4cm。轮伞花序自茎中部向上呈密集的穗状聚伞花序；花萼宽钟形，长 5~7mm，萼齿 5，钻状三角形；花冠蓝紫色，筒状，长 1~1.2cm，冠檐二唇形，上唇先端 2 裂，下唇 3 裂；雄蕊 4；花柱先端 2 浅裂；花盘环状。小坚果倒卵状三棱形，背部具网状皱纹。花期 5~7 月。

【分布与生境】分布于中国东北、华北、华东，朝鲜半岛、俄罗斯。生于山坡疏草丛、林缘、路边。

【价值】全草入药；可供观赏。

▲多花筋骨草

裂叶荆芥属 *Schizonepeta*

多裂叶荆芥 *Schizonepeta multifida* (L.) Briq.

【形态特征】多年生草本，高 25~60cm。根状茎木质化，茎被多节长柔毛。叶片羽状深裂或浅裂，长 2.8~6cm、宽 1.5~3.8cm。多数轮伞花序组成顶生穗状花序，长 3~15cm，具树脂状腺点。花萼带紫色，具 15 条脉；花冠蓝紫色，长 6~8mm，外被柔毛，上唇 2 裂，下唇 3 裂；雄蕊 4；花柱先端等 2 裂。小坚果扁长圆形。花果期 7~10 月。

【分布与生境】分布于中国北部，俄罗斯、蒙古国。生于林缘、草丛、草原。

【价值】地上部分入药。

▲ 多裂叶荆芥

裂叶荆芥属 *Schizonepeta*

裂叶荆芥 *Schizonepeta tenuifolia* (Benth.) Briq.

【形态特征】一年生草本，高 25~100cm。全株被柔毛，茎四棱形。叶指状三裂，长 1~3.5cm；裂片披针形，脉及叶缘毛较密，被腺点。轮伞花序组成顶生间断穗状花序，长 2~13cm；苞片叶状；花萼管状钟形；齿 5，三角状披针形或披针形；花冠紫色，长约 4.5mm；冠檐二唇形，上唇先端 2 浅裂，下唇 3 裂。小坚果长圆状三棱形。花果期 7~10 月。

【分布与生境】分布于中国各省区，蒙古国、俄罗斯。生于山坡、林缘。

【价值】干燥地上部分入药。

▲ 裂叶荆芥

青兰属 *Dracocephalum*

光萼青兰 *Dracocephalum argunense* Fisch. ex Link

【形态特征】多年生草本，高 30~60cm。茎上部四棱形，中部以下钝四棱或近圆柱形。下部叶长圆状披针形，长 2.2~4cm，茎中部以上叶披针状线形，长 4.5~6.8cm。轮伞花序密集于茎顶，苞片椭圆形或匙状倒卵形；花萼长 1.5~2cm；花冠二唇形，长 3~5cm，上唇 2 浅裂，下唇 3 裂，中裂片大，外被柔毛；花药密被柔毛。花果期 7~10 月。

【分布与生境】分布于中国东北、华北，俄罗斯、朝鲜半岛。生于山坡草地或草原。

【价值】具生态和观赏价值。

▲ 光萼青兰

水棘针属 *Amethystea*

水棘针 *Amethystea caerulea* L.

【形态特征】一年生草本，高 30~100cm。茎四棱形，带紫色。叶片三角形或近卵形，3 深裂，缘具粗锯齿或重锯齿；叶柄有狭翅。苞片线形；花萼钟形，长 2~2.5mm，具 10 脉，萼齿 5，三角形；花冠蓝色或紫蓝色，冠檐二唇形，上唇 2 裂，下唇 3 裂；雄蕊 4；花柱先端异 2 裂。小坚果略呈倒卵形。花果期 7~9 月。

【分布与生境】分布于中国北部、华中、西南，伊朗、俄罗斯、蒙古国、日本。生于田野。

【价值】具药用价值。

▲ 水棘针

水苏属 ***Stachys***

华水苏 ***Stachys chinensis* Bunge ex Benth.**

【形态特征】多年生草本，高 50~100cm。茎单一，四棱形，具槽，在棱及节上疏被倒向柔毛状刚毛。茎叶长圆状披针形，长 5.5~8.5cm，上部叶渐小。轮伞花序每轮 6 花；花萼钟形，长 8~9mm，被白色长毛；齿 5，披针形，具刺尖头；花冠粉红色至紫红色，长 15mm；雄蕊 4，花丝有毛；花柱丝状，先端 2 浅裂，裂片钻形。小坚果卵状球形。花果期 6~9 月。

【分布与生境】分布于中国北部，蒙古国、俄罗斯。生于水湿地。

【价值】全草入药。

▲ 华水苏

水苏属 *Stachys*

毛水苏 *Stachys baicalensis* Fisch. ex Benth.

【形态特征】多年生草本，高 50~100cm，全株密被白色长毛。茎单一，四棱形，具槽，在棱及节上密被倒向至平展的刚毛。茎叶长圆状线形，长 4~11cm、宽 0.6~2cm。轮伞花序每轮 6 花；花萼钟形，密被长毛，具 10 脉；齿 5，披针状三角形；花冠淡紫色，长 1.5cm；雄蕊 4，花药卵形；花柱先端 2 裂，裂片钻形。小坚果卵形，棕褐色。花果期 7~9 月。

【分布与生境】分布于中国北部，蒙古国、俄罗斯。生于湿草地、河岸。

【价值】全草入药。

▲ 毛水苏

▲ 蓝萼香茶菜

香茶菜属 *Isodon*

蓝萼香茶菜 *Isodon japonicus* var. *glaucocalyx* (Maximowicz) H. W. Li

【形态特征】多年生草本，高 40~150cm。茎基部木质化。叶对生，长 6~13cm，宽 3.5~7cm；两面被微毛有腺点。3~7 朵花的聚伞花序集成大的圆锥花序，被微柔毛和腺点。花萼钟形，长约 1.5mm，前 2 萼齿略宽大；花冠上唇反折；雄蕊 4；花柱先端 2 裂。小坚果卵状三棱形。花果期 8~9 月。

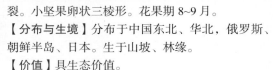

【分布与生境】分布于中国东北、华北，俄罗斯、朝鲜半岛、日本。生于山坡、林缘。

【价值】具生态价值。

香茶菜属 *Isodon*

尾叶香茶菜 *Isodon excisus* (Maxim.) Kudô

【形态特征】多年生草本，高达 1m。根茎粗大，木质化。茎直立，具槽。叶先端深凹缺中有尾尖长齿；叶长 4~13cm、宽 3~10cm。由 3~5 朵花组成的聚伞花序集成圆锥花序；苞片披针形；花萼钟形外被微柔毛和腺毛；雄蕊 4；花柱先端 2 裂。小坚果卵状三棱形。花果期 8~9 月。

【分布与生境】分布于中国东北，俄罗斯、朝鲜半岛、日本。生于林缘、疏林下。

【价值】全草药用。

▲ 尾叶香茶菜

▲ 野芝麻

野芝麻属 *Lamium*

野芝麻（山苏子）*Lamium barbatum* Sieb. et Zucc.

【形态特征】多年生草本，高大 1m。茎下部叶卵形或心形，长 4~9cm，具牙齿状锯齿，茎上部叶卵状披针形。轮伞花序多花，花萼广钟形，长 7mm，具 10 条脉，具有芒尖的 5 齿，边缘有睫毛；花冠白色或淡黄色，长约 2.5cm，上唇盔瓣状，下唇 3 裂；花药黑紫色。小坚果略三棱倒卵形。花果期 5~9 月。

【分布与生境】分布于中国北部、华东、中南、西南，俄罗斯、日本、北美。生于林下、林缘、草坡。

【价值】全草入药；嫩苗可食。

香薷属 *Elsholtzia*

香薷 *Elsholtzia ciliata* (Thunb.) Hyl.

【形态特征】一年生草本，高 30~50cm。茎老时紫褐色。叶卵形或椭圆状披针形，长 3~9cm，具锯齿，上面疏被细糙硬毛，背面脉密布凹陷腺点。穗状花序长 2~8cm，每轮有花 6~20 朵，花序轴密被白色短柔毛；萼齿三角形；花冠淡紫色，被柔毛，上部疏被腺点，下唇中裂片半圆形，侧裂片弧形；花药紫色。小坚果长圆形。花果期 8~10 月。

【分布与生境】分布于中国大部分省区，俄罗斯远东地区、蒙古国、朝鲜半岛、日本、印度、中南半岛、欧洲及北美洲。生于荒野。

【价值】具食、药用价值。

▼香薷

▲ 海州香薷

香薷属 *Elsholtzia*

海州香薷 *Elsholtzia splendens* Nakai ex F. Maek.

【形态特征】一年生草本，高达 70cm。茎褐黄紫色。叶卵状三角形或长圆状披针形，长 3~6cm，背面沿脉生小纤毛，密布凹陷腺点。轮伞花序密集呈穗状，长 2~6cm；苞片近圆形或宽卵形；花萼长 2~2.5mm，被白色短硬毛及腺点，萼齿三角形，先端刺芒状；花冠淡红紫色，长 6~7mm，近漏斗形；雄蕊 4；柱头先端 2 裂。小坚果长圆形。花果期 8~10 月。

【分布与生境】分布于中国东北、华北、华东、华南，俄罗斯、朝鲜半岛。生于林缘、田野。

【价值】全草入药。

益母草属 *Leonurus*

大花益母草 *Leonurus macranthus* Maxim.

【形态特征】多年生草本，高 60~120cm。茎直立，钝四棱形，具槽，有倒向糙伏毛。叶形多变，基生叶心状圆形，长 7~12cm，3 裂，裂片上常有深缺刻，两面均疏被短硬毛；茎中部叶卵圆形。轮伞花序腋生，具 8~12 花，组成长穗状；小苞片被糙硬毛；花萼管状钟形，外面被糙伏毛，齿 5；雄蕊 4；花柱丝状；花盘平顶。小坚果长圆状三棱形。花果期 7~9 月。

【分布与生境】分布于中国东北、河北，俄罗斯、朝鲜半岛、日本。生于草坡、灌丛。

【价值】全草入药。

▲ 大花益母草

▲ 细叶益母草

益母草属 *Leonurus*
细叶益母草 *Leonurus sibiricus* L.

【形态特征】一二年生草本，高达 1m。茎被平伏毛。中部叶轮廓卵形，掌状 3 深裂，再 3 裂成线形小裂片，宽 1~3mm。轮伞花序径 3~3.5cm。花萼管状钟形，长 8~9mm，5 萼齿具刺尖；花冠粉红至紫红色，长约 1.8cm；雄蕊 4；花柱先端等 2 浅裂。小坚果长圆状三棱形，长约 2.5mm。花果期 7~9 月。

【分布与生境】分布于中国北部，俄罗斯、蒙古国。生于砂质草地。

【价值】地上部分入药。

益母草属 *Leonurus*
益母草 *Leonurus japonicus* Houtt.

【形态特征】一二年生草本，高达 1m。茎中部叶 3 全裂，裂片长圆状菱形，又羽状分裂，裂片宽 3~7mm；茎上部叶全缘。轮伞花序腋生；苞片针刺状；花萼管状钟形，长 6~8mm，具 5 刺状齿；花冠紫红色或淡紫红色，长 1~1.5cm。雄蕊 4；花柱先端相等 2 裂。小坚果长圆状三棱形，长 2.5mm。花果期 7~9 月。

【分布与生境】分布于全国各地，俄罗斯、日本、亚洲热带地区、非洲、美洲。生于荒野。

【价值】地上部分入药。

▲ 益母草

▲ 鼬瓣花

鼬瓣花属 *Galeopsis*

鼬瓣花 *Galeopsis bifida* Boenn.

【形态特征】一年生草本，高 30~80cm。全株被倒生刚毛，茎钝四棱形，具槽。茎叶卵圆状披针形或披针形，长 5~9cm。轮伞花序腋生，苞片披针形或线形；花萼管状钟形，连齿长约 1cm；花冠长约 1.5cm，白色至紫红色；上唇数圆齿，下唇 3 裂；雄蕊 4；花柱先端等 2 裂。小坚果倒卵状三棱形，长 3mm、宽 2.5mm。花果期 7~9 月。

【分布与生境】分布于中国大部分省区，欧亚大陆、北美。生于荒野。

【价值】具生态价值。

科 88　通泉草科 Mazaceae

通泉草属 *Mazus*

通泉草 *Mazus pumilus* (Burm. f.) Steenis

【形态特征】一年生草本，高 5~20cm。本种在体态上变化幅度很大。茎上升或平卧。基生叶倒卵状匙形至卵状倒披针形，长 2~4cm、宽 0.5~1.5cm；茎生叶少数。总状花序长 5~15cm；花萼钟状，上唇裂片卵状三角形，下唇中裂片较小；雄蕊 4；子房无毛。蒴果球形，黄色。花果期 5~10 月。

【分布与生境】分布于中国大部分地区，俄罗斯、日本、越南、菲律宾。生于湿润的草坡。

【价值】具生态价值。

▲ 通泉草

▲ 透骨草

科 89　透骨草科 Phrymaceae

透骨草属 *Phryma*

透骨草 *Phryma leptostachya* subsp. *asiatica* (Hara) Kitam.

【形态特征】多年生草本，高 30~80cm。叶长 4~10cm、宽 2~8cm，边缘有钝齿，两面疏生细柔毛。总状花序穗状；花通常多数，疏离；花期平展，花后反折并贴近花序轴；花萼筒状，上唇 3 裂片刺芒状，顶端向后勾曲；花冠白或淡紫色，上唇 3 裂，下唇 2 裂；雄蕊 2 强，柱头 2 浅裂。瘦果棒状，长 6~8mm。花果期 7~10 月。

【分布与生境】分布于中国大部分地区，俄罗斯、日本、印度。生于阴湿山谷或林下。

【价值】全草入药。

沟酸浆属 *Erythranthe*

沟酸浆 *Erythranthe tenellus* (Bunge) G. L. Nesom

【形态特征】多年生草本，高 5~15cm。茎 4 棱，多分枝。叶卵形、卵状三角形至卵状矩圆形，叶长 1~3cm、宽 0.6~1.5cm，边缘有疏锯齿。花单生于叶腋；花萼圆筒形，长约 5mm；花冠筒状，长 7~10mm，喉部有红色斑点；雄蕊同花柱无毛，内藏。蒴果椭圆形。花果期 6~9 月。

【分布与生境】分布于中国秦岭、淮河以北、陕西以东各省区，朝鲜半岛、俄罗斯。生于水边、林中路旁。

【价值】茎叶可食。

▲ 沟酸浆

▲ 阴行草

科 90　列当科 Orobanchaceae

阴行草属 *Siphonostegia*

阴行草 *Siphonostegia chinensis* Benth.

【形态特征】一年生草本，高 30~75cm。叶对生；叶片二回羽状深裂至羽状全裂，小裂片宽 1~2mm。总状花序生于茎上部，花萼筒长 11~16mm、径 3~5mm，顶端 5 裂；花冠长 20~30mm；雄蕊 2 强，着生于花冠筒的中上部；子房长卵形，柱头头状。蒴果披针状长圆形。花果期 7~9 月。

【分布与生境】分布于中国中东部，日本、俄罗斯。生于山坡、草地。

【价值】全草入药。

草苁蓉属 *Boschniakia*

草苁蓉 *Boschniakia rossica* (Cham. & Schltdl.) B. Fedtsch.

【形态特征】多年生寄生草本，高 15~35cm。2~3 条直立茎，不分枝。叶三角形或宽卵状三角形，叶鳞片状密集生于茎近基部，向上渐变稀疏。花序穗状，圆柱形，长 9~15cm，径 1.5~3cm；花萼杯状；花冠 2 唇形，上唇直立；雄蕊 4；柱头 2 浅裂。种子椭圆球形，长 0.3~0.5mm；种皮具网状纹饰。花果期 7~8 月。

【分布与生境】分布于中国东北，俄罗斯、日本。生于林下低湿处及河边，寄生于桤木属植物的根上。

【价值】全草入药。

*** 国家二级重点保护野生植物。**

▲ 草苁蓉

列当属 *Orobanche*

黑水列当 *Orobanche pycnostachya* var. *amurensis* Beck

【形态特征】二年生或多年生草本，株高 10~50cm，全株密被腺毛。茎直立不分枝。叶披针形，连同苞片、花萼裂片和花冠裂片密被腺毛。花序穗状，圆柱形，长 8~20cm，具多数花；苞片卵状披针形，先端尾状渐尖。花萼 2 深裂至基部，每裂片又再 2 裂，小裂片狭披针形或近线形，不等长。花冠蓝色或紫色，长 2~3cm，筒中部稍弯曲，在花丝着生处稍上方缢缩，向上稍增大；上唇 2 浅裂，下唇长于上唇，3 裂，中裂片常较大，裂片近圆形。花果期 6~8 月。

【分布与生境】分布于中国东北、华北、西北，朝鲜半岛、俄罗斯远东地区。寄生于蒿属 *Artemisia* L. 植物根上，生于山坡、路旁及草地。

【价值】具药用价值。

▲ 黑水列当

▲ 山罗花

山罗花属 *Melampyrum*

山罗花 *Melampyrum roseum* Maxim.

【形态特征】一年生草本，高 25~50cm。植株全体疏被鳞片状短毛。叶披针形至卵状披针形，长 2~8cm、宽 0.8~3cm。花萼钟状，长约 4mm，脉上常生多细胞柔毛；花冠粉色至紫红色，长 15~20mm；上唇 2 齿裂，下唇 3 齿裂，内面密生须毛；雄蕊 4；花柱长尖。蒴果卵状渐尖，长 8~10mm。种子黑色。花果期 7~9 月。

【分布与生境】分布于中国东北、华北、长江中下游等省区，日本、俄罗斯。生于山坡林下，林缘和林间草地。

【价值】全草入药。

疗齿草属 *Odontites*

疗齿草 *Odontites vulgaris* Moench

【形态特征】一年生草本，高 20~50cm。全株密被伏毛。叶披针形至条状披针形，长 1~3.5cm、宽 3~10mm，边缘疏生锯齿。总状花序长 4~10cm；花萼钟状，长 4~7mm；花冠暗淡紫红色，长 8~10mm；可育雄蕊 4，花药箭形。蒴果长椭圆形，长 6mm。种子椭圆形或卵形，褐色，具狭翅。花果期 7~9 月。

【分布与生境】分布于中国北部，蒙古国、俄罗斯远东地区、中亚、欧洲。生于河边草地，阳坡草地。

【价值】地上部分入药。

▲ 疗齿草

▲ 松蒿

松蒿属 *Phtheirospermum*

松蒿 *Phtheirospermum japonicum* (Thunb.) Kanitz

【形态特征】一年生草本，高 30~60cm。全株被多细胞腺毛。叶长 1.5~5.5cm、宽 0.8~3cm。花单生于叶腋或顶生成疏总状花序；花萼钟状，长约 6mm，果期增大；花冠筒状，长 12~20mm，紫红色至淡紫红色，外面被柔毛；花柱细长，2 浅裂。蒴果卵状球形，径 6~10mm。花果期 7~9 月。

【分布与生境】分布于中国大部分省区，俄罗斯、日本。生于山坡草地。

【价值】全草入药。

科 91 桔梗科 Campanulaceae

桔梗属 *Platycodon*

桔梗 *Platycodon grandiflorus* (Jacq.)A.DC.

【形态特征】多年生草本，高 30~80cm。全株有白色乳汁。根胡萝卜状，表皮黄褐色。叶长 3~4cm，3 枚轮生。花萼筒钟状，裂片 5，三角形；花冠蓝紫色，宽钟状，5 浅裂；雄蕊 5，与花冠裂片互生，柱头 5 裂。蒴果倒卵形，长 1~2.5cm，成熟时顶端 5 瓣裂；种子卵形，长约 2mm，有光泽。花果期 7~10 月。

【分布与生境】分布于全国各地，朝鲜半岛、日本、俄罗斯。生于山坡、草丛。

【价值】具食、药用价值。

▲ 桔梗

▲ 党参

党参属 *Codonopsis*

党参 *Codonopsis pilosula* (Franch.) Nannf.

【**形态特征**】多年生草质缠绕藤本。全株有臭气，具白色乳汁。根锥状圆柱形，长 15~30cm。茎细长，约 1~2m，光滑无毛。叶卵形或狭卵形，长 1~6.5cm。花 1~3 朵单生枝端；萼筒半球状；裂片 5；花冠淡黄绿色，内有紫斑，宽钟形，先端 5 浅裂，裂片正三角形。蒴果圆锥形；种子卵圆形，有光泽。花果期 7~9 月。

【**分布与生境**】分布于中国大部分省区，朝鲜半岛、蒙古国、俄罗斯。生于山地、林缘、灌丛。

【**价值**】根入药。

党参属 *Codonopsis*

雀斑党参 *Codonopsis ussuriensis* (Rupr. & Maxim.) Hemsl.

【**形态特征**】植株全体近光滑无毛。根下部肥大呈块状，直径 1~3cm。茎缠绕，有多数纤细分枝。叶互生，披针形或菱状卵形；分枝顶端 3~5 叶簇生，长 3~5cm。花单生；苞片 1 枚；花萼筒部半球状；花冠钟状，长 2~3cm，裂片三角状，暗紫色或污紫色，内面有明显暗带或黑斑。蒴果下部半球状，上部有喙；种子卵形。花期 7~8 月。

【**分布与生境**】分布于中国黑龙江、吉林，俄罗斯、朝鲜半岛、日本。生于山谷、水浸草地。

【**价值**】根入药。

▲ 雀斑党参

▲ 羊乳

党参属 *Codonopsis*

羊乳 *Codonopsis lanceolata* (Siebdd & Zucc.) Trautv.

【形态特征】多年生草质缠绕藤本。根常肥纺锤形，长 10~20cm，具横纹，淡黄褐色。茎细长约 1m，多数短细分枝。茎上小叶互生，菱状狭卵形，长 0.8~1.4cm；分枝顶 3~4 叶簇生。花常单生枝顶；萼筒半球状，裂片卵状三角形；花冠黄绿色，内带紫色斑点，宽钟状。蒴果宿存；种子具膜质翅。花果期 7~10 月。

【分布与生境】分布于中国东北、华北、华东、中南各省区，俄罗斯、朝鲜半岛、日本。生于林下。

【价值】根药用。

风铃草属 *Campanula*

聚花风铃草 *Campanula glomerata* subsp. *speciosa* (Hornem. ex Spreng.) Domin

【形态特征】多年生草本，高大。茎生叶长卵形至心状卵形，边缘有尖锯齿。花数朵集成头状花序，生于茎中上部叶腋间，多个头状花序集成复头状花序，最后成为卵圆状三角形的总苞状；花萼裂片钻形；花冠紫色、蓝紫色或蓝色，管状钟形。蒴果倒卵状圆锥形；种子长矩扁圆状。花期 7~9 月。

【分布与生境】分布于中国东北、内蒙古等地，蒙古国、俄罗斯。生于林缘、荒野。

【价值】全草入药；具观赏价值。

▲ 聚花风铃草

▲ 紫斑风铃草

风铃草属 *Campanula*

紫斑风铃草 *Campanula punctata* Lam.

【形态特征】多年生草本。全体被刚毛。具细长而横走的根状茎；茎上部常分枝。基生叶心状卵形；茎生叶下部有带翅长柄，边缘具钝齿。花生于枝顶，下垂；花萼裂片长三角形，裂片间有一个反折的附属物，边缘有芒状长刺毛；花冠白色，带紫斑，筒状钟形，长 3~6.5cm。蒴果半球状倒锥形；种子长圆状。花果期 6~9 月。

【分布与生境】分布于中国大部分省区，朝鲜半岛、日本、俄罗斯。生于林缘、灌丛、草地。

【价值】具药用价值。

沙参属 *Adenophora*

锯齿沙参 *Adenophora tricuspidata* (Fisch. ex Roem. & Schult.) A. DC.

【形态特征】茎单生，高达 1m。茎生叶互生，长椭圆形至卵状椭圆形，边缘具齿，长 4~8cm。花序分枝极短，长 2~3cm，2 至数花组成窄圆锥花序。萼筒部球状卵形或球状倒圆锥形，裂片卵状三角形，下部宽而重叠，常向侧后反叠，有两对长齿；花冠宽钟状，蓝至紫蓝色，长 1.2~2cm；花盘短筒状，长 1~2mm；蒴果近球状。

【分布与生境】分布于中国黑龙江、内蒙古等地，俄罗斯。生于湿草甸、林下。

【价值】根入药；具观赏价值。

▲ 锯齿沙参

▲ 轮叶沙参

沙参属 *Adenophora*

轮叶沙参 ***Adenophora tetraphylla* (Thunb.) Fisch.**

【形态特征】多年生草本，高达 1.5m。茎生叶 3~6 枚轮生，卵圆形或线状披针形，长 2~14cm，边缘有锯齿，疏生短柔毛。圆锥花序分枝大多轮生；萼筒倒圆锥状，裂片钻状；花冠筒状细钟形，口部稍缢缩，蓝或蓝紫色，长 0.7~1.1cm，裂片三角形。蒴果倒卵球形，种子有 1 条棱扩展成白带。花果期 7~9 月。

【分布与生境】分布于中国东北、华北、西北、华南、西南、华东各省，朝鲜半岛、日本、越南、俄罗斯。生于林缘、荒野。

【价值】根药用。

沙参属 *Adenophora*

狭叶沙参 ***Adenophora gmelinii* (Spreng.) Fisch.**

【形态特征】根细长，皮灰黑色。茎不分枝，高达 80cm。基生叶形多变，具粗圆齿；茎生叶条形，长 4~9cm。聚伞花序全为单花而组成假总状花序；花冠宽钟状，蓝色或淡紫色，长 1.6~2.8cm；裂片卵状三角形，花盘筒状。蒴果椭圆状；种子椭圆状，黄棕色，有一条翅状棱。花果期 7~10 月。

【分布与生境】分布于中国东北、内蒙古、河北、山西等地，蒙古国、俄罗斯。生于林缘、荒野。

【价值】具药用价值；嫩茎叶可食。

▲ 狭叶沙参

▲ 展枝沙参

沙参属 *Adenophora*

展枝沙参 ***Adenophora divaricata*** **Franch. & Sav.**

【形态特征】多年生草本，茎单一，高 1m。茎生叶 3~4 片轮生，菱状卵形或狭卵形，边缘有锯齿。圆锥花序塔形，花序分枝部分轮生或全部轮生，常开展，无毛；花下垂；花萼裂片 5，披针形；花冠蓝紫色，钟状；花盘长 1.8~2.5mm。花果期 8~10 月。

【分布与生境】分布于中国东北、河北、山西、山东等地，朝鲜半岛、日本、俄罗斯。生于草甸、林缘。

【价值】具观赏价值。

▲ 长白沙参

沙参属 *Adenophora*

长白沙参 ***Adenophora pereskiifolia*** **(Fisch. ex Roem. & Schult.) G. Don**

【形态特征】根常短而分叉。茎单生，不分枝。茎生叶常 3~5 枚轮生。叶多椭圆形，长 6~16cm。花序狭金字塔状，其分枝（聚伞花序）互生；花萼筒部倒卵状或倒卵状球形；花冠漏斗状钟形，蓝紫色或蓝色，裂片宽三角形；花盘较短，长 0.5~1.5mm。种子椭圆状，有一条棱，平滑。花果期 7~9 月。

【分布与生境】分布于中国黑龙江、吉林等地，朝鲜半岛、日本、蒙古国、俄罗斯。生于荒野。

【价值】根入药。

牧根草属 *Asyneuma*

牧根草 *Asyneuma japonicum* (Miq.) Briq.

【形态特征】根肉质，胡萝卜状，长达 20cm。茎直立。茎下部卵形或卵圆形叶有长柄，上部叶披针形或卵状披针形，长 3~12cm，近无柄，边缘具锯齿。花除花丝和花柱外各部分均无毛；花萼筒部球状，裂片线形；花冠紫蓝或蓝紫色，裂片长 0.8~1cm。蒴果球状；种子卵状椭圆形。花果期 7~9 月。

【分布与生境】分布于中国东北，朝鲜半岛、日本、俄罗斯。生于林下。

【价值】具观赏价值。

▲ 牧根草

半边莲属 *Lobelia*

山梗菜 *Lobelia sessilifolia* Lamb.

【形态特征】多年生草本，高 60~120cm。根状茎生多数须根；茎圆柱状不分枝。叶互生，厚纸质，集生于茎中部，披针形，长 2.5~7cm。总状花序顶生，长 8~35cm；苞片叶状，窄披针形；花萼筒杯状钟形；花冠蓝紫色，里面被白色柔毛，近 2 唇形，上唇 2 裂，下唇 3 浅裂；裂片狭卵形，边缘密生睫毛。蒴果 2 瓣裂。花果期 7~9 月。

【分布与生境】分布于中国东北、河北、山东、华南部分地区，朝鲜半岛、日本、俄罗斯。生于平原、湿草地。

【价值】根可食。

▲ 山梗菜

▲ 睡菜

科 92 睡菜科 Menyanthaceae

睡菜属 *Menyanthes*

睡菜 *Menyanthes trifoliata* L.

【形态特征】多年水生草本。根常固定于泥沼中，有时漂浮。叶柄直立；小叶椭圆形。花序多花；总状花序连花茎长 30~35cm；花冠白色，管状，内部具长流苏状毛；花药箭形。蒴果球形。花果期 5~7 月。

【分布与生境】分布于中国东北、华北、东南、西南，南亚、东北亚、非洲、美洲。生于沼泽地、泥浆中或开阔水面。

【价值】具观赏和药用价值。

荇菜属 *Nymphoides*

荇菜 *Nymphoides peltata* (S. G. Gmel.) Kuntze

【形态特征】多年水生草本。茎不分枝。叶于茎顶明显对生，茎节上互生，叶片圆形或卵圆形，直径 1.5~8cm。花冠金黄色，直径 2.5~3cm，裂片边缘阔膜质。蒴果长 1.7~2.5cm。种子压扁，长 4~5mm，密具缘毛。花果期 6~8 月。

【分布与生境】分布于中国各地，东北亚、中亚、西南亚、欧洲。生于静水中。

【价值】具观赏和药用价值。

▲ 荇菜

科 93　菊科 Asteraceae

和尚菜属 *Adenocaulon*

和尚菜（腺梗菜）*Adenocaulon himalaicum* Edgew.

【形态特征】多年生草本，高 40~90cm。茎中部以上分枝，果期伸长，被蛛丝状绒毛。叶下面密被蛛丝状毛。头状花序半球形，径 5mm，排成圆锥状花序。总苞片 5~7 个，全缘，果期向外反曲；边花 1 层，5~11 朵，雌性，子房倒卵形，中部以上密被腺毛，结实；中央花 7~15 朵，两性，不结实。瘦果棍棒状，被腺毛。花果期 7~10 月。

【分布与生境】分布于中国各地，南亚和东亚均有。生于林下、林缘阴湿地。

【价值】根茎及根入药。

▲ 和尚菜

大丁草属 *Leibnitzia*

大丁草 *Leibnitzia anandria* (L.) Turcz

【形态特征】多年生草本，植株有春、秋二型。春型高 5~15cm，全株被白色绵毛；叶边缘具波状齿，齿端有小刺尖；头状花序径 1.5cm；花 2 型；瘦果纺锤形，紫褐色，微被毛。秋型植株高约 50cm；基叶大头羽裂；头状花序径 2.5~4cm，花同型；瘦果纺锤形，密被白毛；冠毛长达 11mm。春型花果期 4~6 月；秋型花果期 9~10 月。

【分布与生境】分布于中国各省区，蒙古国、日本、俄罗斯。生于干山坡。

【价值】全草入药。

▲ 大丁草

苍术属 *Atractylodes*

关苍术 *Atractylodes japonica* Koidz. ex Kitam.

【形态特征】多年生草本，高 40~50cm。根状茎肥大而呈结节状。茎下部叶柄长 1cm 以下，茎生叶羽状分裂，边缘具大刺状牙齿。头状花序长 1.5cm，宽 1cm；基部叶状苞裂片刺状；总苞片 7~8 层，先端钝，常带紫色；管状花白色。瘦果圆柱形，密被向上而呈银白色长柔毛；冠毛淡黄色，花果期 7~10 月。

【分布与生境】分布于中国东北、华北、华中、华东，日本、俄罗斯。生于林缘、林下。

【价值】根茎入药。

▲ 关苍术

山牛蒡属 *Synurus*

山牛蒡 *Synurus deltoides* (Aiton) Nakai

【形态特征】多年生草本，高 40~100cm。基生叶和下部叶有 10~25cm 的柄；叶形多变，长 10~20cm，宽 9~18cm，边缘具不规则缺刻状牙齿，背面密或疏被灰白色毛；茎上部叶向上渐小。头状花序长 3~4.5cm，宽 3.5~7cm，花期下垂；被蛛丝状毛；花冠管状，花红紫色；瘦果长圆形，无毛。花果期 7~9 月。

【分布与生境】分布于中国东北、华北、中南、四川，蒙古国、俄罗斯、日本。生于林内、林缘或草甸。

【价值】牲畜饲料；蜜源植物。

▲ 山牛蒡

▲ 篦苞风毛菊

风毛菊属 *Saussurea*

篦苞风毛菊 *Saussurea pectinata* Bunge

【形态特征】多年生草本，高 40~80cm。茎上部被糙毛，下部疏被蛛丝毛。下部和中部茎生叶卵形、卵状披针形或椭圆形，长 9~22cm、宽 4~12cm，栉齿状羽状深裂至全裂，侧裂片 5~8 对。头状花序排成伞房状；总苞钟状，长 15~17mm，径 8~15mm，总苞径 8~10mm，先端附属物 4~5 对，常反折。小花紫色。瘦果圆柱形，长 4~5mm。花果期 8~10 月。

【分布与生境】分布于中国东北、华北。生于山坡林下、林缘。

【价值】饲料；蜜源植物。

风毛菊属 *Saussurea*

草地风毛菊 *Saussurea amara* (L.) DC.

【形态特征】多年生草本，高 15~60cm。上部有短伞房花序状分枝。叶片长 4~18cm，叶两面被短柔毛及金黄色小腺点；头状花序在茎枝顶端排成伞房状，总苞钟状或圆柱形，总苞片有细齿，顶端有淡紫红色而边缘有小锯齿扩大的圆形附片；小花淡紫色，瘦果长圆形，有 4 肋；冠毛白色，2 层。花果期 7~10 月。

【分布与生境】分布于中国东北、华北、西北，欧洲、俄罗斯远东地区、蒙古国。生于山坡、草地、盐碱地、水边。

【价值】可供观赏。

▲ 草地风毛菊

风毛菊属 *Saussurea*
齿苞风毛菊 *Saussurea odontolepis* Sch.Bip. ex Herder

【形态特征】多年生草本，高 50~100cm。茎生叶长 10~12cm、宽 4~5cm，羽状深裂或全裂，裂片 10 对以上；叶上面密被糙毛，下面无毛。头状花序排成伞房状；总苞径 5mm，苞片先端栉齿 2~3 对，栉齿三角形；小花紫色，瘦果圆柱状，长 3mm；冠毛 2 层，白色。花果期 8~9 月。

【分布与生境】分布于中国东北，俄罗斯、朝鲜半岛。生于林缘、草地。

【价值】牲畜饲料。

▲ 齿苞风毛菊

风毛菊属 *Saussurea*
齿叶风毛菊（燕尾风毛菊）*Saussurea neoserrata* Nakai

【形态特征】多年生草本，高约 1m。茎具纵沟棱，有狭翅。茎生叶长 10~20cm、宽 3~6cm；下延成翅状叶柄，边缘有不规则的具尖头的牙齿，下面苍白色，疏被乳头状柔毛。头状花序密集成伞房状；总苞筒状钟形，总苞片 4~5 层，绿色或顶端稍带黑紫色，冠毛不超出总苞；花冠紫色，瘦果圆柱形，具纵沟棱。花果期 7~8 月。

【分布与生境】分布于中国东北，蒙古国、俄罗斯。生于林缘、林下。

【价值】全草入药；嫩苗为山野菜。

▲ 齿叶风毛菊

风毛菊属 *Saussurea*
大叶风毛菊（大花风毛菊）*Saussurea grandifolia* Maxim.

【形态特征】多年生草本，高 40~100cm。茎具条棱，上部分枝被短柔毛。叶片多形；茎中下部叶具柄，叶片长 7~15cm、宽 4~12cm。头状花序，排列成疏伞房状或圆锥状；钟形总苞背面及边缘被褐色毛和缘毛；花冠紫红色，下筒部与上筒部近等长。瘦果褐色，稍弯曲；冠毛 2 层，外层糙毛状，内层羽毛状。花果期 7~9 月。

【分布与生境】分布于中国东北，蒙古国、俄罗斯。生于林下、林缘。

【价值】蜜源植物。

▲ 大叶风毛菊

风毛菊属 *Saussurea*
东北风毛菊 *Saussurea manshurica* Kom.

【形态特征】多年生草本，高达 1m。茎生叶具 6~10cm 柄；叶片卵状三角形，长 9~10cm、宽 5~6cm；上部叶小。头状花序多数，排成圆锥状；总苞圆柱状，长 5~12mm、径 5~8mm，苞片背部无毛，先端钝，暗紫色，不反折。小花紫色，瘦果圆柱状，褐色，长 3~4mm；冠毛淡褐色，2 层。花果期 7~9 月。

【分布与生境】分布于中国东北各省，朝鲜半岛及俄罗斯。生于针阔混交林、杂木林下。

【价值】饲料；蜜源植物。

▲ 东北风毛菊

▲ 卷苞风毛菊

风毛菊属 *Saussurea*

卷苞风毛菊 *Saussurea tunglingensis* F.H.Chen

【形态特征】多年生草本，高 10~50cm。茎下部叶具 5~12cm 翼状柄，叶片长 3~13cm、宽 2~5cm；边缘有不整波状齿，齿端具刺尖，齿缘具纤毛。头状花絮单一或少数。总苞钟状，长约 2cm，宽 1.5~2cm；总苞上部带紫色，反卷，花冠紫红色。瘦果倒圆锥形，长约 5mm。花果期 7~8 月。

【分布与生境】分布于中国东北、华北，朝鲜半岛、俄罗斯。生于林缘，草甸。

【价值】饲料；蜜源植物。

风毛菊属 *Saussurea*

龙江风毛菊 *Saussurea amurensis* Turcz.

【形态特征】多年生草本，高达 1m。茎有叶基沿茎下延的窄翼。基生叶长 10~20cm，宽 2.5~4.5cm，叶下面密被白色蛛丝状棉毛；茎上部叶狭披针形。头状花序排成紧密伞房状；总苞桶形，长 8~10mm，径 6~8mm，总苞片 4~5 层，被棉状长柔毛，外层卵形，暗紫色，小花粉紫色。瘦果圆柱状，长 4mm。花果期 7~9 月。

【分布与生境】分布于中国东北，朝鲜半岛、俄罗斯。生于草甸。

【价值】饲料；蜜源植物。

▲ 龙江风毛菊

▲ 美花风毛菊

风毛菊属 *Saussurea*

美花风毛菊（球花风毛菊）*Saussurea pulchella* (Fisch.) Fisch.

【形态特征】二年生草本，高 40~120cm。茎有条棱，上部分枝。基生叶有叶柄，叶片轮廓长 12~15cm，宽 4~6cm，羽状深裂或全裂，叶裂片条形；茎生叶类似。总苞球形或球状钟形，长 15~17mm，径 8~10mm，总苞片 6~7 层，顶端有膜质粉红色的扩大的边缘有锯齿的附片，小花淡紫色。瘦果倒圆锥状。花果期 7~9 月。

【分布与生境】分布于中国东北、华北，蒙古国、俄罗斯。生于荒野。

【价值】饲料；可供观赏。

风毛菊属 *Saussurea*

湿地风毛菊 *Saussurea umbrosa* Kom.

【形态特征】多年生草本，高 50~100cm。茎有棱，有具齿窄翼，被柔毛。下部与中部茎生叶长圆形、长圆状披针形或披针形，长 9~18cm，宽 2~4cm，基部抱茎下延成翼，具刺尖锯齿及缘毛。总苞钟状，径 1cm；外层与中层总苞片先端附属物马刀形，尾状长渐尖，反卷，小花淡紫色。瘦果长圆形，长 3~4mm。花果期 7~8 月。

【分布与生境】分布于中国东北地区，俄罗斯、朝鲜半岛。生于林下及林间草地。

【价值】饲料；蜜源植物。

▲ 湿地风毛菊

▲ 乌苏里风毛菊

风毛菊属 *Saussurea*

乌苏里风毛菊 *Saussurea ussuriensis* Maxim.

【形态特征】多年生草本，高 50~120cm。茎有棱，无毛。基生叶及下部茎生叶有 5~20cm 柄，叶片长 7~14cm，宽 2.5~6cm，有锯齿或羽状浅裂，上面有微糙毛及稠密腺点，下面疏被柔毛。头状花序多数，排成伞房状圆锥花序；总苞窄钟形，长 12~13mm，径 5~8mm，先端及边缘常带紫红色，被白色蛛丝毛。瘦果长圆形，长 4~5mm。花果期 7~9 月。

【分布与生境】分布于中国北部，蒙古国、俄罗斯、日本。生于山坡林缘。

【价值】具生态价值；饲料；蜜源植物。

风毛菊属 *Saussurea*

小花风毛菊 *Saussurea parviflora* (Poir.) DC.

【形态特征】多年生草本，高 40~80cm。茎有窄翼。下部茎生叶椭圆形，长 8~20cm，宽 2.5~4.5cm，边缘有锯齿，基部沿茎下延成窄翼，叶下面被微毛，灰绿色。头状花序排成伞房状；总苞筒状，长 10mm，径 5~6mm，总苞片 5 层，先端或全部黑紫色。小花紫红色。瘦果长 3mm，冠毛超出总苞。花果期 7~9 月。

【分布与生境】分布于中国北部，蒙古国、俄罗斯。生于林间草地、林缘。

【价值】饲料；蜜源植物。

▲ 小花风毛菊

风毛菊属 *Saussurea*

羽叶风毛菊 *Saussurea maximowiczii* Herder

【形态特征】多年生草本，高 50~100cm。茎单生，具条棱。基生叶与下部茎叶有长柄；叶片长 10~15cm，宽 3~5cm，大头羽状深裂，边缘疏具缺刻状牙齿；侧裂片披针形或线形 4~8 对。头状花序少数，在茎枝顶端排成疏伞房状。总苞筒状钟形，长 10~15mm，径 6~7mm，总苞片先端不反折。小花紫色，瘦果圆柱形，长约 5mm。花果期 7~9 月。

【分布与生境】分布于中国东北，俄罗斯、日本。生于林下、林缘草地。

【价值】蜜源植物；动物饲料。

▲ 羽叶风毛菊

牛蒡属 *Arctium*

牛蒡（大力子）*Arctium lappa* L.

【形态特征】二年生草本，高 1~2m。茎上部多分枝。基生叶丛生；叶片三角状卵形，长 16~50cm，宽 12~40cm，背面密被白色绵毛。头状花序径 3.5~4cm；总苞球形，总苞片多层，披针形，先端具钩刺。花冠红色管状，先端 5 裂，裂片狭。瘦果长圆形或倒卵形，长 5~6mm，宽 3mm，灰黑色；冠毛糙毛状，淡黄棕色。花果期 7~9 月。

【分布与生境】分布于中国各地，欧亚大陆。生于荒野。

【价值】全草入药；幼茎叶可食；饲料。

▲ 牛蒡

▲ 刺儿菜

蓟属 *Cirsium*

刺儿菜（小蓟）*Cirsium arvense* var. *integrifolium* Wimm. & Grab.

【形态特征】多年生草本，高 20~60cm。基生叶花期枯萎；茎生叶全缘或具波状齿裂，长 5~10cm，宽 0.5~2.5cm，先端钝，具 1 小刺尖。头状花序 1 至数个，雄头状花序较小，紫红色，下筒部长为上筒部的 2 倍；雌头状花序较大，紫红色下筒部为上筒部的 3~4 倍。瘦果椭圆形或卵形，冠毛长于花冠。花果期 5~9 月。

【分布与生境】分布于中国各地，蒙古国、日本、俄罗斯。生于田野。

【价值】全草入药。

蓟属 *Cirsium*

林蓟 *Cirsium schantarense* Trautv. & C. A. Mey.

【形态特征】多年生草本，高达 1m。茎上部分枝，被稀疏的多细胞节毛。叶片羽状深裂至全裂，长 4~7cm，宽 1.5~2cm；茎上部叶不分裂，基部扩大抱茎。头状花序少数，下垂。总苞片约 6 层，覆瓦状排列，先端有刺尖。小花紫红色，长约 2cm。瘦果淡黄色，倒披针状长椭圆形，长 4mm，宽 1~1.5mm。花果期 6~8 月。

【分布与生境】分布于中国东北，朝鲜半岛、俄罗斯。生于林中及林缘潮湿处。

【价值】蜜源植物；饲料。

▲ 林蓟

▲ 烟管蓟

蓟属 *Cirsium*

烟管蓟 *Cirsium pendulum* Fisch. ex DC.

【形态特征】多年生草本，高 1~2m。茎具纵沟棱，疏被蛛丝状毛。基生叶与茎下部叶 1~2 回羽状深裂，边缘具不规则牙齿和刺及刺状缘毛。头状花序下垂，多数在茎上部排列成总状，密被蛛丝状毛；总苞卵形，先端具刺尖；常向外反曲；花冠下筒部长为上筒部的 2~3 倍，瘦果矩圆形，长约 3cm，宽约 1mm。花果期 6~9 月。

【分布与生境】分布于中国东北、华北，蒙古国、俄罗斯、日本。生于荒野。

【价值】全株可用药；嫩苗可食；可作绿化材料。

蓟属 *Cirsium*

大刺儿菜 *Cirsium arvense* var *setosum* (Wild.) Ledeb.

【形态特征】多年生草本，高 50~160cm，上部分枝，花序下部有稀疏蛛丝毛。下部茎叶椭圆形，长 7~17cm，宽 1.5~4.5cm，羽状浅裂。侧裂片偏斜三角形，边缘有 2~3 个刺齿，齿顶有针刺。头状花序在茎枝顶端排成圆锥状伞房花序。总苞片约 5 层，外层顶端有短针刺，长 1mm。小花紫红色，檐部 5 裂达基部。瘦果，冠毛刚毛长羽毛状。花果期 6~9 月。

【分布与生境】分布于中国东北、华北，蒙古国、俄罗斯远东地区、日本、欧洲。生于田野。

【价值】全草入药；饲料。

▲ 大刺儿菜

▲ 绒背蓟

蓟属 ***Cirsium***

绒背蓟 ***Cirsium vlassovianum* Fisch. ex DC.**

【形态特征】多年生草本，高达 1m。茎有条棱，散生短卷毛。茎中部叶长 6~16cm，宽 1.5~4.5cm，具刺状缘毛；叶背面密被灰白色绒毛。头状花序少数，径约 2cm，基部具 2~3 苞叶；总苞被蛛丝状绵毛；花紫红色，花冠下筒部与上筒部近等长。瘦果长圆状倒卵形，长 4~4.5mm，宽 2mm，冠毛羽毛状。花果期 7~9 月。

【分布与生境】分布于中国东北、华北，蒙古国、俄罗斯。生于林缘、湿地。

【价值】根药用；绿化植物。

蓟属 ***Cirsium***

野蓟 ***Cirsium maackii* Maxim.**

【形态特征】多年生草本，高 40~90cm。茎具条棱，被长毛。基生叶和下部茎生叶形多变，边缘有刺，羽状深裂至全裂；向上的叶渐小，基部耳状抱茎。头状花序单生茎端，或排成伞房花序；总苞钟状，径 2 厘米，先端具刺尖，向内层渐长，背面有黑色粘腺。小花紫红色。果长 3~4mm，宽 1~1.5mm，冠毛白色。花果期 6~8 月。

【分布与生境】分布于中国东北、华北、四川，俄罗斯、朝鲜半岛、日本。生于山坡草地、林缘。

【价值】嫩苗可食；青饲料。

▲ 野蓟

▲ 节毛飞廉

飞廉属 *Carduus*

节毛飞廉 *Carduus acanthoides* L.

【形态特征】二年生或多年生草本，高 20~100cm。茎枝疏被或下部稍密长节毛。基部及下部茎生叶长椭圆形或长倒披针形，长 6~29cm。茎翼齿裂，有长达 3~5cm 的针刺。叶两面同为绿色，沿脉仅有多细胞长节毛。头状花序 3~5 个集生茎端，总苞卵圆形，径 1.5~2cm；小花红紫色。瘦果长椭圆形，浅褐色，有多数横皱纹。花果期 6~9 月。

【分布与生境】分布于中国各地，中亚、东北亚、欧洲。生于荒野。

【价值】蜜源植物；观赏植物。

飞廉属 *Carduus*

丝毛飞廉 *Carduus crispus* L.

【形态特征】二年生或多年生草本，高 65~100cm。茎具条棱和翼，翼具刺齿；茎下部叶长 5~34cm，宽 1~7cm；茎上部有稀疏或较稠密的蛛丝状毛或蛛丝状棉毛。头状花序常 3~5 个集生于枝顶端。总苞长 2cm、宽 1.5~3cm。小花红色或紫色。冠毛多层，白色或污白色，不等长。花果期 6~9 月。

【分布与生境】分布于中国各地，东亚、中亚、欧洲。生于荒野。

【价值】全草药用；蜜源植物。

▲ 丝毛飞廉

伪泥胡菜属 *Serratula*

伪泥胡菜 *Serratula coronata* L.

【形态特征】多年生草本，高 50~150cm。茎有条棱，上部分枝。叶互生，长 5~25cm，宽 7~11cm，羽状深裂，顶裂片较大，侧裂片 3~8 对，边缘具刺夹锯齿或牙齿。头状花序生于枝端；总苞广钟形，长 1.5~2.5cm，径 1~2cm，被褐色绒毛；花异型，紫色。瘦果长圆形无毛，具细条纹，黄褐色。花果期 8~10 月。

【分布与生境】分布于中国北部、长江流域，蒙古国、俄罗斯、中亚、欧洲。生于林缘、草原、草甸。

【价值】可入药；牲畜饲料。

▲ 伪泥胡菜

漏芦属 *Rhaponticum*

漏芦 *Rhaponticum uniflorum* (L.) DC.

【形态特征】多年生草本，高 40~90cm。茎单一，不分枝，有条棱，密被灰白色绒毛。基生叶有长达 30cm 的柄；茎叶互生，叶柄被绵毛，叶片长 15~25cm，宽 4~6cm，羽状深裂至浅裂。头状花序，径 3~6cm，单生于茎顶，总苞片多层，覆瓦状排列。瘦果倒圆锥形，长约 5mm，具 4 棱，淡褐色。花果期 6~8 月。

【分布与生境】分布于中国大部分省区，蒙古国、俄罗斯。生于草原、林下、山坡砾石地。

【价值】根入药。

▲ 漏芦

鸦葱属 *Scorzonera*

华北鸦葱（白茎鸦葱）*Scorzonera albicaulis* Bunge

【形态特征】多年生草本，高 50~100cm。茎枝被白色蛛丝状毛。基生叶长达 30cm，宽 7~20mm；茎生叶较小，基部稍抱茎。头状花序排成伞房状。总苞圆筒形，长 3.5~4.5mm，径 10~14mm, 初被蛛丝状毛；外层总苞片三角状卵形。瘦果圆柱状，长 2mm，宽 1~1.5mm，有多数高起的纵肋。花果期 5~9 月。

【分布与生境】分布于中国东北、华北、华东、四川，蒙古国、俄罗斯。生于林缘、田野。

【价值】根入药。

▲ 华北鸦葱

鸦葱属 *Scorzonera*

毛梗鸦葱（狭叶鸦葱）*Scorzonera radiata* Fisch.

【形态特征】多年生草本，高 15~50cm。茎单一，具纵沟棱，顶部密被蛛丝状绵毛，后稍脱落。基生叶莲座状，长 5~30cm，宽 3~20mm。头状花序单生于茎顶；总苞长 2~3.5cm，径 1~1.2cm，总苞片 5 层，边缘膜质，外层者卵状披针形，较小，内层者条形。瘦果圆柱形，长 1~1.2cm，有 3~5 条纵肋。花果期 5-8 月。

【分布与生境】分布于中国东北，蒙古国、俄罗斯。生于山坡，草原。

【价值】具有生态和观赏价值。

▲ 毛梗鸦葱

婆罗门参属 *Tragopogon*

黄花婆罗门参 *Tragopogon orientalis* L.

【形态特征】二年生草本，高 15~80cm。茎下部叶长 10~30cm，宽 7~20mm，基部扩大抱茎；向上叶渐小。头状花序梗不增粗；总苞长 2.5~3.5cm，径 1.5~2cm；舌状花淡，黄色。瘦果圆柱状，长 1.5~2cm，喙顶增粗，喙长 6~8mm。花果期 6~8 月。

【分布与生境】分布于中国东北、新疆，俄罗斯远东地区、中亚、欧洲。生于山地林缘及草地。

【价值】具生态价值。

▲ 黄花婆罗门参

山柳菊属 *Hieracium*

山柳菊(伞花山柳菊) *Hieracium umbellatum* L.

【形态特征】多年生草本，高 40~120cm。茎具纵沟棱，不分枝。基生叶花期枯萎；中上部叶边缘疏具小齿，长 4~9cm，宽 0.7~2cm。头状花序排列成伞房状；花梗密被短毛和星状毛；总苞片黑绿色，先端钝或稍尖，有微毛；舌状花长 15~20mm，下部有长柔毛。瘦果五棱圆柱状，长约 3mm，黑紫色，具光泽，有 10 条棱。花果期 7~9 月。

【分布与生境】分布于中国北部、华中、西南，蒙古国、俄罗斯、中欧、北美。生于林缘、林下。

【价值】全草入药。

▲ 山柳菊

莴苣属 *Lactuca*

翅果菊（山莴苣）*Lactuca indica* L.

【形态特征】一、二年生草本，高 50~150cm。茎上部有分枝。下部叶花期枯萎；中部叶多形，长 10~30cm，宽 1.5~8cm，全缘或 1~2 回羽裂。头状花序，多数在枝端排列成狭圆锥状；总苞长 1~1.5cm，茎 0.5~1cm。舌状花先端 5 齿。瘦果长 5mm，宽 2mm，黑色，压扁，边缘不明显，内弯，每面仅有 1 条纵肋；喙明显。花果期 7~9 月。

【分布与生境】分布于中国大部分省区，蒙古国、俄罗斯、南亚、东南亚。生于林缘、荒野。

【价值】全草入药；优质饲用植物。

▲ 翅果菊

莴苣属 *Lactuca*

山莴苣（北山莴苣）*Lactuca sibirica* (L.) Benth. ex Maxim.

【形态特征】多年生草本，高 30~100cm。茎单生或上部分枝。叶长 5~16cm，宽 1~3cm，无柄，基部心形或扩大耳状抱茎，下面灰绿色，全缘或具微波状齿。头状花序排列成伞房状圆锥花序；总苞长 9~13mm，宽 3~5mm；舌状花淡蓝紫色。瘦果狭长圆形，长 5mm，宽 2mm，有 4~6 条粗细相等的纵肋。花果期 7~8 月。

【分布与生境】分布于中国北部，蒙古国、俄罗斯、日本。生于林缘、田边、草甸。

【价值】青饲料。

▲ 山莴苣

▲ 野莴苣

莴苣属 *Lactuca*

野莴苣 ***Lactuca serriola*** **L.**

【形态特征】二年生草本，高 40~70cm。茎基部带紫红色，全部茎枝黄白色。基部或下部茎叶披针形，长 5~17cm，全部叶基部箭头形，下面沿中脉常有淡黄色的刺毛。头状花序排列成圆锥花序，有 7~15 枚舌状小花，黄色。瘦果，每面有 6~8 条高起的细肋，上部有上指的短糙毛，细丝状。花果期 8~9 月。

【分布与生境】分布于中国黑龙江、辽宁、新疆地区，俄罗斯、东地中海地区、伊朗。生于山谷及河漫滩。

【价值】检疫性杂草，有一定的侵入性，暂无价值。

莴苣属 *Lactuca*

翼柄翅果菊（翼柄山莴苣）***Lactuca triangulata*** **Maxim.**

【形态特征】二年生或多年生草本，高 60~120cm。基生叶花期枯萎；叶片三角形或菱形，长 6~10，宽 7~10cm，基部下延至柄成宽翼，基部抱茎。头状花序排成疏而狭窄的圆锥状，总苞长 8~12mm，径 4~6mm，果期稍增大。瘦果宽卵形，长 4~4.5mm，宽 2~2.5mm，压扁，每面有 1 条凸起的纵肋。花果期 7~9 月。

【分布与生境】分布于中国东北、华北，蒙古国、俄罗斯、日本。生于山地林下。

【价值】具生态价值。

▲ 翼柄翅果菊

▲ 苦苣菜

苦苣菜属 *Sonchus*

苦苣菜 *Sonchus oleraceus* L.

【形态特征】一年生草本，高 60~100cm。茎单一或上部分枝。基生叶及茎下部叶小；中部叶大头羽裂基部扩展呈戟状抱茎，边缘具不整齐齿状刺尖。头状花序排列成聚伞状；总苞钟状，长 10~12mm，宽 10~15mm；舌状花淡黄色。瘦果长椭圆状倒卵形，长 2.5~3mm，两面具 3 条纵肋，肋间有横皱；冠毛白色。花果期 5~8 月。

【分布与生境】分布于中国各地，世界各地。生于田野。

【价值】全草入药；嫩苗可食。

苦苣菜属 *Sonchus*

长裂苦苣菜（苣荬菜）*Sonchus brachyotus* DC.

【形态特征】多年生草本，高 25~90cm。茎中下部叶形多变，长 10~20cm，基部渐狭稍扩大，半抱茎，具睫状刺毛或边缘波状弯缺至羽状浅裂。头状花序排列成聚伞状；总苞钟状，长 1.5~2cm, 宽 1~1.5cm，总苞片 3~4 层，内层披针形，具膜质边；花多数，黄色舌状。瘦果稍扁，长 2.5~3mm，两面具 3~5 条纵肋。花果期 7~9 月。

【分布与生境】分布于中国北部，蒙古国、俄罗斯、日本。生于田野。

【价值】全草入药；嫩茎叶可食。

▲ 长裂若苣菜

▲ 猫耳菊

猫耳菊属 *Hypochaeris*

猫耳菊 *Hypochaeris ciliata* (Thunb.) Makino

【形态特征】多年生草本，高 30~60cm。茎单一。基生叶长 7~20cm，宽 3~5cm，边缘有尖锯齿或微尖齿；背面被硬刺毛。头状花序单生于茎端。总苞宽钟状或半球形，径 2.5~3cm。舌状小花多数，金黄色。瘦果圆柱状，长 5~8mm，顶端截形，无喙，有 15~16 条稍高起的细纵肋。花果期 7~8 月。

【分布与生境】分布于中国东北、华北，俄罗斯、蒙古国、朝鲜半岛。生于山坡草地、林缘。

【价值】根入药；可供观赏。

毛连菜属 *Picris*

毛连菜 *Picris hieracioides* L.

【形态特征】二年生草本，高 80~180cm。茎单一，上部分枝，枝和叶密被钩状分叉硬毛。基部叶花期枯萎；茎生叶互生，长 8~20ccm，宽 1~4cm，边缘有疏齿，密生长硬毛。头状花序排列成聚伞状；苞叶狭披针形，密被硬毛；总苞筒状。瘦果稍弯曲，纺锤形，长 3.5~4.5mm，宽 1mm，具纵沟及横皱纹。花果期 7~9 月。

【分布与生境】分布于中国各省区，蒙古国、俄罗斯、日本、中亚。生于林缘、林下。

【价值】全草入药。

▲ 毛连菜

▲ 日本毛连菜

毛连菜属 *Picris*

日本毛连菜（兴安毛连菜）*Picris japonica* Thunb.

【形态特征】多年生草本，高 30~80cm。茎枝被黑色钩状硬毛。基生叶花期枯萎；下部叶形多变，长 6~20cm，宽 1~3cm，边缘有细尖齿、钝齿或浅波状，两面被硬毛。头状花序有线形苞叶；总苞圆柱状钟形，总苞片背面被近黑色硬毛。舌片基部疏被柔毛。瘦果椭圆状，长 3~5mm，棕褐色；冠毛污白色。花果期 7~8 月。

【分布与生境】分布于中国北部、西南，蒙古国、日本、俄罗斯。生于山野路旁、林缘。

【价值】全草入药。

蒲公英属 *Taraxacum*

芥叶蒲公英 *Taraxacum brassicaefolium* Kitag.

【形态特征】多年生草本。叶宽倒披针形，似芥叶，长 10~35cm，羽状深裂，具翅；顶端裂片正三角形，极宽，全缘。花葶数个，高 30~50cm，较粗壮，常为紫褐色；头状花序直径达 55mm；总苞宽钟状，长 22mm；花序托有小的卵形膜质托片；舌状花边缘舌片背面具紫色条纹。瘦果上部具刺状突起，中部有短而钝的小瘤。花果期 4~6 月。

【分布与生境】分布于中国东北、内蒙古东部、河北东部等。生于河边、林缘及路旁。

【价值】嫩叶幼苗可食；绿化；药用植物。

▲ 芥叶蒲公英

▲ 淡红座蒲公英

蒲公英属 *Taraxacum*

淡红座蒲公英 *Taraxacum erythropodium* Kitag.

【形态特征】多年生草本，高 5~20cm。叶片长 5~12cm，宽 5~25mm，羽状深裂，中脉下部红紫色。花梗红紫色；总苞钟状；外总苞片披针形，先端具短角状突起，带紫红色；内总苞片先端深紫红色。舌状花长约 1cm。瘦果淡褐色，长 4mm，上部有刺状突起，下部有短而钝的小瘤，喙长 8~10mm。花果期 5~6 月。

【分布与生境】分布于中国东北东部、河北，俄罗斯、朝鲜半岛。生于山地草甸。

【价值】全草入药；嫩苗可食。

蒲公英属 *Taraxacum*

白缘蒲公英 *Taraxacum platypecidum* Diels

【形态特征】多年生草本，高 20~25cm。叶长 10~20cm，全缘至羽状分裂，每侧裂片 5-8，裂片三角形。头状花序径 4~4.5cm；总苞片 3 层，外层广卵形，边缘白膜质，长 6mm，宽 4mm。舌片长 10mm，背面有紫红色条纹，先端 5 齿裂。瘦果淡褐色，长约 4mm，上部有刺瘤。花果期 5~6 月。

【分布与生境】分布于中国长江以北各省区，蒙古国、俄罗斯、日本。生于林缘，荒野。

【价值】全草药用；嫩苗可食。

▲ 白缘蒲公英

▲ 蒲公英

蒲公英属 *Taraxacum*

蒲公英 *Taraxacum mongolicum* **Hand.-Mazz.**

【形态特征】多年生草本，高 10~25cm。叶长 5~15cm，宽 1~4cm，逆向羽状分裂。花梗数个，与叶近等长，被蛛丝状毛。总苞淡绿色，外层总苞片卵状披针形或披针形，边缘膜质，被白色长柔毛。舌状花黄色，长 1.5~1.7cm，外层舌片的外侧中央具红紫色宽带。瘦果长约 4mm，全部有刺状突起，喙长 6~8mm。花果期 4~6 月。

【分布与生境】分布于中国各省区，蒙古国、俄罗斯。生于荒野。

【价值】全草入药；嫩时可食。

苦荬菜属 *Ixeris*

中华苦荬菜 *Ixeris chinensis*(Thunb.)Nakai

【形态特征】多年生草本，高 10~35cm。基生叶莲座状，基部渐狭成柄，柄基扩大，长 2.5~16cm，宽 5~20mm，两面灰绿色；茎生叶基部稍抱茎。头状花序排列成稀疏的伞房状；总苞圆筒状钟形，长约 1cm；舌状花 20~25 朵，白色至黄色、或淡紫色。瘦果扁圆柱形，具长喙，长 3~4mm，红棕色，冠毛白色。花果期 5~9 月。

【分布与生境】分布于中国大部分省区，俄罗斯、日本、越南。生于荒野。

【价值】全草入药；嫩苗可食。

▲ 中华苦荬菜

▲ 屋根草

还阳参属 *Crepis*

屋根草 *Crepis tectorum* L.

【形态特征】多年生草本，高 25~80cm。茎具不明显沟棱，中部以上分枝。叶片连柄长 2~15cm，宽 0.5~2cm，基部具细长的叶耳。头状花序单生于枝端，或 2~4 个在茎顶排列成疏伞房状；总苞钟状，混生蛛丝状毛、长硬毛以及腺毛，外层总苞片 6~8 片，舌状花黄色。瘦果纺锤形，长 3.5mm，宽 0.5mm，具 10~12 条纵肋。花果期 7~10 月。

【分布与生境】分布于中国东北、西北、华北、新疆、西藏，俄罗斯远东地区、中亚、欧洲。生于荒野。

【价值】全草入药。

假还阳参属 *Crepidiastrum*

尖裂假还阳参（抱茎苦荬菜）*Crepidiastrum sonchifolium* (Bunge) Pak & Kawano

【形态特征】多年生草本，高 30~90cm。基生叶长 4~9cm，宽 1~2cm，花期宿存；茎生叶基部耳状抱茎，全缘，具波状尖齿或羽状深裂。头状花序排列成伞房状圆锥花序；总苞圆筒状，长 5~7mm，具白色膜质边；舌状花黄色。瘦果长 2.5~3mm，纺锤形，具 10 条纵肋，沿肋具短刺，先端具短喙。花果期 5~9 月。

【分布与生境】分布于中国东北、华北，蒙古国、俄罗斯。生于荒野。

【价值】全草入药；嫩苗可食。

▲ 尖裂假还阳参

▲ 黄瓜菜

假还阳参属 *Crepidiastrum*

黄瓜菜 *Crepidiastrum denticulatum* (Houtt.) Pak & Kawano

【形态特征】一、二年生草本，高 30~70cm。基生叶花期枯萎；茎生叶具翼状柄，抱茎；叶片长 5~10cm，宽 2~5cm，背面灰绿色。头状花序排列成伞房状；总苞圆柱形或钟形，长 6~8mm，总苞背面具绿色中肋、花后加厚；舌状花先端 5 齿裂。瘦果长 3mm，具短喙，具 10~12 条纵肋，沿肋具短刺毛，花果期 8~10 月。

【分布与生境】分布于中国各地，蒙古国、俄罗斯、日本。生于林缘、荒野。

【价值】全草入药；嫩苗可食。

蜂斗菜属 *Petasites*

掌叶蜂斗菜 *Petasites tatewakianus* Kitam.

【形态特征】多年生草本，花期高 15~35cm。有匍匐状根茎。叶圆形，或圆状肾形，叶基心形，叶缘掌状分裂；花后基生叶长 15~25cm，宽 20~35cm，叶柄长可达 1m，背面密被白色绒毛。花浅紫色或白色，具香味；柱头下边具环节，圆锥状加粗，柱头裂片短。花序同型或异型。花期 4~5 月。

【分布与生境】分布于中国东北，俄罗斯远东地区、萨哈林岛。生于河岸和林缘。

【价值】叶柄可食；叶片可作饲料。

▲ 掌叶蜂斗菜

▲ 耳叶蟹甲草

蟹甲草属 ***Parasenecio***

耳叶蟹甲草（耳叶山尖子）*Parasenecio auriculatus* (DC.)H.Koyama

【形态特征】多年生草本，高 30~100cm。茎无毛，叶互生，薄纸质；中部茎叶肾形至三角状肾形，长 5~16cm，宽 7~14cm，叶柄基部扩大成叶耳，抱茎。头状花序多数，在茎端排列成疏散长 4.5~15cm 的狭总状花序；总苞圆柱形，淡紫色；总苞片 5，矩圆形；小花筒状，白色。瘦果圆柱形，冠毛白色。花果期 6~9 月。

【分布与生境】分布于中国东北、西北、内蒙古，日本、朝鲜半岛、蒙古国、俄罗斯。生于林下、林缘和草甸。

【价值】全草入药。

蟹甲草属 ***Parasenecio***

山尖子 *Parasenecio hastatus* (L.) H.Koyama

【形态特征】多年生草本，高 40~150cm。中部叶三角状戟形，长 7~10cm，宽 13~19cm，叶柄有狭翅，边缘有不规则尖齿，下面密被腺状短柔毛。头状花序多数，下垂、密集或金字塔形或呈圆锥花序；总苞筒状，长 9~11mm，宽 5~8mm，外面被密腺状短毛；花筒状，淡白色。瘦果淡黄褐色，冠毛白色。花果期 7~9 月。

【分布与生境】分布于中国东北、华北，朝鲜半岛、蒙古国和俄罗斯。生于林下、林缘或草丛中。

【价值】可入药；可食用。

▲ 山尖子

▲ 兔儿伞

兔儿伞属 *Syneilesis*

兔儿伞 *Syneilesis aconitifolia* (Bunge) Maxim.

【形态特征】多年生草本，高 70~120cm。茎直立，紫褐色，无毛，不分枝。叶具长柄，盾状圆形，直径 20~30cm，掌状深裂，被密蛛丝状绒毛，渐变无毛。头状花序多数，在顶端密集成复伞房状；总苞圆筒状；总苞片矩圆状披针形，无毛；花筒状、淡红色。瘦果圆柱形，有纵条纹；冠毛灰白色或淡红褐色。花果期 8~10 月。

【分布与生境】分布于中国北部、华中，俄罗斯、朝鲜半岛、日本。生于山坡草地、林缘。

【价值】全草入药。

橐吾属 *Ligularia*

蹄叶橐吾 *Ligularia fischeri* (Ledeb.) Turcz.

【形态特征】多年生草本，高 80~200cm。丛生叶和茎下部叶光滑，长 10~30cm，宽 13~40cm，肾形，边缘具三角齿；茎中部叶具短柄，肾形，鞘膨大。头状花序辐射状，多数，排成总状，长 25~75cm；苞片卵状披针形；总苞片长圆形，先端钝三角形，背部光滑；小花黄色，舌片线状长圆形；冠红褐色，与小花管部等长。花果期 7~10 月。

【分布与生境】分布于中国华北、东北、华中、华东，亚洲及其他地区、俄罗斯。生于河岸、草甸、林缘或林下。

【价值】根可入药。

▲ 蹄叶橐吾

▲ 橐吾

橐吾属 *Ligularia*

橐吾 *Ligularia sibirica* (L.) Cass.

【形态特征】多年生草本，高 52~110cm。根肉质。叶片及基部心形，长 3.5~20cm，宽 4.5~29cm，叶脉掌状。总状花序密集；苞片卵形或卵状披针形；头状花序多数，辐射状；总苞较大，长 7~14mm，宽 6~11mm，苞片披针形或长圆形。舌状花较长，长 10~22mm，黄色；冠毛白色，与花冠等长。瘦果长圆形，光滑。花果期 7~10 月。

【分布与生境】分布于中国大部分地区，俄罗斯远东地区、欧洲。生于水湿地、山坡及林缘。

【价值】根可入药。

狗舌草属 *Tephroseris*

狗舌草 *Tephroseris kirilowii* (Turcz. ex DC.) Holub

【形态特征】多年生草本，高 10~50cm。茎被白色蛛丝状绵毛。基生叶莲座状，长 2~10cm；中下部茎生叶条状披针形至条形，长 2~6cm，宽 5~10mm，基部抱茎，且稍下延。头状花序伞房状排列；总苞筒状，长 5~6mm，宽 8~10mm，总苞片 1 层，背面被蛛丝状毛，边缘膜质。瘦果狭卵形，有纵肋。花果期 6~7 月。

【分布与生境】分布于中国东北、华北、华东、华南，蒙古国、俄罗斯、日本、中欧。生于丘陵坡地、草原。

【价值】全草入药。

▲ 狗舌草

▲ 湿生狗舌草

狗舌草属 *Tephroseris*

湿生狗舌草 *Tephroseris palustris* (L.) Schrenk ex Rchb.

【形态特征】一、二年生草本，高 30~80cm。茎中空。基生叶数个；下部茎叶长 5~15cm，宽 7~15mm，两面被腺状柔毛，稀无毛，延边缘被蛛丝状毛。头状花序排列成密至疏顶生伞房花序；花序梗被长绵毛及腺毛。总苞钟状；舌状边花 20~25 朵，舌片长 5mm，宽 1~2.5mm。瘦果圆柱形，长 1.5~2mm。花果期 7~9 月。

【分布与生境】分布于中国东北、华北，蒙古国、俄罗斯远东地区、欧洲。生于沼泽及潮湿地。

【价值】具生态和观赏价值。

千里光属 *Senecio*

林荫千里光（黄菀）*Senecio nemorensis* L.

【形态特征】多年生草本，高达 1m。根状茎短，歪斜，茎单生或有时丛生，近无毛。叶披针形、矩圆状披针形至条形，长 10~18cm，宽 2.5~4cm，细羽状脉。头状花序多数，排列成复伞房状；总苞近柱状；总苞片条状矩圆形；舌状花约 5 朵，黄色，舌片条形；筒状花多数。瘦果圆柱形，有纵沟，无毛。花果期 6~10 月。

【分布与生境】分布于中国大部分地区，日本、朝鲜半岛、俄罗斯西伯利亚和远东地区、蒙古国及欧洲。生于林中开阔处、草地或溪边。

【价值】全草入药。

▲ 林荫千里光

千里光属 *Senecio*

欧洲千里光 *Senecio vulgaris* L.

【形态特征】一年生草本，高 12~45cm。茎直立，多分枝，被微柔毛或近无毛。叶互生，倒卵状匙形或矩圆形，长 3~11cm，宽 0.5~2cm，羽状分裂，边缘有浅齿。头状花序多数，排列成顶生密集伞房花序；总苞近钟状，总苞片 18~22，条形，宽 0.5mm，小苞片 7~11；花筒状，多数，黄色。瘦果圆柱形。花果期 4~10 月。

【分布与生境】分布于中国东北、西南，欧亚大陆及北非洲。生于山坡、草地或路旁。

【价值】具药用价值。

▲ 欧洲千里光

疆千里光属 *Jacobaea*

麻叶千里光 *Jacobaea cannabifolia* (Less.) E. Wiebe

【形态特征】多年生根状茎草本，高 1~2m，有歪斜的根状茎。中部茎叶具柄，长 11~30cm，宽 4~15cm，长圆状披针形。上部叶沿茎上渐小，3 裂或不分裂；叶柄短，基部具 2 耳。头状花序辐射状，多数；总苞筒状，外有细条形苞叶；总苞片约 9 个，条状矩圆形；舌状花 8~10 朵，黄色，舌片矩圆状舌形；筒状花较多数。花果期 7~9 月。

【分布与生境】分布于中国黑龙江、吉林、内蒙古，俄罗斯、朝鲜半岛、日本。生于林缘、河边、草甸。

【价值】全草入药。

▲ 麻叶千里光

▲ 湿鼠曲草

▲ 火绒草

湿鼠曲草属 ***Gnaphalium***

湿鼠曲草（湿生鼠麴草）

Gnaphalium uliginosum **L.**

【形态特征】一年生草本，高 1.2~18cm，茎基部多少带木质，被丛卷的白色密绒毛。茎中上部叶线形，长 1.5~2cm，宽 2~3mm，无明显叶柄，全缘，两面被均匀的丛卷白色绒毛，中脉明显；头状花序在顶端密集成团伞花序状或近球状的复式花序；总苞近杯状；总苞，草质。头状花序有极多的雌花 150~208 朵；雌花花冠丝状。两性花少数，花冠淡黄色。花期 7~10 月。

【分布与生境】分布于中国东北，朝鲜半岛、俄罗斯。生于水边湿地上或落叶松林下。

【价值】可做饲料。

火绒草属 ***Leontopodium***

火绒草 ***Leontopodium leontopodioides*** **(Willd.) Beauverd**

【形态特征】多年生草本，高 5~45cm。茎被灰白色长柔毛。叶直立，线形或线状披针形，长 2~4.5cm，宽 0.2~0.5cm，上面灰绿色，下面被白色绵毛；苞叶少数，长圆形或线形，被白色厚茸毛。头状花序大，在雌株径约 7~10mm，3~7 个密集；总苞片无色或褐色。花雌雄异株；雌花花冠丝状，冠毛白色。花果期 7~10 月。

【分布与生境】分布于中国东北、西北。生于草原、黄土坡地。

【价值】全草入药。

紫菀属 *Aster*

东风菜 *Aster scabra* Thunb. in Murray

【形态特征】多年生草本，高 50~100cm，被微毛。基生叶与茎下叶片心形长 7~15cm，宽 6~15cm，基部急狭成长 10~15cm 带翅的叶柄，边缘具锯齿，有三或五出脉。头状花序，圆锥伞房状排列；总苞半球形，总苞片无毛，边缘宽膜质；舌状花约 10 个，白色；瘦果倒卵圆形或椭圆形，无毛。冠毛污黄白色。花果期 6~10 月。

【分布与生境】分布于中国北部、中部、东部至南部各省，朝鲜半岛、日本、俄罗斯西伯利亚东部。生于山坡、山谷、草地、灌丛。

【价值】全草入药；嫩茎叶可食用。

▲ 东风菜

紫菀属 *Aster*

高山紫菀 *Aster alpinus* L.

【形态特征】多年生草本，高 10~35cm，根状茎粗壮，有丛生的茎和莲座状叶丛。茎不分枝。下部叶匙状或线状长圆形，长 1~10cm，宽 0.4~1.5cm；全部叶被柔毛，或稍有腺点；中脉及三出脉在下面稍凸起。头状花序在茎端单生；总苞半球形；舌状花紫色、蓝色或浅红色，管状花花冠黄色，冠毛白色。瘦果长圆形，褐色。花果期 6~9 月。

【分布与生境】分布于中国北部，欧洲、亚洲及北美洲。生于山顶石缝、草甸。

【价值】根状茎入药。

▲ 高山紫菀

紫菀属 Aster

狗娃花 *Aster hispidus* Thunb.

【形态特征】一或二年生草本，高 30~50cm，有时达 150cm，有垂直的纺锤状根。中部叶矩圆状披针形或条形，长 3~7cm，宽 0.3~1.5cm，被疏毛。头状花序径 3~5cm，排列成圆锥伞房状；总苞片 2 层，近等长，内层菱状披针形而下部及边缘膜质，背面及边缘有粗毛，常有腺点。舌状花约 30 个，浅红色或白色，条状矩圆形，筒状花黄色。花果期 7~9 月。
【分布与生境】分布于中国北部各省，蒙古国、俄罗斯、朝鲜半岛及日本。生于荒地、路旁、林缘。
【价值】根可入药；可作观赏。

▲ 狗娃花

紫菀属 *Aster*

裂叶马兰（北马兰）*Aster incisus* Fisch.

【形态特征】多年生草本，高 60~120cm。中部叶长椭圆状披针形，长 6~10 cm，宽 1.2~2.5 cm，边缘疏生锯齿。头状花序，单生枝端且排成伞房状；总苞半球形，总苞片 3 层，外层较短，长椭圆状披针形，长 3~4mm，内层长 4~5mm，边缘膜质。舌状花淡蓝紫色，管状花黄色。瘦果被白色短毛，淡红色。花果期 7~9 月。
【分布与生境】分布于中国东北及内蒙古东部，朝鲜半岛、日本、俄罗斯。生于山坡草地、灌丛、林间。
【价值】可入药；可食用。

▲ 裂叶马兰

▲ 蒙古马兰

紫菀属 *Aster*

蒙古马兰 *Aster mongolicus* Franch.

【形态特征】多年生草本，高 60~100cm。茎有沟纹。叶纸质或近膜质，中部及下部叶倒披针形或狭矩圆形，长 5~9cm，宽 2~4cm，羽状中裂，两面、边缘有短硬毛；头状花序单生于长短不等的分枝顶端，直径 2.5~3.5cm；总苞半球形，总苞片有白色或带紫色红色的膜质缝缘；舌状花淡蓝紫色或白色；管状花黄色。花果期 7~9 月。

【分布与生境】分布于中国东北、华北、西北、西南等地，朝鲜半岛、俄罗斯。生于山坡、灌丛、田边。

【价值】全草可入药。

紫菀属 *Aster*

全叶马兰（全叶鸡儿肠）*Aster pekinensis* (Hance) F. H. Chen

【形态特征】多年生草本，高 30~70cm。茎被细硬毛。中部叶多而密，条状披针形或矩圆形，长 2.5~4cm，宽 0.4~0.6cm，常有小尖头，全缘，边缘稍反卷；上部叶两面密被粉状短绒毛。头状花序单生枝端且排成疏伞房状。总苞半球形，径 7~8mm，苞片内层矩圆状披针形；舌状花 20 余朵，淡紫色，冠毛短，易脱落。花果期 6~11 月。

【分布与生境】分布于中国北部与中部地区，朝鲜半岛、日本、俄罗斯。生于山坡、林缘、路旁。

【价值】可入药；可作饲料。

▲ 全叶马兰

▲ 三脉紫菀

紫菀属 *Aster*

三脉紫菀 *Aster ageratoides* Turcz.

【形态特征】多年生草本，高 40~100cm。中部叶椭圆形或长圆状披针形，长 5~15cm，宽 1~5cm，叶柄具宽翅，全部叶纸质，被短毛，下面有腺点，有离基三出脉，侧脉 3~4 对，网脉常显明。头状花序径 1.5~2cm，排列成伞房或圆锥伞房状；舌状花紫色，浅红色或白色，管状花黄色；冠毛浅红褐色或污白色。花果期 7~10 月。

【分布与生境】分布于中国各地，喜马拉雅南坡、亚洲东北部。生于林下、林缘、山谷湿地。

【价值】可入药。

紫菀属 *Aster*

山马兰 *Aster lautureanus* (Debeaux) Franch.

【形态特征】多年生草本，高 50~100cm，茎被白色向上的糙毛。叶厚或近革质，中部叶披针形或矩圆状披针形，长 3~6cm，宽 0.5~2cm，有疏齿；分枝上的叶全缘，叶面、边缘有短糙毛。头状花序直径 2~3.5cm，排成伞房状；总苞半球形；总苞片长椭圆形；舌状花淡蓝色；管状花黄色；瘦果倒卵形，疏生短柔毛；冠毛淡红色。花果期 7~10 月。

【分布与生境】分布于中国东北、华北、华中地区，日本、朝鲜半岛、俄罗斯。生于山坡、溪岸、草原。

【价值】可入药。

▲ 山马兰

▲ 圆苞紫菀

紫菀属 *Aster*

圆苞紫菀 *Aster maackii* Regel

【形态特征】多年生草本，茎被糙毛。茎中部叶长椭圆状披针形，长4~11cm，有小尖头状浅齿；叶纸质，两面被糙毛，离基3出脉。头状花序径3.5~4.5cm，在茎或枝端排成疏散伞房状；总苞半球形，总苞片3层，有微毛，下部革质，边缘膜质；舌状花20余，舌片紫红色，长圆状披针形；管状花黄色。瘦果被密毛；花果期7~10月。

【分布与生境】分布于中国东北，朝鲜半岛、俄罗斯。生于阴湿坡地、杂木林缘、积水草地和沼泽地。

【价值】具观赏价值。

紫菀属 *Aster*

紫菀（青菀）*Aster tataricus* L.f.

【形态特征】多年生草本，高达100cm，茎不分枝。基生叶大，长20~50cm，宽3~8cm，椭圆状匙形，基部下沿成具翅叶柄。全部叶厚纸质，被短糙毛；中脉粗壮，5~10对，侧脉在下面突起，网脉明显。头状花序较大，直径2.5~4.5cm；总苞半球形、线形或线状披针形，舌状花蓝紫色；冠毛污白色或带红色。花果期7~10月。

【分布与生境】分布于中国北部，日本、朝鲜半岛、蒙古国、俄罗斯。生于阴坡水湿地、低山草地。

【价值】根茎可入药。

▲ 紫菀

▲ 女菀

女菀属 *Turczaninovia*

女菀 *Turczaninovia fastigiata* (Fisch.) DC.

【形态特征】多年生草本，高 30~100cm，被短柔毛。中部以上叶渐小，披针形，被密短毛及腺点，边缘有糙毛，稍反卷；中脉及三出脉在下面凸起。头状花序径 5~7mm，多数在枝端密集。总苞长 3~4mm；总苞片被密短毛。舌状花白色；管状花长 3~4mm。瘦果基部尖，长约 1mm，被密柔毛或后时稍脱毛。花果期 8~9 月。

【分布与生境】分布于中国东北、华北、西北、华中、华东，朝鲜半岛、日本、俄罗斯。生于荒地、山坡、路旁。

【价值】具生态和观赏价值。

飞蓬属 *Erigeron*

堪察加飞蓬 *Erigeron acris* subsp. *kamtschaticus* (DC.) Hara

【形态特征】一年生草本，高 30~70cm，根纺锤状，具纤维状根。小枝被疏开展的长节毛。叶密集，中部和上部叶披针形，长 0.3~8.5cm，宽 0.4~1cm。头状花序排列成顶生多分枝的大圆锥花序；雌花多数，舌状，白色；两性花淡黄色，花冠管状，上端具 4~5 个齿裂，管部上部被疏微毛；瘦果线状披针形，被贴微毛；花期 5~9 月。

【分布与生境】分布于中国南北各省区，俄罗斯、蒙古国。生于低山山坡草地和林缘。

【价值】可作饲料；全草入药。

▲ 堪察加飞蓬

▲ 小蓬草

飞蓬属 *Erigeron*

小蓬草（小白酒草）*Erigeron canadensis* L.

【形态特征】一、二年生草本，高 50~100cm。茎被长硬毛。叶密集，基部叶花期常枯萎；茎下部叶长 5~10cm，宽 1~1.5cm，边缘疏具小齿，有长缘毛。头状花序径 5~6mm，排列成大圆锥花序；边花 2~3 层雌花，舌状，先端具 2 钝齿，白色；两性花淡黄色，花冠管状。瘦果披针形，长 1.5mm。冠毛污白色。花果期 6~9 月。

【分布与生境】分布于中国各省区，蒙古国、俄罗斯半岛、日本、欧洲、北美洲。生于荒野。

【价值】全草入药；可作饲料。

飞蓬属 *Erigeron*

一年蓬 *Erigeron annuus* (L.) Pers.

【形态特征】一或二年生草本，高达 1m。茎中部以上分枝，被伏毛。基部叶花期枯萎；中部叶长 3~7cm，宽 0.5~2cm，边缘有齿或近全缘，有白色缘毛。头状花序半球形，径 1~1.5cm，排列成疏圆锥花序；外围的雌花舌状，长 8mm，宽 0.5mm，舌片平展白色；中央的两性花管状，黄色。瘦果披针形，扁压，长 1mm，被伏毛。花期 7~9 月。

【分布与生境】分布于中国各地，蒙古国、俄罗斯、北美洲。生于荒野。

【价值】全草入药。

▲ 一年蓬

▲ 长茎飞蓬

飞蓬属 *Erigeron*

长茎飞蓬 *Erigeron acris* subsp. *politus* (Fr.) Schinz & R. keller

【形态特征】二年或多年生草本，高 10~50cm。茎密被贴短毛，杂有疏开展的长硬毛。叶全缘，边缘常有睫毛状的长节毛，基部及下部叶倒披针形，长 1~10cm，中部和上部叶无柄，长圆形或披针形，长 0.5~7cm；头状花序排列成伞房状，总苞片 3 层，背面密被具柄的腺毛；两性花管状，黄色，檐部窄锥形，上部被疏微毛，裂片暗紫色。花期 7~9 月。

【分布与生境】分布于中国河北、西北，俄罗斯远东地区、欧洲、蒙古国、朝鲜。生于山坡草地，沟边及林缘。

【价值】具观赏价值。

一枝黄花属 *Solidago*

兴安一枝黄花 *Solidago dahurica* Kitag.

【形态特征】多年生草本，高 30~100cm，具根状茎。茎有纵条棱，下部光滑。下部茎叶椭圆形、长椭圆形或披针形，长 5~14cm，宽 2~5cm。头状花序直径 6~9mm，长 6~8mm，排列成圆锥花序；总苞钟状；花冠黄色；冠毛白色。瘦果中部以上或仅顶端被短柔毛，其余无毛或几无毛。花果期 7~9 月。

【分布与生境】分布于中国东北、华北和新疆，中亚、蒙古国和俄罗斯。生于林缘、灌丛、山坡草地。

【价值】全草入药；可作蜜源植物。

▲ 兴安一枝黄花

▲ 短星菊

联毛紫菀属 *Symphyotrichum*

短星菊 *Symphyotrichum ciliatum* (Ledeb.) G. L. Nesom

【形态特征】一年生草本，高 20~60cm。茎直立，上部及分枝被疏短糙毛。叶无柄，线形或线状披针形，长 2~6cm，宽 3~6mm。头状花序多数或较多数。瘦果长圆形，长 2~2.2mm，基部缩小，红褐色，被密短软毛；冠毛白色 2 层，外层刚毛状，极短，内层糙毛状，长 6~7mm。花果期 8~10 月。

【分布与生境】分布于中国北部，蒙古国、朝鲜半岛、日本、俄罗斯。生于山坡荒野，山谷河滩或盐碱湿地上。

【价值】具生态价值。

北美紫菀属 *Eurybia*

西伯利亚紫菀 *Eurybia sibirica* (L.) G. L. Nesom

【形态特征】多年生草本。茎高 7~35cm，被密柔毛，全部有密生叶。基部叶鳞片状，下部叶长圆状匙形；中部叶长圆披针形，上部叶渐小，线状长圆形，全部叶下面被伏毛。头状花序径 2~3.5cm。舌状花约 20 余个，舌片线形，淡紫色，有 4 脉；管状花长 6.5~7mm，裂片紫红色，长 1.5mm。冠毛稍红色。子房被密粗毛，常有腺。花期 7~8 月。

【分布与生境】分布于中国黑龙江，蒙古国、日本、俄罗斯远东地区、欧洲北部亦有。生于低山草地。

【价值】具观赏价值。

▲ 西伯利亚紫菀

▲ 线叶菊

线叶菊属 *Filifolium*

线叶菊 *Filifolium sibiricum* (L.)Kitam.

【形态特征】多年生草本，高 20~60cm。茎丛生，密集，基部具密厚的纤维鞘。基生叶倒卵形或矩圆形，叶互生，长 20cm，宽 5~6cm，二至三回羽状全裂；末次裂片丝形。头状花序伞房状；总苞球形或半球形，直径 4~5mm，3 层；边花约 6 朵，花冠筒状，压扁，顶端稍狭，有腺点。盘花多数，花冠管状，黄色。花果期 6~9 月。

【分布与生境】分布于中国东北、华北，朝鲜半岛、日本、俄罗斯。生于山坡草地。

【价值】可入药。

亚菊属 *Ajania*

亚　菊 *Ajania pallasiana* (Fisch.ex Besser) Poljakov

【形态特征】多年生草本，高 30~60cm。中部茎叶卵形，长椭圆形或菱形，长 2~4cm，宽 1~2.5cm，二回掌状；茎上部叶常羽状分裂或 3 裂；全部叶有柄，两面异色。头状花序在顶端排成复伞房花序。总苞宽钟状；全部苞片有光泽，淡麦秆黄色。边缘雌花约 3 个，花冠与两性花花冠同形，管状；花黄色，外面有腺点。花果期 8~9 月。

【分布与生境】分布于中国东北和西北，朝鲜半岛、蒙古国和俄罗斯。生于山坡、灌丛。

【价值】具观赏价值。

▲ 亚菊

▲ 小红菊

菊属 **Chrysanthemum**

小红菊 ***Chrysanthemum chanetii* H.Lév.**

【形态特征】多年生草本，高 15~60cm，疏被毛。中部茎叶肾形、半圆形，长 2~5cm，宽略等于长，常 3~5 掌状裂，基部稍心形或平截。头状花序顶生成伞房形，直径 2.5~5cm；总苞碟形。舌状花白、粉红或紫色。瘦果。花果期 7~10 月。

【分布与生境】分布于中国北部，俄罗斯、朝鲜半岛。生于草原、山坡林缘、灌丛及河滩。

【价值】具观赏价值。

菊属 **Chrysanthemum**

楔叶菊 ***Chrysanthemum naktongense* Nakai**

【形态特征】多年生草本，高 10~50cm，地下匍匐根状茎。茎枝有稀疏的柔毛。中部茎叶长椭圆形、椭圆形或卵形，掌式羽状或羽状分裂；叶腋常有簇生较小的叶；全部茎叶基部楔形或宽楔形，有长柄，柄基有或无叶耳，两面无毛或几无毛。头状花序顶生，直径 3.5~5cm，疏松伞房花序；总苞碟状；舌状花白色、粉红色或淡紫色。花期 7~8 月。

【分布与生境】分布于中国东北、内蒙古及河北，俄罗斯、朝鲜半岛。生于草原，林缘。

【价值】具观赏价值。

▲ 楔叶菊

▲ 紫花野菊

菊属 *Chrysanthemum*

紫花野菊 *Chrysanthemum zawadskii* Herbich

【形态特征】多年生草本，高 15~50cm。有地下匍匐根状茎疏被短柔毛。叶具柄，叶片卵形、宽卵形或近菱形，长 1.5~4cm，宽 1~3.5cm，二回羽状分裂；一回为几全裂，二回为深裂或半裂；二回裂片三角形或斜三角形，宽达 3mm。头状花序顶端排列成疏伞房状；舌状花粉红色、紫红色或白色。瘦果矩圆形。花果期 7~9 月。

【分布与生境】分布于中国东北、华北、西北等地，俄罗斯远东地区、蒙古国、欧洲。生于山坡、草原、溪边。

【价值】可入药。

蒿属 *Artemisia*

艾 *Artemisia argyi* H. Lév. & Vaniot

【形态特征】多年生草本，高 80~150cm，植株有浓香。叶上面被灰白色柔毛，兼有白色腺点及小凹点，下面密被白色蛛丝状绒毛；茎下部叶近圆形，羽状深裂；中部叶长 5~8cm，一 (二) 回羽状深裂或半裂，每侧裂片 2~3；上部叶与苞片叶羽状。头状花序椭圆形，径 2.5~3mm，排成穗状花序；雌花 6~10；两性花 8~12。花果期 7~10 月。

【分布与生境】几乎遍布全国，蒙古国、朝鲜半岛、俄罗斯。生于荒地、路旁、山坡。

【价值】全草入药；嫩芽可食用。

▲ 艾

▲ 庵闾

蒿属 *Artemisia*

庵闾 *Artemisia keiskeana* Miq.

【形态特征】多年生草本，高 60~150cm，植株具清香气味。茎下部叶宽卵形；中部叶近成掌状，分裂叶之裂片长椭圆形或线状披针形，长 3~5cm，宽 2.5~4cm；叶的裂片边缘全缘，稀间有少数小锯齿。头状花序，直径 2~2.5mm；雌花 6~10 朵；两性花 10~15 朵。花果期 7~10 月。

【分布与生境】分布于中国黑龙江、河北、河南、湖南、湖北，朝鲜半岛、蒙古国、俄罗斯。生于山坡、路旁。

【价值】全草入药。

蒿属 *Artemisia*

白莲蒿 *Artemisia stechmanniana* Besser

【形态特征】半灌木状草本，高 10~40cm，根木质。茎常组成小丛，具纵棱，下部木质。茎下部与中部叶长卵形、三角状卵形，长 2~4cm，宽 1~2cm，下面密被蛛丝状柔毛，二至三回栉齿状羽状分裂。头状花序近球形，直径 3~4mm，下垂，排成穗状花序式的总状花序；两性花 20~40 朵，花冠管状。花果期 8~10 月。

【分布与生境】几乎遍布全国，亚洲大部分地区。生于山坡及草原。

【价值】可入药；可作牲畜饲料。

▲ 白莲蒿

▲ 白山蒿

蒿属 *Artemisia*

白山蒿 *Artemisia lagocephala* (Fisch.ex Besser) DC.

【形态特征】半灌木状草本。主根木质，茎高 40~80cm，具纵棱，下部木质；茎下部、中部及营养枝上的叶匙形，长 3~6cm，宽 0.3~1cm，叶厚纸质，上面暗绿色，下面密被柔毛。头状花序大，半球形，雌花花冠狭管状或狭圆锥状，具腺点。瘦果椭圆形或侧卵形，顶端偶有不对称的膜质冠状边缘。花果期 8~10 月。

【分布与生境】分布于中国东北及内蒙古，俄罗斯、朝鲜半岛。生于山坡、砾质坡地、山脊或林缘、路旁、森林草原。

【价值】具生态价值。

蒿属 *Artemisia*

大籽蒿 *Artemisia sieversiana* Ehrhart ex Willd.

【形态特征】一、二年生草本，高 30~100cm。主根狭纺锤形。茎纵棱明显，分枝多；下部与中部叶宽卵形长 4~10cm，宽 3~8cm，两面被微柔毛，二至三回羽状全裂。头状花序大，半球形或近球形，直径 4~6mm，具短梗，稀近无梗；花序托半球形，有白色托毛；雌花花冠狭圆锥状；两性花多层，花冠管状。瘦果长圆形。花果期 6~10 月。

【分布与生境】分布于中国东北、华北、西北，中亚及欧洲。生于河边、草原、山坡。

【价值】可药用；可作牲畜饲料。

▲ 大籽蒿

蒿属 *Artemisia*

红足蒿 *Artemisia rubripes* Nakai

【**形态特征**】多年生草本。高 75~180cm。茎、枝初微被柔毛。叶上面近无毛，下面除中脉外密被灰白色蛛丝状绒毛；中部叶卵形、长卵形或宽卵形，长 7~13cm，宽 4~10cm，(一至)二回羽状分裂，基部常有小型假托叶。头状花序小，多数，直径 1~1.5mm；两性花 12~14 朵，花冠管状或高脚杯状，紫红色或黄色。花果期 8~10 月。

【**分布与生境**】分布于中国东北、华北、华东，朝鲜半岛、日本、蒙古国、俄罗斯。生于荒地、草坡、河边等。

【**价值**】可入药。

▲ 红足蒿

蒿属 *Artemisia*

黄花蒿 *Artemisia annua* L.

【**形态特征**】一年生草本，高 100~200cm，具浓烈的挥发性香气。根狭纺锤形；茎有纵棱，红褐色。茎下部叶宽卵形，长 3~7cm，宽 2~6cm；中部叶二(至三)回栉齿状的羽状深裂、小裂片栉齿状三角形，具短柄。头状花序球形，直径 1.5~2.5mm，在茎上排列成金字塔形的圆锥状；花深黄色，雌花花冠狭管状；两性花花冠管状。花果期 8~11 月。

【**分布与生境**】分布于中国各地，亚洲、欧洲、美洲。生于山坡、草原、半荒漠。

【**价值**】全草入药；可作牲畜饲料。

▲ 黄花蒿

▲ 宽叶蒿

蒿属 *Artemisia*

宽叶蒿 *Artemisia latifolia* Ledeb.

【形态特征】多年生草本。茎单生，草质，高 20~70cm；叶两面具密小凹点，上毛，基部无假托叶；头状花序近球形或半球形，有短梗，排成短穗状总状花序，在茎上组成窄圆锥花序。总苞片 3~4 层，内、外层近等长。两性花 18~25 朵，花冠管状，外面有腺点。瘦果倒卵圆形或稍呈棱形。花果期 7~10 月。

【分布与生境】分布于中国东北、内蒙古及甘肃，蒙古国、朝鲜半岛、俄罗斯。生于草原、疏林边缘、林中空地及灌丛地。

【价值】具生态价值。

蒿属 *Artemisia*

宽叶山蒿 *Artemisia stolonifera* (Maxim.) Komar.

【形态特征】多年生草本，高 50~120cm。根状茎横卧，纵棱明显。叶面具小凹点及白色腺点；中部叶椭圆状倒卵形、长卵形或卵形，长 6~12cm，宽 4~7cm，全缘或中部以上边缘具 2~3 枚裂齿，基部楔形，渐狭成柄状。头状花序直径 3~4mm；总苞片被蛛丝状绒毛；花序托圆锥形，凸起；雌花 10~12 朵；两性花 12~15 朵。花果期 7~11 月。

【分布与生境】分布于中国东北、华北、华东地区，日本、朝鲜半岛、俄罗斯。生于林缘、低湿草甸、路旁。

【价值】可作牲畜饲料。

▲ 宽叶山蒿

▲ 柳叶蒿

蒿属 *Artemisia*

柳叶蒿 *Artemisia integrifolia* L.

【形态特征】多年生草本，高 50~120cm。茎、枝被蛛丝状薄毛。叶无柄，不分裂，背面除叶脉外均被灰白色密绒毛。中部叶长椭圆形、椭圆状披针形，长 4~7cm，宽 1.5~2.5cm。头状花序直径 3~4mm，在各分枝中部以上排成总状花序，在茎上半部组成狭窄的圆锥花序；雌花 10~15 朵，两性花 20~30 朵。瘦果倒卵形或长圆形。花果期 8~10 月。

【分布与生境】分布于中国东北、河北等地，俄罗斯、蒙古国、朝鲜半岛。生于林缘、路旁、水湿地。

【价值】全草入药；可食用。

蒿属 *Artemisia*

蒌蒿 *Artemisia selengensis* Turcz.ex Besser

【形态特征】多年生草本，高 60~150cm。叶背面密被灰白色蛛丝状平贴绵毛；叶缘或裂片有规则锯齿；中部叶近成掌状，深裂，分裂叶长 3~5cm，宽 2.5~4mm。头状花序直径 2~2.5mm，长圆形或宽卵形，在分枝上排成排成密穗状花序；总苞片黄褐色；花冠黄色；雌花 8~12；两性花 10~15。瘦果卵圆形。稍扁。花果期 7~10 月。

【分布与生境】分布于中国各地。蒙古国、朝鲜半岛及俄罗斯。生于水边、山坡、路旁。

【价值】全草入药；嫩茎叶食用。

▲ 蒌蒿

▲ 蒙古蒿

蒿属 *Artemisia*

蒙古蒿 ***Artemisia mongolica*** **(Fisch.ex Besser) Nakai**

【形态特征】多年生草本，高 40~120cm。叶纸质，背面密被灰白色蛛丝状绒毛；中部叶卵形，长 5~9cm，宽 4~6cm，（一至）二回羽状分裂；小裂片披针形、线形或线状披针形。头状花序直径 1.5~2mm，在茎上排列成圆锥形花序；雌花 5~10 朵，紫色；两性花 8~15 朵，紫红色。花果期 8~10 月。

【分布与生境】分布于中国东北、华北、西南、东南、华中地区，朝鲜半岛、俄罗斯以及中亚。生于山坡、河湖岸边、草地或干山谷。

【价值】工业原料；可作牲畜饲料。

蒿属 *Artemisia*

牡蒿 ***Artemisia japonica*** **Thunb.**

【形态特征】多年生草本，高 50~130cm，具强烈芳香。下部叶倒卵形或宽匙形，羽状深裂或半裂，具短柄；中部叶匙形，长 2.5~3.5cm，宽 0.5~1cm，上端有 3~5 枚斜向基部的裂片；苞片叶长椭圆形、椭圆形、披针形或线状披针形。头状花序卵圆形或近球形，排成穗状或穗状总状花序；雌花 3~8；两性花 5~10。瘦果倒卵圆形。花果期 7~10 月。

【分布与生境】分布于中国东北、华北、西南、东南、华中地区，南亚、东南亚和东北亚。生于林缘、荒地、路边。

【价值】全草入药；可食用。

▲ 牡蒿

▲ 阴地蒿

蒿属 *Artemisia*

阴地蒿 *Artemisia sylvatica* Maxim.

【形态特征】多年生草本，高 80~130cm。茎、枝初微被柔毛，后脱落。叶薄纸质，上面初微被柔毛及疏生白色腺点，后脱落无毛，无腺点，下面被灰白色蛛丝状薄绒毛或近无毛；中部叶长 8~12cm，宽 7~11cm，一至二回羽状深裂。头状花序近球形，直径 1.5~2.5cm，在小枝上排成穗状花序式的总状花序；雌花 4~7；两性花 8~14 朵。花果期 8~10 月。

【分布与生境】分布于中国大部分地区，朝鲜半岛、蒙古国及俄罗斯。生于林下、林缘。

【价值】具生态价值。

蒿属 *Artemisia*

茵陈蒿（东北茵陈草）*Artemisia capillaris* Thunb.

【形态特征】半灌木状草本，高 40~120cm，植株有浓烈的香气。茎红褐色或褐色。中部叶宽卵形、近圆形，长 2~3cm，宽 1.5~2.5cm，（一至）二回羽状全裂，小裂片狭线形或丝线形，通常细直，近无毛，基部裂片常半抱茎。头状花序卵球形，直径 1.5~2mm；总苞片背面淡黄色，有绿色中肋；雌花 6~10 朵，两性花 3~7 朵，花冠管状。花果期 7~10 月。

【分布与生境】分布于中国大部分地区，亚洲其他区域、俄罗斯。生于湿润沙地、路旁、山坡。

【价值】可入药。

▲ 茵陈蒿

▲ 猪毛蒿

蒿属 *Artemisia*

猪毛蒿 *Artemisia scoparia* Waldst. & Kit.

【形态特征】多年生草本，高 40~100cm，有浓烈的香气。主根狭纺锤形。茎红褐色，有纵纹。叶近圆形、长卵形，二至三回羽状全裂，具长柄，花期叶凋谢；茎上部叶与分枝上叶及苞片叶 3~5 全裂或不分裂。头状花序近球形，直径 1~1.5mm；在分枝上排成复总状花序，在茎上再组成大型、开展的圆锥花序；总苞片 3~4 层；雌花 5~7 朵。花果期 7~10 月。

【分布与生境】分布于中国各地，为欧亚大陆温带与亚热带广布种。生于山坡、旷野、路旁等。

【价值】可入药；可食用。

母菊属 *Matricaria*

同花母菊 *Matricaria matricarioides* (Less.) Porter ex Britton

【形态特征】一年生草本，高 5~30cm。叶矩圆形或倒披针形，长 2~3cm，宽 0.8~1cm，二回羽状全裂；无叶柄，基部稍抱茎，两面无毛，裂片多数。头状花序同型，直径 0.5~1cm，生于茎枝顶端；总苞片 3 层，矩圆形，白色透明膜质边缘，顶端钝；花托卵状圆锥形。小花管状，淡绿色。瘦果矩圆形，淡褐色。冠毛极短，冠状，有微齿，白色。花果期 7 月。

【分布与生境】分布于中国东北及内蒙古地区，亚洲北部和西部、欧洲、北美洲。生于路边、宅旁。

【价值】可入药。

▲ 同花母菊

▲ 齿叶蓍

蓍属 *Achillea*

齿叶蓍（单叶蓍）*Achillea acuminata* (Ledeb.) Sch. Bip.

【形态特征】多年生草本，高30~100cm。叶不分裂，披针形或条状披针形，长3~8cm，宽4~7mm，边缘具重锯齿，具极疏的腺点。头状花序较多数，排成疏伞房状；总苞半球形，被长柔毛；总苞片3层，覆瓦状排列，淡黄色或淡褐色。舌状花14朵；舌片白色；两性管状花，白色。瘦果倒披针形，有淡白色边肋。花果期7~8月。

【分布与生境】分布于中国东北、西北以及内蒙古地区，朝鲜半岛、日本、蒙古国。生于湿地、草甸、林缘。

【价值】具观赏价值。

蓍属 *Achillea*

短瓣蓍 *Achillea ptarmicoides* Maxim.

【形态特征】多年生草本，高70~100cm。叶无柄，条形至条状披针形，长6~8cm，宽5~7mm，深裂或近全裂；裂片条形，急尖，边缘有锯齿，两面密生黄色腺点。头状花序矩圆形，多数成伞房状；总苞钟状，淡黄绿色；边花6~8朵；舌片淡黄白色，极小，长0.8~1.5mm，宽1.1mm，超出总苞。管状花白色，具腺点。花果期7~9月。

【分布与生境】分布于中国东北至河北，朝鲜半岛、日本、蒙古国及俄罗斯。生于河谷草甸、山坡路旁、灌丛间。

【价值】可作饲料。

▲ 短瓣蓍

▲ 高山蓍

蓍属 *Achillea*

高山蓍 *Achillea alpina* L.

【形态特征】多年生草本，高 30~80cm。叶线状披针形，长 6~10cm，宽 7~15mm，篦齿羽状浅裂至深裂，基部裂片抱茎。头状花序集成伞房状；总苞片宽披针形或长椭圆形。边缘舌状花，舌片较大，白色，宽椭圆形，长 2~2.5mm，顶端 3 浅齿；管状花白色。瘦果宽倒披针形，边肋淡色。花果期 7~9 月。

【分布与生境】分布于中国北部以及朝鲜半岛、日本、蒙古国、俄罗斯。常见于山坡草地、灌丛间、林缘。

【价值】可入药。

三肋果属 *Tripleurospermum*

东北三肋果 *Tripleurospermum tetragonospermum* (F. Schmidt) Pobed.

【形态特征】一年生草本，高 40~50cm；叶倒披针状矩圆形，二至三回羽状全裂，长 5~15cm，宽 2~5cm。头状花序数个，单生于茎枝顶端，直径 2~2.5cm；总苞半球形；总苞片约 4 层，膜质；花托球状圆锥形，蜂窝状。舌状花舌片白色；管状花多数，花冠黄色，上半部突然膨大。瘦果矩圆状三棱形，淡褐色；冠状冠毛白色膜质。花果期 6~8 月。

【分布与生境】分布于中国东北地区，日本、俄罗斯远东地区。生于河边、路边。

【价值】具观赏价值。

▲ 东北三肋果

▲ 欧亚旋覆花

旋覆花属 ***Inula***

欧亚旋覆花（大花旋覆花） ***Inula britanica*** **L.**

【形态特征】多年生草本，高 20~70cm。茎被长柔毛。中部叶长椭圆形，长 5~11cm，宽 0.6~2.5cm，基部宽大，心形或有耳，半抱茎，下面被密伏柔毛和腺点。头状花序 1~5 个顶生，直径 2.5~5cm；总苞半球形，直径 1.5~2.2cm，草质，披针状，被长柔毛；舌状花舌片线形，黄色。管状花，冠毛白色，与管状花花冠约等长。花果期 7~10 月。

【分布与生境】分布于中国东北、华北、西北以及华南地区，东亚以及欧洲。生于草甸、农田、路边。

【价值】可入药。

旋覆花属 ***Inula***

旋覆花 ***Inula japonica*** **Thunb.**

【形态特征】多年生草本，高 30~70cm，被长伏毛。中部叶长圆形、长圆状披针形或披针形，长 4~13cm，宽 1.5~3.5cm，常有圆形半抱茎的小耳；上部叶渐狭小，线状披针形。头状花序径 3~4cm，顶生，排列成疏散的伞房花序；总苞半球形，总苞片线状披针形；舌状花黄色；冠毛白色。瘦果圆柱形，顶端截形，被疏短毛。花果期 6~11 月。

【分布与生境】分布于中国东北、华南地区，蒙古国、朝鲜半岛、俄罗斯、日本。生于山坡路旁、水湿地。

【价值】可入药。

▲ 旋覆花

▲ 石胡荽

石胡荽属 *Centipeda*

石胡荽 *Centipeda minima* (L.) A. Braun & Asch

【形态特征】一年生草本，高 5~20cm。茎多分枝，匍匐状。叶互生，楔状倒披针形，长 7~18mm，边缘有少数锯齿。头状花序小，扁球形，单生于叶腋；总苞半球形；总苞片椭圆状披针形，绿色；边缘花雌性，多层，花冠细管状，淡绿黄色；盘花两性，花冠管状，淡紫红色。瘦果椭圆形，无冠状冠毛。花果期 6~10 月。

【分布与生境】分布于中国东北、华北、华中、华东、华南、西南，亚洲其他地区、大洋洲。生于路旁、阴湿地。

【价值】可入药。

秋英属 *Cosmos*

黄秋英（硫黄菊）*Cosmos sulphureus* Cav.

【形态特征】一年生或多年生草本。叶对生，二至三回羽状深裂，裂片较宽，披针形至椭圆形。头状花序单生，具长花序梗；舌状花金黄色或橘黄色。瘦果棕褐色，坚硬，粗糙有毛，长 18~25mm。花期 7~8 月。

【分布与生境】中国各地广泛栽培，有逸生，原产墨西哥和巴西。生于山坡。

【价值】具观赏价值。

▲ 黄秋英

▲ 秋英

秋英属 *Cosmos*

秋英（波斯菊）*Cosmos bipinnata* Cav.

【形态特征】一年生或多年生草本。叶对生，二回羽状深裂。头状花序单生，径 3~6cm；花序梗长 6~18cm；总苞片外层披针形或线状披针形，近革质，淡绿色，具深紫色条纹；舌状花紫红色、粉红色或白色；舌片椭圆状倒卵形，有 3~5 钝齿；管状花黄色。瘦果黑紫色，无毛，上端具长喙，有 2~3 尖刺。花果期 6~10 月。

【分布与生境】中国各地广泛栽培，有逸生，原产墨西哥。生于路边、田埂或溪岸。

【价值】具观赏价值。

鬼针草属 *Bidens*

大狼耙草 *Bidens frondosa* L.

【形态特征】一年生草本。茎高 20~120cm，常带紫色。叶对生，一回羽状复叶，小叶 3~5 枚，披针形，长 3~10cm，先端渐尖，边缘有粗锯齿。头状花序单生茎端和枝端。总苞钟状，外层苞片 5~10 枚，披针形，内层苞片长圆形，长 5~9mm，膜质，具淡黄色边缘，筒状花两性，冠檐 5 裂；瘦果扁平，狭楔形，顶端芒刺 2 枚，长约 2.5mm，有倒刺毛。

【分布与生境】分布于中国东北、河北、江苏、浙江等地，原产北美。生于田野湿润处。

【价值】全草入药。

▲ 大狼耙草

▲ 狼耙草

鬼针草属 *Bidens*

狼耙草 *Bidens tripartita* L.

【形态特征】一年生草本，高 20~120cm。一回羽状复叶，小叶 3~5 枚，长 3~10cm，宽 1~3cm。头状花序径 12~25mm，高约 12mm，具较长的花序梗；外层总苞片 5~10 枚，无舌状花，筒状花两性，长约 3mm。瘦果扁楔形或倒卵状楔形，长 5~10mm，顶端芒刺通常 2 枚，极少 3~4 枚，两侧有倒刺毛。花果期 7~9 月。

【分布与生境】分布于中国北部，蒙古国、俄罗斯、日本及北美洲。生于田野湿润处。

【价值】全草入药。

鬼针草属 *Bidens*

柳叶鬼针草 *Bidens cernua* L.

【形态特征】一年生草本，高 15~90cm。茎麦秆色或带紫色。叶对生无柄，长约 15cm，宽 1~1.5cm，基部半抱茎，边缘疏具细尖齿。头状花序单生，花期下垂。总苞片 2 层。边花舌状雌性，长约 1.5cm，先端锐尖或有 2~3 个小齿；中央花两性，筒状，顶端 5 齿裂。瘦果具 4 棱，顶端芒刺 4 枚，有倒刺毛。花果期 6~10 月。

【分布与生境】分布于中国北部、西南，蒙古国、俄罗斯远东地区、日本、欧洲及北美洲。生于水边，湿润地。

【价值】具生态和观赏价值。

▲ 柳叶鬼针草

▲ 小花鬼针草

鬼针草属 *Bidens*

小花鬼针草 *Bidens parviflora* Willd.

【形态特征】一年生草本，高 20~70cm。叶对生，叶片长 6~10cm，二至三回羽状分裂，终裂片宽约 2~4mm。头状花序直径 3~5mm，具长花序枝。外层总苞片短小，绿色；内层较长，黄褐色，具狭而透明的边缘。小花 6~12 朵，花冠筒状，冠檐 4 齿裂。瘦果条形，长 13~16mm，略具 4 棱，顶端芒刺 2 枚，有倒刺毛。花果期 7~10 月。

【分布与生境】分布于中国东北、华北、西南，蒙古国、俄罗斯、日本。生于荒野。

【价值】全草入药。

鬼针草属 *Bidens*

羽叶鬼针草 *Bidens maximowicziana* Oett.

【形态特征】一年生草本，高 30~90cm。基生叶花期枯萎；茎生叶具柄，叶片长 5~11cm，羽状分裂。头状花序直径约 1.5cm。总苞片 2 层，外层条形，长约 15mm，叶质，有毛；内层膜质，长约 7mm。无舌状花；盘花两性，花冠管长 2.5mm，先端 4 齿裂。瘦果长 3~5mm，边缘浅波状，顶端芒刺 2 枚，有倒刺毛。花果期 7~10 月。

【分布与生境】分布于中国东北地区，蒙古国、俄罗斯、日本。生于水湿地。

【价值】具生态价值。

▲ 羽叶鬼针草

▲ 豚草

▲ 苍耳

豚草属 *Ambrosia*

豚草 *Ambrosia artemisiifolia* L.

【形态特征】一年生草本，高 20~150cm；茎直立，上部有圆锥状分枝，有棱，被毛。下部叶对生，具短叶柄，二次羽状分裂，裂片狭小；上部叶互生，无柄，羽状分裂。雄头状花序半球形，下垂，在枝端密集成总状花序。总苞半球形。每个头状花序有 10~15 个不育的小花；花冠淡黄色。瘦果倒卵形，藏于坚硬的总苞中。花果期 8~10 月。

【分布与生境】原产北美。在中国各省成为路旁常见入侵杂草。

【价值】暂无价值。

苍耳属 *Xanthium*

苍耳（老苍子）*Xanthium strumarium* L.

【形态特征】一年生草本，高达 1m。茎具棱，带紫色斑点。叶片长 4~9cm，宽 5~9cm，下面苍白色，被糙伏毛，基出 3 脉。雄性花序球形，长 9~12mm，宽 4~7mm，花冠钟形，黄绿色；雌性的头状花序在雄花序下部，稍大，淡黄绿色或有时带红褐色，外面有疏生具钩状刺，基部稍膨大。瘦果 2，倒卵形，长 7~10mm，宽 3~5mm。花果期 7~10 月。

【分布与生境】分布于中国各地区，亚洲东部和南部、欧洲、北美洲广布。生于田野。

【价值】可入药。

▲ 北美苍耳

苍耳属 *Xanthium*

北美苍耳 ***Xanthium chinense*** **Mille**

【形态特征】一年生草本。茎直立，具毛，多分枝。叶互生，有柄，三角状卵形，长 5~14cm；总苞宽半球形，总苞片 1~2 层，分离，椭圆状披针形，革质，总苞长 14~20mm，具粗壮倒钩刺。

【分布与生境】现中国北方诸省有逸生，原产美洲。生于村边、路旁、农田地边。

【价值】暂无价值。

苍耳属 *Xanthium*

意大利苍耳 ***Xanthium strumarium*** **subsp.** ***italicum*** **(Moretti)D.Löve**

【形态特征】一年生草本，根深入地下达 1.3m，高可达 2m，子叶狭长，茎基部木质化，有棱，常多分枝，单叶互生，叶片三角状卵形至宽卵形，边缘具不规则的齿或裂，两面被短硬毛；头状花序单性同株；雄花序生于雌花序的上方；雌花序具花；总苞结果时长圆形，外面长倒钩刺，刺上被白色透明的刚毛和短腺毛。花果期 7~9 月。

【分布与生境】中国北方偶见，原产地为北美和南欧、乌克兰。生于田野。

【价值】暂无价值。

▲ 意大利苍耳

▲ 菊芋

向日葵属 *Helianthus*

菊芋 *Helianthus tuberosus* L.

【形态特征】多年生草本，高 20~60cm，有块状的地下茎及纤维状根。叶通常对生，有叶柄，上部叶互生；下部叶卵圆形或卵状椭圆形，长 10~16cm，宽 3~6cm，边缘有粗锯齿，有离基三出脉。头状花序较大，有 1~2 个线状披针形的苞叶，总苞片多层，披针形；舌状花 12~20，黄色，长椭圆形；管状花花冠黄色，瘦果小，楔形。花期 8~9 月。

【分布与生境】广泛逸生中国各地，朝鲜半岛、日本、俄罗斯。

【价值】可食用；可作饲料。

牛膝菊属 *Galinsoga*

粗毛牛膝菊 *Galinsoga quadriradiata* Ruiz & Pavon

【形态特征】一年生草本，高 8~60cm。茎枝密被开展长柔毛。叶对生，卵形或长椭圆状卵形，长 2.5~5.5cm，宽 1.2~3.5cm，基出三脉或不明显五出脉，在叶下面稍突起；叶边缘有粗锯齿或犬齿。头状花序半球形，有长花梗；总苞半球形至钟形；总苞片早落；舌状花常白色，有时粉色；盘花 15~35 朵。花期 7~10 月。

【分布与生境】分布于中国东北、西北、西南，南美洲。生于林下、河谷、田间、路旁。

【价值】可入药。

▲ 粗毛牛膝菊

▲ 牛膝菊

牛膝菊属 *Galinsoga*

牛膝菊 *Galinsoga parviflora* Cav.

【形态特征】一年生草本，高 10~80cm。叶对生，卵形或长椭圆状卵形，长 2.5~5.5cm，宽 1.2~3.5cm。基出三脉，边缘具锯齿。头状花序半球形，直径约 3cm，在顶端排成伞房花序；总苞半球形或宽钟状，卵形或卵圆形，白色，膜质。舌状花白色，顶端 3 齿裂，管状花黄色。瘦果黑色。冠毛白色。花果期 7~10 月。

【分布与生境】分布于中国东北、西北、西南，原产南美洲。生于山谷、路边、田间或溪边。

【价值】全草入药。

豨莶属 *Sigesbeckia*

腺梗豨莶 *Sigesbeckia pubescens* Makino

【形态特征】一年生草本，高 60~80cm，被开展的灰白色长柔毛和糙毛。叶对生，卵形至卵状披针形，长 3.5~12cm，宽 4~10cm，边缘具粗齿；叶上面深绿色，下面淡绿色，基出三脉。头状花序直径 15~18mm，多数生于枝端，排列成松散的圆锥花序；花梗较长；总苞宽钟状，叶质，背面密生紫褐色头状具柄腺毛；舌状花冠，花冠黄色。花果期 5~9 月。

【分布与生境】分布于中国大部分地区，东亚地区。生于山地、草地、水湿地、田间。

【价值】全草入药。

▲ 腺梗豨莶

▲ 林泽兰

泽兰属 *Eupatorium*

林泽兰 ***Eupatorium lindleyanum* DC.**

【形态特征】多年生草本，高 30~150cm。全部茎枝被稠密的白色柔毛。中部茎叶呈长椭圆状披针形或线状披针形，长 3~12cm，宽 0.5~3cm，不分裂或三全裂，三出基脉，两面粗糙，被白色粗毛及黄色腺点。头状花序小，排成紧密的伞房花序；花序枝及花梗被白色短柔毛。总苞钟状；苞片绿色或紫红色。花白色或淡紫红色。花果期 7~9 月。

【分布与生境】分布于中国各地，俄罗斯、朝鲜半岛、日本。生于山谷阴处，水湿地、草原。

【价值】枝叶入药。

科 94　五福花科 Adoxaceae

荚蒾属 *Viburnum*

鸡树条 ***Viburnum opulus* subsp. *calvescens* (Rehder) Sugim.**

【形态特征】灌木。小枝褐色，光滑无毛。叶对生，阔卵形至卵圆形，先端 3 中裂，基部圆形或截形，先端渐尖或突尖，有掌状三出脉；托叶小钻形。复伞形花序，杯状，5 裂，雄蕊 5，花药紫色，较长，超出花冠。核果球形，鲜红色，有臭味；核扁圆形。花期 6~7 月，果熟期 8~9 月。

【分布与生境】分布于中国东北、河北、西北地区，日本、朝鲜半岛、俄罗斯。生于林缘、灌丛。

【价值】种子可榨油；具药用和观赏价值。

▲ 鸡树条

▲ 修枝荚蒾

荚蒾属 *Viburnum*

修枝荚蒾 *Viburnum burejaeticum* Regel & Herder

【形态特征】灌木，高达 5m；树皮暗灰色，幼枝有星状毛；冬芽裸露，暗褐色，长圆形；叶纸质对生，圆卵形，长 3~10cm，边缘有齿；叶柄有粗短星状毛。聚伞花序；花冠钟形，花瓣裂片 5，花白色；雄蕊 5；核果椭圆形，核两侧有纵沟。花期 5~6 月，果熟期 8~9 月。

【分布与生境】分布于中国东北，俄罗斯、朝鲜半岛。生于针阔混交林下。

【价值】种子可榨油；具观赏价值。

接骨木属 *Sambucus*

接骨木 *Sambucus williamsii* Hance

【形态特征】灌木或小乔木，高 5~6m。老枝淡红褐色，具明显的长椭圆形皮孔。羽状复叶对生，椭圆形，长 5~15cm。聚伞状圆锥花序顶生，成直角开展，花白色或淡黄色。果实红色，极少蓝紫黑色，卵圆形，直径 3~5mm。花果期 5~8 月。

【分布与生境】分布于中国大部分地区。生于荒野。

【价值】种子油用；具药用和观赏价值。

▲ 接骨木

▲ 西伯利亚接骨木

接骨木属 *Sambucus*

西伯利亚接骨木 *Sambucus sibirica* Nakai

【形态特征】灌木，高 2~4m。芽卵形，树皮紫褐色，纵条裂，具椭圆形皮孔。奇数羽状复叶对生，叶柄有黄色长硬毛，小叶片披针形，长 5~14cm。圆锥聚伞花序顶生，总花梗被乳头状突起；花冠淡绿色或淡黄色，裂片矩圆形。核果鲜红色。花果期 5~8 月。

【分布与生境】分布于中国东北三省、新疆，俄罗斯西伯利亚和阿尔泰地区。生于河流附近，林缘。

【价值】具观赏和药用价值；嫩叶可食。

五福花属 *Adoxa*

五福花 *Adoxa moschatellina* L.

【形态特征】多年生草本，高达 15cm。根茎横生；茎单一，有长匍匐枝。基生叶 1~3 枚；小叶片宽卵形或圆形，长 1~3cm，3 裂；叶柄长 4~9cm；茎生叶 2 枚，对生，3 深裂，裂片再 3 裂。5~9 朵花组成聚伞形紧密头状花序，花黄绿色。花果期 4~8 月。

【分布与生境】分布于中国东北、华北、西北和西南，亚洲、非洲、欧洲和北美洲。生于林下、林缘和草地。

【价值】全草入药；嫩茎叶可食或饲用。

▲ 五福花

▲ 金花忍冬

科 95　忍冬科 Caprifoliaceae

忍冬属 *Lonicera*

金花忍冬 *Lonicera chrysantha* Turcz.

【形态特征】灌木，高达 4m。叶菱状卵形至卵状披针形，长 4~12cm，两面脉被糙伏毛；叶柄长 4~7mm。苞片线形；花冠二唇形，白至黄色，长 0.8~2cm，外面疏生糙毛；花冠筒基部隆起。浆果近球形，红色，径 7mm。花果期 6~9 月。

【分布与生境】分布于中国北部，朝鲜半岛、俄罗斯、日本。生于疏林内、林缘。

【价值】具观赏价值。

忍冬属 *Lonicera*

金银忍冬 *Lonicera maackii* (Rupr.) Maxim.

【形态特征】灌木，高可达 6m。叶卵状椭圆形至卵状披针形，长 5~8cm，叶柄有腺毛。花总梗较叶柄短，苞片线形；相邻的两花之萼筒分离，长为子房的 1/2，花冠二唇形，初白色，后变黄色。浆果径 5~6mm。花期 5~6 月，果熟期 9 月。

【分布与生境】分布于中国北部，朝鲜半岛、俄罗斯。生于林中较湿润之地。

【价值】可供庭园观赏；幼叶及花可作茶的代用品；花可入药。

▲ 金银忍冬

忍冬属 *Lonicera*

蓝果忍冬 *Lonicera caerulea* L.

【形态特征】灌木，高 1~1.5m。幼枝被柔毛，红褐色。叶矩圆形或卵状椭圆形，长 2~10cm；叶柄短，有长毛。花生于叶腋；相邻的 2 花筒 1/2 至全部合生，萼齿小；花冠黄白色，常带粉红色或紫色，花筒基部膨大成囊状，裂片 5；雄蕊 5。浆果椭圆形或长圆形，长 8~15mm，蓝紫色，有白粉。花期 5~6 月，果熟期 8~9 月。

【分布与生境】分布于中国东北、华北，朝鲜半岛、俄罗斯、日本。常生于高山、疏林、湿地。

【价值】绿化；果食用。

▲ 蓝果忍冬

忍冬属 *Lonicera*

早花忍冬 *Lonicera praeflorens* Batalin

【形态特征】灌木，高 1~2m。叶广卵圆形至椭圆形，长 3~7.5cm；叶柄短，有密毛和小腺点。花先叶开放，成对生于叶腋的花总梗上；苞片卵形至披针形；萼片卵形；花柱、雄蕊较花冠稍长，花药紫色。浆果带红色。花期 4~5 月，果熟期 5~6 月。

【分布与生境】分布于中国东北东部，朝鲜半岛、俄罗斯、日本。常生于山中上部疏林下。

【价值】具观赏价值。

▲ 早花忍冬

忍冬属 *Lonicera*

长白忍冬 *Lonicera ruprechtiana* Regel

【形态特征】灌木，高约 3m。叶纸质，矩圆状倒卵形、卵状矩圆形至矩圆状披针形，长 3~10cm。总花梗长 6~12mm；苞片条形；小苞片分离，圆卵形至卵状披针形，长为萼筒的 1/4~1/3；萼齿卵状三角形至三角状披针形；花冠白色；雄蕊短于花冠，花药长约 3mm。果实橘红色，直径 5~7mm；种子椭圆形，棕色，长约 3mm，有细凹点。花期 5~6 月，果熟期 7~8 月。

【分布与生境】分布于中国东北东部，朝鲜半岛、俄罗斯。生于疏林、林缘。

【价值】绿化树种。

▲ 长白忍冬

忍冬属 *Lonicera*

紫花忍冬 *Lonicera maximowiczii* (Rupr.) Regel

【形态特征】灌木，高 2~3m。叶纸质，卵形至卵状矩圆形或卵状披针形，长 4~12cm；花总梗斜展，具 2 花；苞片钻形，长为子房的 1/3；萼齿三角形；花冠紫红色；雄蕊、花柱与花冠等长或稍长，相邻 2 花的子房合生。浆果中部以下合生，卵形，红色。花期 5~6 月，果熟期 8 月。

【分布与生境】分布于中国黑龙江、吉林东部、陕西、甘肃等地，朝鲜半岛、俄罗斯。生于林中或林缘。

【价值】具观赏价值。

▲ 紫花忍冬

北极花属 *Linnaea*

北极花 *Linnaea borealis* L.

【形态特征】常绿匍匐小灌木，高 5~10cm。叶广倒卵形至近圆形；叶柄长 3~4mm。花芳香，成对着生于小枝顶端；花梗中间有一对小苞片，花基部具 4 个小苞片成总苞状；花萼 5 深裂；花冠钟形，粉红色或粉白色；雄蕊 4。瘦果卵形，黄色。花期 6 月，果熟期 8 月。

【分布与生境】分布于中国东北、内蒙古、新疆等地，环北极圈地区。生于寒温带针叶林下苔藓层中。

【价值】生态研究，可作为暗针叶林的指示植物。

▲ 北极花

败酱属 *Patrinia*

败酱 *Patrinia scabiosifolia* Fisch. ex Trevir.

【形态特征】多年生草本，高 0.5~1m。基生叶在花期枯萎，卵形或椭圆形，长 1.8~10.5cm；茎生叶对生，羽状分裂，长 4~15cm。聚伞圆锥花序在顶端常 5~9 序集成疏大伞房状；总花梗及花序分枝常只一侧被粗白毛；苞片小；花冠黄，钟状，冠筒短；雄蕊 4。瘦果长圆形，3~4mm。花期 7~8 月，果期 9 月。

【分布与生境】分布于中国大部分地区（除西北），日本、朝鲜半岛、蒙古国、俄罗斯。生于山坡林下、林缘和灌丛。

【价值】根茎或全草入药。

▲ 败酱

▲ 异叶败酱

败酱属 *Patrinia*

异叶败酱（墓头回）*Patrinia heterophylla* Bunge

【形态特征】多年生草本，高 30~80cm。基生叶丛生，长 3~8cm，具长柄，裂片卵形至线状披针形；茎生叶对生，羽状全裂，裂片卵形或宽卵形，长 7~9cm。花黄色，组成顶生伞房状聚伞花序；总花梗下苞叶常具 1 或 2 对线形裂片；萼齿 5；花冠钟形，冠筒基部一侧具浅囊肿。瘦果长圆形或倒卵形。花期 7~9 月，果期 8~10 月。

【分布与生境】分布于中国北部和华东。生于干山坡、山地岩缝中。

【价值】根入药。

败酱属 *Patrinia*

岩败酱 *Patrinia rupestris* (Pall.) Juss.

【形态特征】多年生草本，高 30~60cm。茎多数丛生。基生叶倒卵长圆形，长 2~7cm，羽状分裂或不分裂，有缺刻状钝齿；茎生叶对生，长圆形或椭圆形，长 3~7cm，羽状深裂至全裂。花密生，顶生伞房状聚伞花序；萼齿 5；花冠黄色，漏斗状钟形；柱头盾头状。瘦果倒卵圆柱状。花期 7~9 月，果熟期 8 ~10 月。

【分布与生境】分布于中国北部，俄罗斯。生于石质山坡岩缝、疏林下、森林草原。

【价值】根入药；具水土保持价值。

▲ 岩败酱

缬草属 *Valeriana*

黑水缬草 *Valeriana amurensis* P. A. Smirn. ex Kom.

【形态特征】多年生草本，高 50~110cm。茎有棱，径 6~12mm，密被长白毛。茎生叶对生，羽状全裂，长 9~12cm。多歧聚伞花序顶生，花梗被具柄的腺毛和粗毛；小苞片草质，边缘膜质，具腺毛；花冠粉红色，漏斗状。瘦果狭三角卵形，长约 3mm，被粗毛。花期 6~7 月，果期 7~8 月。

【分布与生境】分布于中国东北，朝鲜半岛、俄罗斯。生于湿地、林下。

【价值】根茎及根入药。

▲ 黑水缬草

缬草属 *Valeriana*

缬草 *Valeriana officinalis* L.

【形态特征】多年生草本，高 1~1.5m。茎有纵棱。茎生叶羽状深裂，裂片或有疏锯齿。花序顶生，成伞房状三出聚伞圆锥花序；小苞片中央纸质，两侧膜质，先端芒状突尖，边缘多少有粗缘毛。花冠淡紫红色或白色，花冠裂片椭圆形，长 4~6mm。瘦果长卵形。花期 5~7 月，果期 6~10 月。

【分布与生境】分布于中国东北、西南，俄罗斯远东地区、朝鲜半岛、欧洲、亚洲西部。生于山坡草地、林下、灌丛。

【价值】根及根茎药用。

▲ 缬草

蓝盆花属 *Scabiosa*

窄叶蓝盆花 *Scabiosa comosa* Fisch. ex Roem. & Schult.

【形态特征】多年生草本，高 40~90cm。根粗壮，木质化。基生叶簇生，卵状披针形或狭卵形，长 6~10cm；茎生叶对生，羽状深裂至全裂，长 8~15cm。总花梗长 15~30cm；头状花序扁球形，径 2.5~4cm；花萼 5 裂，刚毛状，基部三角形；花冠蓝紫色，边缘花二唇形，裂片 5，中央花筒状；雄蕊 4，外伸。瘦果椭圆形。花果期 6~9 月。

【分布与生境】分布于中国东北、华北，朝鲜半岛、俄罗斯。生于山坡、林缘、草地、灌丛。

【价值】花入药。

▲ 窄叶蓝盆花

科 96　五加科 Araliaceae

人参属 *Panax*

人参 *Panax ginseng* C. A. Mey.

【形态特征】多年生草本，高达 60cm。根茎短，主根纺锤形。掌状复叶 3~6 片轮生茎顶，叶柄长 3~8cm；小叶 3~5，叶片椭圆形至长椭圆形，具细密锯齿，中央一片最大。伞形花序单个顶生，具 30~50 花；花淡黄绿色，萼具 5 小齿，花瓣 5；花柱 2。浆果扁球形，红色，径 6~7mm；种子肾形，乳白色。

【分布与生境】分布于中国东北地区，朝鲜半岛、日本。生于林下。

【价值】根药用；可供观赏。

*** 国家二级重点保护野生植物。**

▲ 人参

五加属 *Eleutherococcus*

无梗五加 *Eleutherococcus sessiliflorus* (Rupr. & Maxim.) S. Y. Hu

【形态特征】落叶灌木或乔木，高 2~5m。树皮暗灰色，有纵裂纹；枝灰色，无刺或散生粗壮平直的刺。掌状复叶，互生，小叶 3~5 枚倒卵形，长 8~18cm。头状花序 5~6 组成圆锥状；花序梗密被柔毛；萼筒密被白色绒毛，具 5 小齿；花瓣 5，卵形，紫色雄蕊 5；花柱合成柱状。果实为倒卵球形，长 1~1.5cm，黑色。花果期 8~10 月。

【分布与生境】分布于中国东北、河北、山西等地，朝鲜半岛。生于林缘、灌丛。

【价值】具食药用价值。

▲ 无梗五加

▲ 刺五加

五加属 *Eleutherococcus*

刺五加 ***Eleutherococcus senticosus*** **(Rupr. & Maxim.) Maxim.**

【形态特征】灌木，高 1~6m。分枝多，通常密生刺。掌状复叶互生，具 3~5 枚小叶，长 5~13cm；叶片椭圆状倒卵形或长圆形，边缘有锐利重锯齿；叶柄有棕色短柔毛，长 3~12cm。伞形花序单生或 2~6 个组成圆锥花序；花紫黄色。浆果卵状球形，长约 8mm，紫黑色。花果期 6~9 月。

【分布与生境】分布于中国东北、河北、山西等地，朝鲜半岛、日本、俄罗斯。生于林下、林缘。

【价值】具药用价值。

▲ 刺五加

▲ 辽东楤木

楤木属 *Aralia*

辽东楤木 *Aralia elata* var. *glabrescens* (Franch. & Sav.)Pojark.

【形态特征】落叶灌木或小乔木。树皮灰色，小枝淡黄色，疏生细刺。叶为二至三回羽状复叶，叶轴和羽片轴通常有刺；羽片有小叶 7~13 枚。花序呈伞形顶生，每个圆锥花序上着生 3~15 个伞形花序；萼杯状，顶端 5 萼齿；花瓣 5，淡黄色，卵状三角形；雄蕊 5；花柱 5。果实球形，黑色。花果期 7~10 月。

【分布与生境】分布于中国东北地区，日本、朝鲜半岛、俄罗斯。生于林下、林缘。

【价值】具食、药用价值；蜜源植物。

▲ 辽东楤木

科 97　伞形科 Apiaceae

柴胡属 *Bupleurum*

大叶柴胡 *Bupleurum longiradiatum* Turcz.

【形态特征】多年生草本，高 50~150cm。基生叶广卵形至广披针形；茎中部叶椭圆形或匙状椭圆形，长 10~18cm，宽 2.5~4.5cm，基部心形或具叶耳，抱茎；茎上部叶较小。复伞形花序顶生或腋生，多分枝；总苞片 3~5 枚，不等长 1~4mm；小伞梗 5~6，果期伸长为 8~15mm；花柱基鲜黄色。双悬果长 4~7mm，宽 2~2.5mm。花果期 7~9 月。

【分布与生境】分布于中国东北、华北、华中地区，蒙古国、俄罗斯、日本。生于林下、林缘、山坡草地及草甸子。

【价值】根入药。

▲ 大叶柴胡

柴胡属 *Bupleurum*

红柴胡 *Bupleurum scorzonerifolium* Willd.

【形态特征】多年生草本，高 30~80cm。茎基部具多数棕色枯叶纤维，上部分枝，稍呈之字形弯曲。基生叶及下部茎生叶有长柄，长 7~15cm，宽 3~6cm；中部以上的茎生叶无柄，线状披针形或条形，具 3~7 条脉。复伞形花序多数；小总苞片 5；花梗 6~15；花黄色。双悬果长圆状椭圆形至椭圆形，果棱粗而钝。花果期 8~10 月。

【分布与生境】分布于中国北部、华东，蒙古国、俄罗斯、日本。生于砂质草原、干山坡。

【价值】根药用。

▲ 红柴胡

独活属 *Heracleum*

短毛独活 *Heracleum moellendorffii* Hance

【形态特征】多年生草本，高 1~2m。根圆锥形，灰棕色。茎圆筒形，中空，表面被纵棱及细沟。叶柄长 10~30cm；叶片轮廓广卵形，薄膜质，三出式分裂，长 10~20cm。复伞形花序顶生和侧生，花序梗长 4~15cm；总苞片少数，线状披针形；小伞形花序具 10~20 花，花瓣白色，二型。双悬果广椭圆形至近圆形。花果期 7~10 月。

【分布与生境】分布于中国东北、华北地区，朝鲜半岛、日本。生于林缘、草甸。

【价值】根药用；幼苗食用。

▲ 短毛独活

▲ 兴安独活

独活属 *Heracleum*

兴安独活 ***Heracleum dissectum*** **Ledeb.**

【形态特征】多年生草本，高 0.5~1.5m。根纺锤形，褐黄色。茎中空，表面具棱槽，被粗毛。叶有柄，被粗毛，基部肥大呈鞘状抱茎，叶二出羽裂，小叶 3~5，卵状长圆形，羽状深裂及缺刻，上面疏被细伏毛，下面密被灰白色毛。复伞形花序，梗长 10~17cm；花瓣白色，二型。双悬果倒卵状圆形或广椭圆形。花果期 7~9 月。

【分布与生境】分布于中国黑龙江、吉林、新疆，朝鲜半岛、蒙古国、俄罗斯。生于林下、林缘、草甸。

【价值】根药用；嫩苗可食用。

当归属 *Angelica*

白芷 ***Angelica dahurica*** **(Fisch. ex Hoffm.) Benth. & Hook. f. ex Franch. & Sav.**

【形态特征】多年生草本，高 1~2.5m。茎径 3~7cm，有特殊药材气。基生叶一回羽状分裂，有长柄；茎生叶卵形至三角形，长 15~30cm，2~3 回羽裂，叶柄基部膨大成鞘状；花序下方的叶简化成 1 膨大的苞鞘。复伞形花序，具小总苞片 10 余枚，花序下第一节间被短毛；花瓣白色，倒卵形。双悬果长 5~7mm、宽 5~6mm。花果期 7~9 月。

【分布与生境】分布于中国东北、华北地区，蒙古国、俄罗斯、日本。生于荒野。

【价值】根入药。

▲ 白芷

当归属 *Angelica*
柳叶芹 *Angelica czernaevia* (Fisch. & C. A. Mey.) Kitag.

【形态特征】一年生草本，高 90~120cm。茎表面具细微棱槽。叶片通常二回羽状全裂，终裂片长 1.5~5cm、宽 5~15mm，叶柄逐渐成狭鞘状抱茎。复伞形花序，径 3~10cm；伞梗 10~35，不等长，内侧被糙毛；花瓣白色，边花外侧花瓣显著大，具内卷小舌片；花柱基垫状。双悬果近圆形或广椭圆形，长 3~4mm，背部稍扁。花果期 7~9 月。

【分布与生境】分布于中国东北、华北，俄罗斯、朝鲜。生于林下、林缘、林区草甸子。

【价值】幼苗可食。

▲ 柳叶芹

当归属 *Angelica*
黑水当归 *Angelica amurensis* Schischk.

【形态特征】多年生草本，高 1~2m。茎中空，常带紫色。下部叶二至三回羽状全裂，终裂片卵形，长 3~10cm；茎生叶宽三角状卵形，最上面的叶简化成膨大的鞘。复伞形花序，无总苞片，小伞形花序径约 1.5cm；小总苞片 5~7，披针形，膜质，被长柔毛；花白色，萼齿不明显；花瓣阔卵形。果实长卵形至卵形，长 5~7mm。花果期 7~9 月。

【分布与生境】分布于中国东北、内蒙古等地，朝鲜半岛、俄罗斯、日本。生于山坡草地、林缘、湿草甸子。

【价值】嫩茎叶可食。

▲ 黑水当归

山芹属 *Ostericum*

大全叶山芹 *Ostericum maximowiczii* var. *australe* (Kom.) Kitag.

【形态特征】多年生草本，高 90~130cm。基生叶及茎下部叶，长 10~16cm、宽 7~10cm，2~3 回羽状分裂，终裂片宽 5~9mm；茎上部叶阔披针形至卵状披针形，基部膨大成长圆形的鞘，抱茎。复伞形花序径 5~9cm；花瓣顶端内折，花柱基短圆锥状。双悬果扁平，长 4~5.5mm、宽 3~4mm。花果期 8~10 月。

【分布与生境】分布于中国黑龙江、吉林，朝鲜半岛。生于湿草甸子、林缘或混交林下。

【价值】茎叶作饲料。

▲ 大全叶山芹

山芹属 *Ostericum*

绿花山芹 *Ostericum viridiflorum* (Turcz.) Kitag

【形态特征】二年生或多年生草本，高 50~100cm。茎基部通常呈紫红色。叶二回羽状全裂，近三角形，长 10~15cm，下叶及中部叶有长柄。花序分枝，呈疏大的聚伞状；复伞形花序中央者大、短，两侧者小、长；小伞形花序径约 1cm，具 10~20 余花；花瓣淡绿色或白色，花柱基短圆锥状。双悬果椭圆形，长 5~6mm、宽 3.5~4mm。花果期 7~9 月。

【分布与生境】分布于中国东北地区，俄罗斯。生于林缘、路旁、草地。

【价值】幼苗可食。

▲ 绿花山芹

▲ 全叶山芹

山芹属 ***Ostericum***

全叶山芹（全叶独活）***Ostericum maximowiczii* (F. Schmidt ex Maxim.) Kitag.**

【形态特征】多年生草本，高 70~100cm。茎圆形，具纵棱。叶柄基部抱基，叶二至三回羽状全裂；茎上部叶渐小，三角状卵形，长 7~16cm。复伞形花序径 5~9cm；小伞形花序具 10~20 余花，小总苞片 5~9，线状丝形，不等长；花瓣白色，广椭圆状倒心形；花柱基短锥状。双悬果长 4~5.5mm、宽 3~4mm。花果期 8~10 月。

【分布与生境】分布于中国黑龙江、吉林，俄罗斯、朝鲜半岛。生于高山至平地、路旁、草甸、林缘或混交林下。

【价值】茎叶可作饲料。

山芹属 ***Ostericum***

山芹 ***Ostericum sieboldii* (Miq.) Nakai**

【形态特征】多年生草本，高达 1m。茎有较深的钝棱。基生叶及上部叶均为二至三回三出羽状全裂，小叶长 3~12cm、宽 2~6cm；叶柄基部呈抱茎的叶鞘，上部叶柄短，完全成鞘状。复伞形花序；具短糙毛；萼齿卵状三角形；花瓣白色，长圆形；花柱基扁平。果实长圆形至卵形，成熟时金黄色，基部凹入。花期 8~9 月，果期 8~10 月。

【分布与生境】分布于中国东北、华北，朝鲜半岛、俄罗斯、日本。生于林缘、林下、草甸子。

【价值】根作“独活”入药；幼苗可作野菜。

▲ 山芹

防风属 *Saposhnikovia*

防风 *Saposhnikovia divaricata* (Turcz.) Schischk.

【形态特征】多年生草本，高 30~80cm。根圆柱形，淡黄棕色，根头有叶残基及明显环纹。茎单生，有细棱。基生叶丛生，卵形或长圆形，长 14~35cm，二至三回羽状分裂，终裂片长 1.5~3cm；茎生叶上部简化，有宽叶鞘。复伞形花序多数，径 4~6cm。小伞形花序 6~10 花；花瓣白色，子房被小瘤状突起。双悬果长 4~5mm、宽 2~2.5mm。花果期 8~10 月。

【分布与生境】分布于中国北部，蒙古国、俄罗斯。生于草原、多砾石山坡。

【价值】以根入药。

▲ 防风

毒芹属 *Cicuta*

毒芹 *Cicuta virosa* L.

【形态特征】多年生草本，高 50~150cm。根茎肥大垂直，节间相接，内部有横隔。基生叶及茎下部叶大型，叶柄圆而中空，基部呈狭鞘状；叶片二至三回羽状全裂，终裂片长 2~7cm。复伞形花序径 6~14cm，全体呈半球状；小伞形花序径约 1.5cm，呈圆球形；萼齿卵状三角形；花瓣白色，倒卵形或近圆形。近圆形双悬果有柄，长 2~2.4mm。花果期 7~9 月。

【分布与生境】分布于中国北部，蒙古国、俄罗斯远东地区、日本、欧洲。生于水湿地。

【价值】全草入药。

▲ 毒芹

羊角芹属 *Aegopodium*

东北羊角芹 *Aegopodium alpestre* Ledeb.

【形态特征】多年生草本，高 30~100cm。根状茎细长。茎圆柱形，具细条纹，中空。基生叶有柄，叶鞘膜质；叶阔三角形，长 3~9cm，常三出式二回羽状分裂。复伞形花序顶生或侧生，花序梗长 7~15cm；花瓣白色，倒卵形，有内折的小舌片；花柱基圆锥形向外反折。果实长圆形或长圆状卵形，主棱明显。花果期 6~8 月。

【分布与生境】分布于中国东北、新疆地区，俄罗斯、蒙古国、朝鲜半岛、日本。生于林下、山坡草地。

【价值】幼苗可食；具观赏价值。

▲ 东北羊角芹

峨参属 *Anthriscus*

峨参 *Anthriscus sylvestris* (L.) Hoffm.

【形态特征】多年生草本，高达1m。基生叶有长柄；叶卵形，长宽皆可达30cm，二至三回羽状分裂，一回羽片有长柄；背面脉上及边缘散生白毛；茎上部叶柄基部呈鞘状。复伞形花序径3~9cm；小伞形花序径1~1.5cm，具5~11花；花白色。果实长卵形至线状长圆形，长7~8mm、宽2~2.5mm。花果期5~8月。

【分布与生境】分布于中国北部，蒙古国、俄罗斯远东地区、日本、欧洲、北美洲。生于林下，山谷溪边。

【价值】根入药。

▲ 峨参

疆前胡属 *Peucedanum*

刺尖前胡 *Peucedanum elegans* Kom.

【形态特征】多年生草本，高50~80cm。根纺锤形。茎基部被有棕色纤维。基生叶卵状长圆形，有长柄，3回羽状全裂，终叶裂片长3~10mm，先端具白色刺尖；上部叶柄呈鞘状，抱茎。复伞形花序3~12，径4~7cm；小伞形花序径1~1.5cm；花瓣白色或淡紫红色；花柱基黄色。双悬果长约4mm、宽2.5~3mm，扁平如双凸镜状。花果期7~9月。

【分布与生境】分布于中国东北地区，朝鲜半岛、俄罗斯。生于流石坡地、山顶石砬子间。

【价值】根入药；具生态价值。

▲ 刺尖前胡

石防风属 *Kitagawia*

石防风 *Kitagawia terebinthacea* (Fisch. ex Trevir.) Pimenov

【形态特征】多年生草本，高 30~120cm。根长圆锥形，表皮灰褐色。茎圆柱形，具纵条纹。基生叶椭圆形至三角状卵形，长 8~16cm，2 回羽状全裂，第二回小叶通常无柄；茎生叶渐小，仅有宽阔叶鞘抱茎，边缘膜质。复伞形花序径 3~10cm，小伞形花序径约 1cm；花瓣白色，顶端舌状小片微内卷。双悬果扁广椭圆形长 3.5~4mm。花果期 8~10 月。

【分布与生境】分布于中国东北、华北地区，俄罗斯、朝鲜半岛、日本。生于干山坡，林下及林缘。

【价值】根入药；水土保持。

▲ 石防风

岩风属 *Libanotis*

香芹 *Libanotis seseloides* (Fisch. & C. A. Mey. ex Turcz.) Turcz.

【形态特征】多年生草本，高 60~120cm。根茎被有棕色纤维。基生叶有长柄，椭圆形或宽椭圆形，长 5~18cm，叶 3 回羽状全裂，终裂片长 5~15mm；第一次羽片的最下部一对第二次羽片紧靠叶轴着生。茎生叶柄渐短，基部渐成狭鞘状抱茎。复伞形花序径 2~7cm；花瓣白色，顶端具微内卷的小舌片。双悬果卵形，长 2.5~3mm、宽约 1.5mm。花果期 7~10 月。

【分布与生境】分布于中国东北地区，俄罗斯、朝鲜半岛。生于林缘、开阔的山坡草地。

【价值】全草入药。

▲ 香芹

泽芹属 *Sium*

泽芹 *Sium suave* Walter

【形态特征】多年生草本，高 60~120cm。茎直立，有条纹。基生叶与茎下部叶具长柄，叶柄中空，圆筒状，有横隔；叶片为一回单数羽状复叶，小叶片条状披针形，长 4~10cm、宽 5~15mm。复伞形花序径 3~5cm，果期稍增大；伞幅 10~20，长 8~10cm；小伞形花序径 8~10mm，有 10~20 朵花；花瓣白色；花柱基短圆锥形。果近球形，径约 2mm。花果期 7~10 月。

【分布与生境】分布于中国东北、华北、华东地区，俄罗斯、日本、北美洲。生于水湿地。

【价值】全草入药。

▲ 泽芹

水芹属 *Oenanthe*

水芹 *Oenanthe javanica* (Blume) DC.

【形态特征】多年生草本，高 30~50cm。茎下部伏卧，节上生根及叶。基生叶三角形，有叶柄，基部有叶鞘，抱茎；叶二回羽状全裂，小叶长 1.5~4cm、宽 5~15mm。复伞形花序径 4~6cm；小伞形花序非球形，小伞梗不等长；花瓣白色；花柱基圆锥状，花柱叉开，果期长约 2mm。椭圆形双悬果无柄，长 2.5~3mm。花果期 7~9 月。

【分布与生境】分布于中国大部分地区，俄罗斯、日本、东南亚、大洋洲。生于水湿地。

【价值】全草入药；茎叶可食。

▲ 水芹

窃衣属 ***Torilis***

小窃衣 ***Torilis japonica* (Houtt.) DC.**

【形态特征】一年或多年生草本，高 40~120cm。茎有纵条纹及刺毛。叶长卵形，叶柄下部有窄膜质的叶鞘，基部抱茎；叶片二至三回羽状全裂，终裂片长约 5mm、宽 1~1.5mm；上部叶渐小。复伞形花序，有倒生的刺毛；花瓣白色，花柱基圆锥形，花柱果期下弯。果实圆卵形，长 3~4mm，密被钩状的皮刺；皮刺基部阔展。花果期 7~9 月。

【分布与生境】分布于中国各地，亚洲、欧洲、北非。生于杂木林下、林缘。

【价值】果和根供药用。

▲ 小窃衣

蛇床属 ***Cnidium***

蛇床 ***Cnidium monnieri* (L.) Spreng.**

【形态特征】一年生草本，高 40~80cm。茎单生，被短糙毛。叶卵形至三角状卵形，长 3~8cm；中部及上部茎生叶的叶柄完全鞘状紧抱茎上；叶片三回三出状羽状全裂，终裂片长 2~10mm。复伞形花序径 2~5cm；总苞片 8~14，边缘白色，有短柔毛；小伞形花序，径 5~10mm。花瓣白色，先端具内折小舌片；花柱向下反曲。双悬果长约 2mm、宽约 1.8mm。花果期 6~8 月。

【分布与生境】分布于中国东北、华北、华东、华南地区，朝鲜半岛、俄罗斯远东地区、欧洲。生于荒野。

【价值】果实入药。

▲ 蛇床

▲ 兴安蛇床

蛇床属 *Cnidium*

兴安蛇床 *Cnidium dauricum* (Jacq.) Fisch. & C. A. Mey.

【形态特征】多年生草本，高 80~100cm。根较粗。茎直立，上部多分枝。基生叶及茎下部叶具长柄，基部扩大成宽的短鞘，边缘白色膜质；叶卵状三角形，二至三回三出式羽状全裂。复伞形花序顶生或腋生，伞辐不等长；小伞形花序 10~20 花；总苞片披针形；花柱基略隆起。果长圆状卵形。花期 7~8 月，果期 8~9 月。

【分布与生境】分布于中国黑龙江、吉林、内蒙古、河北，朝鲜半岛、蒙古国、日本、俄罗斯。生于草原、河边湿地。

【价值】果实入药。

变豆菜属 *Sanicula*

红花变豆菜 *Sanicula rubriflora* F. Schmidt

【形态特征】多年生草本，高 30~100cm。有香气。基生叶多数，有长柄，叶圆心形或肾状圆形，长 3.5~10cm、宽 6.5~12cm，掌状 3 裂。伞形花序三出，中间的长；花多数，紫红色。双悬果卵形，基部有瘤状突起，上部有淡黄色和金黄色的钩状皮刺；分生果横剖面卵形，油管 5。花果期 6~9 月。

【分布与生境】分布于中国东北地区，俄罗斯、日本。生于林缘、灌丛、溪流旁及疏林下。

【价值】幼苗为春季山菜。

▲ 红花变豆菜

参考文献

《黑龙江森林》编辑委员会. 1993. 黑龙江森林. 哈尔滨：东北林业大学出版社.
敖志文，李国范. 1990. 黑龙江省蕨类植物. 哈尔滨：东北林业大学出版社.
曹伟，李冀云. 2007. 小兴安岭植物区系与分布. 北京：科学出版社.
陈心启，刘仲健，陈利君，等. 2013. 中国杓兰属植物. 北京：科学出版社.
傅沛云. 1995. 东北植物检索表（第二版）. 北京：科学出版社.
郭贵林，邢启妍. 1990. 黑龙江省植物检索表. 哈尔滨：黑龙江人民出版社.
国家药典编委会. 2020. 中国药典 2020 版（一部）. 北京：中国医药科技出版社.
刘慎谔，李冀云，曹伟，等. 1958-2004. 东北草本植物志（1-12 卷）. 北京：科学出版社.
毛子军，王秀华，穆丽蔷，等. 2017. 黑龙江省植物志（第八卷）. 哈尔滨：东北林业大学出版社.
倪红伟，黄庆阳，李景富，等. 2017. 黑龙江省植物志（第十一卷）. 哈尔滨：东北林业大学出版社.
聂绍荃，袁晓颖，杨逢建，等. 2003. 黑龙江省植物资源志. 哈尔滨：东北林业大学出版社.
曲秀春，王立凤. 2017. 黑龙江省植物志（第十卷）. 哈尔滨：东北林业大学出版社.
任昭杰，赵遵田，于宁宁，等. 2016. 山东苔藓志. 青岛：青岛出版社.
沙伟，张梅娟，白学良，等. 2017. 黑龙江省植物志（第一卷）. 哈尔滨：东北林业大学出版社.
王洪峰，穆立蔷. 2017. 黑龙江省植物志（第五卷）. 哈尔滨：东北林业大学出版社.
王秀伟，刘林馨，袁晓颖. 2017. 黑龙江省植物志（第九卷）. 哈尔滨：东北林业大学出版社.
于景华，王艳，原树生，等. 2017a. 黑龙江省植物志（第四卷）. 哈尔滨：东北林业大学出版社.
于景华，原树生，王莹威. 2017b. 黑龙江省植物志（第七卷）. 哈尔滨：东北林业大学出版社.
张淑梅，许亮，张建逵，等. 2021. 东北维管束植物考. 沈阳：辽宁科学技术出版社.
张宪春. 2012. 中国石松类和蕨类植物. 北京：北京大学出版社.
郑宝江. 2017. 黑龙江省植物志（第六卷）. 哈尔滨：东北林业大学出版社.
中国科学院中国植物志编辑委员会. 1959-2004. 中国植物志（1-80 卷）. 北京：科学出版社.
周繇. 2017. 东北树木彩色图志（上、下册）. 哈尔滨：东北林业大学出版社.
周以良，董世林，聂绍荃. 1986. 黑龙江省树木志. 哈尔滨：黑龙江科学技术出版社.
周以良，聂绍荃，祖元刚，等. 1958-2004. 黑龙江省植物志（1-11 卷）. 哈尔滨：东北林业大学出版社.
周以良，于振海，印廷文，等. 1994. 中国小兴安岭植被. 北京：科学出版社.
周以良，祖元刚. 1997. 中国东北植被地理. 北京：科学出版社.
The Biodiversity Committee of Chinese Academy of Sciences. 2022. Catalogue of Life China: 2022 Annual Checklist. Beijing, China.

索引

D

E

F

G

H

I

J

K

L

Q

R

T

W

X

Z

后记

黑龙江省有高等植物2400余种，小兴安岭是黑龙江省内植物多样性较为丰富的地区之一，植物种类具有代表性，经统计共有高等植物1560种，占全省的65%。本书精心挑选有代表性野外常见野生植物1111种（含亚种、变种），占省内植物种类一半左右，每种植物对学名、分类学位置、形态特征、分布与生境、价值进行了详细描述，并配有高清生态照片，是当前黑龙江省及小兴安岭地区植物图鉴中收录物种数量较多的一部专著。本书中苔藓植物选择代表性的科属100种、蕨类植物40种、裸子植物9种、被子植物962种，同时本书使用了最新的分子分类系统，力求跟上分类学和系统学的前沿发展。

想要弄清小兴安岭地区的植物种类、分布、价值是需要大量野外调查的，作者团队每年都有150天左右在野外进行科学考察，力争不错过每一种原生植物，采集、制作、鉴定凭证标本，拍摄能够清晰表现植物特征的生态照片，起初由于受拍摄技术及摄影器材所限，废弃了部分照片，在更新摄影器材及提高摄影技术后，重新对物种进行了生境及分类细节拍照，以求每幅照片高清晰和高质量。五年来我们共采集和拍摄植物1304种，发现黑龙江省新记录植物9种，小兴安岭新记录植物40余种。有时候为了能够看清镜头里的效果，即使山里蚊虫叮咬严重，也只能选择不带蚊帽以至于被叮得满脸大包；有时候为了采到少见的沼生、水生植物，要穿水裤跳进水塘里，衣裤湿透是常有的事；有的蕨类植物只生长在悬崖峭壁上，为了采到它们，要付出更大的辛苦，偶尔还会遭遇毒蛇……这些对野外考察者的体力、毅力、耐力都是非常大的考验。

我们在参与黑龙江省濒危兰科植物资源调查时，对小兴安岭地区兰科植物进行了系统调查，虽然发现了比较罕见的山西杓兰的小居群，但整体兰科的生存环境、种类与分布均呈严重萎缩的趋势。黑龙江省记录兰科植物40余种，小兴安岭均有分布，我们的调查仅在小兴安岭发现兰科植物17种，很多历史凭证标本记录的采集地和生境已然不复存在，有些兰科植物可能已经在黑龙省内野外灭绝了。其他的珍稀濒危植物也面临着野生居群缩小、生境破碎化、繁育困难、结实率低等现象。

我们在进行小兴安岭森林典型群落类型划分及演替规律研究时发现，很多植被在采伐后也有逆向演替的迹象，小兴安岭地带性顶级群落红松针阔混交林的原始林已经不多，红松过伐林经营还有很大的技术提升空间。如何在禁伐后经营好森林，使之成为国家北方生态屏障，如何维持生物多样性，提高木材战略储备资源，是我们未来需要投入大量科研力量去完成的工作。真实客观地反映森林群落的现状，大规模采伐后科学合理地经营森林非常重要。

《小兴安岭森林生态调查》一书的顺利出版，“中蒙俄国际经济走廊多学科联合考察”项目组、黑龙江省林业科学院伊春分院各位专家、领导和工作人员给予了大力支持，我们才有信心完成这本大部头的专著。诚然，我们的水平还有限，希望此书能够为小兴安岭地区植物资源开发利用提供基础数据和必要的影像资料。感谢《小兴安岭森林生态调查》撰写组全体成员为本书付出的努力。我们为小兴安岭森林植被和野生植物资源提供了一个展示和交流的平台，我们今后也将以此为依据，继续我们的科研工作，为国家建设、林区振兴、科学研究和科学普及工作尽我们的微薄之力，欢迎广大读者多提宝贵意见，以便我们有机会完善。

著者

2022.5